普通高等教育"十三五"规划教材

土木工程类系列教材

土力学与基础工程

主　编　尤志国　杨志年

副主编　白崇喜　韩玉涛　马　卉　周云龙　王　宁

清华大学出版社

北京

内 容 简 介

本书结合最新规范改编而成,同时融入国内外相关教材中的优质资源,具有注重基础知识的逻辑过渡、联系实际工程应用、培养创新和工程能力等特点。

本书共 11 章,内容主要包括土的物理性质与工程分类、土中水的运动规律及渗透性、土中应力分布及计算、土的压缩性和地基沉降计算、土的抗剪强度、土压力、土坡稳定与基坑工程、地基承载力浅基础设计、桩基础设计、地基处理技术等。

本书可以作为高等学校土木工程专业、交通工程专业、工程管理专业多学时土力学与基础工程课程教材,也可以供本科自考、考研和相关专业工程技术人员参考。

图书在版编目(CIP)数据

土力学与基础工程/尤志国,杨志年主编. —北京:清华大学出版社,2019(2024.8 重印)
(普通高等教育"十三五"规划教材·土木工程类系列教材)
ISBN 978-7-302-48309-0

Ⅰ. ①土… Ⅱ. ①尤… ②杨… Ⅲ. ①土力学-高等学校-教材 ②基础(工程)-高等学校-教材
Ⅳ. ①TU4

中国版本图书馆 CIP 数据核字(2017)第 214624 号

责任编辑:秦　娜　赵从棉
封面设计:陈国熙
责任校对:赵丽敏
责任印制:丛怀宇

出版发行:清华大学出版社
　　　网　　　址:https://www.tup.com.cn,https://www.wqxuetang.com
　　　地　　　址:北京清华大学学研大厦 A 座　　　　　邮　　编:100084
　　　社 总 机:010-83470000　　　　　　　　　　　　邮　　购:010-62786544
　　　投稿与读者服务:010-62776969,c-service@tup.tsinghua.edu.cn
　　　质量反馈:010-62772015,zhiliang@tup.tsinghua.edu.cn
印 装 者:三河市龙大印装有限公司
经　　销:全国新华书店
开　　本:185mm×260mm　　　印　张:24　　　　　字　　数:580 千字
版　　次:2019 年 6 月第 1 版　　　　　　　　　　印　　次:2024 年 8 月第 8 次印刷
定　　价:69.80 元

产品编号:075945-02

前　言

　　为突出理工类普通高校应用型人才的培养,本书在基本概念、基本原理、基本方法及其应用上做文章,注重基础知识的逻辑过渡,并注重培养学生的创新能力和工程技术能力。本书在知识点的讲解和阐述上,力求通俗易懂、由浅入深、循序渐进,尽量清晰解释、透彻分析知识点。

　　本书由华北理工大学建筑工程学院尤志国、杨志年主编,各章分工如下:尤志国编写第4、5、6章,杨志年编写第8、10章,东北农业大学水利与土木工程学院白崇喜编写第9章,华北理工大学建筑工程学院韩玉涛编写第7章,华北理工大学建筑工程学院王宁编写第1章,华北理工大学轻工学院马卉及明伟编写第2章,八一农垦大学工程学院王福成及华北理工大学建筑工程学院周云龙编写第3章,华北理工大学建筑工程学院陶志强、段开达、韩园圈、李德鑫、郝宇恒、陈晓琪、肖同、徐翔宇同学对书中附图、文字校对、习题等做了部分工作,全书由尤志国统稿并定稿。

　　与本书配套的还有供教师使用的《课后习题详细解答》,可以与出版社联系获得。

　　本书承蒙华北理工大学建筑工程学院徐建新教授审阅了书稿,提出了宝贵的意见,对此,我们表示衷心的感谢。限于编者水平,书中难免有不妥甚至错误之处,热忱欢迎使用本书的教师及读者予以批评指正,请将发现的问题、改进建议及时反馈给我们。

　　本书编写过程中借鉴和参考了大量相关书籍和学术期刊文献,谨此表示诚挚的感谢。

编　者

2019 年 01 月

目 录

绪　　论

0.1　土力学、地基及基础的概念

　　土是矿物或岩石碎屑构成的松软集合体。由于其形成年代、生成环境及物质成分不同，工程特性亦复杂多变。例如我国沿海及内陆地区的软土，西北、华北和东北等地区的黄土，高寒地区的永冻土以及分布广泛的红黏土、膨胀土和杂填土等，其性质各不相同，因此在建筑物设计前，必须充分了解、研究建筑场地相应土(岩)层的成因、构造、地下水情况、土的工程性质、是否存在不良地质现象等，对场地的工程地质条件作出正确的评价。

　　土力学是利用力学的一般原理，研究土的物理、化学和力学性质及土体在载荷、水、温度等外界因素作用下工程性状的应用科学。它是力学的一个分支，是本课程的理论基础，由于土力学的研究对象是以矿物颗粒组成骨架的松散颗粒集合体，其物理、化学和力学性质与一般刚性或弹性固体以及流体等都有所不同，因此必须通过专门的土工试验技术进行探讨。

　　任何建筑物都建造在一定的地层(土层或岩层)上，通常把直接承受建筑物载荷影响的那一部分地层称为地基。未经人工处理就可以满足设计要求的地基称为天然地基。如果地基软弱，其承载力不能满足设计要求时，则需对地基进行加固处理，称为人工地基。

　　基础是将建筑物承受的各种载荷传递到地基上的下部结构，一般应埋入地下一定的深度，进入较好的地层。根据基础的埋置深度不同可分为浅基础和深基础。通常把埋置深度不大(3~5m)、只需经过挖槽、排水等普通施工程序就可以建造起来的基础称为浅基础；反之，若浅层土质不良，须把基础埋置于深处的好地层时，就得借助于特殊的施工方法，建造各种类型的深基础(如桩基、沉井基础和地下连续墙基础等)。

　　地基基础设计应满足以下两个基本条件：

　　(1) 地基的强度条件：要求作用于地基的载荷不超过地基的承载能力，保证地基在防止整体破坏方面有足够的安全储备。

　　(2) 地基的变形条件：控制基础沉降，使之不超过地基的变形允许值，保证建筑物不因地基变形而损坏或者影响其正常使用。

0.2　课程特点和学习要求

　　土力学基础工程涉及工程地质学、土力学、结构设计和施工几个学科领域，所以内容广泛、综合性强，学习时应该突出重点，兼顾全面。从本专业的要求出发，学习本课程时，应该重视工程地质的基本知识,培养阅读和使用工程地质勘察资料的能力,同时必须牢固地掌握土的应力、变形、强度和地基计算等土力学基本原理,从而能够应用这些基本概念和原理,结合有关建筑结构理论和施工知识,分析和解决地基基础问题。

土是岩石风化产物或再经各种地质作用搬运、沉积而成的。土粒之间的孔隙为水和气体所填充,所以,土是一种由固态、液态和气态物质组成的三相体系。与各种连续体(弹性体、塑性体、流体等)比较,天然土体具有一系列复杂的物理力学性质,而且容易受环境条件(温度、湿度、地下水等)变动的影响。现有的土力学理论还难以模拟、概括天然土层在建筑物作用下所表现的各种力学性状的全貌。因此,土力学虽是指导我们从事地基基础工程实践的重要理论基础,但还应通过实验、实测并紧密结合实践经验进行合理分析,才能实现对实际问题的妥善解决。而且,也只有在反复联系工程实践的基础上,才能逐步提高、丰富对理论的认识,不断增强处理地基基础问题的能力。

天然地层的性质和分布,不但因地而异,而且在较小范围内也可能有很大的变化,在进行地基基础设计和土力学计算之前,必须通过勘察和测试取得有关土层分布以及土的物理力学性质指标的可靠资料。因此,了解地基勘察和原位测试技术以及室内土工试验方法也是本课程的一个重要方面。

全书共分为11章。除绪论外,第1章介绍了土的物理性质与工程分类,是本课程的基本知识;第2章介绍了土中水的运动规律及渗透性;第3~5章是土力学的基本理论部分,也是本课程的重点内容,主要介绍了土中应力分布及计算、土的压缩性和地基沉降计算、土的抗剪强度等;第6章主要介绍了土压力、挡土墙的设计、土坡的稳定性分析与基坑工程;第7~10章属于基础工程内容,系运用土力学理论解决工程设计中的地基与基础问题,主要包括地基承载力的确定、浅基础、桩基础及软弱土地基处理方法等内容。

0.3 本学科发展概况

地基基础既是一项古老的工程技术,又是一门年轻的应用科学。追本溯源,世界文化古国的远古先民,在史前的建筑活动中,就已创造了自己的地基基础工艺。我国西安半坡村新石器时代遗址和殷墟遗址的考古发掘,都发现有土台和石础。这就是古代"堂高三尺、茅茨土阶"(语见《韩非子》)建筑的地基基础形式。历代修建的无数建筑物都出色地体现了我国古代劳动人民在地基基础工程方面的高水平。举世闻名的长城,蜿蜒万里,如不处理好有关岩土问题,哪能穿越各种地质条件的广阔地区,而被誉为亘古奇观;宏伟壮丽的宫殿寺院,要依靠精心设计建造的地基基础,才能逾千百年而留存至今;遍布各地的巍巍高塔,是由于奠基牢固,方可经历多次强震强风的考验而安然无恙。下面主要按文献记载,略举我国古代地基基础的点滴做法。

隋朝石工李春所修赵州石拱桥,不仅因其建筑和结构设计的成就而著称于世,就论其地基基础的处理也是颇为合理的。他把桥台砌置于密实粗砂层上,1300多年来估计沉降仅约几厘米。现在验算其基底压力为 $500\sim600\text{kPa}$,这与以现代土力学理论方法给出的承载力值很接近。根据宋代古籍《梦溪笔谈》和《皇朝类苑》的记载,北宋初著名木工喻皓(公元989年)在建造开封开宝寺木塔时,考虑到当地多西北风,便特意使建于饱和土上的塔身稍向西北倾斜,设想在风力的长期持续作用下可以渐趋复正。由此可见,古人在实践中早已试图解决建筑物地基的沉降问题了。

我国木桩基础的使用,由来已久。郑州的隋朝超化寺是在淤泥中打进木桩形成塔基的(《法苑珠林》第 51 卷)。杭州湾的五代大海塘工程也采用了木桩和石承台。在人工地基方面,秦代在修筑驰道时,就已采用了"稳以金堆"的路基压实方法,至今还采用的灰土垫层、石灰桩、瓦渣垫层,撼砂垫层等,都是我国自古已有的传统地基处理方法。此外,北宋李诚所著《营造法式》记载了古代地基基础的某些具体做法。

封建时代劳动人民的无数地基基础实践经验,集中体现了能工巧匠的高超技艺,但是,由于当时生产力发展水平的限制,还未能提炼成为系统的科学理论。

作为本学科理论基础的土力学的发端,始于 18 世纪兴起了工业革命的欧洲。那时,资本主义工业化的发展,使工场手工业转变为近代大工业,建筑的规模扩大了。为了满足向国内外扩张市场的需要,陆上交通进入了所谓"铁路时代"。因此,最初有关土力学的个别理论多与解决铁路路基问题有关。1773 年,法国的 C. A. 库仑(Coulomb)根据试验创立了著名的砂土抗剪强度公式,提出了计算挡土墙土压力的滑楔理论。九十余年后,英国的 W. J. M. 朗肯(Rankine,1869)又从不同途径提出了挡土墙土压力理论。这对后来土体强度理论的发展起了很大的作用。此外,法国 J. 布辛奈斯克(Boussinesq,1885)求得了弹性半空间在竖向集中力作用下的应力和变形的理论解答,瑞典 W. 费兰纽斯(Fellenius,1922)为解决铁路塌方问题作出了土坡稳定分析法。这些古典的理论和方法,直到今天,仍不失其理论和实用的价值。

在长达一个多世纪的发展过程中,许多研究者承继前人的研究,总结了实践经验,为孕育本学科的雏形而作出贡献。1925 年,K. 太沙基(Terzaghi)归纳发展了以往的成就,发表了《土力学》(Erdbaumechanik)一书,接着,于 1929 年又与其他作者一起发表了《工程地质学》(Ingenieurgeologie)。这些比较系统完整的科学著作的出现,带动了各国学者对本学科各个方面的探索。从此,土力学及基础工程就作为独立的科学而取得不断的进展。1936年,在美国召开第一届国际土力学与基础工程会议,之后世界各地区(如亚洲、欧洲、非洲、泛美、澳新、东南亚等)以及包括新中国在内的许多国家也都开展了类似的活动,交流和总结了本学科新的研究成果和实践经验。

从 20 世纪 50 年代起,现代科技成就尤其是电子技术渗入了土力学及基础工程的研究领域。在实现实验测试技术自动化、现代化的同时,人们对土的基本性质又有了更进一步的认识,土力学理论和基础工程技术也出现了令人瞩目的进展。因此,有人认为,1957 年召开的第四届国际土力学与基础工程会议标志着一个新时期的开始。正当这个时期,年轻的中华人民共和国也以朝气蓬勃的姿态步入了国际土力学及基础工程科技交流发展的行列。从1962 年开始的全国土力学及基础工程学术讨论会的定期召开,已成为本学科迅速进展的里程碑。纵观横览我国在土力学与基础工程各个领域的理论与实践的新成就,已达到难以尽述的境地。

时至今日,土建、水利、桥梁、隧道、道路、港口、海洋等有关工程中,以岩土体的利用、改造与整治问题为研究对象的科技领域,因其区别于结构工程的特殊性和各专业岩土问题的共同性,已融合为一个自成体系的新专业——"岩土工程"(Geotechnical Engineering)。它的工作方法就是：调查勘察、试验测定、分析计算、方案论证，监测控制、反演分析，修改定案；它的研究方法是以三种相辅相成的基本手段，即数学模拟（建立岩土本构模型进行数值分析）、物理模拟（定性的模型试验，以离心机中的模型进行定量测试和其他物理模拟试验）和原体观测（对工程实体或建筑物的性状进行短期或长期观测）综合而成的。我国的地基及基础科学技术，作为岩土工程的一个重要组成部分，已经也必将继续遵循现代岩土工程的工作方法和研究方法进行发展。

第1章

土的物理性质与工程分类

1.1　概述

土是连续、坚固的岩石在风化作用下形成的大小悬殊的颗粒、经过不同的搬运方式,在各种自然环境中生成的沉积物。在漫长的地质年代中,由于各种内力和外力地质作用形成了许多类型的岩石和土。岩石经历风化、剥蚀、搬运、沉积生成土,而土历经压密固结,胶结硬化也可再生成岩石。作为建筑物地基的土,是土力学研究的主要对象。

土的物质成分包括作为土骨架的固态矿物颗粒、孔隙中的水及其溶解物质以及气体。因此,土是由颗粒(固相)、水(液相)和气(气相)所组成的三相体系。各种土的颗粒大小和矿物成分差别很大,土的三相间的数量比例也不尽相同,而且土粒与其周围的水又发生了复杂的物理化学作用。所以,要研究土的性质就必须了解土的三相组成以及在天然状态下土的结构和构造等特征。

土的三相组成、物质的性质、相对含量以及土的结构构造等各种因素,必然在土的轻重、松密、干湿、软硬等一系列物理性质和状态上有不同的反映。土的物理性质又在一定程度上决定了它的力学性质,所以物理性质是土的最基本的工程特性。

在处理地基基础问题和进行土力学计算时,不但要知道土的物理性质特征及其变化规律,从而了解各类土的特性,而且还必须掌握表示土的物理性质的各种指标的测定方法和指标间的相互换算关系,并熟悉按土的有关特征和指标来制订地基土的分类方法。

土的性质主要是指土的物理力学性质,包括物理性质和力学性质。

土的物理性质包括土的三相比例指标、无黏性土的密实度、黏性土的水理性质和土的渗透性(第2章)4部分内容。

土的力学性质包括土的压缩性(第3、4章)、土的抗剪性(第5章)和土的击实性(本章)3部分内容。

本章主要介绍土的组成、土的三相比例指标、无黏性土的密实度、黏性土的水理性质、土的压实原理以及地基土(岩)的分类。

1.2　土的三相组成及土的结构

单位体积中土的三相比例不是固定不变的,而是随环境(压力、温度、地下水)而变化,如下雨时土含水率增加,黏土会变软。因此要研究土的性质首先要研究构成土三相本身的性质,以及它们的含量和相互作用对土性的影响。土性取决于颗粒的形状、大小和矿物成分。

1.2.1 土中固体颗粒(固相)

土的固体颗粒是由大小不等、形状不同的矿物颗粒或岩石碎屑按照各种不同的排列方式组合在一起,构成土的骨架。这些固体相的物质称为"土粒",是土中最稳定、变化最小的成分。土中的固体颗粒的大小和形状、矿物成分及其组成情况是决定土的物理力学性质的重要因素。土中不同大小颗粒的组合,也就是各种不同粒径的颗粒在土中的相对含量,称为土的颗粒组成;组成土中各种土粒的矿物种类及其相对含量称为土的矿物组成。土的颗粒组成与矿物组成是决定土的物理力学性质的物质基础。

1. 土粒的矿物成分和形状

土粒的矿物成分主要取决于母岩的成分及其所经受的风化作用。不同的矿物成分对土的性质有着不同的影响,其中以细粒组的矿物成分尤为重要。

土的固相物质包括无机矿物颗粒和有机质,是构成土的骨架最基本的物质。土中的无机矿物成分可以分为原生矿物和次生矿物两大类。原生矿物是岩浆在冷凝过程中形成的矿物,如石英、长石、云母等。次生矿物是由原生矿物经过风化作用后形成的新矿物,如黏土矿物及碳酸盐矿物等。次生矿物按其与水的作用可分为易溶的、难溶的和不溶的,次生矿物的水溶性对土的性质有重要的影响。

漂石、卵石、圆砾等粗大土粒都是岩石的碎屑,它们的矿物成分与母岩相同,砂粒大部分是母岩中的单矿物颗粒,如石英、长石和云母等,为浑圆或棱角状。粉粒的矿物成分是多样性的,主要是石英和 $MgCO_3$、$CaCO_3$ 等难溶盐的颗粒,粉粒也为浑圆或棱角状。黏粒的矿物成分主要有黏土矿物、氧化物、氢氧化物和各种难溶盐类(如碳酸钙等),它们都是次生矿物。黏土矿物是很细小的扁平颗粒,表面具有极强的和水相互作用的能力。颗粒越细,表面积越大,亲水的能力就越强,对土的工程性质的影响也就越大。

黏土矿物基本上是由两种原子层(称为晶片)构成的。一种是硅氧晶片,它的基本单元是 Si-O 四面体;另一种是铝氢氧晶片,它的基本单元是 Al-OH 八面体(见图 1-1),由于晶片结合情况的不同,便形成了具有不同性质的各种黏土矿物。其中主要有高岭石、伊利石和蒙脱石三类,由于其亲水性不同,当其含量不同时土的工程性质也就不同。

高岭石的结构单元(见图 1-2(a))是由一层硅氧晶片和一层铝氢氧晶片组成的晶胞。高岭石的矿物就是由若干重要的晶胞构成的,这种晶胞一面露出氧原子,另一面露出氢氧基。晶胞之间的联结是氧原子与氢氧基之间的氢键,它具有较强的联结力,晶胞之间的距离不易改变,水分子不能进入,因此它的亲水性、膨胀性、收缩性比伊利石还小。

伊利石的结构单元类似于蒙脱石,所不同的是 Si-O 四面体中 Si^{4+} 可以被 Fe^{3+}、Al^{3+} 所取代,因而在相邻晶胞间将出现若干一价正离子(K^+)以补偿晶胞中正电荷的不足(见图 1-2(b)),所以伊利石的结晶构造没有蒙脱石那样活跃,其亲水性不如蒙脱石,其吸水膨胀性和脱水收缩性也较蒙脱石小。

蒙脱石是化学风化的初期产物,其结构单元(晶胞)是两层硅氧晶片之间夹一层铝氢氧晶片所组成的。由于晶胞的两个面部是氧原子,其间没有氢键,因此联结很弱(见图 1-2(c)),水

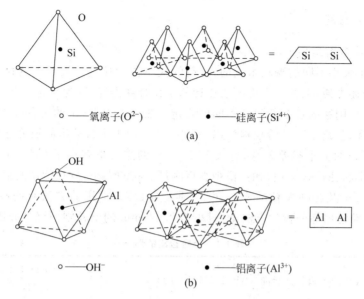

图 1-1　黏土矿物的晶片示意图

（a）Si—O 四面体；（b）Al—OH 八面体

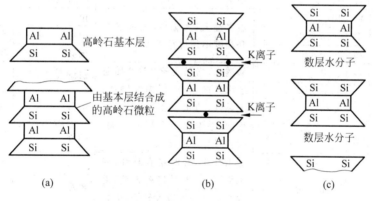

图 1-2　黏土矿物构造单元示意图

（a）高岭石；（b）伊利石；（c）蒙脱石

分子可以进入晶胞之间，从而改变晶胞间的距离，甚至达到完全分散到单晶胞为止。因此当土中蒙脱石含量较大时，则具有较大的吸水膨胀和脱水收缩的特性。

　　由于黏土矿物是很细小的扁平颗粒，颗粒表面具有很强的与水相互作用的能力，表面积越大，这种能力就越强。黏土矿物表面积的相对大小可以用单位体积（或质量）的颗粒总表面积（称为比表面）来表示。例如一个棱边为 1cm 的立方体颗粒，其体积为 $1cm^3$；总表面积只有 $6cm^2$，比表面为 $6cm^2/cm^3 = 6cm^{-1}$。若将 $1cm^3$ 立方体颗粒分割为棱边 0.01mm 的许多立方体颗粒，则其总表面积可达 $6 \times 10^3 cm^2$，比表面可达 $6 \times 10^3 cm^{-1}$。由此可见，由于土粒大小不同而造成比表面数值上的巨大变化，必然导致土的性质的突变，所以，土粒大小对土的性质所起的作用非常大。

2．土的颗粒级配

1）土粒大小及粒组划分

天然土是由大小不同的颗粒组成的,土粒的大小称为粒度。天然土的粒径一般是连续变化的,为了描述方便,工程上常把大小相近的土粒合并为组,称为粒组。对粒组的划分,各个国家,甚至一个国家的各个部门有不同的规定。表1-1给出《土的工程分类标准》(GB/T 50145—2007)和《公路土工试验规程》(JTG E40—2007)中土粒粒组的划分方法。

可见,土颗粒的大小相差悬殊,有大于200mm的漂石也有小于0.005mm的黏粒。同时由于土粒的形状往往是不规则的,很难直接测量土粒的大小,故只能用间接的方法来定量地描述土粒的大小及各种颗粒的相对含量(质量分数)。常用的方法有两种,对粒径大于0.075mm的土粒常用筛分析的方法,而对小于0.075mm的土粒则用沉降分析的方法。

表1-1　土粒粒组的划分

粒组统称	《土的工程分类标准》(GB/T 50145—2007)				《公路土工试验规程》(JTG E40—2007)	
	粒组名称		粒径 d/mm	一般特征	粒组名称	粒径 d/mm
巨粒	漂石或块石		$d>200$	透水性很大,无黏性,无毛细水	漂石或块石	>200
	卵石或碎石		$60<d\leqslant200$		卵石或小块石	$60\sim200$
粗粒	圆砾或角砾	粗	$20<d\leqslant60$	透水性大,无黏性,毛细水上升高度不超过粒径大小	粗砾	$20\sim60$
		中	$5<d\leqslant20$		中砾	$5\sim20$
		细	$2<d\leqslant5$		细砾	$2\sim5$
	砂粒	粗	$0.5<d\leqslant2$	易透水,当混入云母等杂质时透水性减小,而压缩性增加;无黏性,遇水不膨胀,干燥时松散,毛细水上升高度不大,随粒径变小而增大	粗砂	$0.5\sim2$
		中	$0.25<d\leqslant0.5$		中砂	$0.25\sim0.5$
		细	$0.075<d\leqslant0.25$		细砂	$0.075\sim0.25$
细粒	粉粒		$0.005<d\leqslant0.075$	透水性小,湿时稍有黏性,遇水膨胀小,干时稍有收缩,毛细水上升高度较大较快,极易出现冻胀现象	粉粒	$0.002\sim0.075$
	黏粒		$d\leqslant0.005$	透水性很小,湿时有黏性、可塑性,遇水膨胀大,干时收缩显著;毛细水上升高度大,但速度较慢	黏粒	<0.002

2）粒度成分及其表示方法

工程上常用土中各种不同粒组的相对含量(以干土质量的百分比表示)来描述土的颗粒组成情况,这种指标称为土的颗粒级配或粒度成分,它可用以描述土中不同粒径土粒的分布特征。

常用的粒度成分的表示方法有表格法、累计曲线法。

(1)表格法。表格法是以列表形式直接表达各粒组的百分含量,它用于粒度成分的分类是十分方便的,如表1-2所示。

表 1-2　土的粒度成分

粒组/mm	粒度成分(以质量分数计)/%	
	土样 A	土样 B
5～10	—	29.1
2～5	3.2	24.0
0.5～2	5.9	13.9
0.25～0.50	13.6	14.1
0.10～0.25	42.3	5.2
0.075～0.10	24.4	4.5
0.005～0.075	10.6	5.0
<0.005		4.2

(2) 累计曲线法。累计曲线法是用半对数纸绘制,横坐标表示粒径,纵坐标为小于某一粒径(不是某一粒径)土粒的累计百分含量,该法是比较全面和通用的一种图解法,适用于各种土级配好坏的相对比较,如图 1-3 所示。由累计曲线的坡度可以大致判断土粒的均匀程度或级配是否良好。如曲线较陡(曲线 a),表示粒径大小相差不多,土粒较均匀,级配不良;反之,曲线平缓(曲线 b),则表示粒径大小相差悬殊,土粒不均匀,即级配良好;曲线 c 表示该土中砂粒极少,主要是由细颗粒组成的黏性土。

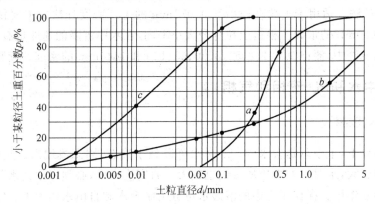

图 1-3　土的颗粒级配曲线

根据描述级配的累计曲线,可以简单地确定土粒级配的两个定量指标:

不均匀系数

$$C_{u} = \frac{d_{60}}{d_{10}} \tag{1-1}$$

曲率系数

$$C_{c} = \frac{d_{30}^{2}}{d_{10}d_{30}} \tag{1-2}$$

式中,d_{10},d_{30},d_{60}——相当于小于该粒径的累计百分含量分别为 10%、30% 和 60% 时对应的粒径,分别称为有效粒径、中值粒径、限定粒径。

不均匀系数反映大小不同粒组的分布情况。C_u 越大,表示土粒大小分布范围大,土的级配良好。曲率系数 C_c 则是描述累计曲线的分布范围,反映累计曲线的整体形状,表示某粒组是否缺损的情况。

一般工程上认为不均匀系数 $C_u<5$ 时，称为均粒土，其级配不好；$C_u \geqslant 5$ 时，称为级配良好的土。对于级配连续的土，采用指标 C_u，即可达到比较满意的判别结果。但缺乏中间 d_{10} 与 d_{60} 之间粒径某粒组的土，即级配不连续，此时，则仅用单独一指标 C_u 难以确定土的级配情况，还必须同时考察累计曲线的整体形状，故需兼顾曲率系数 C_c 的值。

当砾类土或砂类土同时满足不均匀系数 $C_u \geqslant 5$ 和曲率系数 $C_c=1 \sim 3$ 两个条件时，则为良好级配砾或良好级配砂；如不能同时满足，则为级配不良。如图 1-3 中曲线 a 的 $d_{10}=0.10mm$，$d_{30}=0.22mm$，$d_{60}=0.39mm$，则 $C_u=3.9$，$C_c=1.24$，土样 a 为级配不良的土。

颗粒级配可以在一定程度上反映土的某些性质。对于级配良好的土，较粗颗粒间的孔隙被较细的颗粒所填充，因而土的密实度较好，相应的地基土的强度和稳定性也较好，透水性和压缩性也较小，可用作堤坝或其他土建工程的填方土料。

3．粒度成分分析方法

（1）筛分法。适用于土粒直径大于 $0.075mm$ 的土。筛分法是将风干、分散的代表性土样通过一套自上而下孔径由大到小的标准筛（如 20、10、5、2、1、0.5、0.25、0.075mm），然后分别称出留在各个筛子上的干土质量，并计算出各粒组相对含量。通过计算可得到小于某一筛孔直径土粒的累积重量及其累计百分含量，即得土的颗粒级配。

（2）密度计法。适用于土粒直径小于 $0.075mm$ 的土。密度计法的主要仪器为土壤密度计和容积 1000mL 的量筒。根据土粒直径大小不同，在水中沉降的速度也有不同的特性，将密度计放入悬液中，测记 0.5、1、2、5、15、30、60、120 和 1440min 的密度计读数，计算而得。

1.2.2　土中水和气（液相和气相）

1．土中水（液相）

在自然条件下，土中总是含水的。土中水可以处于液态、固态或气态。土中细粒越多，即土的分散度越大，水对土的性质的影响也越大。研究土中水，必须考虑到水的存在状态及其与土粒的相互作用。存在于土中的液态水可分为结合水和自由水两大类。

1）结合水

结合水是指受电分子吸引力吸附在土粒表面的土中水。这种电分子吸引力高达几千到几万个大气压，使水分子和土粒表面牢固地黏结在一起。由于土粒（矿物颗粒）表面一般带有负电荷，围绕土粒形成电场，在土粒电场范围内的水分子和水溶液中的阳离子（如 Ka^+、Ca^2、Al^{3+}）一起吸附在土粒表面。因为水分子是极性分子（氢原子端显正电荷，氧原子端显负电荷），它被土粒表面电荷或水溶液中离子电荷吸引而定向排列（见图 1-4）。它又分为强结合水和弱结合水两种，强结合水紧靠土粒表面，其性质接近于固体，密度为 $1.2 \sim 2.4g/cm^3$，冰点为 $-78℃$，不能传递静水压力，具有极大的黏滞度、弹性和抗剪强度。黏土只含强结合水时，呈固体状态，磨碎后呈粉末状态；砂土的强结合水很少，仅含强结合水时呈散粒状。在强结合水外围的结合水膜称为弱结合水，它仍然不能传递静水压力，其性质随离开颗粒表面的距离而变化，由近固态到近自由态，不能自由流动，但水膜较厚的弱结合水会向邻近较薄的水膜缓慢移动，因而弱结合水使黏性土具有可塑性，冻结温度 $-30 \sim -0.5℃$。

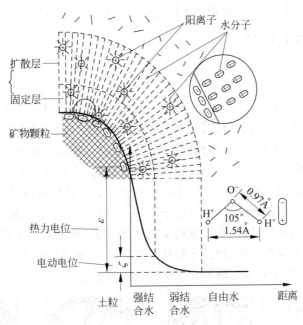

图 1-4　结合水定向排列图①

2) 自由水

自由水是存在于土粒表面电场影响范围以外的水。它的性质与普通水一样,能够传递静水压力,可在土的孔隙中流动,使土具有流动性,冰点为 $0℃$,有溶解盐类的能力。自由水按所受作用力的不同,又可分为重力水和毛细水两种。重力水是存在于地下水位以下的透水土层中的地下水,当存在水头差时,它将产生流动,对土颗粒有浮力作用。重力水对土中的应力状态和开挖基槽、基坑以及修筑地下构筑物时所应采取的排水、防水措施有重要的影响。毛细水是受到水与空气交界面处表面张力的作用、存在于地下水位以上透水层中的自由水。在工程中,毛细水的上升高度和速度对于建筑物地下部分的防潮措施和地基土的浸湿、冻胀等有重要影响。此外,在干旱地区,地下水中的可溶盐随毛细水上升后不断蒸发,盐分便积聚于靠近地表处而形成盐渍土。

可见土中水并非处于静止不变的状态,而是运动的。土中水的运动原因很多,同时给工程带来很多问题,工程实践中的流砂、管涌、冻胀、渗透固结、渗流时的边坡稳定等问题,都与土中水的运动有关,具体将在本书有关章节讲述。

2. 土中气(气相)

土中的气体存在于土孔隙中未被水所占据的部位。在粗粒的沉积物中常见到与大气相联通的空气,它对土的力学性质影响不大。在细粒土中则常存在与大气隔绝的封闭气泡,使土在外力作用下的弹性变形增加,透水性减小。对于淤泥和泥炭等有机质土,由于微生物(厌氧细菌)的分解作用,在土中蓄积了某种可燃气体(如硫化氢、甲烷等),使土层在自重作用下长期得不到压密,而形成高压缩性土层。

---

① 　$1Å = 10^{-10}m$。

含气体的土称为非饱和土,非饱和土的工程性质研究已形成土力学的一个热点。

1.2.3 土的结构和构造

1. 土的结构

土的结构是指由土粒单元的大小、形状、相互排列及其联结关系等因素形成的综合特征。土扰动前后,力学性质差异很大,可见土的结构和构造对土的物理力学性质有重要的影响。土的结构一般分为单粒结构、蜂窝结构和絮状结构三种基本类型。

单粒结构是由粗大土粒在水或空气中下沉而形成的,全部由砂粒及更粗土粒组成的土都具有单粒结构。因其颗粒较大、土粒间的分子吸引力相对很小,所以颗粒间几乎没有联结。单粒结构的土分为疏松和紧密的(见图1-5(a)、(b))。紧密状单粒结构的土,强度较大,压缩性较小,是良好的天然地基。疏松单粒结构的土,其骨架是不稳定的,强度小,压缩性大,当受到震动及其他外力作用时,土粒易发生移动,土中孔隙剧烈减少,引起土的很大变形,因此,这种土层如未经处理一般不宜作为建筑物的地基。

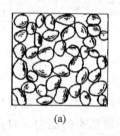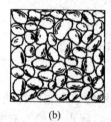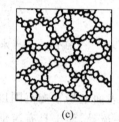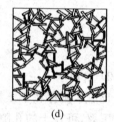

(a)   (b)   (c)   (d)

图 1-5 土的结构

(a) 单粒结构(疏松);(b) 单粒结构(紧密);(c) 蜂窝结构;(d) 絮状结构

蜂窝结构是主要由粉粒($0.005\sim0.075$mm)组成的土的结构形式,粒径为 $0.005\sim0.075$mm。

土粒在水中沉积时,基本上是以单个土粒下沉。当碰上已沉积的土粒时,由于它们之间的相互引力大于其重力,因此土粒就停留在最初的接触点上不再下沉,形成具有很大孔隙的蜂窝状结构(见图1-5(c))。由于蜂窝结构的土具有一定程度的粒间连接,使其可承担一定的水平静载荷,但当承受较高水平载荷和动力载荷时,其结构将破坏,引起土的很大变形,地基发生破坏。

絮状结构是由黏粒(<0.005mm)集合体组成的结构形式。黏粒能够在水中长期悬浮,不因自重而下沉。当这些悬浮在水中的黏粒被带到电解质浓度较大的环境中(如海水),黏粒凝聚成絮状的集粒(黏粒集合体)而下沉,并相继和已沉积的絮状集粒接触,而形成类似蜂窝而孔隙很大的絮状结构(见图1-5(d))。黏土的性质主要取决于集粒间的相互联系与排列,当黏粒在淡水中沉积时,因水中缺少盐类,所以黏粒或集粒间的排斥力可以充分发挥,沉积物的结构是定向(或至少半定向)排列的,即颗粒在一定程度上平行排列,形成所谓分散型结构。当黏粒在海水中沉积时,由于水中盐类的离子浓度很大,减少了颗粒间的排斥力,所以土的结构是面—边接触的絮状结构。

土的结构在形成过程中,以及形成之后,当外界条件变化时(如载荷、湿度、温度或介质条件),都会使土的结构发生变化。土体失水干缩,会使土粒间的联结增强;土体在外力作用下(压力或剪力),絮状结构会趋于平行排列的定向结构,使土的强度及压缩性都随之发生变化。具有蜂窝结构和絮状结构的黏性土,其土粒间的联结强度(结构强度),往往由于长期的压密作用和胶结作用而得到加强。

2. 土的构造

土中的物质成分和颗粒大小等都相近的各部分土层之间的相互关系的特征称为土的构造。土的构造是土层的层理、裂隙及大孔隙等宏观特征。土的构造最主要特征就是成层性,即层理构造。它是在土的形成过程中,由于不同阶段沉积的物质成分、颗粒大小或颜色不同,而沿竖向呈现的成层特征,常见的有水平层理构造和交错层理构造。土的构造的另一特征是土的裂隙性,裂隙的存在大大降低土体的强度和稳定性,增大透水性,对工程不利。此外,还应注意到土中有无腐殖物、贝壳、结核体等包裹物以及天然或人为孔洞存在。这些构造特征都造成土的不均匀性。

1.3　土的三相比例指标

自然界中的土体结构组成十分复杂,为了分析问题方便,将其看成是三相,简化成一般的物理模型进行分析。土的三相,即土粒为固相,土中的水为液相,土中的气为气相。表示土的三相组成部分质量、体积之间的比例关系的指标,称为土的三相比例指标。主要指标有:比重、天然密度、含水量(这三个指标需用实验室实测)和由它们计算得出的指标干密度、饱和密度、孔隙率、孔隙比和饱和度。这些指标随着土体所处的条件的变化而改变,如地下水位的升高或降低,土中水的含量也相应增大或减小;密实的土,其气相和液相占据的孔隙体积少。这些变化都可以通过相应指标的数值反映出来。

土的三相比例指标是其物理性质的反映,但与其力学性质有内在联系,显然固相成分的比例越高,其压缩性越小,抗剪强度越大,承载力越高。

为了推导出三相比例指标和说明问题方便起见,可用土的三相组成示意图(见图 1-6)来表示各部分间的数量关系。

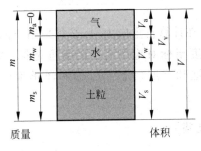

图 1-6　土的三相组成示意图

V_a,V_w,V_s—土中气体体积、水体积、颗粒体积(cm^3,m^3);V_v—土中孔隙体积(cm^3,m^3),$V_v = V_a + V_w$;

V—土的体积(cm^3,m^3),$V = V_s + V_v$;m_w,m_s—土中水的质量、颗粒的质量(g,kg);

m_a—土中气体的质量,相对甚小,可以忽略不计(g,kg);m—土的总质量(g,kg),$m = m_w + m_s$

1.3.1 反映土单位体积质量(或重力)的指标

1. 土的天然密度 ρ

天然土单位体积的质量称为土的天然密度(单位为 g/cm³),即

$$\rho = \frac{m}{V} \tag{1-3}$$

天然状态下土的密度变化范围很大,一般为 $\rho=1.6\sim2.2\text{g/cm}^3$。土的密度可采用"环刀法""蜡封法""灌砂法"等方法测定,"环刀法"最为常用,是用一个圆环刀(刀刃向下)放置于削平的原状土样面上,垂直向下边压边削至土样伸出环刀口为止,削去两端余土,使与环刀口面齐平,称出环刀内土质量,求得它与环刀容积之比值即为土的密度。

2. 土的干密度 ρ_d

土单位体积中固体颗粒的质量,称为土的干密度,并以 ρ_d 表示:

$$\rho_d = \frac{m_s}{V} \tag{1-4}$$

土的干密度一般为 $1.3\sim1.8\text{g/cm}^3$,工程上常用土的干密度来评价土的密实程度,以控制填土的施工质量。

3. 土的饱和密度 ρ_{sat}

土孔隙中全部被水充满时单位体积土体质量叫饱和密度 ρ_{sat},即

$$\rho_{sat} = \frac{m_s + V_v \rho_w}{V} \tag{1-5}$$

式中,ρ_w——水的密度,$\rho_w=1\text{g/cm}^3(t=4℃)$。

4. 土的浮密度 ρ'

处于水下的土,单位体积土体的有效质量叫土的浮密度 ρ',即

$$\rho' = \frac{m_s - V_s \rho_w}{V} \tag{1-6}$$

显然有 $\rho_{sat}>\rho>\rho_d>\rho'$。在计算自重应力时,必须采用土的重力密度,简称重度。与三相比例指标中的 4 个质量密度指标对应的有土的重度指标,也有 4 个,即,土的天然重度($\gamma=\rho g$)、干重度($\gamma_d=\rho_d g$)、饱和重度($\gamma_{sat}=\rho_{sat} g$)和浮重度($\gamma'=\rho' g$)。单位是 N/m³ 和 kN/m³。同理有 $\gamma_{sat}>\gamma>\gamma_d>\gamma'$。

5. 土粒相对密度(土粒比重) d_s

单位体积土颗粒质量与 4℃纯水单位体积的质量之比叫土粒相对密度(或土粒比重)d_s,即

$$d_s = \frac{m_s/V_s}{\rho_{w4°}} = \frac{\rho_s}{\rho_{w4°}} \tag{1-7}$$

式中,$\rho_{w4°}$——4℃纯水的密度,为 1g/cm^3;

ρ_s——土粒密度，即土颗粒单位体积的质量(g/cm^3)。

从式(1-7)可看出，土粒比重 d_s 在数值上就等于土粒密度 ρ_s，但两者的含义不同，前者是两种物质的质量密度之比，无量纲；而后者是土粒一种物质的质量密度，有量纲。土粒比重可在试验室内用比重瓶法测定，具体在试验中介绍。通常也可按经验数值选用，土粒比重变化幅度很小，一般土粒比重参考值如表1-3所示。

表1-3　土粒比重参考值

土的名称	泥炭	有机质土	砂土	粉土	黏性土	
					粉质黏土	黏土
土粒比重	1.5～1.8	2.4～2.52	2.65～2.69	2.70～2.71	2.72～2.73	2.74～2.76

1.3.2　反映土松密程度的指标

1. 孔隙比 e

土中孔隙体积与土粒体积之比叫土的孔隙比，即

$$e = \frac{V_v}{V_s} \tag{1-8}$$

孔隙比是一个重要的物理性指标，用小数表示，它可以用来评价天然土层的密实程度，孔隙比 $e<0.6$ 的土是密实的，具有低压缩性，$e>1.0$ 的土是疏松的高压缩性土。

2. 孔隙率 n

土的孔隙率 n 是土中孔隙体积与总体积之比，以百分数表示，即

$$n = \frac{V_v}{V} \times 100\% \tag{1-9}$$

1.3.3　反映土含水程度的指标

1. 土的含水率 ω

土中水的质量与土颗粒质量之比，称为土的含水率 ω，以百分数计，即

$$\omega = \frac{m_w}{m_s} \times 100\% \tag{1-10}$$

天然土层的含水率变化范围很大，它与土的种类、埋藏条件及其所处的自然地理环境等有关。一般干的粗砂土接近于零，而饱和砂土可达40%；坚硬的黏性土的含水率约小于30%，而饱和状态的软黏性土(如淤泥)，则可达60%或更大。一般来说，同一类土，当其含水率增大时，则其强度就降低。土的含水率一般用"烘干法"测定，先称小块原状土样的湿土质量，然后置于烘箱内维持100～105℃烘至恒重，再称干土质量，湿、干土质量之差为水的质量，水的质量与干土质量的比值，就是土的含水率。

2. 土的饱和度 S_r

土中被水充满的孔隙体积与孔隙总体积之比，称为土的饱和度 S_r，即

$$S_r = \frac{V_w}{V_v} \times 100\% \tag{1-11}$$

$S_r = 1.0$ 为完全饱和，$S_r = 0$ 为完全干燥的土；按饱和度可以把砂土划分为三种状态：$0 < S_r \leqslant 0.5$ 稍湿；$0.5 < S_r \leqslant 0.8$ 为潮湿（很湿的）；$0.8 < S_r < 1.0$ 为饱和。

以上这些指标中，土的密度 ρ、土粒的相对密度 d_s 和天然含水率 ω 是由试验测定的，称为三项基本物性试验指标，而其余指标均可以从三个试验指标计算得到。

1.3.4 指标的换算

在土力学中这些指标的运算是最基本的计算，其换算关系可见表 1-4。作为应用而言，不必死记这些换算公式，只要掌握每个指标的物理意义，运用三相图就能推导出这些公式。

表 1-4 三项指标的换算公式

指标名称及符号	指标表达式	常用换算公式	常见数值范围
密度 ρ	$\rho = \dfrac{m}{V}$	$\rho = \rho_d(1+\omega) = \dfrac{d_s(1+\omega)}{1+e}\rho_w$	$1.6 \sim 2.0 \mathrm{g/cm^3}$
干密度 ρ_d	$\rho_d = \dfrac{m_s}{V}$	$\rho_d = \dfrac{\rho}{1+\omega} = \dfrac{d_s}{1+e}\rho_w$	$1.3 \sim 1.8 \mathrm{g/cm^3}$
饱和密度 ρ_{sat}	$\rho_{sat} = \dfrac{m_s + V_v\rho_w}{V}$	$\rho_{sat} = \dfrac{d_s + e}{1+e}\rho_w$	$1.8 \sim 2.3 \mathrm{g/cm^3}$
浮密度 ρ'	$\rho' = \dfrac{m_s - V_s\rho_w}{V}$	$\rho' = \rho_{sat} - \rho_w = \dfrac{d_s - e}{1+e}\rho_w$	$0.8 \sim 1.3 \mathrm{g/cm^3}$
土粒相对密度 d_s	$d_s = \dfrac{m_s/V_s}{\rho_{w4°}} = \dfrac{\rho_s}{\rho_{w4°}}$	$d_s = \dfrac{S_r e}{\omega}$	黏性土：$2.72 \sim 2.75$ 砂土：$2.65 \sim 2.69$
孔隙比 e	$e = \dfrac{V_v}{V_s}$	$e = \dfrac{d_s\rho_w}{\rho_d} - 1 = \dfrac{d_s(1+\omega)\rho_w}{\rho} - 1$	淤泥质黏土：$1 \sim 1.5$ 黏性土和粉土：$0.4 \sim 1.2$ 砂土：$0.38 \sim 0.9$
孔隙率 n	$n = \dfrac{V_v}{V} \times 100\%$	$n = \dfrac{e}{1+e} = 1 - \dfrac{\rho_d}{d_s\rho_w}$	黏性土和粉土：$30\% \sim 60\%$ 砂土：$25\% \sim 45\%$
含水率 ω	$\omega = \dfrac{m_w}{m_s} \times 100\%$	$\omega = \dfrac{S_r e}{d_s} = \dfrac{\rho}{\rho_d} - 1$	$10\% \sim 70\%$
饱和度 S_r	$S_r = \dfrac{V_w}{V_v} \times 100\%$	$S_r = \dfrac{\omega d_s}{e} = \dfrac{\omega\rho_d}{n\rho_w}$	

以下举例说明如何利用指标定义法计算各指标。

【例 1-1】 取 1850g 湿土，制备成体积为 $1000 \mathrm{cm^3}$ 的土样，将其烘干后称得其质量为 1650g，若土粒比重 $d_s = 2.63$，试按定义求孔隙比、含水率、饱和度和干密度（图 1-7）。

【解】 已知土的体积 $V = 1000 \mathrm{cm^3}$，土的质量 $m = 1850 \mathrm{g}$，土颗粒质量 $m_s = 1650 \mathrm{g}$，则

水的质量 $m_w = (1850 - 1650)\mathrm{g} = 200 \mathrm{g}$

土颗粒体积 $V_s = m_s/d_s = (1650/2.63)\mathrm{cm^3} = 627.4 \mathrm{cm^3}$

孔隙体积 $V_v = (1000 - 627.4)\mathrm{cm^3} = 372.6 \mathrm{cm^3}$

水的体积 $V_w = m_w/\rho_w = (200/1)\mathrm{cm^3} = 200 \mathrm{cm^3}$

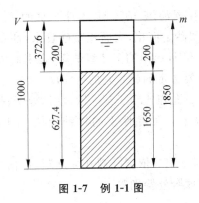

图 1-7 例 1-1 图

孔隙比 $e = V_v/V_s = 372.6/627.4 = 0.594$

含水率 $\omega = \dfrac{m_w}{m_s} \times 100\% = \dfrac{200}{1650} \times 100\% = 12.1\%$

饱和度 $S_r = \dfrac{V_w}{V_v} \times 100\% = \dfrac{200}{372.6} \times 100\% = 53.7\%$

干密度 $\rho_d = m_s/V = (1650/1000)\,\text{g/cm}^3 = 1.65\,\text{g/cm}^3$

【例 1-2】 某一原状土样,经试验测得的基本指标值如下:密度 $\rho = 1.67\,\text{g/cm}^3$,含水率 $\omega = 12.9\%$,土粒比重 $d_s = 2.67$。试求孔隙比 e、孔隙率 n、饱和度 S_r、干密度 ρ_d、饱和密度 ρ_{sat} 以及有效密度 ρ'。

【解】 利用换算公式直接求得。

(1) $e = \dfrac{d_s(1+\omega)\rho_w}{\rho} - 1 = \dfrac{2.67(1+0.129)}{1.67} - 1 = 0.805$

(2) $n = \dfrac{e}{1+e} = \dfrac{0.805}{1+0.805} = 44.6\%$

(3) $S_r = \dfrac{\omega d_s}{e} = \dfrac{0.129 \times 2.67}{0.805} = 43\%$

(4) $\rho_d = \dfrac{\rho}{1+\omega} = \dfrac{1.67}{1+0.129}\,\text{g/cm}^3 = 1.48\,\text{g/cm}^3$

(5) $\rho_{sat} = \dfrac{(d_s+e)\rho_w}{1+e} = \dfrac{2.67+0.805}{1+0.805}\,\text{g/cm}^3 = 1.93\,\text{g/cm}^3$

(6) $\rho' = \rho_{sat} - \rho_w = (1.93-1)\,\text{g/cm}^3 = 0.93\,\text{g/cm}^3$

1.4 无黏性土的密实度

无黏性土的密实度指的是碎石土和砂土的疏密程度。

无黏性土的密实度与其工程性质有着密切的关系,密实的无黏性土由于压缩性小,抗剪强度高,承载力大,可作为建筑物的良好地基。但如处于疏松状态,尤其是细砂和粉砂,其承载力就有可能很低,因为疏松的单粒结构是不稳定的,在外力作用下很容易产生变形,且强度也低,很难作天然地基。如它位于地下水位以下,在动载荷作用下还有可能由于超静水压力的产生而发生液化。例如我国海城 1975 年 2 月 4 日的 7.3 级地震,震中区以西 25～60km 的下辽河平原,发生强烈砂土液化,大面积喷砂冒水,许多道路、桥梁、工业设施、民用建筑遭受破坏。1976 年 7 月 28 日唐山的 7.8 级地震,也引起大区域的砂土液化。因此,凡工程中遇到无黏性土时,首先要注意的就是它的密实度。

对于同一种无黏性土,当其孔隙比小于某一限度时,处于密实状态,随着孔隙比的增大,则处于中密、稍密直到松散状态。无黏性土的这种特性,是因为它所具有的单粒结构决定的。

判断无黏性土密实度的方法有:依据孔隙比 e 判断,依据相对密实度 D_r 判断,依据标准贯入击数判断,碎石土密实度野外鉴别等。

1.4.1 根据孔隙比判断

在建筑工程老规范(JTJ 7—1974)中曾直接用 e 判断砂土密实度,e 较小时($e<0.6$),表示土中孔隙少,一般认为强度大,压缩变形小,是良好的天然地基;反之($e>0.85$),表示土中孔隙多,土疏松。但由于颗粒的形状和级配对孔隙比有着极大的影响,而孔隙比又未能考虑级配的因素,有时可能会出现级配良好的松砂 e 小于级配均匀的密砂,因此在工程中常引入相对密实度的概念。

1.4.2 根据相对密实度判断

相对密实度

$$D_r = \frac{e_{max} - e}{e_{max} - e_{min}} \tag{1-12}$$

式中,e_{max}——最大孔隙比,即处于最松散状态砂土的孔隙比;

e_{min}——最小孔隙比,处于最紧密状态砂土的孔隙比;

e——处于天然状态砂土的孔隙比。

从式(1-12)可知,若无黏性土的天然孔隙比 e 接近于 e_{min},即相对密度 D_r 接近于 1 时,土呈密实状态,当 e 接近于 e_{max} 时,即相对密度 D_r 接近于 0,则呈松散状态。当 $D_r=0$,即 $e=e_{max}$,表示砂土处于最疏松状态;$D_r=1$,即 $e=e_{min}$ 时,表示砂土处于最紧密状态。

相对密实度试验一般可采用"松散器法"测定最大孔隙比,将松散的风干土样通过长颈漏斗轻轻地倒入容器,避免重力冲击,求得土的最小干密度再经换算得到最大孔隙比;采用"振击法"测定最小孔隙比,将松散的风干土样装入金属容器内,按规定方法振动和锤击,直至密度不再提高,求得土的最大干密度再经换算得到最小孔隙比。

无黏性土的天然孔隙比如果接近 e_{max}(或 e_{min}),则该无黏性土处于天然疏松(或密实)状态,这可用无黏性土的相对密实度进行评价。

根据 D_r 值可把砂土的密实度状态划分为下列三种:

$0.67<D_r \leqslant 1$	密实的
$0.33<D_r \leqslant 0.67$	中密的
$0<D_r \leqslant 0.33$	松散的

相对密实度试验适用于透水性良好的无黏性土,如纯砂、纯砾等。

对于不同的无黏性土,其 e_{min} 与 e_{max} 的测定值也是不同的,e_{min} 与 e_{max} 之差(即孔隙比可能变化的范围)也是不一样的。一般土粒粒径较均匀的无黏性土,其 e_{max} 与 e_{min} 之差较小;对不均匀的无黏性土,则其差值较大。

相对密实度对于土作为土工构筑物和地基的稳定性,特别是在抗震稳定性方面具有重要的意义。相对密实度能反映颗粒级配及形状,理论上是一较好的方法,但由于天然状态砂土的孔隙比值难以测定,尤其是位于地表下一定深度的砂层测定更为困难,此外按规程方法室内测定 e_{max} 和 e_{min} 时,人为误差较大,因此,我国现行的《建筑地基基础设计规范》(GB 50007—2011)利用标准贯入试验、静力触探等原位测试方法来评价砂土的密实度得到了工程技术人员的广泛采用。

1.4.3　根据标准贯入锤击数判断

标准贯入试验是用标准的锤重(63.5kg),以一定的落距(76cm)自由下落所提供的锤击能,把一标准贯入器打入土中,记录贯入器贯入土中30cm的锤击数 N,锤击数 N 反映了天然土层的密实程度。表1-5列出了国标《建筑地基基础设计规范》(GB 50007—2011)和《公路桥涵地基与基础设计规范》(JTG D63—2007)中,按原位标准贯入试验锤击数 N 划分砂土密实度的界限值。

表 1-5　按原位标准贯入试验锤击数 N 划分砂土密实度

密实度	密实	中密	稍密	松散
标贯击数 N	$N>30$	$30 \geqslant N>15$	$15 \geqslant N>10$	$N \leqslant 10$

1.4.4　碎石土密实度野外鉴别

对于很难做室内试验或原位触探试验的大颗粒含量较多的碎石土,国标《建筑地基基础设计规范》(GB 50007—2011)列出了野外鉴别方法,通过野外鉴别可将碎石土分为密实、中密、稍密和松散。

1.5　黏性土的物理特性

1.5.1　黏土颗粒与水的相互作用

黏土颗粒与水的相互作用对黏性土的性质有很大的影响,因此了解黏土颗粒与水的相互作用很有必要。

1. 黏土颗粒表面带电现象

早在1807年列依斯(Reuss)就通过实验证明黏土颗粒是带电的。把两根带有电极的玻璃管插入一块潮湿的黏土块内(见图1-8),在玻璃管中撒上一些洗净的砂,再加水至相同的高度,接通直流电源后发现:在阳极管中,水自下而上地浑浊起来。说明黏土颗粒在向阳极周围移动,与此同时,管中水位却逐渐下降;在阴极管中,水仍是极其清澈的,但水体在逐渐

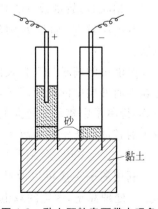

图 1-8　黏土颗粒表面带电现象

升高。

如在一块潮湿黏土块上直接插入两个直流电极,通电后发现阳极周围的土逐渐变干,而阴极周围的土则逐渐变湿,说明黏土颗粒带有负电荷。我们把黏土颗粒在直流电作用下向阳极移动的现象称为电泳;而水分子向阴极移动的现象称为电渗。利用这一性质,人们发明了电渗固结法处理软弱地基的方法。如上海宝钢炼铁车间铁水包基坑,深 15.35m,分二级开挖,第一级挖深 4.5m,采用轻型井点降水,第二级采用钢板桩支撑围护,在钢板桩外用电渗—喷射井点降水,用喷射井点管作阴极,用钢筋作阳极,开挖后坑底干燥,保证了深基坑工程顺利施工。

2. 双电层的概念

带有负电荷的黏土颗粒与水相互作用时,在它的周围产生了一个电场,在土粒电场范围内的水分子和水溶液中的阳离子(如 Na^+、Ca^{2+}、Al^{3+} 等)一起吸附在土粒表面。土粒周围水溶液中的阳离子,一方面受到土粒所形成电场的静电引力作用,另一方面又受到布朗运动(热运动)的扩散力作用。在最靠近土粒表面处,静电引力最强,把水化离子和极性水分子牢固地吸附在颗粒表面上形成吸附水层(也叫固定层)。在固定层外围,静电引力比较小,因此水化离子和极性水分子的活动性比在固定层中大些,在土粒表面形成弱结合水层(也叫扩散层)。当然,在扩散层内阴离子则为土粒表面的负电荷所排斥,随着与土粒表面距离的加大,阴离子浓度逐渐增高,最后阴离子也达水溶液中的正常浓度。固定层和扩散层中所含的阳离子与土粒表面的负电荷的电位相反,称为反离子,固定层和扩散层又合称为反离子层。该反离子层与土粒表面负电荷一起构成双电层(见图 1-4)。

3. 影响双电层厚度的因素

颗粒表面电荷的多少决定着吸附异号离子和极性水分子的数量。研究表明:土的矿物成分是影响颗粒表面电荷数量的基本因素。蒙脱石具有很多的不平衡电荷,伊利石次之,高岭石最少。蒙脱石较高岭石的吸附能力高数十倍,其双电层要厚得多。

水溶液的 pH 值也是影响颗粒带电性的重要因素,一般 pH 值越高,土带负电荷的能力越大,双电层就越厚。

双电层的厚度既取决于颗粒表面的带电性,又取决于溶液中阳离子的价数。颗粒表面带电性相同时,数量较少的高价离子即可与之平衡,而低价的则需较多数量才能与之平衡。前者双电层较薄,而后者则较厚。所以,在含低价 Na^+ 海水中的土颗粒,具有较厚的双电层。

溶液中的离子与颗粒表面吸附的离子具有交换的能力,一般是溶液中的高价离子置换土粒表面外层中的低价离子,此现象称为离子交换。一般高价离子的交换能力大于低价离子,同价离子中离子半径大的交换能力大于离子半径小的。下面是扩散层中阳离子与水溶液中的其他阳离子发生离子交换的顺序:

$$Fe^{3+} > Al^{3+} > H^+ > Ba^{2+} > Ca^{2+} > Mg^{2+} > K^+ > Li^+ > Na^+$$

利用离子交换可以改善土的工程性质。如用三价及二价离子(如 Fe^{3+}、Al^{3+}、Ca^{2+}、Mg^{2+})处理黏土,使它的双电层变薄,从而增加土的水稳性,减少膨胀性,提高土的强度,如将石灰掺入土中,Ca^{2+} 置换了 Na^+,土的性质即可改善。有时也可用一价离子的盐溶液处理黏土,使扩散层增厚,而大大降低土的透水性等。

4．黏土颗粒间的相互作用力

土水悬浮液中当两黏土颗粒由于布朗运动而相互趋近时,在土粒间既有吸引力也有排斥力。

(1) 粒间吸引力。土粒间吸引力主要来源于分子间的范德华力。对于一个原子对之间的范德华吸引力一般是不大的,而且随着原子对距离的增加而迅速衰减。原子对之间的范德华吸引力与原子间距离的 7 次方成反比,土粒间的吸引力,应等于一个土粒中各个原子与另一土粒中各个原子间所有吸引力的总和。这种吸引力的存在,使得要把分离很远的土粒互相趋近到指定的间距,需要做一定的功,这个功即吸引能 V_A。吸引能 V_A 大致与颗粒间距的 2 次方成反比(如图 1-9),土粒间许多原子间吸引力的总和,不仅能产生较大的吸引能,可见也随距离增加衰减慢些。

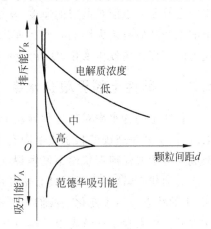

图 1-9　排斥势能曲线

(2) 土粒间的排斥力。可以按土粒间中央处结合水的离子浓度与离土粒表面很远处正常水溶液的离子浓度之差计算而得。由于粒间中央处离子浓度高于水溶液正常离子浓度,出现渗透压力,即水分子向粒间渗透,使土粒互相排斥。这种排斥力的存在,使得要把很近的土粒排斥到指定的间距,同样需要做一定的功,这个功即排斥能 V_R。作 V_R 与颗粒间距 d 的变化曲线,可得"排斥能曲线"。V_R 大致随着 d 的增加而呈指数下降(如图 1-10)。当电解质浓度由低变高时,由于双电层扩散层厚度被压缩,排斥作用的范围也大大缩减。

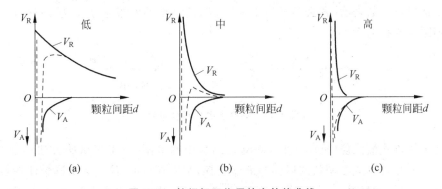

图 1-10　粒间相互作用的净势能曲线
---净势能

排斥力和吸引力是同时并存的,吸引能 V_A 为负号,排斥能 V_R 为正号,把土粒间的 V_A 和 V_R 相加,即可绘制粒间相互作用的净势能曲线如图 1-10 所示。图中水溶液浓度不同时,亦影响粒间相互作用的净势能曲线。图 1-10(a)、(b)为低和中等电解质浓度时,在极短间距时排斥能占优势,而在短距离时吸引能占优势,在距离较大时,排斥能占优势;图 1-10(c)为高浓度时,在极短距离时,排斥能占优势,在短距离时吸引能占优势,但在距离较大时,并不出现排斥能。

在水溶液电解质浓度高时,除极短距离出现排斥能外,在其他距离内都不出现排斥能,则土粒在悬浮液中以很快的速度发生凝聚(或胶凝)。

能量的大小,主要受双电层扩散层的厚度支配,也即主要受水溶液中与土粒表面电荷符号相反的反离子的离子价和浓度支配。而双电层扩散层中的反离子是可交换的离子。离子交换会改变双电层扩散层的厚度,从而改变土粒间的相互作用力。土粒间的排列及联结,对土的工程性质有极大影响。而物理化学环境的变化,会引起土粒间相互作用发生变化,从而使土的工程性质发生变化,实际工程中应注意这些变化。

1.5.2　黏性土的界限含水率

黏性土的含水率对其工程性质有重要作用,对于同一种黏土,当其含水率 ω 小于某一限度时,土就是坚硬的状态或半固态,强度很大,如晒干的黏土。可是当含水率增大,土就逐渐成为可塑成任何形状而不发生裂纹的可塑状态,如雨后黏土地。若继续增大含水率,土开始成流动状态,这时土不再具有塑性而能流动,力学强度急剧下降。以上说明随土中水的增加,土的状态发生了变化。我们把黏性土从一种状态变化到另一种状态的含水率称为界限含水率。界限含水率首先由瑞典科学家阿太堡(Atterberg)提出,故又称为阿太堡界限含水率。黏性土由于其含水量的不同,而分别处于固态、半固态、可塑状态及流动状态。可塑状态就是当黏性土在某含水量范围内,可用外力塑成任何形状而不发生裂纹,并当外力移去后仍能保持既得的形状。土的这种性能叫作可塑性。

界限含水率分为液限、塑限、缩限。如图 1-11 所示,土由可塑状态转到流动状态的界限含水量叫作液限(也称塑性上限含水量或流限),用符号 ω_l 表示;土由半固态转到可塑状态的界限含水量叫作塑限(也称塑性下限含水量),用符号 ω_p 表示;土由半固体状态不断蒸发水分,则体积逐渐缩小,直到体积不再缩小时土的界限含水量叫缩限,用符号 ω_s 表示。土的 ω_l、ω_p、ω_s 常以百分数表示(省去％号),如 $\omega_l = 28$,表示土的液限含水率为 28%,$\omega_p = 12$,表示土的塑限含水率为 12%。

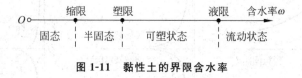

图 1-11　黏性土的界限含水率

目前采用锥式液限仪(见图 1-12)来测定黏性土的液限。《土工试验方法标准》(GB/T 50123—1999)是将调成浓糊状的试样装满盛土杯,刮平杯口面,使 76g 重圆锥体在自重作用下徐徐沉入试样,如经过 5s 深度恰好为 10mm 时,该试样的含水率即为 10mm 液限值。

图 1-13 是采用碟式液限仪测定液限,在欧美等国家常用。它是将浓糊状土样装入碟内,刮平表面,用切槽器在土中划一条槽,槽底宽 2mm,然后将碟抬高 10mm,自由下落撞击在硬橡皮垫板上。连续下落 25 次后,如土槽合拢长度正好为 13mm,该土样的含水率即为液限。

塑限可用搓条法测定,施工现场常用。把塑性状态的土重塑均匀后,用手掌在毛玻璃板上把土团搓成圆条土,当搓到土条直径恰好为 3mm 左右时,土条自动断裂为若干段,此时土条的含水率即为塑限。搓条法受人为因素的影响较大,因而成果不稳定。人们通过实践

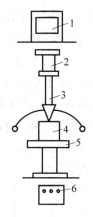

图 1-12　锥式液限仪

1—显示屏；2—电磁铁；3—带标尺的圆锥仪；4—试样杯；5—升降盘；6—控制开关

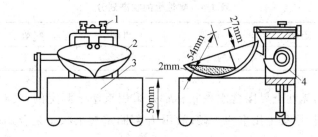

图 1-13　碟式液限仪

1—支架；2—钢碟；3—底架；4—锅形轴

证明,利用锥式液限仪联合测定液、塑限可以取代搓条法。

联合测定法是采用锥式液限仪以电磁放锥,利用光电方式测定锥入土中的深度,以不同的含水率土样进行 3 组以上试验,并将测定结果在双对数坐标纸上作出 76g 圆锥体的入土深度与含水率的关系曲线,它接近于一条直线。坐标上对应于圆锥体入土深度为 10mm 和 2mm 时土样的含水率分别为该土的液限和塑限,对应于圆锥体入土深度为 17mm 所对应的含水率为 17mm 液限。我国 20 世纪 50 年代以来一直以下沉深度为 10mm 时为液限标准,但国内外研究成果表明,取下沉 12mm 时的含水率与碟式仪测出的液限值相当。

目前,我国锥式液限仪圆锥体有 76g 和 100g 两种,两者与碟式仪测得的液限值均不一致,《公路土工试验规程》(JTG E40—2007)中规定采用 100g 或 76g 圆锥仪,而国标《土工试验方法标准(2007 版)》(GB/T 50123—1999)用 76g 圆锥仪。

1.5.3　黏性土的塑性指数和液性指数

塑性指数:是指液限和塑限的差值(省去％号),即土处在可塑状态的含水量变化范围,用符号 I_p 表示,即

$$I_p = \omega_l - \omega_p \tag{1-13}$$

塑性指数一般用不带百分数符号的数值表示(省去％号)。

显然,塑性指数的大小与土中结合水的可能含量有关,具体表现在土粒粗细、矿物成分、水中离子成分和浓度。土粒越细,则其比表面积越大,结合水含量越高,因而 I_p 也随之增

大;蒙脱石类含量多,结合水含量越高,I_p 大;水中高价阳离子的浓度增加,土粒表面吸附的反离子层中阳离子数量减少,结合水含量相应减少,I_p 也小。在一定程度上,塑性指数综合反映了黏性土及其组成的基本特性,因此,在工程上常按塑性指数对黏性土进行分类。

土的天然含水率在一定程度上反映土中水量的多少。但仅仅天然含水率并不能表明土处于什么物理状态,因此还需要一个能够表示天然含水率与界限含水率关系的指标即液性指数,液性指数用 I_l 表示,是指黏性土的天然含水率和塑限的差值与塑性指数之比,即

$$I_l = \frac{\omega - \omega_p}{\omega_l - \omega_p} = \frac{\omega - \omega_p}{I_p} \tag{1-14}$$

可见,I_l 值越大,土质越软;反之,土质越硬。$I_l < 0$ 时,$\omega < \omega_p$,天然土处于坚硬状态;$I_l > 1$ 时,$\omega > \omega_l$,天然土处于流动状态;$0 < I_l < 1$ 时,$\omega_p < \omega < \omega_l$,则天然土处于可塑状态。因此,可以利用液性指数来划分黏性土的状态,如表 1-6 所示。

表 1-6 黏性土的状态划分

状态	坚硬	硬塑	可塑	软塑	流塑
液性指数	$I_l \leqslant 0$	$0 < I_l \leqslant 0.25$	$0.25 < I_l \leqslant 0.75$	$0.75 < I_l \leqslant 1$	$I_l > 1$

应当注意的是,黏性土界限含水率指标都是采用重塑土测定的,没有考虑土的结构影响,在含水率相同时,原状土比重塑土硬,故用 I_l 判断重塑土状态是合适的,但对原状土偏于保守。

1.5.4 黏性土的灵敏度和触变性

天然状态下的黏性土,通常都具有一定的结构性,当受到外来因素的扰动时,土粒间的胶结物质以及土粒、离子、水分子所组成的平衡体系受到破坏,土的强度降低和压缩性增大,土的结构性对强度的这种影响,一般用灵敏度来衡量。土的灵敏度是以原状土的强度与同一土经重塑(指在含水量不变条件下使土的结构彻底破坏)后的强度之比来表示的。

重塑试样具有与原状试样相同的尺寸、密度和含水量,测定强度所用的常用方法有无侧限抗压强度试验和十字板抗剪强度试验,对于饱和黏性土的灵敏度 S_t,可按下式计算,

$$S_t = q_u / q_u' \tag{1-15}$$

式中,q_u——原状试样的无侧限抗压强度(kPa);

$\quad\quad q_u'$——重塑试样的无侧限抗压强度(kPa)。

根据灵敏度可将饱和黏性土分为:低灵敏($1 < S_t \leqslant 2$)、中灵敏($2 < S_t \leqslant 4$)和高灵敏($S_t > 4$)三类。土的灵敏度越高,其结构性越强,受扰动后土的强度降低就越多。所以在基础施工中应注意保护基槽,尽量减少土结构的扰动。

饱和黏性土的结构受到扰动,导致强度降低,但当扰动停止后,土的强度又随时间而逐渐增长。这是由于土粒、离子和水分子体系随时间而逐渐趋于新的平衡状态的缘故。黏性土的这种抗剪强度随时间恢复的胶体化学性质称为土的触变性。例如在黏性土中打桩时,桩侧土的结构受到破坏而强度降低,但在停止打桩以后,土的强度渐渐恢复,桩的承载力逐渐增加,这也是受土的触变性影响的结果。

1.6 土的压实原理

土的击实性是指土在反复冲击载荷作用下能被压密的特性。击实土是最简单易行的土质改良方法,常用于填土压实。通过研究土的最优含水量和最大干密度,来提高击实效果。最优含水量和最大干密度采用现场或室内击实试验测定。

在工程建设中经常会遇到需要将土按一定要求进行堆填和密实的情况,例如路堤、土坝、桥台、挡土墙、管道埋设、基础垫层以及基坑回填等。填土经挖掘、搬运之后,原状结构已被破坏,含水率亦发生变化,未经压实的填土强度低,压缩性大而且不均匀,遇水易发生塌陷、崩解等。为了改善这些土的工程性质,常采用压实的方法使土变得密实。土的压实也用在地基处理方面,如用重锤夯实处理松软土地基使之提高承载力。在室内通常采用击实试验测定扰动土的压实性指标,即土的压实度(压实系数);在现场通过夯打、碾压或振动达到工程填土所要求的压实度。

1.6.1 击实(压实)试验及土的压实特性

击实试验是在室内研究土压实性的基本方法。击实试验分重型和轻型两种,它们分别适用于粒径不大于 20mm 的土和粒径小于 5mm 的黏性土。击实仪主要包括击实筒、击锤及导筒等。击锤质量分别为 4.5kg 和 2.5kg,落高分别为 45.7mm 和 30.5mm。试验时,将含水率 ω 一定的土样分层装入击实筒,每铺一层(共 3～5 层)后均用击锤按规定的落距和击数锤击土样,试验达到规定击数后,测定被击实土样含水率和干密度 ρ_d。如此改变含水率重复上述试验(通常为 5 个),并将结果以含水率 ω 为横坐标,干密度 ρ_d 为纵坐标,绘制一条曲线,该曲线即为击实曲线(见图 1-14)。

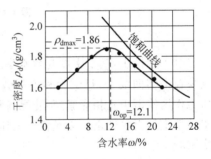

图 1-14 土的击实曲线

由图 1-14 可见,击实曲线具有如下特性:

(1) 曲线具有峰值。峰值点所对应的纵坐标值为最大干密度 ρ_{dmax},对应的横坐标值为最优含水率,用 ω_{op} 表示。最优含水率 ω_{op} 是在一定击实(压实)功能下,使土最容易压实,并能达到最大干密度的含水率。ω_{op} 一般大约为 ω_p,工程中常按 $\omega_{op}=\omega_p+2$ 选择制备土样含水率。

(2) 当含水率低于最优含水率时,干密度受含水率变化的影响较大,即含水率变化对干密度的影响在偏干时比偏湿时更加明显。因此,击实曲线的左段(低于最优含水率)比右段的坡度陡。

(3) 击实曲线必然位于饱和曲线的左下方,而不可能与饱和曲线有交点。这是因为当土的含水率接近或大于最优含水率时,孔隙中的气体越来越处于与大气不连通的状态,击实作用已不能将其排出土体之外,即击实土不可能被击实到完全饱和状态。

1.6.2 影响压实效果的因素

影响土压实性的因素主要有土的土类及级配、击实功能和含水率,另外土的毛细管压力以及孔隙压力对土的压实性也有一定影响。

1．土类及级配的影响

在相同击实功条件下，土颗粒越粗，最大干密度就越大，最优含水率越小，土越容易击实；土中含腐殖质多，最大干密度就小，最优含水率则大，土不易击实；级配良好的土击实后比级配均匀土击实后最大干密度大，而最优含水率要小，即级配良好的土容易击实（见图 1-15）。究其原因是在级配均匀的土体内，较粗土粒形成的孔隙很少有细土粒去填充，而级配不均匀的土则相反，有足够的细土粒填充，因而可以获得较高的干密度。

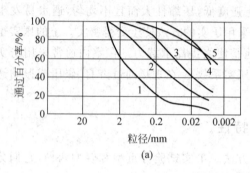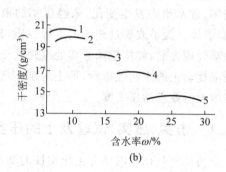

(a)　　　　　　　　　　　　　　(b)

图 1-15　不同级配土的击实曲线

(a) 级配曲线；(b) 击实曲线

对于砂性土，其干密度与含水率之间的关系如图 1-16 所示，由图可见，没有单一峰值点反映在击实曲线上，且干砂和饱和砂土击实时干密度大，容易密实；而湿的砂土，因有毛细压力作用使砂土互相靠紧，阻止颗粒移动，击实效果不好。故最优含水率的概念一般不适用于砂性土等无黏性土。无黏性土的压实标准，常以相对密实度 D_r 控制，一般不进行室内击实试验。

2．击实功的影响

图 1-17 表示同一种土样在不同击实功作用下所得到的击实曲线。由图可见，随着击实功的增大，击实曲线形态不变，但位置发生了向左上方的移动，即最大干密度 ρ_{dmax} 增大，而最优含水率 ω_{op} 却减小，且击实曲线均靠近于饱和曲线，一般土达 ω_{op} 时饱和度为 80%～85%。

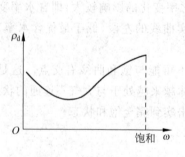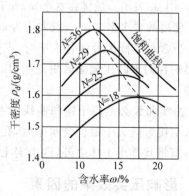

图 1-16　砂土击实曲线　　　　**图 1-17　不同击实功的击实曲线**

图 1-17 中曲线形态还表明,当土为偏干时,增加击实功对提高干密度的影响较大,偏湿时则收效不大,故对偏湿的土企图用增大击实功的办法提高它的密度是不经济的。所以在压实工程中,土偏干时提高击实功比偏湿时效果好。因此,若需把土压实到工程要求的干密度,必须合理控制压实时的含水率,选用适合的压实功,才能获得预期的效果。

3. 含水率的影响

含水率的大小对土的击实效果影响极大。在同一击实功作用下,当土小于最优含水率时,随含水率增大,击实土干密度增大;而当土样大于最优含水率时,随含水率增大,击实土干密度减小。究其原因为:当土很干时,水处于强结合水状态,土样之间摩擦力、黏结力都很大,土粒的相对移动有困难,因而不易被击实;当含水率增加时,水的薄膜变厚,摩擦力和黏结力减小,土粒之间彼此容易移动。故随着含水率增大,土的击实干密度增大,至最优含水率时,干密度达最大值,当含水率超过最优含水率后,水所占据的体积增大,限制了颗粒的进一步接近,含水率越大,水占据的体积越大,颗粒能够占据的体积越小,因而干密度逐渐变小。由此可见,含水率不同,在一定击实功下,改变着击实效果。

1.6.3　击实特性在现场填土中的应用

以上土的击实特性均是从室内击实试验中得到的,但工程上的填土压实如路堤施工填筑的情况与室内击实试验在条件上是有差别的,现场填筑时的碾压机械和击实试验的自由落锤的工作情况不一样,前者大都是碾压而后者则是冲击。现场填筑中,土在填方中的变形条件与击实试验时土在刚性击实筒中的也不一样,前者可产生一定的侧向变形,后者则完全受侧限。目前还未能从理论上找出二者的普遍规律。但为了把室内击实试验的结果用于设计和施工,必须研究室内击实试验和现场碾压的关系。实践表明,尽管工地试验结果与室内击实试验结果有一定差异,但用室内击实试验来模拟工地压实是可靠的。现场压实施工质量的控制,可采用压实系数 K 来表示:

$$K = \frac{\rho_{\mathrm{d}}'}{\rho_{\mathrm{d}}} \qquad (1\text{-}16)$$

式中,ρ_{d}'——室内试验得到的最大干密度($\mathrm{g/cm^3}$);

　　ρ_{d}——现场碾压时要求达到的干密度($\mathrm{g/cm^3}$)。

显然 $K \leqslant 1$,且 K 值越大,表示对压实质量的要求越高,对于路基的下层或次要工程,其值可取小些。从现场压实和室内击实试验对比可见,击实试验既是研究土的压实特性的室内基本方法,而又对于实际填方工程提供了两方面用途:一是用来判别在某一击实功作用下土的击实性能是否良好及土可能达到的最佳密实度范围与相应的含水率值,为填方设计(或为现场填筑试验设计)合理选用填筑含水率和填筑密度提供依据;另一方面是为制备试样以研究现场填土的力学特性时,提供合理的密度和含水率。

1.7　地基土(岩)的工程分类

自然界的土类众多,工程性质各异。土的分类体系就是根据土的工程性质差异将土划分成一定的类别,其目的在于通过一种通用的鉴别标准,将自然界错综复杂的情况予以系统地归纳,以便于在不同土类间作有价值的比较、评价、积累以及学术与经验的交流。不同部门,研究问题的出发点不同,使用分类方法各异,目前国内各部门根据各自的用途特点和实践经验,制定了各自的分类方法。在我国,为了统一工程用土的鉴别、定名和描述,同时也便于对土性状做出一般定性的评价,制定了国标《土的工程分类标准》(GB/T 50145—2007)。

目前,国内外有两大类土的工程分类体系,一是建筑工程系统的分类体系,它侧重于把土作为建筑地基和环境,故以原状土为基本对象,因此,对土的分类除考虑土的组成外,很注重土的天然结构性,即土粒联结与空间排列特征,例如《建筑地基基础设计规范》(GB 50007—2011)地基土的分类。二是工程材料系统的分类体系,它侧重于把土作为建筑材料,用于路堤、土坝和填土地基等工程,故以扰动土为基本对象,注重土的组成,不考虑土的天然结构性,如《土的工程分类标准》(GB/T 50145—2007)工程用土的分类和《公路土工试验规程》(JTG E40—2007)工程用土的分类。

1.7.1　建筑地基土的分类

《岩土工程勘察规范(2009 年版)》(GB 50021—2001)和国标《建筑地基基础设计规范》(GB 50007—2011)分类体系的主要特点是:在考虑划分标准时,注重土的天然结构特性和强度,并始终与土的主要工程特性即变形和强度特征紧密联系。因此,首先考虑了按沉积年代和地质成因的划分,同时将某些特殊形成条件和特殊工程性质的区域性特殊土与普通土区别开来。

地基土按沉积年代可划分为:①老沉积土:第四纪晚更新世 Q_3 及其以前沉积的土,一般呈超固结状态,具有较高的结构强度;②新近沉积土:第四纪全新世 Q_4 近期沉积的土,一般呈欠固结状态,结构强度较低。

作为建筑地基的岩土可分为岩石、碎石土、砂土、粉土、黏性土、人工填土和特殊土。

1. 岩石

岩石为颗粒间牢固联结呈整体或具有节理裂隙的岩体。作为建筑物地基,岩石应划分其坚硬程度,划分岩体的完整程度。岩石的坚硬程度根据岩块的饱和单轴抗压强度分为坚硬岩、较硬岩、较软岩、软岩和极软岩。岩体的完整程度可分为完整、较完整、较破碎、破碎和极破碎。关于岩石的物理力学行为是"岩石力学"研究的范畴。

2. 碎石土

粒径大于 2mm 的颗粒含量超过全重 50% 的土称为碎石土。根据颗粒级配和颗粒形状按表 1-7 分为漂石、块石、卵石、碎石、圆砾和角砾。

表 1-7　碎石土分类

土的名称	颗 粒 形 状	颗 粒 级 配
漂石	圆形及亚圆形为主	粒径大于 200mm 的颗粒含量超过全重 50%
块石	棱角形为主	
卵石	圆形及亚圆形为主	粒径大于 20mm 的颗粒含量超过全重 50%
碎石	棱角形为主	
圆砾	圆形及亚圆形为主	粒径大于 2mm 的颗粒含量超过全重 50%
角砾	棱角形为主	

注:分类时应根据粒组含量栏由上到下以最先符合者确定。

3. 砂土

粒径大于 2mm 的颗粒含量不超过全重 50%，且粒径大于 0.075mm 的颗粒含量超过全重 50% 的土称为砂土。根据颗粒级配按表 1-8 分为砾砂、粗砂、中砂、细砂和粉砂。

表 1-8 砂土分类

土的名称	颗 粒 级 配
砾砂	粒径大于 2mm 的颗粒含量占全重 25%～50%
粗砂	粒径大于 0.5mm 的颗粒含量超过全重 50%
中砂	粒径大于 0.25mm 的颗粒含量超过全重 50%
细砂	粒径大于 0.075mm 的颗粒含量超过全重 85%
粉砂	粒径大于 0.075mm 的颗粒含量超过全重 50%

4. 粉土

粉土是介于砂土与黏性土之间，塑性指数 $I_p \leq 10$，粒径大于 0.075mm 的颗粒含量不超过全重 50% 的土。

有资料表明，粉土的密实度与天然孔隙比 e 有关，一般 $e \geq 0.9$ 时，为稍密，强度较低，属软弱地基；$0.75 \leq e < 0.9$，为中密；$e < 0.75$，为密实，其强度高，属良好的天然地基。粉土的湿度状态可按天然含水率 ω（%）划分，当 $\omega < 20\%$，为稍湿；$20\% \leq \omega < 30\%$，为湿；$\omega \geq 30\%$，为很湿。粉土在饱水状态下易于散化与结构软化，以致强度降低，压缩性增大。野外鉴别粉土可将其浸水饱和，团成小球，置于手掌上左右反复摇晃，并以另一手振击，则土中水迅速渗出土面，并呈现光泽。

5. 黏性土

塑性指数 $I_p > 10$ 的土称为黏性土。根据 I_p 值，黏性土又可分为粉质黏土（$10 < I_p \leq 17$）和黏土（$I_p > 17$）。

6. 人工填土

人工填土是指由于人类活动而堆积的土，其物质成分杂乱，均匀性较差。人工填土可按堆填时间分为老填土和新填土，通常把堆填时间超过 10 年的黏性填土或超过 5 年的粉性填土称为老填土，否则称为新填土。根据其物质组成和成因又可分为素填土、压实填土、杂填土和冲填土几类。

（1）素填土。由碎石、砂土、粉土和黏性土等组成的填土。其不含杂质或含杂质很少，按主要组成物质分为碎石素填土、砂性素填土、粉性素填土及黏性素填土。

（2）压实填土。经分层压实或夯实的素填土称为压实填土，道路等工程中常用。

（3）杂填土。含有大量建筑垃圾、工业废料或生活垃圾等杂物的填土。按组成物质分为建筑垃圾土、工业垃圾土及生活垃圾土。

（4）冲填土。由水力冲填泥砂形成的填土。

7. 特殊土

特殊土是指具有一定分布区域或工程意义上具有特殊成分、状态和结构特征的土。从目前工程实践来看,大体可分为:软土、红黏上、黄土、膨胀土、多年冻土、盐渍土等。

(1)软土。是指沿海的滨海相、三角洲相、溺谷相、内陆的河流相、湖泊相、沼泽相等主要由细粒土组成的孔隙比大($e \geqslant 1$)、天然含水率高($\omega \geqslant \omega_1$)、压缩性高、强度低和具有灵敏性、结构性的土层,其包括淤泥、淤泥质黏性土、淤泥质粉土等。

淤泥和淤泥质土是工程建设中经常遇到的软土,在静水或缓慢的流水环境中沉积,并经生物化学作用形成。当黏性土的$\omega > \omega_1$,$e \geqslant 1.5$时称为淤泥;而当$\omega > \omega_1$,$1.5 > e \geqslant 1.0$时称为淤泥质土。当土的有机质含量大于5%时称为有机质土,大于60%称为泥炭。

(2)红黏土。红黏土是指碳酸盐系的岩石经第四纪以来的红土化作用,形成并覆盖于基岩上的棕红或褐黄等色的高塑性黏土。其特征是:$\omega_1 > 50$,土质上硬下软,具有明显胀缩性,裂隙发育。已形成的红黏土经坡积、洪积再搬运后仍保留着黏土的基本特征,且$\omega_1 \geqslant 45$的称为次生红黏土。我国红黏土主要分布于云贵高原、南岭山脉南北两侧及湘西、鄂西丘陵山地等。

(3)黄土。黄土是一种含大量碳酸盐类,且常能以肉眼观察到大孔隙的黄色粉状土。天然黄土在未受水浸湿时,一般强度较高,压缩性较低。但当其受水浸湿后,因黄土自身大孔隙结构的特征,压缩性剧增使结构受到破坏,上层突然显著下沉,同时强度也随之迅速下降,这类黄土统称为湿陷性黄土。湿陷性黄土根据上覆土自重压力下是否发生湿陷变形,又可分为自重湿陷性黄土和非自重湿陷性黄土。

(4)膨胀土。膨胀土是指土体中含有大量的亲水性黏土矿物成分(如蒙脱石、伊利石等),在环境温度及湿度变化影响下,可产生强烈的胀缩变形的土。由于膨胀土通常强度较高,压缩性较低,而一旦遇水,就呈现出较大的吸水膨胀和失水收缩的能力,其自由膨胀率$\geqslant$40%,往往导致建筑物和地基开裂、变形而破坏。膨胀土大多分布于当地排水基准面以上的二级阶地及其以上的台地、丘陵、山前缓坡、垅岗地段,其分布多呈零星分布且厚度不均,不具绵延性和区域性,在我国十几个省均分布有膨胀土。

(5)多年冻土。多年冻土是指土的温度等于或低于摄氏零度、含有固态水,且这种状态在自然界连续保持3年或3年以上的土。当自然条件改变时,它将产生冻胀、融陷、热融滑塌等特殊不良地质现象,并发生物理力学性质的改变。主要分布于我国西北和东北部分地区,青藏公路和青藏铁路沿线即遇大量多年冻土。

(6)盐渍土。盐渍土是指易溶盐含量大于0.5%,且具有吸湿、松胀等特性的土。由于可溶盐遇水溶解,可能导致土体产生湿陷、膨胀以及有害的毛细水上升,使建筑物遭受破坏。

1.7.2 公路桥涵地基土的分类

公路桥涵地基土的分类,目前采用《公路桥涵地基与基础设计规范》(JTG D63—2007)的规定,与《建筑地基基础设计规范》(GB 50007—2011)完全相同。

1.7.3 公路路基土的分类

《公路土工试验规程》(JTG E40—2007)中提出了公路工程用土的分类标准,其分类体系参照国标《土的工程分类标准》(GB/T 50145—2007),将土分为巨粒土、粗粒土、细粒土和特殊土。具体分类体系见《公路土工试验规程》(JTG E40—2007)。

复习思考题

1.1　什么叫土？土是怎样形成的？

1.2　何谓土的结构？土的结构有哪几种？

1.3　土由哪几部分组成？土中次生矿物是怎样生成的？矿物分哪几种？蒙脱石有什么特性？

1.4　何谓土的颗粒级配？颗粒级配曲线的纵坐标表示什么？土的级配曲线是怎样绘制的？不均匀系数 $C_u > 10$ 反映土的什么性质？

1.5　土的粒组如何划分？何谓黏粒？

1.6　土体中的土中水包括哪几种？结合水有何特性？什么叫自由水？自由水又可分为哪两种？

1.7　土中的气体以哪几种形式存在？它们对土的工程性质有何影响？

1.8　土的物理性质指标有哪些？其中哪几个可以直接测定？常用测定方法是什么？

1.9　土的密度 ρ 与土的重度 γ 的物理意义和单位有何区别？说明天然重度 γ、饱和重度 γ_{sat}、有效重度 γ' 和干重度 γ_d 之间的相互关系，并比较其数值的大小。

1.10　无黏性土最主要的物理状态指标是什么？用孔隙比 e、相对密度 D 和标准贯入试验击数 N 来划分密实度有何优缺点？

1.11　黏性土的物理状态指标是什么？何谓液限？如何测定？何谓塑限？如何测定？

1.12　塑性指数的定义和物理意义是什么？I_p 大小与土颗粒粗细有何关系？I_p 大的土具有哪些特点？

1.13　何谓液性指数？如何应用液性指数 I_l 来评价土的工程性质？何谓硬塑、软塑状态？

1.14　甲土的含水率 ω 大于乙土的含水率，试问甲土的饱和度 S_r 是否大于乙土的饱和度？

1.15　下列土的物理指标中，哪几项对黏性土有意义，哪几项对无黏性土有意义？①颗粒级配；②相对密度；③塑性指数；④液性指数；⑤灵敏度。

1.16　为什么黏性土在含水率很低或很高时难以压实？何谓最优含水率？如何测定最优含水率、工程中有何用途？

1.17　影响土的压实性的因素有哪些？

1.18　地基土分哪几大类？各类土划分的依据是什么？

1.19　何谓粉土？为何将粉土单列一大类？粉土的工程性质如何评价？

1.20　淤泥和淤泥质土的生成条件、物理性质和工程特性是什么？

习题

1.1　有一块体积为 60cm³ 的原状土样，重 1.05N，烘干后 0.85N。已知土粒比重(相对密度)$G_s = 2.67$。求土的天然重度 γ、天然含水率 ω、干重度 γ_d、孔隙比 e 及饱和度 S_r。（答

案：17.5kN/m³,23.5%,14.2kN/m³,0.884,71%）

1.2 某工地在填土施工中所用土料的含水率为5%,为便于夯实需在土料中加水,使其含水率增至15%,试问每1000kg质量的土料应加多少水?（答案：95.2kg）

1.3 用某种土筑堤,土的含水率$\omega=15\%$,土粒比重$G_s=2.67$。分层夯实,每层先填0.5m,其重度$\gamma=16$kN/m³,夯实达到饱和度$S_r=85\%$后再填下一层,如夯实时水没有流失,求每层夯实后的厚度。（答案：0.383m）

1.4 某砂土的重度$\gamma_s=17$kN/m³,含水率$\omega=8.6\%$,土粒重度$\gamma_s=26.5$kN/m³。其最大孔隙比和最小孔隙比分别为0.842和0.562。求该砂土的孔隙比e及相对密实度D_r,并按规范定其密实度。（答案：0.693,0.532,中密）

1.5 一工厂车间地基表层为杂填土,厚1.2m,第2层为黏性土,厚5m,地下水位深1.8m。在黏性土中部取土样做实验,测得天然密度$\rho=1.84$g/cm³,土粒比重$G_s=2.75$。计算此土的ω,ρ_d,e和n。（答案：39.4%,1.32g/cm³,1.08,52%）

1.6 某宾馆地基土的试验中,已测得土样的干密度$\rho_d=1.54$g/cm³,含水率$\omega=19.3\%$,土粒比重$G_s=2.71$。计算土的e,n和S_r。又测得此土样的$\omega_l=28.3\%$,$\omega_p=16.7\%$,计算I_p和I_l,描述土的物理状态,定出土的名称。（答案：0.76,43.2%,0.69,11.6,0.224,硬塑状态,粉质黏土）

1.7 一办公楼地基土样,用体积为100cm³的环刀取样试验,用天平测得环刀加湿土的质量为241.00g,环刀质量为55.00g,烘干后土样质量为162.00g,土粒比重为2.70。计算该土样的$\omega,S_r,e,n,\rho,\rho_{sat}$和$\rho_d$,并比较各种密度的大小（答案：14.8%,0.60,0.67,40.0%;1.86g/cm³,2.02g/cm³,1.62g/cm³;$\rho_{sat}>\rho>\rho_d$）

1.8 已知甲、乙两个土样的物理性试验结果如下：

土样	$\omega_l/\%$	$\omega_p/\%$	$\omega/\%$	G_s	S_r
甲	30.0	12.5	28.0	2.75	1.0
乙	14.0	6.3	26.0	2.70	1.0

试问下列结论中,哪几个是正确的? 理由何在?

① 甲土样比乙土样的黏粒($d<0.005$mm 颗粒)含量多;

② 甲土样的天然密度大于乙土样;

③ 甲土样的干密度大于乙土样;

④ 甲土样的天然空隙比大于乙土样。

（答案：①,④）

1.9 已知某土试样的土粒比重为2.72,孔隙比为0.95,饱和度为0.37。若将此土样的饱和度提高到0.90时,每1m³的土应加多少水?（答案：258kg）

1.10 一干砂试样的密度为1.66g/cm³,土粒比重为2.70。将此干砂试样置于雨中,若砂样体积不变,饱和度增加到0.60。计算此湿砂的密度和含水率。（答案：1.89g/cm³,13.9%）

第2章

土中水的运动规律及渗透性

2.1 概述

土中水的运动形式主要有：在重力的作用下，地下水的流动（土的渗透性问题）；在土中附加应力作用下孔隙水的挤出（土的固结问题）；由于表面张力产生的水分移动（土的毛细现象）；在土颗粒的分子引力作用下结合水的移动（如冻结时土中水分的移动）；由于孔隙水溶液中离子浓度的差别产生的渗附现象等。土中水的运动将对土的性质产生影响，在许多工程实践中碰到的问题，如流砂、冻胀、渗透固结、渗流时的边坡稳定等，都与土中水的运动有关。

孔隙中的自由水在重力（水位差）作用下，水透过土孔隙发生流动的现象叫渗透或渗流。土体具有被水透过的性质称为土的渗透性或透水性。土的渗透性同土的强度、变形特性一起，是土力学中的三个重要课题之一。强度、变形、渗流是相互关联、相互影响的，土木工程领域内的许多工程实践都与土的渗透性密切相关。研究渗流主要解决：

（1）渗流量计算问题。在高层建筑基础及桥梁墩台基础工程中，深基坑开挖排水时均需计算涌水量（渗流量）（见图 2-1(a)），以配置排水设备和进行支挡结构的设计计算；在河

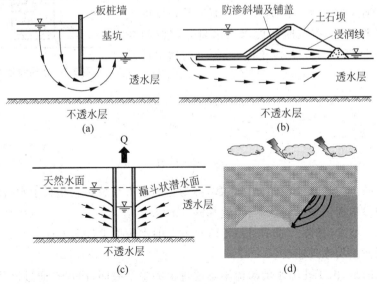

图 2-1 渗流示意图

（a）基坑渗流；（b）坝身及坝基中渗流；（c）水井渗流；（d）渗流滑坡

滩上修筑堤坝或渗水路堤时,需考虑路堤材料的渗透性计算渗水量(见图 2-1(b));抽水井的供水量或排水量也需要掌握土的渗透性(见图 2-1(c))。

(2) 渗流稳定与渗流控制问题。土中的渗流会对土颗粒施加作用力,当该作用力过大时就会引起土颗粒或土体的移动,产生渗透变形,甚至渗透破坏,如高层建筑基坑失稳、底鼓,道路边坡破坏、堤坝失稳、地面隆起、渗流滑坡(见图 2-1(d))等现象。

(3) 渗流控制问题。当渗流量或渗透变形不满足设计要求时,就要研究工程措施进行渗流控制。显然,水在土体中的渗流,将引起土体变形,改变构筑物或地基的稳定条件,直接影响工程安全。

2.2　土的渗透性

2.2.1　达西渗透定律

水在土中流动时,由于土的孔隙(黏性土及砂土等)通道很小,且很曲折,渗流过程中黏滞阻力很大,所以多数情形下,水在土中的流速十分缓慢,属于层流状态,即相邻两个水分子运动的轨迹相互平行而不混流。1855 年法国工程师达西(H. Darcy)首先采用试验装置对均匀砂土进行了大量渗流试验,得出了层流条件下,土中水渗透速度与能量(水头)损失之间的渗流规律,即达西定律。

达西试验装置的主要部分是一个上端开口的直立圆筒(如图 2-2 所示),下部放碎石,碎石上放一块多孔滤板,滤板上面放置颗粒均匀的土样。筒的侧壁装有两支测压管,分别设置在土样两端的 1、2 过水断面处。水由上端进水管注入圆筒,并以溢水管 b 保持筒内为恒定水位。透过土样的水从装有控制阀门的弯管流入容器 V 中。

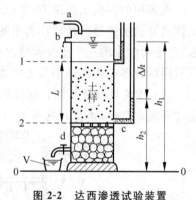

图 2-2　达西渗透试验装置

达西根据对不同尺寸的圆筒和不同类型及长度的土样所进行的试验发现,单位时间内渗出水量 q 与圆筒断面积 A 和水力坡降 $I = \Delta h / L$ 成正比,且与土的透水性质有关。即

$$q = kA \frac{\Delta h}{L} = kIA \qquad (2\text{-}1)$$

或

$$v = \frac{q}{A} = kI \qquad (2\text{-}2)$$

式中,k——反映土的透水性能的比例系数,称为土的透水系数。它相当于水力坡降 $I = 1$ 时的渗透速度,故其量纲与流速相同(cm/s);

I——水力坡降(梯度),表示单位渗流长度上的水头损失($\Delta h / L$);

v——断面平均渗透速度(cm/s)。

应该注意的是,由于孔隙水的渗流不是通过土的整个截面,而仅是通过该截面内土粒间的孔隙,因此,土中孔隙水的实际流速 v_0 要比式(2-2)的计算平均流速 v 大,实际流速为 $v_0 = v/n$,n 为土的孔隙率。但在工程实际计算中,仍按式(2-2)计算渗流速度。

　　达西定律表明,在层流状态的渗流中,渗流速度 v 与水力梯度的一次方成正比。即达西定律只适用于层流的情况,故一般只适用于中砂、细砂、粉砂等。对粗砂、砾石、卵石等粗颗粒土,只有在小的水力梯度下才适用。否则,水在土中的流动不是层流而是紊流,渗流速度与水力梯度呈非线性(见图 2-3(a)),达西定律不再适用。

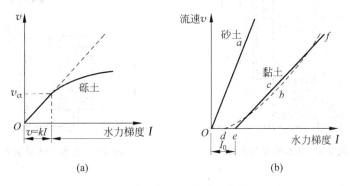

图 2-3　不同土层的渗透规律

(a) 砾土；(b) 砂土和黏土

　　在黏土中,土颗粒周围存在结合水,结合水因受分子引力作用而呈现黏滞性。黏土中自由水的渗流受到结合水的黏滞作用产生很大阻力,因此只有当水力梯度达到某一值,克服了结合水的黏滞力以后,才能发生渗流,我们把克服此结合水的黏滞力所需水力梯度,称为黏土的起始水力梯度 I_0。且当水力梯度超过起始水力梯度后,渗流速度与水力梯度仍呈一定的非线性(图 2-3(b))。图中绘出了砂土与黏土的渗透规律,砂土的 v-I 关系是通过原点的一条直线。黏土的 v-I 关系是一条曲线,d 点是黏土的起始水力梯度,当土中水力梯度超过此值后水才开始渗流。一般常用折线 c 代替曲线,即认为 e 点是黏土的起始水力梯度 I_0。

　　因此,在实用上,黏土中的渗流规律须将达西定律进行修正如下:

$$v = k(I - I_0) \tag{2-3}$$

2.2.2　土的渗透试验和渗透系数的确定

　　渗透系数是综合反映土体渗透能力的一个指标,其数值的正确确定对渗透计算有着非常重要的意义。影响渗透系数大小的因素很多,主要取决于土体颗粒的形状、大小、不均匀系数和水的黏滞性等。要建立计算渗透系数的精确理论公式比较困难,通常它的大小可通过试验或经验决定,试验可在实验室或现场进行,而室内测定渗透系数有常水头法和变水头法(图 2-4、图 2-5)。

1. 实验室常水头渗透试验

　　常水头渗透试验装置的示意图如图 2-4 所示,与达西渗透试验装置相似。在圆柱形试验筒内装置土样,土的截面积为 A(即试验筒截面积),在整个试验过程中土样上的水头保持不变。在土样中选择两点 1、2,两点的距离为 L,分别在两点设置测压管。试验开始时,水自上而下流经土样,待渗流稳定后,测得在时间 t 内流过土样的流量为 Q,同时读得两侧压管的水头差为 Δh。则单位时间内渗流量

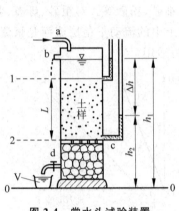

图 2-4 常水头试验装置

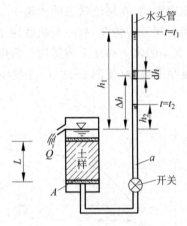

图 2-5 变水头试验装置

$$q = \frac{Q}{t}$$

由达西定律

$$q = kA \frac{\Delta h}{L}$$

从而可求得土样渗透系数

$$k = \frac{QL}{\Delta h A t} \tag{2-4}$$

常水头渗透试验适用于测量砂土的渗透系数,对于黏性土,由于渗透系数很小,应采用变水头法测量其渗透系数。

2. 实验室变水头渗透试验

变水头渗透试验装置如图 2-5 所示。土样的截面积为 A,高度为 L。试验筒上设置储水管,储水管截面积为 a,试验开始时,储水管水头为 h_1,经过时间 t 后水头降为 h_2,令在时间 $\mathrm{d}t$ 内水头降低了 $\mathrm{d}h$,则在 $\mathrm{d}t$ 时间内通过土样的流水量为

$$\mathrm{d}Q = -a\mathrm{d}t$$

由达西定律,在 $\mathrm{d}t$ 时段内流经试样的渗水量又可表示为

$$\mathrm{d}Q = k\frac{h}{L}A\mathrm{d}t$$

由以上两式可得

$$-a\mathrm{d}t = k\frac{h}{L}A\mathrm{d}t$$

对上式两边取积分并整理后可得

$$\int_{t_1}^{t_2} \mathrm{d}t = \int_{h_1}^{h_2} \frac{aL}{kA} \frac{\mathrm{d}h}{h}$$

可得土渗透系数为

$$k = \frac{aL}{A(t_2 - t_1)} \ln \frac{h_1}{h_2} \tag{2-5}$$

式(2-5)中的 a、L、A 为已知,试验时只要量测与时刻 t_1、t_2 对应的水位 h_1、h_2 就可求出渗透系数。

3.现场抽水试验

对于粗颗粒土或成层土,室内试验时不易取得原状土样,或者土样不能反映天然土层的层次或土颗粒排列情况,与实验室测定法相比,现场测定法的试验条件更符合实际土层的渗透情况,测得的渗透系数值为整个渗流区较大范围内土体渗透系数的平均值,是比较可靠的测定方法,但试验规模较大,所需人力物力也较多。现场测定渗透系数的方法较多,常用的有野外注水试验和野外抽水试验等,这种方法一般是在现场钻井孔或挖试坑,在往地基中注水或抽水时,量测地基中的水头高度和渗流量,再根据相应的理论公式求出渗透系数值。下面将主要介绍野外抽水试验。

图 2-6 为一现场井孔抽水试验示意图。在试验现场沉入一根抽水井管,穿过要测定 k 值的砂土层,并在与井中心不同距离处设置一个或两个观测孔,然后自井中以不变的速率连续进行抽水,抽水造成井周围的地下水位逐渐下降,形成一个以井孔为轴心的降落漏斗状的地下水面。测定水头差形成的水力梯度,使水流向井内。假定水流是水平流向时,则流向水井的渗流过水断面应是一系列的同心圆柱面,待出水量和井中的动水位稳定一段时间后,若测得的抽水量为 Q,观测孔与井轴线的距离分别为 r_1、r_2,孔内的水位高度为 h_1、h_2。

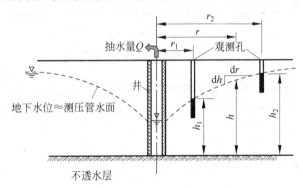

图 2-6　现场抽水试验

现围绕井心取一过水断面,该断面与井中心距离为 r,水面高度为 h,则过水断面积 A 为

$$A = 2\pi rh$$

假定土中任一半径处的水力梯度为常数,即 $I = \mathrm{d}h/\mathrm{d}r$,则根据达西定律,单位时间自井内抽出的水量,即单位渗水量为

$$q = AkI = 2\pi rh \cdot k \frac{\mathrm{d}h}{\mathrm{d}r}$$

$$q \frac{\mathrm{d}r}{r} = 2\pi kh\,\mathrm{d}h$$

等式两边同时取积分

$$q\int_{r_1}^{r_2} \frac{\mathrm{d}r}{r} = 2\pi k \int_{h_1}^{h_2} h\,\mathrm{d}h$$

积分并整理后得

$$k = \frac{q}{\pi} \frac{\ln(r_2/r_1)}{h_2^2 - h_1^2} \tag{2-6}$$

现场抽水试验所需费用较高,并非所有工程用现场试验来测定渗透系数就是合理的,故应根据工程规模、重要性和勘察要求来确定是否需要采用。

【例 2-1】 如图 2-7 所示,在 5.0m 厚的黏土层下有一砂土层厚 6.0m,其下为基岩(不透水)。为测定该砂土的渗透系数,打一钻孔到基岩顶面并以 10^{-2} m³/s 的速率从孔中抽水。在距抽水孔 15m 和 30m 处各打一观测孔穿过黏土层进入砂土层,测得孔内稳定水位分别在地面以下 3.0m 和 2.5m,试求该砂土的渗透系数。

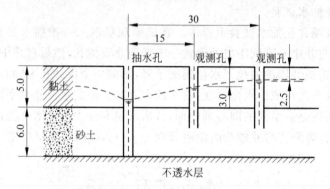

图 2-7 例 2-1 图(单位:m)

【解】 砂土为透水土层,厚 6m,上覆黏土为不透水土层,厚 5m,因为黏土层不透水,所以任意位置处的过水断面的高度均为砂土层的厚度,即 6m。题目又给出了 $r_1 = 15$m,$r_2 = 30$m,$h_1 = 8$m,$h_2 = 8.5$m。

由达西定律,$q = kAi = k \cdot 2\pi r \cdot 6 \dfrac{\mathrm{d}h}{\mathrm{d}r} = 12k\pi r \dfrac{\mathrm{d}h}{\mathrm{d}r}$,可改写为

$$q \frac{\mathrm{d}r}{r} = 12k\pi \cdot \mathrm{d}h$$

积分后得到

$$q \ln \frac{r_2}{r_1} = 12k\pi(h_2 - h_1)$$

代入已知条件,得

$$k = \frac{q}{12\pi(h_2 - h_1)} \ln \frac{r_2}{r_1} = \frac{0.01}{12\pi(8.5 - 8)} \ln \frac{30}{15} \text{m/s} = 3.68 \times 10^{-4} \text{m/s} = 3.68 \times 10^{-3} \text{cm/s}$$

4. 层状地基的等效渗透系数

天然沉积土往往由渗透性不同的土层所组成,宏观上具有非均质性,而且需根据渗流方向确定等效渗透系数。对于与土层层面平行和垂直的简单渗流情况,当各土层的渗透系数和厚度为已知时,即可求出整个土层与层面平行和垂直的等效渗透系数,作为进行渗流计算的依据。先以两层土为例,推论出多层土的一般表达。图 2-8 表示土层由两层组成,各层土

的渗透系数为 k_1、k_2，厚度为 h_1、h_2。

我们首先来考虑与层面平行的渗流情况，考虑水平向渗流时（水流方向与土层平行），如图 2-8(a)所示，因为各土层的水力梯度相同，总流量等于各土层流量之和，总的截面积等于各土层截面之和。取单位宽度土层为研究对象，则有

$$I = I_1 + I_2$$
$$q = q_1 + q_2$$
$$A = A_1 + A_2 = 1 \times h_1 + 1 \times h_2 = h_1 + h_2$$

由此得土层水平向等效渗透系数 k_h 为

$$k_h = \frac{q}{AI} = \frac{q_1 + q_2}{AI} = \frac{k_1 A_1 I_1 + k_2 A_2 I_2}{AI} = \frac{k_1 h_1 + k_2 h_2}{h_1 + h_2}$$

所以

$$k_h = \frac{\sum k_i h_i}{\sum h_i} = \frac{1}{h} \sum k_i h_i \tag{2-7}$$

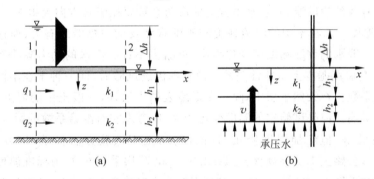

图 2-8　成层土的渗流情况

可见，与土层平行向渗流时等效渗透系数大小受渗透系数最大的土层控制。

考虑竖直向渗流时（水流方向与土层垂直），如图 2-8(b)所示。此时，各土层的流量相等，并等于总的流量，总的截面积等于各土层的截面积，总的水头损失等于各土层的水头损失之和。同理，取单位宽度土层为研究对象，有

$$q = q_1 = q_2$$
$$A = A_1 = A_2$$
$$\Delta h = \Delta h_1 + \Delta h_2$$

由此得与土层竖直向等效渗透系数 k_v 为

$$k_v = \frac{q}{AI} = \frac{q}{A} \cdot \frac{h_1 + h_2}{\Delta h} = \frac{q}{A} \cdot \frac{h_1 + h_2}{\Delta h_1 + \Delta h_2}$$

$$= \frac{q}{A} \cdot \frac{h_1 + h_2}{\dfrac{q_1 h_1}{A_1 k_1} + \dfrac{q_2 h_2}{A_2 k_2}} = \frac{h_1 + h_2}{\dfrac{h_1}{k_1} + \dfrac{h_2}{k_2}}$$

即

$$k_v = \frac{\sum h_i}{\sum \dfrac{h_i}{k_i}} = \frac{h}{\sum \dfrac{h_i}{k_i}} \tag{2-8}$$

可见,与土层竖直向渗流时等效渗透系数大小受渗透系数最小的土层控制。

5. 影响土渗透性的主要因素

影响土渗透性的主要因素主要有土粒特性和流体特性。

(1) 土的粒度成分及矿物成分。土的颗粒大小、形状及级配,影响土中孔隙大小及其形状,因而影响土的渗透性。土颗粒越粗、越浑圆、越均匀时,渗透性就大。砂土中当有较多粉土及黏土颗粒时,其渗透系数就大大降低。土的矿物成分对于卵石、砂土和粉土的渗透性影响不大,但对于黏土的渗透性影响较大,黏性土中含有亲水性较大的黏土矿物(如蒙脱石)或有机质时,将大大降低土的渗透性。含有大量有机质的淤泥几乎是不透水的。

(2) 土的结构构造。细粒土在天然状态下具有复杂结构,结构一旦扰动,原有的过水通道的形状、大小及其分布就会全都改变,因而 k 值也就不同。扰动土样与击实土样的 k 值通常均比同一密度原状土样的 k 值小。天然土层通常不是各向同性的,在渗透性方面往往也是如此。如黄土具有竖直方向的大孔隙,所以竖直方向的渗透系数要比水平方向大得多。层状黏土常夹有薄的粉砂层,它在水平方向的渗透系数要比竖直方向大得多。

(3) 水的温度。水在土中的渗流速度与水的重度及动力黏滞度有关,而这两个数值又与温度有关。一般水的重度随温度变化很小,可略去不计。但水的动力黏滞系数 η 随温度升高而减小,η 与温度基本上呈线性关系。故室内渗透试验时,同一种土在不同温度下会得到不同的渗透系数。在天然土层中,除了靠近地表的土层外,一般土中的温度变化很小,故可忽略温度的影响。但是试验室的温度变化较大,应考虑它对渗透系数的影响。因此,在温度 $T(℃)$ 测得的 η_T 值应加温度修正,目前国标《土工试验方法标准(2007 版)》(GB/T 50123—1999)、《公路土工试验规程》(JTG E40—2007)均采用 20℃ 为标准温度。常以水温为 20℃ 时的渗透系数 k_{20} 作为标准值,在其他温度下测定的渗透系数 k_T 可按下式进行修正:

$$k_{20} = k_T \frac{\eta_T}{\eta_{20}} \tag{2-9}$$

式中,η_T,η_{20}——T 时及 20℃ 时水的动力黏滞系数(kPa·s)。

(4) 土中气体。当土孔隙中存在密闭气泡时,会阻塞水的渗流,从而降低了土的渗透性。这种密闭气泡有时是由溶解于水中的气体分离出来而形成的,故室内渗透试验有时规定要用不含溶解空气的蒸馏水。各类土的渗透系数大致范围如表 2-1 所示。

表 2-1 各类土的渗透系数大致范围

土的种类	渗透系数/(cm/s)
碎石、卵石	$> 1 \times 10^{-1}$
砂土	$1 \times 10^{-3} \sim 1 \times 10^{-1}$
粉土	$1 \times 10^{-4} \sim 1 \times 10^{-2}$
粉质黏土	$1 \times 10^{-6} \sim 1 \times 10^{-5}$
黏土	$1 \times 10^{-7} \sim 1 \times 10^{-6}$

2.2.3 渗流力及渗透变形

渗流引起的渗透破坏问题主要有两大类:一是因渗流力的作用,使土体颗粒流失或局部土体产生移动,导致土体变形甚至失稳,如深基坑中的渗透变形,流砂(或流土)和管涌现象;二是由于渗流作用,使水压力或浮力发生变化,导致土体或结构物失稳,如岸坡滑动或挡土墙等构筑物整体失稳。本节主要分析流砂和管涌现象,关于渗流对土坡稳定的影响将在第 6 章中介绍。

1. 渗流力

水在土中渗流时,受到土颗粒的阻力 T 的作用,这个力的作用方向与水流方向相反。根据作用力与反作用力相等的原理,水流也必然有一个相等的力作用在土颗粒上,我们把水流作用在单位体积土体中土颗粒上的力称为渗流力 G_D,也称动水力。渗流力的作用方向与水流方向一致。G_D 和 T 的大小相等,方向相反,它们都是用体积力表示的。

为了说明问题的方便,这里仅以单向模型为例,在图 2-9(a)所示的渗透破坏试验中,对土样假想将土骨架和水分开来取隔离体,则对假想水柱隔离体来说,作用在其上的力有:

(1) 水柱重力 G_w,为土中水重力和土粒浮力的反力(等于土粒同体积的水重)之和,即

$$G_w = V_v \gamma_w + V_s \gamma_w = V_v \gamma_w = LA_w \gamma_w$$

(2) 水柱上下两端面的边界水压力,$\gamma_w h_w$ 和 $\gamma_w h_1$。

(3) 柱内土粒对水流的阻力,其大小应与渗流力相等,方向相反,单位土体内的渗流力为 G_D,土颗粒对水的阻力为 T,则总阻力为 TLA_w,方向垂直向下。

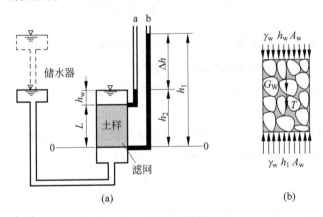

图 2-9　渗流力计算模型图

(a) 渗透破坏试验图;(b) 假想的水柱隔离体

取假想的水柱隔离体为研究对象(图 2-9(b)),根据其平衡条件可得

$$\gamma_w h_w A_w + G_w + TLA_w = \gamma_w h_1 A_w$$

考虑到 $G_w = LA_w \gamma_w$,则

$$T = \frac{\gamma_w (h_1 - h_w - L)}{L} = \frac{\gamma_w \Delta h}{L} = \gamma_w I$$

$$G_D = T = \gamma_w I$$

$$(2\text{-}10)$$

可见,渗透力是一种体积力,单位与 γ_w 相同,为 kN/m^3。渗透力的大小和水力坡降成正比,方向与渗流方向一致。

2．渗透变形

当渗流力超过一定的界限值后，土中的渗流水流会把部分土体或土颗粒冲出、带走，导致局部土体发生位移，位移达到一定程度，土体将发生失稳破坏，这种现象称为渗透变形。渗透变形主要有二种形式，即流砂（或流土）与管涌。

由于渗流力的方向是与水流方向一致，因此当水的渗流自上向下时（见图 2-10(a)），渗流力方向与土体重力方向一致，这样将增加土颗粒间的压力；若水的渗流方向自下而上时（见图 2-10(b)），渗流力的方向与土体重力方向相反，将减小土颗粒间的压力。

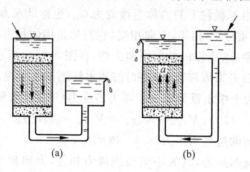

图 2-10 不同渗流方向对土的影响

(a) 向下渗流时；(b) 向上渗流时

当水的渗流自下而上，在土体表面（见图 2-10(b)）取一单位体积土体进行分析。已知土在水下的浮重度为 γ'，当向上的渗流力 G_D 与土的浮重度相等时，即

$$G_D = \gamma_w I = \gamma' = \gamma_{sat} - \gamma_w \tag{2-11}$$

式中：γ_{sat}、γ_w——土的饱和重度、水的重度。

这时土颗粒间的压力等于零，土颗粒将处于悬浮状态而失去稳定。这种现象就称为流砂现象。这时的水力梯度称为临界水力梯度 I_{cr}，可由下式求得

$$I_{cr} = \frac{\gamma'}{\gamma_w} = \frac{\gamma_{sat}}{\gamma_w} - 1 \tag{2-12}$$

在细砂、粉砂及粉土等土层中易产生流砂现象，而在粗颗粒土及黏土中则不易产生。因此，在地下水位以下开挖基坑时，若地基土为易产生流砂现象的土层，从基坑中直接抽水，当水力梯度大于临界值时，就会出现流砂现象。由于坑底土随水涌入基坑，使坑底土的结构破坏，强度降低，将来会使建筑物产生附加下沉，严重的还将影响邻近建筑物的稳定和安全（见图 2-11）。

流砂现象的防治原则是：①减小或消除水头差，如采取基坑外的井点降水法降低地下水位或水下挖掘；②增长渗流路径，如打板桩；③在向上渗流出口处地表用透水材料覆盖压重以平衡渗流力；④土层处理，减小土的渗透系数，如冻结法、注浆法等。

【**例 2-2**】 某基坑开挖深 8m（见图 2-12），地基中存在粉土层，其饱和重度为 20kN/m³，在一场暴雨后，坑底发生了向上涌砂的流砂现象，经调查发现粉土层中存在承压水，试估算这时承压水头为多高？

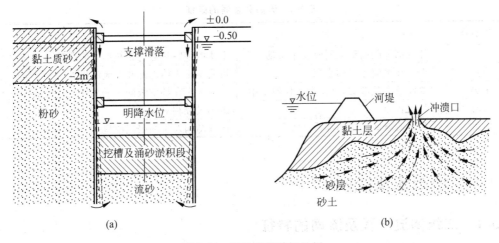

图 2-11　流砂引起破坏示例

（a）基坑因流砂失稳；（b）河堤覆盖层下流砂涌出

【解】　发生流砂的条件为
$$I > I_{cr}$$
临界水力梯度

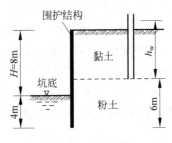

图 2-12　例 2-2 图

$$I_{cr} = \frac{\gamma'}{\gamma_w} = \frac{\Delta h}{L}$$

因维护结构进入坑底 4m，故水渗流路径长
$$L = (4+6)m = 10m$$
两侧水头差为
$$\Delta h \geqslant \frac{L\gamma'}{\gamma_w} = \frac{L(\gamma_{sat} - \gamma_w)}{\gamma_w} = \frac{10 \times (20-10)}{10}m = 10m$$
故承压水位上升后的高度
$$h_w = \Delta h - (6-4) = 8m$$

　　水在砂性土中渗流时，土中的一些细小颗粒在渗流力作用下，可能通过粗颗粒的孔隙被水流带走，这种现象称为管涌。管涌可以发生于局部范围，但也可能逐步扩大，最后导致土体失稳破坏。发生管涌时的临界水力梯度与土的颗粒大小及其级配情况有关。土的不均匀系数 C_U 越大，管涌现象愈容易发生，一般不均匀系数 $C_U > 10$ 的土才会发生管涌。渗流力能够带动细颗粒在孔隙间滚动或移动是发生管涌的水力条件，可用管涌的水力梯度来表示。但管涌临界水力梯度的计算至今尚未成熟，对于重大工程，应尽量由试验确定。

　　流砂现象是发生在土体表面渗流逸出处，不发生于土体内部，而管涌现象可以发生在渗流逸出处，也可能发生于土体内部。

　　防治管涌现象，一般可从下列两个方面采取措施：①改变几何条件，在渗流逸出部位铺设反滤层是防止管涌破坏的有效措施；②改变水力条件，降低水力梯度，如打板桩等；③土层处理，减小土的渗透系数。

　　表 2-2 列出了流砂和管涌的区别。

表 2-2 流砂和管涌的区别

渗透破坏	流　砂	管　涌
现象	土体局部范围的颗粒同时发生移动	土体内细颗粒通过粗粒形成的孔隙通道移动
位置	只发生在水流渗出的表层	可发生于土体内部和渗流溢出处
土类	只要渗透力足够大,可发生在任何土中	一般发生在特定级配的无黏性土或分散性黏土
历时	破坏过程短	破坏过程相对较长
后果	导致下游坡面产生局部滑动等	导致结构发生塌陷或溃口

2.3　二维渗流及流网

2.3.1　二维渗流方程及流网的特征

以上研究的是单向渗流,只要土体两端的水头和渗透系数已知,土体内的水力坡降、渗流流速、渗流力等便可由达西定律求得。但实际工程很少是单向渗流,而多为二维或三维渗流。工程中涉及渗流问题的常见构筑物有坝基、闸基及带挡墙(或板桩)的基坑等。这类构筑物有一个共同的特点是轴线长度远大于其横向尺寸,因而可以认为渗流仅发生在横断面内(严格地说,只有当轴向长度为无限长时才能成立)。因此对这类问题只要研究任一横断面的渗流特性,也就掌握了整个渗流场的渗流情况。这种渗流称为二维渗流或平面渗流。

对于二维渗流,根据流入土体的水量等于流出的水量,以及达西定律,并假定水体不可压缩,可建立如下的稳定渗流连续方程:

$$k_x \frac{\partial^2 h}{\partial x^2} + k_y \frac{\partial^2 h}{\partial y^2} = 0$$

式中,k_x、k_y——x 和 y 方向的渗透系数;

h——总压力水头。

对于各向同性的均质土,渗透系数 $k_x = k_y$,上式可写成

$$\frac{\partial^2 h}{\partial x^2} + \frac{\partial^2 h}{\partial y^2} = 0 \tag{2-13}$$

式(2-13)即为著名的地下水运动的拉普拉斯方程。根据不同的边界条件,解此方程,即可求得该条件下的渗流场,从而计算相应的渗流流速、流量、渗流力和孔隙水压力。

可用解析法、数值法及电拟等方法求解拉普拉斯方程,其结果可用流网表示。

流网是由一组流线和一组等势线互相正交组成的网格。在稳定渗流场中,流线表示水质点的流动路线,流线上任一点的切线方向就是流速矢量的方向。等势线是渗流场中势能或水头的等值线。图 2-13 中实线为流线,虚线为等势线。对于各向同性渗流介质,由水力学可知,流网具有下列特征:

(1) 流线与等势线互相正交。

(2) 流线与等势线构成的各个网格的长宽比为常数。当长宽比为 1 时,网格为曲边正方形,这是最常见的一种流网。

(3) 任意两相邻等势线之间的水头损失相等。

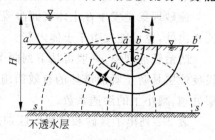

图 2-13　平面流网示意图

（4）任意两相邻流线间的单位渗流量相等，相邻流线间的渗流区域称为流槽。各个流槽的渗流量相等。

由这些特征可进一步知道，流网中等势线越密的部位、水力梯度越大，流线越密的部位流速越大。

2.3.2　流网的绘制及应用

以图 2-13 为例，流网绘制步骤如下：

（1）按一定比例绘出结构物和土层的剖面图。

（2）判定边界条件，图 2-13 中 aa' 和 bb' 为等势线边界（透水面）；ac、bc、ss' 为流线边界（不透水面）。

（3）先试绘若干条流线（应相互平行，不交叉且是缓和曲线）；流线应与进水面（aa'）、出水面（bb'）正交，并与不透水面（流线 ss'）不交叉。

（4）加绘等势线。须与流线正交，且每个渗流区的形状接近"方块"。

上述过程不可能一次就合适，经反复修改调整，直到满足上述条件为止。当渗流场中的流网图确定后便可用于求解各点的流动特性。

（1）相邻等势线间的水头损失 h_i。设等势线的间隔数为 N_d，上下游总水头差为 h，则

$$h_i = \frac{h}{N_d}$$

（2）各网格水力梯度 I_i。任取一网格，其沿流线的渗流路径为 l_i，而沿等势线宽为 a_i，则

$$I_i = \frac{h_i}{l_i} = \frac{1}{N_d} \cdot \frac{h}{l_i}$$

土中某点 i 的水力梯度用该点所在流网网格的水力梯度 I_i 近似表示。各网格的渗透速度 v_i 为

$$v_i = kI_i = k\frac{1}{N_d} \cdot \frac{h}{l_i}$$

（3）单位渗流量 q_i 网格所在流槽的渗流量为

$$q_i = v_i a_i 1 = \frac{kha_i}{N_d l_i}$$

设 N_f 为流槽数，可得总渗流量为

$$Q = \sum q_i = N_f q_i = k\frac{N_f}{N_d} \cdot \frac{a_i}{l_i}h$$

（4）任意点的孔隙水压力 u_i 等于该点测压管水柱高度 h_{wi} 与水的重度 γ_w 的乘积，任意点的测压管水柱高可根据该点所在等势线的水头确定，同一等势线上的测压管水头应在同一水平线上，则

$$u_i = h_w \gamma_w$$

总之，可应用流网确定渗流场内各点的水头差、水力坡降、渗透流速、渗流量及孔隙水压力等，在高层建筑和桥梁的深基坑的设计与施工中，常需计算渗流量（出水量）。各种类型水井的出水量计算方法可参见水力学及高层建筑基础工程施工等相关内容。

2.4　土的毛细性及土的冻胀

2.4.1　土的毛细性

1. 土层中的毛细水

土的毛细现象是指土中水在表面张力作用下，沿着孔隙向上及其他方向移动的现象。这种细微孔隙中的水被称为毛细水，土的毛细现象在以下几个方面对工程有影响：毛细水的上升引起路基冻害、导致房屋建筑地下室过分潮湿、引起土的沼泽化和盐渍化。可见，其对建筑工程有很大影响。

2. 毛细水上升高度及毛细压力

为了了解土中毛细水的上升高度，可以借助水在毛细管内上升的现象来说明。毛细水为什么会沿毛细管上升？我们知道水和空气分界面上存在着表面张力，而液体总是力求缩小自己的表面积，以使表面自由能变得最小，这也就是一滴水珠总是成为球状的原因。

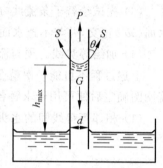

图 2-14　毛细管中水柱的上升

若毛细管内水位上升到最大高度 h_{max}（见图 2-14），根据平衡条件可知作用在毛细水柱上的上举力 P，应该等于毛细管内上升水柱的重力 G。而

$$P = S \cdot 2\pi r \cos\theta = 2\pi r\sigma \cos\theta$$

$$G = \gamma_w \pi r^2 h_{max}$$

式中，S——管壁与弯液面水分子间引力的合力；

　　　r——毛细管的半径；

　　　σ——水的表面张力；

　　　θ——湿润角，即水的表面张力与管壁间的夹角，它的大小取决于管壁材料及液体性质，对于毛细管内的水柱，可以认为是完全湿润的，即 $\theta = 0°$；

　　　γ_w——水的重度。

根据 $G = P$ 得

$$h_{max} = \frac{2\sigma}{r\gamma_w} \tag{2-14}$$

可见，毛细水上升高度是和毛细管直径成反比，但在天然土层中，因为土中的孔隙是不规则的，与圆柱状的毛细管根本不同，特别是土颗粒与水之间积极的物理化学作用，使得天然土层中的毛细现象比毛细管的情况要复杂得多，故毛细水的上升高度不能简单地直接引用公式(2-14)计算，否则计算结果会比实际大得多。例如，假定黏土颗粒为直径等于 0.0005mm 的圆球，那么这种假想土粒堆置起来的孔隙直径 $d = 0.00001$mm，代入公式中将得到毛细水上升最大高度达 300m，而天然土层中实际高度很少超过数米。为此，在实践工程中可采用估算毛细水上升高度的经验公式，如海森(A. Hazen)经验公式

$$h_c = \frac{C}{ed_{10}} \tag{2-15}$$

式中,h_c——毛细水的上升高度(m);

  C——系数,与土粒形状及表面洁净情况有关;

  e、d_{10}——土的孔隙比,土颗粒的有效粒径(m)。

干燥的砂土是松散的,颗粒间没有黏结力,水下的饱和砂土也是这样。但有一定含水率的湿砂,却表现出颗粒间有一些黏结力,如湿砂可捏成砂团。在湿砂中有时可挖成直立的坑壁,短期内不会坍塌。这些都说明湿砂的土粒间有一些黏结力,这个黏结力是由于土粒间接触面上一些水的毛细压力所形成的,即毛细压力(见图 2-15)。毛细压力的存在,增加了粒间错动的阻力,使得湿砂具有一定的可塑性。但一旦被水完全浸没,或在完全干燥条

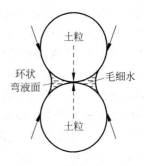

图 2-15　毛细压力示意图

件下,弯液面消失,毛细压力变为零,这种湿砂所具有的"假黏聚力"也就消失了。

2.4.2　土的冻胀

1. 冻胀现象及其对工程的危害

在冰冻季节因大气负温影响,使土中水分冻结成为冻土。冻土根据其冻融情况分为:季节性冻土、隔年冻土和多年冻土。季节性冻土是指冬季冻结,夏季全部融化的冻土;若冬季冻结,一二年不融化的土层称为隔年陈土;凡冻结状态持续三年或三年以上的土层称为多年冻土。多年冻土地区的表土层有时夏季融化,冬季冻结,所以也是属于季节性冻土。

我国的多年冻土分布,基本上集中在纬度较高和海拔较高的严寒地区,我国冻土总面积占国土的 20% 左右,在冻土地区,随着土中水的冻结和融化将产生冻胀冻融现象,冻胀和冻融严重地威胁着建筑物的稳定及安全。冻土现象是由冻结及融化两种作用所引起。某些细粒土层在冻结时,往往会发生土层体积膨胀,使地面隆起成丘,即所谓冻胀现象。土层发生冻胀的原因,不仅是由于水分冻结成冰时体积要增大 9%,而主要是由于土层冻结时,周围未冻结区中的水分会向表层冻结区集聚,使冻结区土层中水分增加,冻结后的冰晶体不断增大,土体也随之发生膨胀隆起。冻土的冻胀会使路基隆起,使柔性路面鼓包、开裂,使刚性路面错缝或折断;冻胀还使修建在其上的建筑物抬起,引起建筑物开裂、倾斜,甚至倒塌。

对工程危害更大的是在季节性冻土地区,一到春暖土层解冻融化后,由于土层上部积累的冰晶体融化,使土中含水率大大增加,加之细粒土排水能力差,土层处于饱和状态,土层软化,强度大大降低。路基土冻融后,在车辆反复碾压下,轻者路面变得松软,限制行车速度,重者路面开裂、冒泥,即翻浆现象,使路面完全破坏。冻融也会使房屋、桥梁、涵管发生大量下沉或不均匀下沉,引起建筑物开裂破坏。因此,冻土的冻胀及冻融都会对工程带来危害,必须引起注意,采取必要的防治措施。

2. 影响冻胀的因素

土发生冻胀的原因是因为冻结时土中的水向冻结区迁移和积聚。我们知道土中水分为结合水和自由水两大类。结合水根据其所受分子引力的大小分为强结合水和弱结合水,自由水又分为重力水与毛细水。重力水在 0℃ 时冻结,毛细水因受表面张力的作用其冰点稍低于 0℃;结合水冰点 $-78 \sim -0.5$℃。

当土中温度降至负温时,土体孔隙中的自由水首先冻结成冰晶体。随着温度继续下降,弱结合水的最外层也开始冻结,冰晶体逐渐扩大,使冰晶体周围土粒的结合水膜减薄,土粒产生剩余的分子引力。另外,由于结合水膜的减薄,使得水膜中的离子浓度增加,这样就产生渗附压力,在这两种引力作用下,附近未冻结区水膜较厚处的结合水,被吸引到冻结区的水膜较薄处。一旦水分被吸引到冻结区后,因负温作用,水即冻结,使冰晶体增大,而不平衡引力继续存在。若未冻结区存在着水源及适当的水源补给通道(即毛细通道),就能够源源不断地补充被吸引结合水,则未冻结的水分就会不断地向冻结区迁移积聚,使冰晶体扩大,在土层中形成冰夹层,土体积发生冻胀现象。这种冰晶体的不断增大,一直要到水源的补给断绝后才停止。

可见土的冻胀现象是在一定条件下形成的,影响冻胀的因素有:

(1) 土的因素。冻胀现象通常发生在细粒土中,特别是粉土、粉质黏土中,冻结时水分迁移积聚最为强烈,冻胀严重。原因是这类土具有较显著的毛细现象,同时,这类土的颗粒较细,表面能大,土粒矿物成分亲水性强,能持有较多的结合水,从而能使大量结合水迁移和积累。相反,黏土虽有较厚的结合水膜,但毛细孔隙较小,对水分迁移的阻力很大,没有通畅的水源补给通道,所以其冻胀性较上述粉质土为小。

砂砾等粗颗粒土,没有或具有很少的结合水,孔隙中自由水冻结后,不会发生水分的迁移积聚,同时由于砂砾的毛细现象不显著,因而不会发生冻胀。所以,在工程实践中常在路基或路基中换填砂土,以防止冻胀。

(2) 水的因素。从以上可知,土层发生冻胀的原因是水分的迁移和积聚。因此,当冻结区附近地下水水位较高,毛细水上升高度能够达到或接近冻结线,使冻结区能得到水源的补给时,将发生比较强烈的冻胀现象。没有外来水分补给时冻胀量小。

(3) 温度的因素。如气温骤降且冷却强度很大时,土的冻结迅速向下推移,即冻结速度很快。这时,土中弱结合水及毛细水来不及向冻结区迁移就在原地冻结成冰,毛细通道也被冰晶体所堵塞,这样,水分的迁移和积聚不会发生,在土层中看不到冰夹层,只有散布于孔隙中的冰晶体,这时形成的冻土一般无明显的冻胀。

(4) 外载荷的因素。实测数据都表明,载荷对冻胀有抑制作用。由于载荷的存在,土体膨胀受到约束,产生冻胀力。冻胀力作为压力势(正值)施加于未冻水中,减小未冻水势(负值),相应减小冻土段的未冻水势梯度,因此,外界水分入流量也减小。载荷对冻胀的抑制作用有随载荷增大逐渐减弱的趋势。

3. 地基土冻胀性分类

现行的《建筑地基基础设计规范》(GB 50007—2011)把地基土的冻胀性分为不冻胀、弱冻胀、冻胀、强冻胀和特强冻胀 5 个类别,相应的冻胀等级分别为 Ⅰ、Ⅱ、Ⅲ、Ⅳ、Ⅴ。它的分类标准依据的是平均冻胀率(%),其与冻胀等级、冻胀类别的关系见表 2-3。

表 2-3 《建筑地基基础设计规范》中地基土的冻胀性分类

冻 胀 等 级	Ⅰ	Ⅱ	Ⅲ	Ⅳ	Ⅴ
冻胀类别	不冻胀	弱冻胀	冻胀	强冻胀	特强冻胀
平均冻胀率 $\eta/\%$	$\eta \leqslant 1$	$1 < \eta \leqslant 3.5$	$3.5 < \eta \leqslant 6$	$6 < \eta \leqslant 12$	$\eta > 12$

从表 2-3 中可以看出,该规范中将不冻胀作为了一个类别。实际上,此处的不冻胀应理解为平均冻胀率很小,不足以对工程造成危害,因此将其单独归为一个等级。随着平均冻胀率的增大,冻胀等级也变大,冻胀类别是逐渐增强的。

该规范中,针对场地内的某一类地基土,判定其冻胀类别和等级是根据土的名称、冻前天然含水量、冻结期间地下水位与冻结面的最小距离来确定的。具体确定标准可参见该规范附录 G 或表 8-4。

特别需要注意的是,附录 G 特地针对下列土层:碎石、砾、粗、中砂(粒径小于 0.075mm 的颗粒含量不大于 15%)和细砂(粒径小于 0.075mm 的颗粒含量不大于 10%)做出了规定,按不冻胀考虑。

复习思考题

2.1　何谓达西定律?达西定律成立的条件有哪些?

2.2　实验室内测定渗透系数的方法有几种?它们之间有什么不同?

2.3　什么是临界水力梯度?如何对其进行计算?

2.4　根据达西定律计算出的流速和土中水的实际流速是否相同?为什么?

2.5　什么叫渗透力?其大小和方向如何确定?

2.6　影响土渗透性的因素有哪些?

2.7　达西定律的基本假定是什么?试说明达西渗透定律的应用条件和适用范围。

2.8　渗透力是怎样引起渗透变形的?渗透变形有哪几种形式?在工程中会有什么危害?防治渗透破坏的工程措施有哪些?

2.9　试列举几个在工程设计与施工中应用渗透力的例子,说明其应用条件及应注意的问题。

2.10　什么是流网?流网两族曲线必须满足的条件是什么?流网的主要用途是什么?

2.11　什么是土的毛细现象?

2.12　土中固态水(冰)对工程有何影响?影响土的冻胀的因素有哪些?

习题

2.1　新建一个钢筋混凝土水池,长度 50m,宽度 20m,高度 4m,池底板与侧壁厚度均为 0.3m。水池的顶面与地面齐平,地下水位埋藏深度 2.50m。侧壁与土之间的摩擦强度按 10kPa 计算。问水池刚竣工,尚未使用时是否安全?(答案:安全)

2.2　某工程基槽开挖深度为 4.0m,地下水位深 5.0m。地基土的天然重度:水上 $\gamma=20kN/m^3$,水下 $\gamma_{sat}=21kN/m^3$。地面以下 6.0m 处存在承压水,承压水的水头为 3.2m。问基槽是否安全?(答案:安全)

2.3　某工程的地基为粗砂,进行渗透试验,已知试样长度为 20cm,试样截面面积为 5cm^2,试验水头为 50cm。试验经历 10s,测得渗流量为 5cm^3。求粗砂的渗透系数 k。(答案:$k=4\times10^{-2}$cm/s)

2.4　某土力学实验室进行粉砂渗透试验,试样长度为 15cm,试样截面面积为 5cm^2,试验水头为 20cm。试验经历 10s,测得渗流量为 3cm³。求粉砂的渗透系数 k。(答案:$k=$ 0.045cm/s)

2.5 某建筑工程基槽排水,引起地下水由下往上流动。水头差 70cm,渗径为 60cm,砂土的饱和重度 $\gamma_{sat}=20.2$kN/m³。问是否会发生流土?(答案:发生流土)

2.6 如图 2-16 所示,在恒定的总水头差之下水自下而上透过两个土样,从土样 1 顶面溢出。

(1)已知土样 2 底面 c—c 为基准面,求该面的总水头和静水头;(答案:90cm,90cm)

(2)已知水流经土样 2 的水头损失为总水头差的 30%,求 b—b 面的总水头和静水头;(答案:81cm,51cm)

(3)已知土样 2 的渗透系数为 0.05cm/s,求单位时间内土样横截面单位面积的流量;(答案:0.015cm/s)

(4)求土样 1 的渗透系数。(答案:0.021cm/s)

2.7 如图 2-17 所示,其中土层渗透系数为 5.0×10^{-2} m/s,其下为不透水层。在该土层内打一半径为 0.12m 的钻孔至不透水层,并从孔内抽水。已知抽水前地下水位在不透水层以上 10.0m,测得抽水后孔内水位降低了 2.0m,抽水的影响半径为 70.0m,试问:

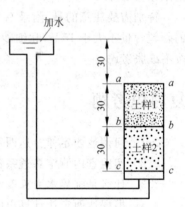

图 2-16 习题 2.6 图(单位:cm)

(1)单位时间的抽水量是多少?(答案:8.88×10^{-3}m³/s)

(2)若抽水孔水位仍降低 2.0,但要求扩大影响半径,应加大还是减小抽水速率?(答案:减小)

2.8 试验装置如图 2-18 所示,土样横截面积为 30cm²,测得 10min 内透过土样渗入其下容器的水重为 0.018N,求土样的渗透系数及其所受的渗透力。(答案:2×10^{-5}cm/s,30N)

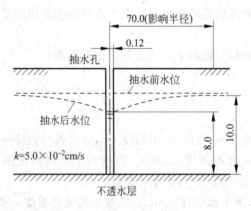

图 2-17 习题 2.7 图(单位:m)

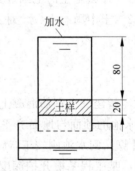

图 2-18 习题 2.8 图(单位:cm)

第3章

土中应力分布及计算

3.1 概述

3.1.1 土中应力

土体在自身重力、建筑物载荷、交通载荷或其他因素(如地下水渗流、地震等)的作用下,均可产生土中应力。建筑物(如房屋、桥梁、涵洞等)或土工构筑物(如路堤、土坝等)的建造使得地基土中原有的应力状态发生变化,将引起地基的变形。由于建筑物载荷差异和地基不均匀等原因,基础各部分的沉降或多或少总是不均匀的,使得上部结构之中相应地产生额外的应力和变形。基础不均匀沉降超过了一定的限度,将导致建筑物的开裂、倾斜甚至破坏,往往会影响路堤、房屋和桥梁等的正常使用。土中应力过大时,又会导致土体的强度破坏,使土工构筑物发生土坡失稳或使建筑物地基的承载力不足而发生失稳。因此在研究土的变形、强度及稳定性问题时,必须掌握土中应力状态,土中应力的计算和分布规律是土力学的重要内容之一。

由土体自身重力引起的应力称为自重应力。自重应力一般是自土形成之日起就在土中产生。附加应力是指土体受外载荷(包括建筑物载荷、交通载荷、堤坝载荷)以及地下水渗流、地震等作用产生的应力增量。土中自重应力和附加应力的产生原因不同,因而两者计算方法不同,分布规律及对工程的影响也不同。

3.1.2 基本假定分析

由于土是自然历史产物,具有分散性、多相性等特征,使得准确计算土的应力非常困难,必须根据实际情况和所计算问题的特点对土的特性进行必要的简化。到目前为止,计算土中应力的方法仍采用弹性理论公式,把地基土视作均匀的、连续的、各向同性的半无限体。这种假定同土体的实际情况有差别,可是其计算结果能满足实际工程的要求,其分析如下:

(1) 土的连续性假定。土是由三相所组成的非连续介质,受力后土粒在其接触点处出现应力集中现象,即在研究土体内部微观受力时,必须了解土粒之间的接触应力和土粒的相对位移;但在研究宏观土体受力时(如地基沉降和承载力问题),土体的尺寸远大于土粒的尺寸,就可以把土粒和土中孔隙合在一起从平均应力出发。现将土体简化成连续体,而应用连续体力学(如弹性力学)来研究土中应力的分布时,都只考虑土中某点单位面积上平均的应力。

（2）土的线弹性假定。理想弹性体的应力与应变关系呈线性正比关系,且应力卸除后变形可以完全恢复。土则不是纯弹性材料而是弹塑性材料,它的应力-应变关系是非线性的和弹塑性的。图 3-1 表明当应力很小时,土的应力-应变关系曲线就不是一根直线,亦即土的变形具有明显的非线性特征。然而,考虑到一般建筑物载荷作用下地基中应力的变化范围(应力增量 $\Delta\sigma$)还不很大,可以用一条割线来近似地代替相应的曲线段,就可以把土看成是一个线性变形体,从而简化计算。

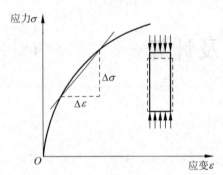

图 3-1　土的应力-应变关系曲线

（3）土的均质性和各向同性假定。天然地基往往是由成层土所组成的非均质或各向异性体,但当土层间的性质差异并不悬殊时,视土体为均质各向同性的假设(弹性理论)对竖向应力分布引起的误差,通常也在允许范围之内。

（4）地基土可视为半无限体。即该物体在水平向是无限延伸的,而竖直向 Z 轴仅只在向下的正方向是无限延伸的。地基土在水平向及深度方向相对于建筑物基础的尺寸而言,可认为是无限延伸的,因此,可以认为地基土是符合半无限体的假定的。

3.1.3　土中一点的应力状态

1）6 个应力分量

土体中任一点 M 的应力状态,可根据所选定的直角坐标系 $Oxyz$（图 3-2）,用三个法向应力 σ_x、σ_y、σ_z 和三对剪应力 $\tau_{xy}=\tau_{yx}$、$\tau_{yz}=\tau_{zy}$、$\tau_{zx}=\tau_{xz}$,一共 6 个应力分量来表示。剪应力的前面一个脚标表示剪应力作用面的法向方向,后一个脚标表示剪应力的作用方向。

2）法向应力的正负

材料力学中的法向应力,以拉应力为正,压力为负。土力学与此相反,以压应力为正,拉应力为负。这是因为土力学研究的对象,绝大多数都是压应力之故。

3）剪应力的正负

材料力学中,剪应力的方向,以顺时针方向为正。在土力学中与此相反,规定以逆时针方向为正。

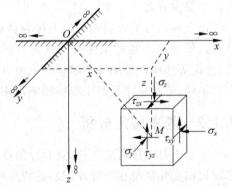

图 3-2　土中一点的应力状态

4）二向应力状态斜截面上的应力与主应力

对于图 3-3 所示的单元体,其任意斜截面的法线与 x 轴成 α 角度的正应力和剪应力可用下式表示:

$$\sigma_\alpha = \frac{\sigma_x + \sigma_y}{2} + \frac{\sigma_x - \sigma_y}{2}\cos 2\alpha + \tau_{xy}\sin 2\sigma \tag{3-1}$$

$$\tau_\alpha = \frac{\sigma_x - \sigma_y}{2}\sin 2\alpha + \tau_{xy}\cos 2\alpha \tag{3-2}$$

当某斜截面上的剪应力等于零时,该斜截面就称为主平面,该斜截面上的正应力称为主应力。主应力计算式如下：

$$\left.\begin{array}{c}\sigma_1\\\sigma_3\end{array}\right\}=\frac{\sigma_x+\sigma_y}{2}\pm\left[\left(\frac{\sigma_x-\sigma_y}{2}\right)^2+\tau_{xy}^2\right]^{1/2} \tag{3-3}$$

$$\tan2\alpha_0=\frac{-2\tau_{xy}}{\sigma_x-\sigma_y} \tag{3-4}$$

式中，α_0——最大主平面的法线与 x 轴的夹角。

主应力也可以用应力圆求解。对于图 3-2 所示应力状态情况，以坐标 $\left(\dfrac{\sigma_x+\sigma_y}{2},0\right)$ 为圆心，圆的半径为 $\left[\left(\dfrac{\sigma_x-\sigma_y}{2}\right)^2+\tau_{xy}^2\right]^{\frac{1}{2}}$，画应力圆，则大小主应力 σ_1、σ_3 如图 3-4 所示。

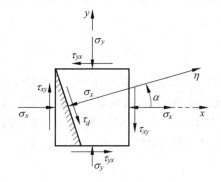

图 3-3　斜截面上的应力

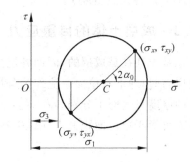

图 3-4　应力圆

3.2　土的自重应力计算

若土体是均匀的半无限体，且假设天然地面是一个无限大的水平面，土体在自身重力作用下竖直切面都是对称面，因此在任意竖直面和水平面上均无剪应力存在。因此，在深度 z 处平面上，土体因自身重力产生的竖向应力 σ_{cz}（以后简称为自重应力）等于单位面积上土柱体的重力 W，如图 3-5 所示。

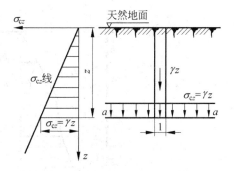

图 3-5　均质土中竖向自重应力

3.2.1　均质土的自重应力

当地基是均质土时，则在天然地面以下任意深度 z（单位为 m）处 a—a 水平面上的竖向自重应力 σ_{cz}（单位为 kPa），就等于该水平面任一单位面积上土柱体的自重 γz，即

$$\sigma_{cz}=\frac{\gamma z F}{F}=\gamma z \tag{3-5}$$

式中，γ——土的天然重度，kN/m^3；

F——土柱体的截面积，取 $F=1$。σ_{cz} 沿水平面均匀分布，且与深度 z 成正比，即随深度按直线规律分布。

地基中除有作用于水平面上的竖向自重应力外,在竖直面上还作用有水平向的侧向自重应力,侧向自重应力 σ_{cx} 和 σ_{cy} 可按式(3-6)计算:

$$\sigma_{cx} = \sigma_{cy} = K_0 \sigma_{cz} \tag{3-6}$$

式中,K_0——土的静止土压力系数。它是侧限条件下土中水平向应力与竖向应力之比,所以侧限状态又称为 K_0 状态,可以通过试验确定,它也与土的强度或变形指标间存在着理论或经验关系。

必须指出,只有通过土粒接触点传递的粒间应力,才能使土粒彼此挤紧,从而引起土体的变形,而且粒间应力又是影响土体强度的一个重要因素,所以粒间应力又称为有效应力(有效应力原理见3.5节)。因此,土中自重应力可定义为土自身有效重力在土体中引起的应力。土中竖向和侧向的自重应力一般均指有效自重应力。对地下水位以下土层必须以有效重度 γ' 代替天然重度 γ。

3.2.2　成层土体的自重应力

地基土往往是成层的,因而各层土具有不同的重度。如地下水位位于同一土层中,计算自重应力时,地下水位面也应作为分层的界面。如图3-6所示,天然地面下深度 z 范围内各层土的厚度自上而下分别为 $h_1, h_2, \cdots, h_n$,天然重度分别为 $\gamma_1, \gamma_2, \cdots, \gamma_n$,在深度 z 处土的自重应力也等于单位面积上土柱体中各层土重的总和,其计算公式为

$$\sigma_{cz} = \sum_{i=1}^{n} \gamma_i h_i \tag{3-7}$$

式中,σ_{cz}——天然地面下任意深度 z 处的竖向有效自重应力(kPa);

n——深度 z 范围内的土层总数;

h_i——第 i 层土的厚度(m);

γ_i——第 i 层土的天然重度,对地下水位以下的土层取有效重度 γ_i'(kN/m³)。

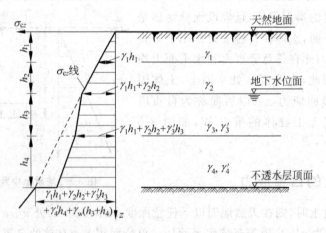

图3-6　成层土中竖向自重应力沿深度的分布

计算地下水位以下土的自重应力时,应根据土的性质,确定是否需要考虑水对土体的浮力作用。通常认为水下的砂性土是应该考虑浮力作用的,黏性土则要视黏性土的性质而定。一般认为若水下的黏性土的液性指数 $I_l \geqslant 1$,则土处于流动状态,土颗粒之间存在着大量自由水,此时可以认为土体受到水的浮力作用;若 $I_l \leqslant 0$,则土处于固体状态,土中自由水受到

土颗粒间结合水膜的阻碍不能传递静水压力,故认为土体不受水的浮力作用;若 $0<I_1<1$,土处于塑性状态时,土颗粒是否受到水的浮力作用比较难确定,一般在实践中均按不利状态来考虑。所以,在地下水位以下,如埋藏有不透水层(例如岩层或只含结合水的坚硬黏土层),由于不透水层中不存在水的浮力,所以层面及层面以下的自重应力应按上覆土层的水土总重计算。

此外,地下水位升降,使地基土中自重应力也相应发生变化。图 3-7(a) 为地下水位下降的情况,如因大量抽取地下水,以致地下水位长期大幅度下降,使地基中有效自重应力增加,从而引起地面大面积沉降的严重后果。图 3-7(b) 为地下水位长期上升的情况,如在人工抬高蓄水水位地区(如筑坝蓄水)、工业废水大量渗入地下的地区以及农业灌溉引起的地下水位上升。水位上升会引起地基承载力的减小、湿陷性土的湿陷现象等,必须引起注意。

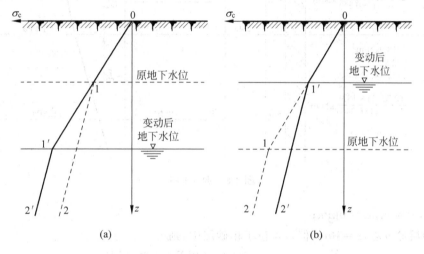

图 3-7 地下水位上升下降情形下的自重应力

因此,自重应力的分布规律为:自重应力分布线的斜率是容重;自重应力在等容重地基中随深度呈直线分布;自重应力在成层地基中呈折线分布;在土层分界面处和地下水位处发生转折。

【例 3-1】 某建筑场地的地质柱状图和土的有关指标列于图 3-8 中。试分别计算地面下深度为 2.5、5 和 9m 处的自重应力,并绘出分布图。

【解】 本例天然地面下第一层粉土厚 6m,其中地下水位以上和以下的厚度分别为 3.6m 和 2.4m;第二层为粉质黏土层。依次计算 2.5、3.6、5、6、9m 各深度处的土中竖向自重应力,计算过程及自重应力分布图一并列于图 3-8 中。

【例 3-2】 计算图 3-9 所示水下地基土中的自重应力分布。

【解】 水下的粗砂受到水的浮力作用,其有效重度为

$$\gamma' = \gamma_{sat} - \gamma_w = (19.5 - 9.81)kN/m^3 = 9.69kN/m^3$$

黏土层因为 $\omega<\omega_p$,$I_1<0$,故认为土层不受水的浮力作用,土层面上还受到上面的静水压力作用。土中各点的自重应力计算如下:

土层	土的有效重度的计算	柱状图	深度 z/m	分层厚度 h_i/m	土中竖向自重应力的计算 σ_{cz}/kPa	竖向自重应力分布图
粉土	$\begin{cases}\gamma=18.0\text{kN/m}^3\\ d_s=2.70\\ \omega=35\%\end{cases}$ $\gamma'=\dfrac{d_s-1}{1+e}$ $=\dfrac{(d_s-1)\gamma}{d_s(1+\omega)}$ $=\dfrac{(2.70-1)\times18.0}{2.70\times(1+0.35)}\text{kN/m}^3$ $=8.4\text{kN/m}^3$		2.5 3.6 5.0 6.0	3.6 2.4	$18\times2.5=45$ $18\times3.6\approx65$ $65+8.4\times(5-3.6)=77$ $65+8.4\times(6-3.6)=85$	
粉质黏土	$\gamma=18.9\text{kN/m}^3$ $d_s=2.72$ $\omega=34.3\%$ $\gamma'=\dfrac{(2.72-1)\times18.9}{2.72\times(1+0.343)}\text{kN/m}^3$ $=8.9\text{kN/m}^3$		9.0		$85+8.9\times(9-6)=112$	

图 3-8　例 3-1 图

a 点, $z=0$m, $\sigma_{cz}=0$kPa;

粗砂层底 b 点, $z=10$m, 但该点位于粗砂层中, 则
$$\sigma_{cz}=\gamma'z=9.69\times10\text{kPa}=96.9\text{kPa}$$

黏土层顶 b' 点, $z=10$m, 但该点位于黏土层中, 则
$$\sigma_{cz}=\gamma'z+\gamma_w h_w=(9.69\times10+10\times13)\text{kPa}=226.9\text{kPa}$$

c 点, $z=15$m, $\sigma_{cz}=(226.9+19.3\times5)\text{kPa}=323.4\text{kPa}$

土中自重应力 σ_{cz} 分布图如图 3-9 所示。

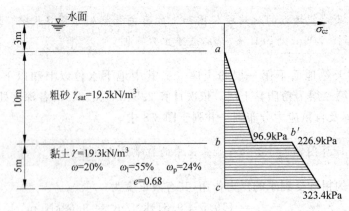

图 3-9　例 3-2 图

3.3　基底压力

　　建筑物通过基础将上部载荷传到地基中,基础底面传递给地基表面的压力为基底压力,也称基底接触压力。而地基支承基础的反力称为基底反力。基底反力是基础底面受到的总的作用力,不是基底压力的反作用力,数值不一定与基底压力相同。

　　基础底面的压力分布形式对地基土中应力产生影响。基础底面压力分布问题是涉及基础与地基土两种不同物质间的接触压力问题,这是一个比较复杂的问题,影响它的因素很多,包括三个方面:①基础条件,基础的刚度、形状、尺寸、埋置深度等;②地基条件,土的类别、密度、土层结构等;③载荷条件,载荷大小、方向分布等。在理论分析中要综合顾及这么多的因素是困难的,在下面基底压力分析和计算中,着重讨论基础刚度等主要因素对基底压力分布的影响,暂且不考虑上部结构对基底压力的影响,从而简化了基底压力计算。

3.3.1　基底压力分布的概念

　　为了便于分析,先从理论概念上将各种基础按其与地基土的相对抗弯刚度(EI)分成三类,即理想柔性基础、理想刚性基础和有限刚性基础。

　　1) 理想柔性基础(弹性地基,如土坝、路基及油罐薄板)

　　若一个基础作用均布载荷,假设基础是由许多小块组成,如图 3-10(a)所示。各小块之间光滑而无摩擦力,则这种基础相当于理想柔性基础(即基础的抗弯刚度 $EI \rightarrow 0$),基础上载荷通过小块直接传递至土上,基础底面的压力分布图形将与基础上作用的载荷分布图形完全一致。这时基础底面的沉降各处均不相同,中央大而边缘小,如图 3-10(b)所示。如由土筑成的路堤,可以近似地认为路堤本身不传递剪力,那么它就相当于一种柔性基础,路堤自重引起的基底压力分布就与路堤断面形状相同是梯形分布的,见图 3-10(c)。

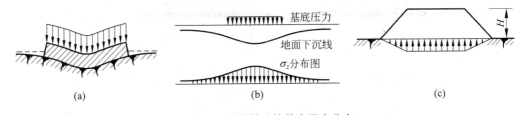

图 3-10　柔性基础的基底压力分布

(a)柔性基础;(b)柔性基础的基底压力;(c)路堤的基底压力

　　2) 理想刚性基础(弹性地基,如块式整体基础、素混凝土基础)

　　桥梁墩台基础有时采用大块混凝土实体结构(见图 3-11),它的刚度很大,可以认为是刚性基础(即 $EI \rightarrow \infty$)。由于基础刚度接近无穷大,刚性基础不会发生挠曲变形,在均布载荷作用下,基础只能保持平面下沉而不能弯曲。但是对地基而言,均匀分布的基底压力将产生不均匀沉降,如图 3-11(a)中的虚线所示,其结果是基础变形与地基变形不相适应,基底中部将会与地面脱开,出现应力架桥作用。为使基础与地基的变形保持相容(见图 3-11(b)),必然要重新调整基底压力的分布形式,使两端应力加大,中间应力减小,从而使地面保持均匀下沉,以适应绝对刚性基础的变形。如果地基是完全弹性体,根据弹性理论解得的基底压力分布如图 3-11(c)所示,基础边缘处的压力将为无穷大。

通过以上分析可以看出,对于刚性基础来说,基底压力的分布形式与作用在它上面的载荷分布形式不一致。

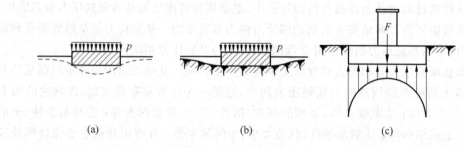

　　　　(a)　　　　　　　　　　(b)　　　　　　　　　(c)

图 3-11　刚性基础下压力分布

3) 有限刚性基础(弹塑性地基)

有限刚性的基础,是工程实践中最常见的情况,由于理想刚性基础和理想柔性基础都只是假定的理想情况,地基也不是完全弹性体,因此上述基底压力分布图形实际上是不可能出现的。因为当基底两端的压力足够大,超过土的极限强度后,土体就会形成塑性区,这时基底两端处地基土所承受的压力不能再增大,多余的应力自行调整向中间转移;又因为基础也不是绝对刚性,可以稍为弯曲,因此应力重分布的结果是使基底压力分布可以成为各种更加复杂的形式。如图 3-12 所示,在砂性土地基上,载荷较小和载荷较大时基底压力的抛物线形状不同;在黏性土地基上,载荷由小到大,基底压力分布图形由马鞍形向抛物线形和倒钟形发展。这时基底两端应力不会是无穷大,而中间部分应力将比理论值大些。具体的压力分布形状还与地基、基础的材料特性以及基础尺寸、载荷形状、大小等因素有关。

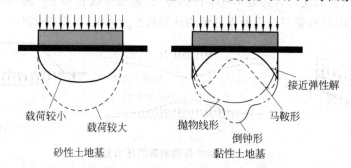

载荷较小　　载荷较大　　　抛物线形　倒钟形　接近弹性解　马鞍形

砂性土地基　　　　　　　黏性土地基

图 3-12　有限刚度基础下的压力分布

3.3.2　基底压力的简化计算

1. 中心载荷下的基底压力

中心载荷下的基础,其所受载荷的合力通过基底形心。基底压力假定为均匀分布(图 3-13)。基础底面的平均压力,可按以下公式确定:

$$p = \frac{F + G}{A}$$

(3-8)

式中，F——基础顶面的竖向力（kN）。

  G——基础自重和基础上回填土重之和（kN）；$G=\gamma_G A d$，其中 γ_G 为基础及回填土的
平均重度，一般取 $20\text{kN}/\text{m}^3$，在地下水位以下部分应扣去浮力 $10\text{kN}/\text{m}^3$，d 为基
础埋深（m），一般从室外设计地面或室内外平均设计地面算起。

  A——基础底面面积（m^2）；对矩形基础，$A=lb$，l 和 b 分别为矩形基底的长度和宽度
（m）。对于载荷沿长度方向均匀分布的条形基础，则沿长度方向截取一单位长
度的截条进行基底平均压力设计值 P（kPa）的计算，此时式（3-8）中 A 改为
b（m），而 F 及 G 则为每延米内的相应值（kN/m）。

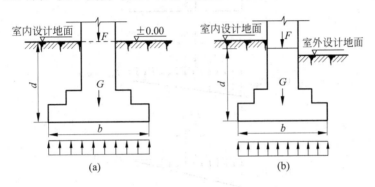

图 3-13　中心载荷下的基底压力分布图
（a）内墙或内柱基础；（b）外墙或外柱基础

2．偏心载荷下的基底压力

  矩形基础受偏心载荷作用时，基底压力可按材料力学短柱偏心受压公式计算。对于单
向偏心载荷下的矩形基础，设计时，通常基底长边方向取与偏心方向一致，此时两短边边缘
最大压力设计值 p_{max} 与最小压力设计值 p_{min}（kPa），按下式计算：

$$\left.\begin{array}{c} p_{max} \\ p_{min} \end{array}\right\} = \frac{F+G}{A} \pm \frac{M}{W} \tag{3-9}$$

式中，p_{max}、p_{min}——基础最大、最小边缘压力（kPa）；

  M——作用于基底形心上的力矩值（kN·m），$M=(F+G)e$；

  W——基础底面的抵抗矩，对于矩形基础，$W=\dfrac{bl^2}{6}$（m^3）。

将偏心载荷的偏心距代入式（3-9）中，得

$$\left.\begin{array}{c} p_{max} \\ p_{min} \end{array}\right\} = \frac{F+G}{lb}\left(1 \pm \frac{6e}{l}\right) \tag{3-10}$$

  从式（3-10）可知，按偏心载荷的偏心距 e 的大小，基底压力的分布可能出现下述三种情
况（见图 3-14）：

  （1）当 $e<l/6$ 时，$p_{min}>0$，基底压力分布呈梯形（见图 3-14（a））；

  （2）当 $e=l/6$ 时，$p_{min}=0$，基底压力分布呈三角形（见图 3-14（b））；

  （3）当 $e<l/6$ 时，$p_{min}>0$，产生拉应力，但基底与土之间不能承受拉应力，这时产生拉

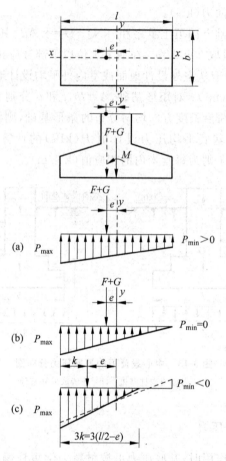

图 3-14　单向偏心载荷下的基底压力分布图

应力部分的基底与土脱开,而不能传递载荷,基底压力将重新分布(见图 3-14(c))。重新分布后的基底压力可以根据偏心载荷与基底反力相平衡以及载荷合力应通过三角形反力分布图的形心的条件求得:

$$p_{\max} = \frac{2(F+G)}{3bk} \tag{3-11}$$

式中,k——单向偏心载荷作用点至具有最大压力的基底边缘的距离(m)。

矩形基础在双向偏心载荷作用下(见图 3-15),如基底最小压力 $p_{\min} \geqslant 0$,则矩形基底边缘四个角点处的压力,可按下列公式计算:

$$\left.\begin{array}{c} p_{\max} \\ p_{\min} \end{array}\right\} = \frac{F+G}{A} \pm \frac{M_x}{W_x} \pm \frac{M_y}{W_y} \tag{3-12}$$

$$\left.\begin{array}{c} p_1 \\ p_2 \end{array}\right\} = \frac{F+G}{A} \mp \frac{M_x}{W} \pm \frac{M_y}{W} \tag{3-13}$$

式中,M_x、M_y——载荷合力分别对矩形基底 x、y 对称轴的力矩(kN·m);

W_x、W_y——基础底面分别对 x、y 的抵抗矩(m³)。

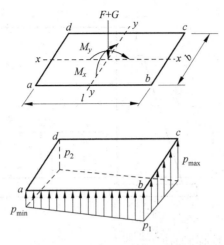

图 3-15　矩形基础在双向偏心载荷下的基底压力分布图

3.3.3　基底附加压力

基底附加压力是指超出原有地基竖向应力的那部分基底压力,也即是作用在基础底面的压力与基底处建造前土中自重应力之差。由于一般天然土层在自重作用下的变形早已完成,故只有基底附加压力才能在地基中引起新的应力并产生变形。

1. 建筑物下基底附加压力

一般基础总是埋置在天然地基以下一定深度处,该深度处原有的自重应力在修造基础时由于基坑的开挖而卸除至零。即基底处在建造前曾有过自重应力的作用。当基坑回填及建筑物修建后,基底面上的压力 p 中自然含有数量上等于原先的那部分自重应力。因此,建筑物修建后的基底压力扣除修建前土中基底处的自重应力后,才是基底处增加于地基的基底附加压力。

基底平均附加压力设计值 p_0 可按下式计算:

$$p_0 = p - \sigma_{cd} = p - \gamma_m d \qquad (3-14)$$

式中,p——基底平均压力设计值(kPa);

σ_{cd}——基底处土中自重应力标准值,$\sigma_{cd} = \gamma_m d$(kPa);

γ_m——基底处标高以上天然土层的加权平均重度(kN/m^3),$\gamma_m = (\gamma_1 h_1 + \gamma_2 h_2 + \cdots)/(h_1 + h_2 + \cdots)$,其中地下水位下的重度取有效重度;

d——从天然地面算起的基础埋置深度(m)。

2. 桥台前后填土引起的基底附加压力

高速公路的桥梁多采用深基础,而桥头路基填方都比较高。当桥台台背填土的高度在 5m 以上时,应考虑台背填土对桥台基底或桩尖平面处的竖向附加应力。对软土地基,如相邻墩台的距离小于 5m 时,应考虑邻近墩台对软土地基所引起的竖向附加应力。

台背路基填土对桥台基底或桩尖平面的前后边缘处引起的附加压力 p_{01},按下式计算(见图 3-16):

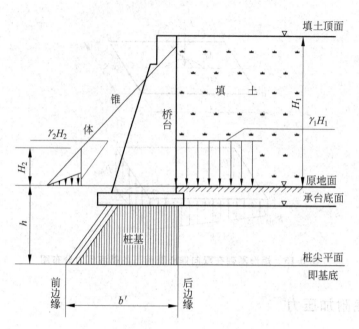

图 3-16　桥台填土对基底附加压力的计算图

$$p_{01} = \alpha_1 \gamma_1 H_1 \qquad (3-15)$$

对于埋置式桥台,应按下式计算由于台前锥体对基底或桩尖平面处的前边缘引起的附加压力 p_{02}:

$$p_{02} = \alpha_2 \gamma_2 H_2 \qquad (3-16)$$

式中,γ_1、γ_2——路基填土、锥体填土的天然重度($\mathrm{kN/m^3}$);

　　H_1、H_2——基底或桩尖平面处的后、前边缘上的填地高度(m);

　　α_1、α_2——竖向附加压力系数,见表 3-1,参见《公路桥涵地基与基础设计规范》(JTG D63—2007)附录 J 附表。

表 3-1　桥台基底或桩尖平面边缘附加压力系数 α_1 和 α_2

基础埋置深度 h/m	台背路基填土高度 H_1/m	系数 α_1				系数 α_2
		后边缘	桩尖平面的基础长度 b'/m			前边缘
			5	10	15	
5	5	0.44	0.07	0.01	0.00	—
	10	0.47	0.09	0.02	0.00	0.4
	20	0.48	0.11	0.04	0.01	0.5
10	5	0.33	0.13	0.05	0.02	—
	10	0.40	0.17	0.06	0.02	0.3
	20	0.45	0.19	0.08	0.03	0.4
15	5	0.26	0.15	0.08	0.04	—
	10	0.33	0.19	0.10	0.05	0.2
	20	0.41	0.24	0.14	0.07	0.3

续表

基础埋置 深度 h/m	台背路基填土 高度 H_1/m	系数 α_1				系数 α_2
		后边缘	桩尖平面的基础长离 b'/m			前边缘
			5	10	15	
20	5	0.20	0.13	0.08	0.04	—
	10	0.28	0.18	0.10	0.06	0.1
	20	0.37	0.24	0.16	0.09	0.2
25	5	0.17	0.12	0.08	0.05	
	10	0.24	0.17	0.12	0.08	0.0
	20	0.33	0.24	0.17	0.10	0.1
30	5	0.15	0.11	0.08	0.06	—
	10	0.21	0.16	0.12	0.08	0.0
	20	0.31	0.24	0.18	0.12	0.0

注：路基断面按黏性土路堤考虑；

　　b'——基底或桩尖平面处的前、后边缘间的基础长度(m)；

　　h——原地面到基底或桩尖平面处的深度(m)。

　　有了基底附加压力，即可把它作为作用在弹性半空间表面上的局部载荷，由此根据弹性力学求算地基中的附加应力。实际上，基底附加压力一般作用在地表下一定深度(指浅基础的埋深)处，因此，假设它作用在半空间表面上，而运用弹性力学解答所得的结果只是近似的，不过，对于一般浅基础来说，这种假设所造成的误差可以忽略不计。

3.4　地基中的附加应力

　　地基附加应力是指建筑物荷重在土体中引起的附加于原有应力之上的应力。

　　计算地基中的附加应力时，一般假定地基土是各向同性的、均质的线性变形体，而且在深度和水平方向上都是无限延伸的，即把地基看成是均质的线性变形半空间(半无限弹性体)，这样就可以直接采用弹性力学中关于弹性半空间的理论解答。

3.4.1　竖向集中力下的地基附加应力

1. 布辛奈斯克解

　　在弹性半空间表面上作用一个竖向集中力时，半空间内任意点处所引起的应力和位移的弹性力学解答是由法国 J. 布辛奈斯克(Boussinesq,1885)首先提出的。如图 3-17 所示，在半空间(相当于地基)中任意点 M(x、y、z)处的 6 个应力分量和 3 个位移分量的解答如下：

$$\sigma_x = \frac{3P}{2\pi}\left\{\frac{x^2 z}{R^5} + \frac{1-2\mu}{3}\left[\frac{R^2-Rz-z^2}{R^3(R+z)} - \frac{x^2(2R+z)}{R^3(R+z)^2}\right]\right\} \qquad (3\text{-}17\text{a})$$

$$\sigma_y = \frac{3P}{2\pi}\left\{\frac{y^2 z}{R^5} + \frac{1-2\mu}{3}\left[\frac{R^2-Rz-z^2}{R^3(R+z)} - \frac{x^2(2R+z)}{R^3(R+z)^2}\right]\right\} \qquad (3\text{-}17\text{b})$$

$$\sigma_z = \frac{3P}{2\pi}\frac{z^3}{R^5} = \frac{3P}{2\pi R^2}\cos^3\theta \tag{3-17c}$$

$$\tau_{xy} = -\frac{3P}{2\pi}\left[\frac{xyz}{R^5} - \frac{1-2\mu}{3}\frac{xy(2R+z)}{R^3(R+z)^2}\right] \tag{3-18a}$$

$$\tau_{yz} = -\frac{3P}{2\pi}\frac{yz^2}{R^5} \tag{3-18b}$$

$$\tau_{yz} = -\frac{3P}{2\pi}\frac{xz^2}{R^5} \tag{3-18c}$$

$$u = \frac{p(1+\mu)}{2\pi E}\left[\frac{xz}{R^3} - 2(1-\mu)\frac{x}{R(R+z)}\right] \tag{3-19a}$$

$$v = \frac{P(1+\mu)}{2\pi E}\left[\frac{yz}{R^3} - 2(1-\mu)\frac{y}{R(R+z)}\right] \tag{3-19b}$$

$$w = \frac{P(1+\mu)}{2\pi E}\left[\frac{z^2}{R^3} - 2(1-\mu)\frac{1}{R}\right] \tag{3-19c}$$

式中，σ_x、σ_y、σ_z——平行于 x、y、z 坐标轴的正应力；

$\quad\tau_{xy}$、τ_{yz}、τ_{zx}——剪应力，其中前一脚标表示与它作用的微面的法线方向平行的坐标轴，

$\quad\quad\quad\quad$后一脚标表示与它作用方向平行的坐标轴；

$\quad u$、v、w——M 点沿坐标轴 x、y、z 方向的位移；

$\quad P$——作用于坐标原点 o 的竖向集中力；

$\quad R$——M 点至坐标原点 o 的距离，$R = \sqrt{x^2+y^2+z^2} = \sqrt{r^2+z^2} = z/\cos\theta$；

$\quad\theta$——R 线与 z 坐标轴的夹角；

$\quad r$——M 点与集中力作用点的水平距离；

$\quad E$——弹性模量（或土力学中专用的土的变形模量，以 E_0 代之）；

$\quad\mu$——泊松比。

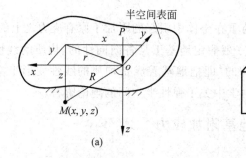

图 3-17　一个竖向集中力作用下所引起的附加应力
(a) 半空间中任意点 $M(x,y,z)$；(b) M 点处的微单元体

若用 $R=0$ 代入以上各式，所得出的结果均为无限大，因此所选择的计算点不应过于接近集中力的作用点。

建筑物作用于地基上的载荷，总是分布在一定面积上的局部载荷，因此理论上的集中力实际是没有的。但是，根据弹性力学的叠加原理利用布辛奈斯克解答，可以通过积分或等代载荷法求得各种局部载荷下的地基中的附加应力。

以上 6 个应力分量和 3 个位移分量的公式中，竖向正应力 σ_z 和竖向位移 w 最为常用，

以后有关地基附加应力的计算主要是针对 σ_z 而言的。为了应用方便,式(3-17)的 σ_z 表达式可以写成如下形式:

$$\sigma_z = \frac{3P}{2\pi}\frac{z^3}{R^5} = \frac{3P}{2\pi z^2}\frac{1}{\left[1+\left(\frac{r}{z}\right)^2\right]^{5/2}} = \alpha\frac{P}{z^2} \tag{3-20}$$

式中,$\alpha = \dfrac{3}{2\pi}\dfrac{1}{\left[(r/z)^2+1\right]^{5/2}}$,称为集中力作用下的地基竖向附加应力系数,简称集中应力系数。它是 (r/z) 的函数,可制成表格查用。现将应力系数 α 列于表3-2。

表3-2　集中力作用下的应力系数 α 值

r/z	α	r/z	α	r/z	α	r/z	α	r/z	α
0.00	0.4775	0.50	0.2733	1.00	0.0844	1.50	0.0251	2.00	0.0085
0.05	0.4745	0.55	0.2466	1.05	0.0745	1.55	0.0224	2.20	0.0058
0.10	0.4657	0.60	0.2214	1.10	0.0658	1.60	0.0200	2.40	0.0040
0.15	0.4516	0.65	0.1978	1.15	0.0581	1.65	0.0179	2.60	0.0028
0.20	0.4329	0.70	0.1762	1.20	0.0513	1.70	0.0160	2.80	0.0021
0.25	0.4103	0.75	0.1565	1.25	0.0454	1.75	0.0144	3.00	0.0015
0.30	0.3849	0.80	0.1386	1.30	0.0402	1.80	0.0129	3.50	0.0007
0.35	0.3577	0.85	0.1226	1.35	0.0357	1.85	0.0116	4.00	0.0004
0.40	0.3295	0.90	0.1083	1.40	0.0317	1.90	0.0105	4.50	0.0002
0.45	0.3011	0.95	0.0956	1.45	0.0282	1.95	0.0094	5.00	0.0001

2.等代载荷法

在工程实践中,载荷很少是以集中力的形式作用在土体上,而往往是通过基础分布在一定面积上。若基础底面的形状或基底下的载荷分布是不规则的,则可以把载荷面(或基础底面)分成若干个形状规则的单元面积(见图3-18),每个单元面积上的分布载荷近似地以作用在单元面积形心上的集中力来代替,这样就可以利用布奈斯克公式和叠加原理计算地基中某点 M 的附加应力。这种近似方法的计算精度取决于单元面积的大小。一般当矩形单元面积的长边小于单元面积形心到计算点的距离的 $1/2$、$1/3$ 或 $1/4$ 时,所算得的附加应力的误差分别不大于 6%、3% 或 2%。

对于图3-18所示的任一单元 i,可用集中力 P_i 来代替单元面积上局部载荷。在 P_i 这个集中力作用下地基中 M 点的附加应力为

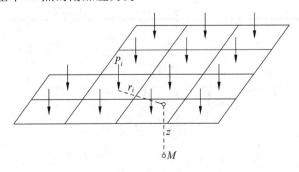

图3-18　等代载荷法计算附加应力

$$\sigma_{z,i} = \alpha_i \frac{P_i}{z^2} \qquad (3-21)$$

式中,α_i——第 i 个集中应力系数。图 3-18 中的 r_i 是第 i 个集中载荷作用点到 M 点的水平距离。

若干个竖向集中力 $P_i(i=1,2,\cdots,n)$ 作用在地基表面上,按叠加原理,则地面下 z 深度处某点 M 的附加应力 σ_z 应为各集中力单独作用时在 M 点所引起的附加应力之总和,即

$$\sigma_z = \sum_{i=1}^n \alpha_i \frac{P_i}{z^2} = \frac{1}{z^2} \sum_{i=1}^n \alpha_i P_i \qquad (3-22)$$

【例 3-3】 在地基上作用一集中力 $P=100\text{kN}$,要求确定:(1)在地基中 $z=2\text{m}$ 的水平面上,水平距离 $r=0$、1、2、3、4m 处各点的附加应力 σ_z 值,并绘出分布图;(2)在地基中 $r=0$ 的竖向直线上距地基表面 $z=0$、1、2、3、4m 处各点的 σ_z 值,并绘出分布图;(3)取 $\sigma_z=10$、5、2、1kPa,反算在地基中 $z=2\text{m}$ 的水平面上的 r 值和在 $r=0$ 的竖直线上的 z 值,并绘出 4 个 σ_z 等值线图。

【解】 (1)$z=2\text{m}$ 的水平面上,σ_z 的计算资料列于表 3-3;σ_z 分布图绘于图 3-19。

(2)$r=0$ 的竖向直线上,σ_z 的计算资料列于表 3-4;σ_z 分布图绘于图 3-20。

(3)反算资料列于表 3-5;σ_z 等值线图绘于图 3-21。对于集中力作用下地基中某点附加应力计算来说,若已知 z 或 r 值及附加应力值,可以借助于 Excel 软件包中的单变量求解工具很方便地反算出所对应的 r 值。表 3-5 为根据 Excel 软件包中的单变量求解工具反算的 $z=2\text{m}$ 处的 r 值及在 $r=0$ 的竖直线上的 z 值。

表 3-3　深度 $z=2\text{m}$ 处 σ_z 值　　　　　　　　　　kPa

z/m	r/m	$\dfrac{r}{z}$	α	$\sigma_z = \alpha \dfrac{p}{z^2}$
2	0	0.0	0.4775	11.9
2	1	0.5	0.2733	6.8
2	2	1.0	0.0844	2.1
2	3	1.5	0.0251	0.6
2	4	2.0	0.0085	0.2

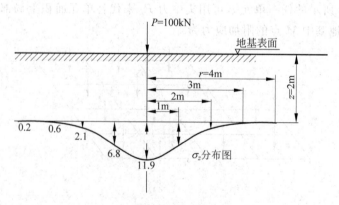

图 3-19　σ_z 分布图(单位:kPa)

表 3-4　$r=0$ 的竖直线上 σ_z 值

z/m	r/m	$\dfrac{r}{z}$	α	$\sigma_z=\alpha\dfrac{p}{z^2}$
0	0	0.0	0.4775	∞
1	0	0.0	0.4775	47.8
2	0	0.0	0.4775	11.9
3	0	0.0	0.4775	5.3
4	0	0.0	0.4775	3.0

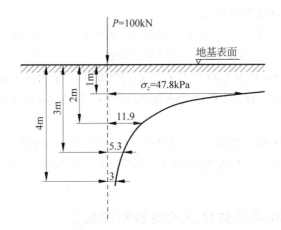

图 3-20　$r=0$ 时不同深度的 σ_z（单位：kPa）

表 3-5　不同 r 和 z 时反算的 σ_z 值

z/m	r/m	r/z	α	σ_z
2	0.54	0.27	0.4000	10
2	1.30	0.65	0.2000	5
2	2.00	1.00	0.0800	2
2	2.60	1.30	0.0400	1
2.19	0.00	0.00	0.4775	10
3.09	0.00	0.00	0.4775	5
5.37	0.00	0.00	0.4775	2
6.91	0.00	0.00	0.4775	1

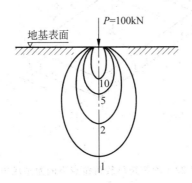

图 3-21　σ_z 等值线图（单位：kPa）

由布辛奈斯克的 σ_z 解以及本例计算结果,可以对集中力 P 作用下 σ_z 分布特征作如下讨论。

(1) 在集中力 P 作用线上的 σ_z 分布。在 P 的作用线上,$r=0$,由式(3-20)可知,$\sigma_z = \dfrac{3}{2\pi} \cdot \dfrac{P}{z^2}$。当 $z=0$ 时,$\sigma_z = \infty$。出现这一结果是由于将集中力作用面积看作是零所致。它一方面说明该解不适用集中力作用点处及其附近,因此在选择应力计算点时,不应过于接近集中力作用点;另一方面也说明在靠近 P 作用线处应力很大。当 $z=\infty$ 时,$\sigma_z = 0$。可见,沿 P 作用线上的 σ_z 分布是随深度增加而递减。

(2) 在 $r>0$ 的竖直线上的 σ_z 分布。由式(3-20)可知,$z=0$ 时,$\sigma_z = 0$;随着 z 的增加,σ_z 从零逐渐增大,至一定深度后又随着 z 的增加逐渐减小。

(3) 在 z 为常数的水平面上的 σ_z 分布。σ_z 值在集中力作用线上最大,并随着 r 的增加而逐渐减小。随着深度 z 增加,集中力作用线上的 σ_z 减小,而水平面上应力的分布趋于均匀。

通过以上对应力分布图形的讨论,应该建立起土中应力分布的正确概念:即集中力 P 在地基中引起的附加应力 σ_z 的分布是向下、向四周无限扩散的,与杆件中应力的传递完全不一样。

3.4.2 矩形载荷和圆形载荷下的地基附加应力

1. 矩形面积均布载荷下的地基附加应力

建筑物下基础通常是矩形底面,在中心载荷作用下,基底的压力为均布载荷,这是工程中常常遇到的,这时,地基中附加应力可从式(3-14)出发求得。

1) 均布载荷作用下矩形面积角点下附加应力

计算均布载荷作用下矩形面积角点下附加应力,是计算地基中任一点应力最基本、最常用的情况。进一步推广,在均布载荷作用下矩形面积角点下深度 z 处 M 点的垂直压应力 σ_z(图 3-22)可利用式(3-17c)通过积分求得。

设矩形载荷面的长度和宽度分别为 l 和 b,作用于地基上的竖向均布载荷为 p_0。根据

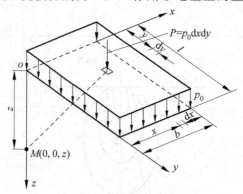

图 3-22 均布矩形载荷角点下的附加应力 σ_z

布辛奈斯克解及等代载荷法等基本原理,将均匀分布的矩形面积划分为无数个载荷微元体,微单元面积为 $\mathrm{d}x\mathrm{d}y$,并将其上的分布载荷以集中力 $p_0\mathrm{d}x\mathrm{d}y$ 来代替,代入式(3-17c),求得 $\mathrm{d}F$ 在 M 点引起的附加应力 $\mathrm{d}\sigma_z$。经过简化得到任意深度 z 的 M 点处由该集中力引起的竖向附加应力 $\mathrm{d}\sigma_z$:

$$\mathrm{d}\sigma_z = \frac{3}{2\pi} \frac{p_0 z^3}{(x^2 + y^2 + z^2)^{5/2}} \mathrm{d}x\mathrm{d}y \tag{3-23}$$

整个矩形面积上的均布载荷在 M 点所引起的附加应力等于对式(3-23)在整个矩形载荷面 A 进行积分:

$$\sigma_z = \iint_A \mathrm{d}\sigma = \frac{3p_0 z^3}{2\pi} \int_0^l \int_0^b \frac{1}{(x^2 + y^2 + z^2)} \mathrm{d}x\mathrm{d}y$$

$$= \frac{p_0}{2\pi} \left[\frac{lbz(l^2 + b^2 + 2z^2)}{(l^2 + z^2)(b^2 + z^2)\sqrt{l^2 + b^2 + z^2}} + \arctan\frac{lb}{z\sqrt{l^2 + b^2 + z^2}} \right]$$

令

$$\alpha_c = \frac{1}{2\pi} \left[\frac{lbz(l^2 + b^2 + 2z^2)}{(l^2 + z^2)(b^2 + z^2)\sqrt{l^2 + b^2 + z^2}} + \arctan\frac{lb}{z\sqrt{l^2 + b^2 + z^2}} \right]$$

得

$$\sigma_z = \alpha_c p_0 \tag{3-24}$$

又令 $m = l/b$,$n = z/b$(注意其中 b 为载荷面的短边宽度),则

$$\alpha_c = \frac{1}{2\pi} \left[\frac{mn(m^2 + 2n^2 + 1)}{(m^2 + n^2)(1 + n^2)\sqrt{m^2 + 1 + n^2}} + \arctan\frac{m}{n\sqrt{m^2 + n^2 + 1}} \right] \tag{3-25}$$

α_c 为均布矩形载荷角点下的竖向附加应力系数,简称角点应力系数,可按 l/b 及 z/b 值由表 3-6 查得,也可以用 Excel 内嵌函数计算求得,表 3-6 为用 Excel 内嵌函数求得的附加应力系数。

表 3-6　均布的矩形载荷角点下的竖向附加应力系数

$n=z/b$	$m=l/b$											
	1.0	1.2	1.4	1.6	1.8	2.0	3.0	4.0	5.0	6.0	10.0	条形
0.0	0.250	0.250	0.250	0.250	0.250	0.250	0.250	0.250	0.250	0.250	0.250	0.250
0.2	0.249	0.249	0.249	0.249	0.249	0.249	0.249	0.249	0.249	0.249	0.249	0.249
0.4	0.240	0.242	0.243	0.243	0.244	0.244	0.244	0.244	0.244	0.244	0.244	0.244
0.6	0.223	0.228	0.230	0.232	0.232	0.233	0.234	0.234	0.234	0.234	0.234	0.234
0.8	0.200	0.207	0.212	0.215	0.216	0.218	0.220	0.220	0.220	0.220	0.220	0.220
1.0	0.175	0.185	0.191	0.195	0.198	0.200	0.203	0.204	0.204	0.204	0.205	0.205
1.2	0.152	0.163	0.171	0.176	0.179	0.182	0.187	0.188	0.189	0.189	0.189	0.189
1.4	0.131	0.142	0.151	0.157	0.161	0.164	0.171	0.173	0.174	0.174	0.174	0.174
1.6	0.112	0.124	0.133	0.140	0.145	0.148	0.157	0.159	0.160	0.160	0.160	0.160
1.8	0.097	0.108	0.117	0.124	0.129	0.133	0.143	0.146	0.147	0.148	0.148	0.148
2.0	0.084	0.095	0.103	0.110	0.116	0.120	0.131	0.135	0.136	0.137	0.137	0.137
2.2	0.073	0.083	0.092	0.098	0.104	0.108	0.121	0.125	0.126	0.127	0.128	0.128
2.4	0.064	0.073	0.081	0.088	0.093	0.098	0.111	0.116	0.118	0.118	0.119	0.119
2.6	0.057	0.065	0.072	0.079	0.084	0.089	0.102	0.107	0.110	0.111	0.112	0.112

$n=z/b$	$m=l/b$											
	1.0	1.2	1.4	1.6	1.8	2.0	3.0	4.0	5.0	6.0	10.0	条形
2.8	0.050	0.058	0.065	0.071	0.076	0.080	0.094	0.100	0.102	0.104	0.105	0.105
3.0	0.045	0.052	0.058	0.064	0.069	0.073	0.087	0.093	0.096	0.097	0.099	0.099
3.2	0.040	0.047	0.053	0.058	0.063	0.067	0.081	0.087	0.090	0.092	0.093	0.094
3.4	0.036	0.042	0.048	0.053	0.057	0.061	0.075	0.081	0.085	0.086	0.088	0.089
3.6	0.033	0.038	0.043	0.048	0.052	0.056	0.069	0.076	0.080	0.082	0.084	0.084
3.8	0.030	0.035	0.040	0.044	0.048	0.052	0.065	0.072	0.075	0.077	0.080	0.080
4.0	0.027	0.032	0.036	0.040	0.044	0.048	0.060	0.067	0.071	0.073	0.076	0.076
4.2	0.025	0.029	0.033	0.037	0.041	0.044	0.056	0.063	0.067	0.070	0.072	0.073
4.4	0.023	0.027	0.031	0.034	0.038	0.041	0.053	0.060	0.064	0.066	0.069	0.070
4.6	0.021	0.025	0.028	0.032	0.035	0.038	0.049	0.056	0.061	0.063	0.066	0.067
4.8	0.019	0.023	0.026	0.029	0.032	0.035	0.046	0.053	0.058	0.060	0.064	0.064
5.0	0.018	0.021	0.024	0.027	0.030	0.033	0.043	0.050	0.055	0.057	0.061	0.062
6.0	0.013	0.015	0.017	0.020	0.022	0.024	0.033	0.039	0.043	0.046	0.051	0.052
7.0	0.009	0.011	0.013	0.015	0.016	0.018	0.025	0.031	0.035	0.038	0.043	0.045
8.0	0.007	0.009	0.010	0.011	0.013	0.014	0.020	0.025	0.028	0.031	0.037	0.039
9.0	0.006	0.007	0.008	0.009	0.010	0.011	0.016	0.020	0.024	0.026	0.032	0.035
10.0	0.005	0.006	0.007	0.007	0.008	0.009	0.013	0.017	0.020	0.022	0.028	0.032
12.0	0.003	0.004	0.005	0.005	0.006	0.006	0.009	0.012	0.014	0.017	0.022	0.026
14.0	0.002	0.003	0.003	0.004	0.004	0.005	0.007	0.009	0.011	0.013	0.018	0.023
16.0	0.002	0.002	0.003	0.003	0.003	0.004	0.005	0.007	0.009	0.010	0.014	0.020
18.0	0.001	0.002	0.002	0.002	0.003	0.003	0.004	0.006	0.007	0.008	0.012	0.018
20.0	0.001	0.001	0.002	0.002	0.002	0.002	0.004	0.005	0.006	0.007	0.010	0.016
25.0	0.001	0.001	0.001	0.001	0.001	0.002	0.002	0.003	0.004	0.004	0.007	0.013
30.0	0.001	0.001	0.001	0.001	0.001	0.001	0.002	0.002	0.003	0.003	0.005	0.011
35.0	0.000	0.000	0.000	0.000	0.001	0.001	0.001	0.002	0.002	0.002	0.004	0.009
40.0	0.000	0.000	0.000	0.000	0.001	0.001	0.001	0.001	0.001	0.002	0.003	0.008

2) 均布载荷作用下矩形面积任意点下附加应力

求矩形面积受垂直均布载荷作用时地基中任一点的附加应力,可将载荷作用面积划分为几部分,每一部分都是矩形,并使待求应力之点处于划分的几个矩形的共同角点之下,然后利用式(3-25)分别计算各部分载荷产生的附加应力,最后利用叠加原理计算出全部附加应力。这种方法称为角点法。角点法通常应用于以下 4 种情况:

(1) 边点。求图 3-23(a)所示边点 o 的附加应力,可将面积过 o 点划分为两个矩形,再相加即可。即

$$\sigma_z = (\alpha_{cI} + \alpha_{cII})p_0 \qquad (3-26)$$

式中,α_{cI}、α_{cII}——表示相应面积Ⅰ和Ⅱ的角点应力系数。必须指出的是查表或用公式计算时所取用边长 l 应为任一矩形载荷面的长边,而 b 则为短边,以下各种情况相同,不再赘述。

(2) 内点。求图 3-23(b)所示内点 o 的附加应力时,可按图示方法将矩形划分为 4 块,

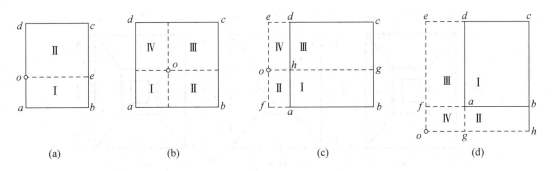

(a)　　　　　　(b)　　　　　　(c)　　　　　　(d)

图 3-23　以角点法计算均布矩形载荷下的地基附加应力
(a) 计算点 o 在载荷面边缘,边点;(b) 计算点 o 在载荷面内,内点;
(c) 计算点 o 在载荷边缘外侧,外点 I 型;(d) 计算点 o 在载荷面角点外侧,外点 II 型

运用角点法计算公式:

$$\sigma_z = (\alpha_{cI} + \alpha_{cII} + \alpha_{cIII} + \alpha_{cIV})p_0 \tag{3-27}$$

如果点 o 位于载荷面中心,则 $\alpha_{cI} = \alpha_{cII} = \alpha_{cIII} = \alpha_{cIV}$,得 $\sigma_z = 4\alpha_{cI}p_0$,此即利用角点法求均布的矩形载荷面中心点下 σ_z 的解。

(3) 外点 I 型。此类外点位于载荷范围的延长区域内,因此,可按图 3-23(c) 的方式划分角点。此时载荷面 $abcd$ 可看成是由于 I($ofbg$) 与 II($ofah$) 之差和 III($oecg$) 与 IV($oedh$) 之差的合成,附加应力可按下式计算:

$$\sigma_z = (\alpha_{cI} - \alpha_{cII} + \alpha_{cIII} - \alpha_{cIV})p_0 \tag{3-28}$$

(4) 外点 II 型。此类外点位于载荷范围的延长区域内,按图 3-23(d) 的方式划分。此时,把载荷面看成 I($ohce$),IV($ogaf$) 两个面积中扣除 II($ohbf$) 和 III($ogde$) 而成的,所以,

$$\sigma_z = (\alpha_{cI} - \alpha_{cII} - \alpha_{cIII} + \alpha_{cIV})p_0 \tag{3-29}$$

【例 3-4】 以角点法计算图 3-24 所示矩形基础甲的基底中心点垂线下不同深度处的地基附加应力。

【解】 (1) 计算基础甲的基底平均附加应力如下:

基础及其上回填土的总重　$G = \gamma_G A d = 20 \times 5 \times 4 \times 1.5 \text{kN} = 600 \text{kN}$

基底平均应力　$p = \dfrac{F+G}{A} = \dfrac{1940+600}{5 \times 4} \text{kPa} = 127 \text{kPa}$

基底处土中的自重应力　$\sigma_c = \gamma_m h = \gamma_m d = 18 \times 1.5 \text{kPa} = 27 \text{kPa}$

基底附加应力　$p_0 = p - \sigma_c = (127 - 27) \text{kPa} = 100 \text{kPa}$

σ_z 的分布,需同时考虑两相邻基础乙的影响(两相邻柱距为 6m,载荷同基础甲)。

(2) 计算基础甲中心点 o 下由本基础载荷引起的 σ_z,基底中心点 o 可看成是 4 个相等小矩形载荷 I($oabc$) 的公共角点,其长宽比 $l/b = 2.5/2 = 1.25$,取深度 $z = 0$、1、2、3、4、5、6、7、8、10m 各计算点,相应的 $z/b = 0$、0.5、1、1.5、2、2.5、3、3.5、4、5,利用表 3-6 即可查得地基附加应力系数相应的 α_{cI},表中未直接列出的数据可采用线性内插法获得。σ_z 的计算列于表 3-7,根据计算资料绘出 σ_z 分布图,见图 3-24。

(3) 计算基础甲中心点 o 下由两相邻基础乙的载荷引起的 σ_z,此时中心点 o 可看成是 4

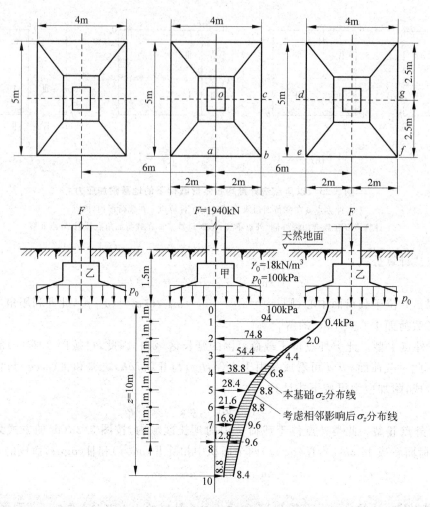

图 3-24 例 3-4 图

个与 Ⅰ($oafg$)相同的矩形和另 4 个与 Ⅱ($oaed$)相同的矩形的公共角点,其长宽比 l/b 分别为 8/2.5＝3.2 和 4/2.5＝1.6。同样利用表 3-6 即可分别查得 $\alpha_{cⅠ}$ 和 $\alpha_{cⅡ}$,σ_z 的计算结果和分布图见表 3-8 和图 3-24。

表 3-7　基础甲自身载荷引起的地基附加应力

点	l/b	z	z/b	k	$\sigma_z = 4\alpha_{cⅠ}\,p_0$/kPa
0	1.25	0	0.0	0.250	4×0.250×100＝100.0
1	1.25	1	0.5	0.235	4×0.235×100＝94.4
2	1.25	2	1.0	0.187	4×0.187×100＝74.8
3	1.25	3	1.5	0.136	54.4
4	1.25	4	2.0	0.097	38.8
5	1.25	5	2.5	0.071	28.4
6	1.25	6	3.0	0.054	21.6
7	1.25	7	3.5	0.042	16.8
8	1.25	8	4.0	0.032	12.8
9	1.25	10	5.0	0.022	8.8

表 3-8　两相邻基础乙对基础甲引起的地基附加应力

点	l/b		z/m	z/b	α_c		$\sigma_z = (\alpha_{c\,I} - \alpha_{c\,II})p_0/\text{kPa}$
	I (oafg)	II (oaed)			$\alpha_{c\,I}$	$\alpha_{c\,II}$	
0			0	0.0	0.250	0.250	$4 \times (0.250 - 0.250) \times 100 = 0.0$
1			1	0.4	0.244	0.243	$4 \times (0.244 - 0.243) \times 100 = 0.4$
2			2	0.8	0.220	0.215	$4 \times (0.220 - 0.215) \times 100 = 2.0$
3			3	1.2	0.187	0.176	4.4
4	$\dfrac{8}{2.5} = 3.2$	$\dfrac{4}{2.5} = 1.6$	4	1.6	0.157	0.140	6.8
5			5	2.0	0.132	0.110	8.8
6			6	2.4	0.112	0.088	9.6
7			7	2.8	0.095	0.071	9.6
8			8	3.2	0.082	0.058	9.6
9			10	4.0	0.061	0.040	8.4

2. 三角形分布矩形面积载荷下的地基附加应力

这种载荷分布通常出现在基础受偏心载荷作用的情况下。此时至基底压力通常为梯形,运用叠加原理将梯形分布载荷分解成矩形载荷和三角形载荷,矩形载荷下的附加应力计算在上一节中已明确,现在讨论三角形载荷下的附加应力计算。

设竖向载荷沿矩形面积一边 b 方向上呈三角形分布(沿另一边 l 的载荷分布不变),载荷的最大值为 p_0,取载荷零值边的角点 1 为坐标原点(图 3-25),则可将载荷面内某点 (x, y) 处所取微单元面积 $\mathrm{d}x\mathrm{d}y$ 上的分布载荷以集中力 $\dfrac{x}{b}p_0\mathrm{d}x\mathrm{d}y$ 代替。角点 1 下深度 z 处的 M 点由该集中力引起的附加应力 $\mathrm{d}\sigma_z$,根据式(3-17c)可得

$$\mathrm{d}\sigma_z = \frac{3}{2\pi} \frac{p_0 x z^3}{b(x^2 + y^2 + z^2)^{5/2} \mathrm{d}x\mathrm{d}y} \tag{3-30}$$

在整个矩形载荷面积进行积分后得角点 1 下任意深度 z 处竖向附加应力 σ_z:

$$\sigma_z = \alpha_{t1} p_0 \tag{3-31}$$

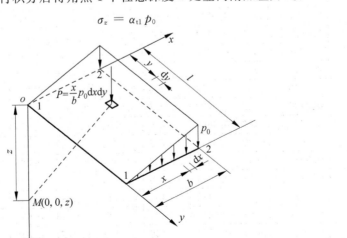

图 3-25　三角形分布矩形载荷角点下的附加应力 σ_z 计算

式中:

$$\alpha_{t1} = \frac{mn}{2\pi}\left[\frac{1}{\sqrt{m^2+n^2}} - \frac{n^2}{(1+n^2)\sqrt{m^2+n^2+1}}\right]$$

α_{t1} 为 $m=l/b$ 和 $n=z/b$ 的函数,可由表 3-9 查得。必须注意的是 b 是沿三角形分布载荷方向的边长。

表 3-9 三角形分布的矩形面积载荷角点的竖向附加应力系数

z/b \ l/b	0.2 点1	0.2 点2	0.4 点1	0.4 点2	0.6 点1	0.6 点2	0.8 点1	0.8 点2	1.0 点1	1.0 点2
0.0	0.0000	0.2500	0.0000	0.2500	0.0000	0.2500	0.0000	0.2500	0.0000	0.2500
0.2	0.0223	0.1821	0.0280	0.2115	0.0296	0.2165	0.0301	0.2178	0.0304	0.2182
0.4	0.0269	0.1094	0.0420	0.1604	0.0487	0.1781	0.0517	0.1844	0.0531	0.1894
0.6	0.0259	0.0700	0.0448	0.1165	0.0560	0.1405	0.0621	0.1520	0.0654	0.1640
0.8	0.0232	0.0480	0.0421	0.0853	0.0553	0.1093	0.0637	0.1232	0.0688	0.1426
1.0	0.0201	0.0346	0.0375	0.0638	0.0508	0.0852	0.0602	0.0996	0.0666	0.1250
1.2	0.0171	0.0260	0.0324	0.0491	0.0450	0.0673	0.0546	0.0807	0.0615	0.1105
1.4	0.0145	0.0202	0.0278	0.0386	0.0392	0.0540	0.0483	0.0661	0.0554	0.0987
1.6	0.0123	0.0160	0.0238	0.0310	0.0339	0.0440	0.0424	0.0547	0.0492	0.0889
1.8	0.0105	0.0130	0.0204	0.0254	0.0294	0.0363	0.0371	0.0457	0.0435	0.0808
2.0	0.0090	0.0108	0.0176	0.0211	0.0255	0.0304	0.0324	0.0387	0.0384	0.0738
2.5	0.0063	0.0072	0.0125	0.0140	0.0183	0.0205	0.0236	0.0265	0.0284	0.0605
3.0	0.0046	0.0051	0.0092	0.0100	0.0135	0.0148	0.0176	0.0192	0.0214	0.0511
5.0	0.0018	0.0019	0.0036	0.0038	0.0054	0.0056	0.0071	0.0074	0.0088	0.0309
7.0	0.0009	0.0010	0.0019	0.0019	0.0028	0.0029	0.0038	0.0038	0.0047	0.0216
10.0	0.0005	0.0004	0.0009	0.0010	0.0014	0.0014	0.0019	0.0019	0.0023	0.0141

z/b \ l/b	2.0 点1	2.0 点2	3.0 点1	3.0 点2	4.0 点1	4.0 点2	6.0 点1	6.0 点2	10.0 点1	10.0 点2
0.0	0.0000	0.2500	0.0000	0.2500	0.0000	0.2500	0.0000	0.2500	0.0000	0.2500
0.2	0.0306	0.2185	0.0306	0.2196	0.0306	0.2186	0.0306	0.2186	0.0306	0.2186
0.4	0.0547	0.1892	0.0548	0.1894	0.0549	0.1894	0.0549	0.1894	0.0549	0.1894
0.6	0.0696	0.1633	0.0701	0.1638	0.0702	0.1639	0.0702	0.1640	0.0702	0.1640
0.8	0.0764	0.1412	0.0773	0.1423	0.0775	0.1424	0.0776	0.1426	0.0776	0.1426
1.0	0.0774	0.1225	0.0790	0.1244	0.0794	0.1248	0.0795	0.1250	0.0796	0.1250
1.2	0.0749	0.1069	0.0774	0.1096	0.0779	0.1103	0.0782	0.1105	0.0783	0.1105
1.4	0.0707	0.0937	0.0739	0.0973	0.0748	0.0982	0.0752	0.0986	0.0753	0.0987
1.6	0.0656	0.0826	0.0697	0.0870	0.0708	0.0882	0.0714	0.0887	0.0715	0.0889
1.8	0.0604	0.0730	0.0652	0.0782	0.0666	0.0797	0.0673	0.0805	0.0675	0.0808
2.0	0.0553	0.0649	0.0607	0.0707	0.0624	0.0726	0.0634	0.0734	0.0636	0.0738
2.5	0.0440	0.0491	0.0504	0.0559	0.0529	0.0585	0.0543	0.0601	0.0548	0.0605
3.0	0.0352	0.0380	0.0419	0.0451	0.0449	0.0482	0.0469	0.0504	0.0476	0.0511
5.0	0.0161	0.0167	0.0214	0.0221	0.0248	0.0256	0.0283	0.0290	0.0301	0.0309
7.0	0.0089	0.0091	0.0124	0.0126	0.0152	0.0154	0.0186	0.0190	0.0212	0.0216
10.0	0.0046	0.0046	0.0066	0.0066	0.0084	0.0083	0.0111	0.0111	0.0139	0.0141

　　若求载荷最大值边的角点 2 下任意深度 z 处竖向附加应力,则可利用应力叠加原理来计算。显然,已知的三角形分布载荷等于一个均布载荷与一个倒三角形载荷之差(见图 3-26)。则载荷最大值边的角点 2 下任意深度 z 处的竖向附加应力 σ_z 为

$$\sigma_z = \alpha_{t2} p_0 = (\alpha_c - \alpha_{t1}) p_0 \tag{3-32}$$

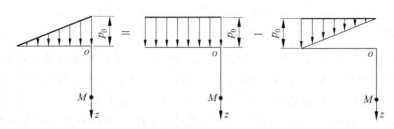

图 3-26　三角形分布载荷分解图

【例 3-5】　有一矩形面积($l=5\mathrm{m}$、$b=3\mathrm{m}$)三角形分布的载荷作用在地基表面,载荷最大值 $p_0=100\mathrm{kPa}$,计算在矩形面积 o 点下深度 z 处 M 点的竖向应力 σ_z 值,见图 3-27。

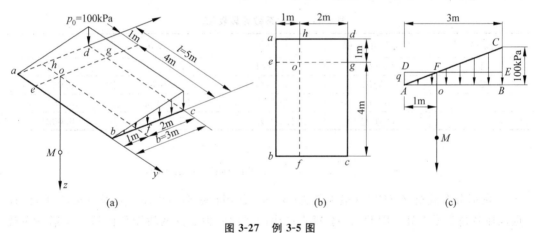

图 3-27　例 3-5 图

　　【解】　本例题求解时要通过两次叠加法计算。第一次是载荷作用面积的叠加,第二次是载荷分布图形的叠加。分别计算如下:

　　(1) 载荷作用面积的叠加计算。因为 o 点在矩形面积($abcd$)内,故可用前述角点法计算。如图 3-27(a)、(b)所示。通过 o 点将矩形面积划分为 4 块,假定其上作用着均布载荷 q(见图中载荷 $DABE$),则 M 点产生的竖向应力可用前述角点法计算,即

$$\sigma_{z1} = \sigma_{z1}(aeoh) + \sigma_{z1}(ebfo) + \sigma_{z1}(ofcg) + \sigma_{z1}(hogd) = q(\alpha_{a1} + \alpha_{a2} + \alpha_{a3} + \alpha_{a4})$$

式中:α_{a1}、α_{a2}、α_{a3}、α_{a4}——各块面积的应力系数,由表 3-6 查得,其结果列于表 3-10 中。则

$$\sigma_{z1} = q \sum \alpha_{ai} = \frac{100}{3} \times (0.045 + 0.093 + 0.156 + 0.073)\mathrm{kPa}$$

$$= \frac{100}{3} \times 0.367\mathrm{kPa} = 12.2\mathrm{kPa}$$

表 3-10　应力系数计算表（一）

编号	载荷作用面积	$n=l/b$	$m=z/b$	α_{ai}
1	$(aeoh)$	$1/1=1$	$3/1=3$	0.045
2	$(ebfo)$	$4/1=4$	$3/1=3$	0.093
3	$(ofeg)$	$4/2=2$	$3/2=1.5$	0.156
4	$(hogd)$	$2/1=2$	$3/1=3$	0.073

（2）载荷分布图形叠加计算。上述角点法求得的应力是由均布载荷 q 引起的，但实际作用的载荷是三角形分布，因此可以将图 3-27 所示的三角形分布载荷(ABC)分割成 3 块：均布载荷$(DABE)$、三角形载荷(AFD)及(CFE)。三角形载荷(ABC)等于均布载荷$(DABE)$减去三角形载荷(AFD)，加上三角形载荷(CFE)。故可将此 3 块分布载荷产生的应力叠加计算。即三角形分布载荷(AFD)，其最大值为 q，作用在矩形面积$(aeoh)$及$(ebfo)$上，并且 o 点在载荷为零处。因此它对 M 点引起的竖向应力是两块矩形面积三角形分布载荷引起的应力之和，可按公式(3-31)计算。即

$$\sigma_{z2} = \sigma_{z2}(aeoh) + \sigma_{z2}(ebfo) = q(\alpha_{t1} + \alpha_{t2})$$

式中应力系数 α_{t1}、α_{t2} 由表 3-9 查得，列于表 3-11 中。

表 3-11　应力系数计算表（二）

编号	载荷作用面积	$n=l/b$	$m=z/b$	α_{ti}
1	$(aeoh)$	$1/1=1$	$3/1=3$	0.021
2	$(ebfo)$	$4/1=4$	$3/1=3$	0.045
3	$(ofeg)$	$4/2=2$	$3/2=1.5$	0.069
4	$(hogd)$	$1/2=0.5$	$3/2=3$	0.032

$$\sigma_{z2} = \frac{100}{3} \times (0.021 + 0.045) \text{kPa} = 2.2 \text{kPa}$$

三角形分布载荷(CFE)，其最大值为 $(p-q)$，作用在矩形面积$(ofcg)$及$(hogd)$上，同样 o 点也在载荷为零点处。因此，它对 M 点产生的竖向应力是这两块矩形面积三角形分布载荷引起的应力之和，可按公式(3-31)计算。即

$$\sigma_{z3} = \sigma_{z3}(ofcg) + \sigma_{z3}(hogd) = (p-q)(\alpha_{t3} + \alpha_{t4})$$

$$= \left(100 - \frac{100}{3}\right) \times (0.069 + 0.032) \text{kPa} = 6.7 \text{kPa}$$

最后叠加求得三角形分布载荷(ABC)对 M 点产生的竖向应力为

$$\sigma_z = \sigma_{z1} - \sigma_{z2} + \sigma_{z3} = (12.2 - 2.2 + 6.7) \text{kPa} = 16.7 \text{kPa}$$

3. 圆形面积上均布载荷下的地基附加应力

设圆形载荷面积的半径为 r_0，作用于地基表面上的竖向均布载荷为 p_0，如以圆形载荷面的中心点为坐标原点 o(图 3-28)，并在载荷面积上取微面积 $dA = r d\theta dr$，以集中力 $p_0 dA$ 代替微面积上的分布载荷，则可运用式(3-17c)以积分法求得均布圆形载荷中点下任意深度 z 处 M 点的 σ_z 如下：

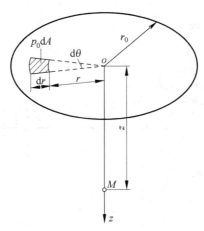

图 3-28 均布圆形载荷中点下的 σ_z

$$\sigma_z = \iint\limits_A \mathrm{d}\sigma_z = \frac{3p_0 z^3}{2\pi} \int_0^{2\pi} \int_0^{r_0} \frac{r\mathrm{d}\theta\mathrm{d}r}{(r^2 + z^2)^{5/2}} = p_0 \left[1 - \frac{z^3}{(r^2 + z^2)^{5/2}} \right]$$

$$= p_0 \left[1 - \frac{1}{\left(\dfrac{1}{z^2/r^2} + 1 \right)^{5/2}} \right] = \alpha_r p_0 \tag{3-33}$$

式中，α_r 为圆形面积上均布载荷中心点下的附加应力系数，见表 3-12。

表 3-12 圆形面积上均布载荷中心点下的附加应力系数

z/r_0	α_r	z/r_0	α_r	z/r_0	α_r	z/r_0	α_r	z/r_0	α_r	z/r_0	α_r
0.0	1.000	0.8	0.756	1.6	0.390	2.4	0.213	3.2	0.130	4.0	0.087
0.1	0.999	0.9	0.701	1.7	0.360	2.5	0.200	3.3	0.123	4.2	0.079
0.2	0.992	1.0	0.646	1.8	0.332	2.6	0.187	3.4	0.117	4.4	0.073
0.3	0.976	1.1	0.595	1.9	0.307	2.7	0.175	3.5	0.111	4.6	0.067
0.4	0.949	1.2	0.547	2.0	0.284	2.8	0.165	3.6	0.106	4.8	0.062
0.5	0.911	1.3	0.502	2.1	0.264	2.9	0.155	3.7	0.100	5.0	0.057
0.6	0.864	1.4	0.461	2.2	0.246	3.0	0.146	3.8	0.096	5.2	0.053
0.7	0.811	1.5	0.424	2.3	0.229	3.1	0.138	3.9	0.091	5.4	0.049

3.4.3 线载荷和条形载荷下的地基附加应力

当矩形基础的长宽比很大，如 $l/b \geqslant 10$ 时，通常称为条形基础。工程中房屋的地基、挡土墙、基础、路基、坝基均属于条形基础。这种基础的基底压力分布沿宽度方向可以是任意的，但沿着长度方向则是均匀分布的，亦即载荷的分布形式在每个断面上都是一样的，因此只需研究一个横断面上的应力分布就行了，这类问题称为平面问题。为了求算条形载荷下的地基附加应力，下面先介绍线载荷作用下的地基附加应力的解答。

1. 线载荷下的地基附加应力

线载荷是在半空间表面上一条无限长直线上的均布载荷，如图 3-29(a)所示。竖向线载荷的集度为 $\bar{p}$(kN/m)，沿 y 轴距坐标原点为 y 的某微分段 $\mathrm{d}y$ 上的分布载荷可用集中力 $P = \bar{p}\mathrm{d}y$ 来代替，因此可以用集中力作用下竖向附加应力计算公式求得地基中任意点 M 由

该集中力 P 引起的附加应力 $\mathrm{d}\sigma_z$。

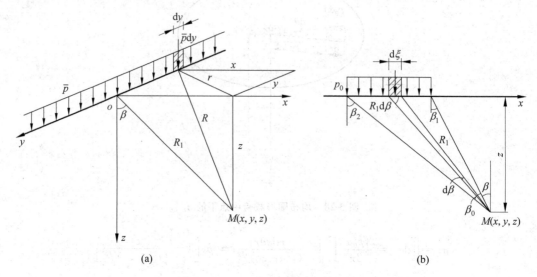

图 3-29 地基附加应力的平面问题

(a) 线载荷作用下；(b) 均布条形载荷作用下

设 M 点位于与 y 轴垂直的 xoz 平面内，直线 oM 与 z 轴的夹角为 β，则由微分段 $\mathrm{d}y$ 上的 $P=\bar{p}\mathrm{d}y$ 引起的竖向附加应力可按下式计算：

$$\mathrm{d}\sigma_z = \frac{3z^3 P}{2\pi R^5} = \frac{3z^3}{2\pi} \frac{\bar{p}\mathrm{d}y}{(x^2+y^2+z^2)^{5/2}} \quad (3-34)$$

积分后即得由均布线载荷 $\bar{p}$ 所产生的土中 M 点的竖向应力为

$$\sigma_z = \int_{-\infty}^{\infty} \mathrm{d}\sigma_z = \int_{-\infty}^{\infty} \frac{3z^3}{2\pi R^5}\bar{p}\mathrm{d}y = \frac{2\bar{p}z^3}{\pi R_1^4} = \frac{2\bar{p}}{\pi R_1}\cos^3\beta \quad (3-35)$$

同理，可得

$$\sigma_x = \frac{2\bar{p}x^2 z}{\pi R_1^4} = \frac{2\bar{p}}{\pi R_1}\cos\beta\sin^2\beta \quad (3-36)$$

$$\tau_{xz} = \tau_{zx} = \frac{2\bar{p}xz^2}{\pi R_1^4} = \frac{2\bar{p}}{\pi R_1}\cos^2\beta\sin\beta \quad (3-37)$$

式中，$R_1 = \sqrt{x^2+z^2}$，$\sin\beta = x/R_1$，$\cos\beta = z/R_1$。

由于线载荷沿 y 轴均匀分布而且无限延伸，因此与 y 轴垂直的任何平面上的应力状态都完全相同。这种情况属于弹性力学中的平面问题。由此可知：

$$\tau_{xy} = \tau_{yx} = \tau_{yz} = \tau_{zy} = 0 \quad (3-38)$$

$$\sigma_y = \mu(\sigma_x + \sigma_z) \quad (3-39)$$

因此，在平面问题中需要计算的应力分量只有 σ_z、σ_x 和 τ_{xz} 三个。

2. 条形均布载荷下地基附加应力

实际上条形基础都有一定的宽度，相应的载荷也是有宽度的，图 3-29(b) 表示宽度为 b 的无限长的条形载荷，若已知载荷在宽度方向的分布规律 $p=f(\xi)$，则可按式(3-35)积分，求得应力计算公式。作用于无限小宽度的载荷为

$$dq = f(\xi)d\xi \tag{3-40}$$

dq 可看作是一均布的线载荷,由此线载荷产生的 M 点竖向应力可按公式(3-35)计算:

$$d\sigma_z = \frac{2z^3 dq}{\pi R_1^4} = \frac{2z^3 f(\xi)d\xi}{\pi R_1^4} = \frac{2z^3}{\pi} \frac{f(\xi)d\xi}{[(x-\xi)^2 + z^2]^2} \tag{3-41}$$

由宽度为 b 的任意分布的条形载荷所产生的土中 M 点竖向应力,可按式(3-40)在载荷的全宽度($-b/2 \sim b/2$)上进行积分而得:

$$\sigma_z = \int_{-b/2}^{b/2} \frac{2z^3}{\pi} \frac{f(\xi)d\xi}{[(x-\xi)^2 + z^2]^2} \tag{3-42}$$

同理可求得 σ_x 及 τ_{xz} 的计算公式。根据式(3-41)知,只要知道载荷的分布规律 $f(\xi)$,通过积分计算,即可求出解答。

当载荷沿宽度均匀分布,即 $p = f(\xi) = p_0$ 为常数时,则某微分段 dx 上的线载荷可用 $\bar{p} = p_0 dx = \dfrac{p_0 R_1}{\cos\beta}d\beta$ 来代替,β 为 oM 线与 z 轴的夹角,见图 3-29(b)。因而,可以利用前面导出的线载荷作用下附加应力公式求得地基任意点 M 处的附加应力,用极坐标表示如下:

$$\sigma_z = \frac{p_0}{\pi}[\sin(\beta_2 - \beta_1)\cos(\beta_2 + \beta_1) + (\beta_2 - \beta_1)] \tag{3-43}$$

同理得

$$\sigma_x = \frac{p_0}{\pi}[-\sin(\beta_2 - \beta_1)\cos(\beta_2 + \beta_1) + (\beta_2 - \beta_1)] \tag{3-44}$$

$$\tau_{xz} = \tau_{zx} = \frac{p_0}{\pi}[\sin^2\beta_2 - \sin^2\beta_1] \tag{3-45}$$

式中的 β_1、β_2 如图 3-29 所示。当 M 点位于载荷分布宽度端点竖直线之间时,β_1 取负值。

利用式(3-3)计算,即可计算土中任一点 M 的最大和最小主应力 σ_1 和 σ_3。即

$$\left.\begin{array}{c}\sigma_1 \\ \sigma_3\end{array}\right\} = \frac{\sigma_z + \sigma_x}{2} \pm \sqrt{\left(\frac{\sigma_z - \sigma_x}{2}\right)^2 + \tau_{xz}}$$

$$= \frac{p_0}{\pi}[(\beta_2 - \beta_1) \pm \sin(\beta_2 - \beta_1)] \tag{3-46}$$

设 β_0 为 M 点与条形载荷两端连线的夹角,则 $\beta_0 = \beta_2 - \beta_1$($M$ 点在载荷宽度范围内时为 $\beta_2 + \beta_1$),则上式变为

$$\left.\begin{array}{c}\sigma_1 \\ \sigma_3\end{array}\right\} = \frac{p_0}{\pi}(\beta_0 \pm \sin\beta_0) \tag{3-47}$$

σ_1 的作用方向与 β_0 的角平分线一致。

为了计算方便,可将上述 σ_z、σ_x 及 τ_{xz} 三个公式用直角坐标表示。此时,取条形载荷的中点为坐标原点,则 M 点的三个附加应力分量直角坐标公式如下:

$$\sigma_z = \frac{p_0}{\pi}\left[\arctan\frac{1-2n}{2m} + \arctan\frac{1+2n}{2m} - \frac{4m(4n^2 - 4m^2 - 1)}{(4n^2 + 4m^2 - 1)^2 + 16m^2}\right] = \alpha_{sz}p_0 \tag{3-48}$$

$$\sigma_x = \frac{p_0}{\pi}\left[\arctan\frac{1-2n}{2m} + \arctan\frac{1+2n}{2m} + \frac{4m(4n^2 - 4m^2 - 1)}{(4n^2 + 4m^2 - 1)^2 + 16m^2}\right] = \alpha_{sx}p_0 \tag{3-49}$$

$$\tau_{xz} = \tau_{zx} = \frac{p_0}{\pi}\frac{32m^2 n}{(4n^2 + 4m^2 - 1)^2 + 16m^2} = \alpha_{sxz}p_0 \tag{3-50}$$

以上三式中的 α_{sz}、α_{sx} 和 $\alpha_{s,xz}$ 分别为均布条形载荷下相应的三个附加应力系数,都是 $m=z/b$ 和 $n=x/b$ 的函数,可由表 3-13 查得。

表 3-13　均布条形载荷下的附加应力系数

z/b	x/b 0.0			x/b 0.25			x/b 0.50		
	α_{sz}	α_{sx}	$\alpha_{s,xz}$	α_{sz}	α_{sx}	$\alpha_{s,xz}$	α_{sz}	α_{sx}	$\alpha_{s,xz}$
0.00	1.00	1.00	0	1.00	1.00	0.00	0.50	0.50	0.32
0.25	0.96	0.45	0	0.90	0.39	0.13	0.50	0.35	0.30
0.50	0.82	0.18	0	0.73	0.19	0.16	0.48	0.23	0.25
0.75	0.67	0.08	0	0.61	0.10	0.13	0.45	0.14	0.20
1.00	0.55	0.04	0	0.51	0.06	0.10	0.41	0.09	0.16
1.25	0.46	0.02	0	0.44	0.03	0.07	0.37	0.06	0.12
1.50	0.40	0.01	0	0.38	0.02	0.06	0.33	0.04	0.10
1.75	0.35		0	0.33	0.01	0.04	0.30	0.03	0.08
2.00	0.31		0	0.30		0.03	0.27		0.06
3.00	0.21		0	0.21		0.02	0.20		0.03
4.00	0.16		0	0.16		0.01	0.15		0.02
5.00	0.13		0	0.13			0.12		
6.00	0.11		0	0.11			0.10		

z/b	x/b 1.0			x/b 1.5			x/b 2.0		
	α_{sz}	α_{sx}	$\alpha_{s,xz}$	α_{sz}	α_{sx}	$\alpha_{s,xz}$	α_{sz}	α_{sx}	$\alpha_{s,xz}$
0.00	0.00	0.00	0.00	0.00	0.00	0.00	0.00	0.00	0.00
0.25	0.02	0.17	0.06	0.00	0.07	0.01	0.00	0.04	0.01
0.50	0.08	0.21	0.13	0.02	0.12	0.04	0.01	0.07	0.02
0.75	0.15	0.18	0.16	0.04	0.14	0.08	0.02	0.09	0.04
1.00	0.18	0.15	0.16	0.07	0.13	0.10	0.03	0.10	0.05
1.25	0.20	0.11	0.14	0.10	0.12	0.10	0.04	0.10	0.07
1.50	0.21	0.08	0.13	0.11	0.10	0.11	0.04	0.10	0.07
1.75	0.21	0.06	0.11	0.13	0.09	0.10	0.07	0.09	0.08
2.00	0.20	0.05	0.10	0.13	0.07	0.10	0.08	0.08	0.08
3.00	0.17	0.02	0.06	0.14	0.03	0.07	0.10	0.04	0.07
4.00	0.14	0.01	0.03	0.12	0.02	0.04	0.10	0.03	0.05
5.00	0.12			0.11			0.09		
6.00	0.10			0.09			0.09		

【例 3-6】　某条形基础底面宽度 $b=1.4\text{m}$,作用于基底的平均附加压力 $p_0=200\text{kPa}$,要求确定:(1)均布条形载荷中点 o 下的地基附加应力 σ_z 分布;(2)深度 $z=1.4\text{m}$ 和 $z=2.8\text{m}$ 处水平面上的 σ_z 的分布;(3)在均布条形载荷以外 1.4m 处 o_1 点下 σ_z 的分布。

【解】　(1)计算时按表 3-6 列出的 $z/b=0.5$、1.0、1.5、2、3、4 各项值反算出深度,$z=$

0.7、1.4、2.1、2.8、4.2、5.6m，并选取对应的 α_{sz} 值计算地基附加应力 σ_z，列于表 3-14 中，反算出的结果如图 3-30 所示。

表 3-14　例 3-6 的地基附加应力 σ_z

(x/b)/m	(z/b)/m	z/m	α_{sz}	$\sigma_z = \alpha_{sz} p_0$/kPa
0	0.0	0.0	1.00	$1.00 \times 200 = 200$
0	0.5	0.7	0.82	164
0	1.0	1.4	0.55	110
0	1.5	2.1	0.40	80
0	2.0	2.8	0.31	62
0	3.0	4.2	0.21	42
0	4.0	5.6	0.16	32

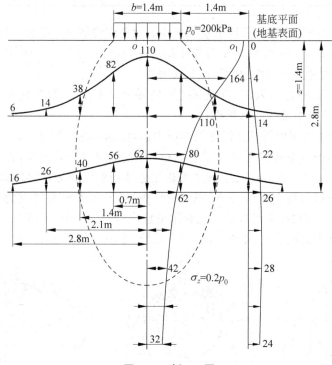

图 3-30　例 3-6 图

（2）及（3）的计算结果及分布图分别列于表 3-15 和表 3-16 中，计算结果如图 3-30 所示。此外，在例图中还以虚线绘制出 $\sigma_z = 0.2 p_0 = 40$kPa 的等值线图。

表 3-15　例 3-6 的深度 $z = 1.4$m 和 $z = 2.8$m 处水平面上的 σ_z 的分布

z/m	z/b	x/b	α_{sz}	σ_z/kPa
1.4	1	0.0	0.55	110
1.4	1	0.5	0.41	82
1.4	1	1.0	0.19	38
1.4	1	1.5	0.07	14

续表

z/m	z/b	x/b	α_{sz}	σ_z/kPa
1.4	1	2.0	0.03	6
2.8	2	0.0	0.31	62
2.8	2	0.5	0.28	56
2.8	2	1.0	0.20	40

表 3-16　例 3-6 o_1 点下 σ_z 的分布

z/m	z/b	x/b	α_{sz}	σ_z/kPa	z/m	z/b	x/b	α_{sz}	σ_z/kPa
0.0	0.0	1.5	0.0	0	2.8	2.0	1.5	0.13	26
0.7	0.5	1.5	0.02	4	4.2	3.0	1.5	0.14	28
1.4	1.0	1.5	0.07	14	5.6	4.0	1.5	0.12	24
2.1	1.5	1.5	0.11	22					

　　从例 3-6 的计算成果中,可见均布条形载荷下地基中附加应力的分布规律如下:

　　(1) 地基中附加应力不仅发生在载荷面积之下,而且分布在载荷面积以外相当大的范围之下,这就是所谓地基附加应力的扩散分布规律;

　　(2) 在离基础底面(地基表面)不同深度 z 处各个水平面上,以基底中心点下轴线处的应力为最大,随着距离中轴线越远越小;

　　(3) 在载荷分布范围内任意点沿垂线的应力值,随深度越向下越小。

　　地基附加应力的分布规律还可以用上面已经使用过的"等值线"的方式完整地表示出来,见图 3-31。附加应力等值线的绘制方法是在地基剖面中划分许多网格,使网格节点的坐标恰好是均布条形载荷半宽(0.5b)的整倍数,查表 3-13 可得各节点的附加应力 σ_z、σ_x、τ_{xz},然后以插入法绘成均布条形载荷下三种附加应力的等值线图(见图 3-31(a)、(c)、(d))。此外还附有均布方形载荷下 σ_z 等值线图,用于比较(见图 3-31(b))。

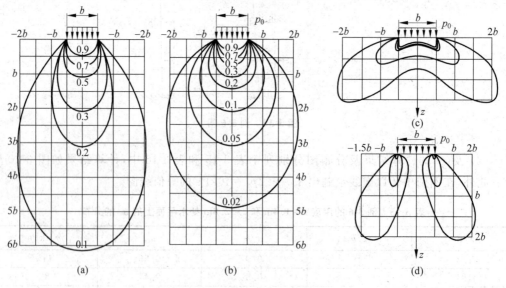

图 3-31　地基附加应力等值线

由图 3-31(a)和(b)可见,方形均布载荷所引起的 σ_z,其影响深度要比条形均布载荷小得多,例如方形载荷中心点下 $z=2b$ 处 $\sigma_z\approx0.1p_0$,而在条形载荷下 $\sigma_z=0.1p_0$ 等值线则约在中心下 $z\approx6b$ 处。图 3-31(c)和(d)为条形均布载荷下的 σ_x 和 τ_{xz} 等值线。由图 3-31(c)和(d)可见,条形均布载荷下的 σ_x 的影响范围较浅,所以基础下地基土的侧向变形主要发生于浅层;而 τ_{xz} 的最大值出现于基础边缘,所以位于基础边缘下的土首先出现塑性变形区。

3.4.4　非均质和各向异性地基中的附加应力

以上介绍的地基附加应力计算都是考虑柔性载荷和均质各向同性土体的情况,而实际上并非如此,如地基中土的变形模量常随深度而增大,有的地基具有较明显的薄交互层状构造,有的则是由不同压缩性土层组成的成层地基,等等。对于这样一些问题的考虑是比较复杂的,但从一些简单情况的解答中可以知道:把非均质或各向异性地基与均质各向同性地基相比较,其对地基竖向正应力 σ_z 的影响,不外乎两种情况:一种是发生应力集中现象(见图 3-32(a)),另一种则是发生应力扩散现象(见图 3-32(b))。

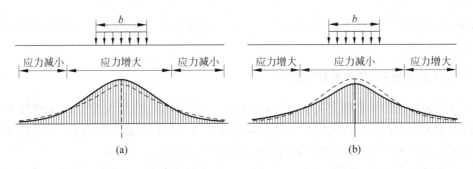

图 3-32　非均质和各向异性地基对附加应力的影响(虚线表示均质地基中水平面上的附加应力分布)
(a) 发生应力集中;(b) 发生应力扩散

1. 变形模量随深度而增大的非均质地基

在地基中,土的变形模量 E_0 值常随地基深度增大而增大,这种现象在砂土中尤其显著。与通常假定的均质地基(E_0 值不随深度变化)相比较,沿载荷中心线,前者的地基附加应力 σ_z 将发生应力集中现象(见图 3-32(a))。这种现象从实验和理论上都得到了证实。对于一个集中力 P 作用下地基附加应力 σ_z 的计算,可采用 O. K. Frolich 等建议的半经验公式:

$$\sigma_z = \frac{\nu p}{2\pi R^2}\cos^\nu\theta \tag{3-51}$$

式中,ν——集中因数,当 $\nu>3$ 时采用,当 $\nu=3$ 时上式与式(3-17c)一致,即代表布辛奈斯克解答,ν 值是随 E_0 与地基深度的关系以及泊松比而异的。

2. 双层地基

天然形成的双层地基有两种可能的情况:一种是岩层上覆盖着不太厚的可压缩土层;另一种则是上层坚硬、下层软弱的双层地基。前者在载荷作用下将发生应力集中现象(见图 3-32(a)),而后者则将发生应力扩散现象(见图 3-32(b))。

图 3-33 所示为均布载荷中心线下竖向应力分布的比较,图中曲线 1(虚线)为均质地基中的附加应力分布图,曲线 2 为岩层上存在可压缩土层的附加应力分布图,而曲线 3 则表示上层坚硬下层软弱的双层地基中的附加应力分布图。

由于下卧刚性岩层的存在而引起的应力集中的影响与岩层的埋藏深度有关,岩层埋藏越浅,应力集中的影响越显著。在坚硬的上层与软弱下卧层中引起的应力的扩散随上层厚度的增大而更加显著;它还与双层地基的变形模量 E_0、泊松比 μ 有关,即随下列参数 f 的增加而显著:

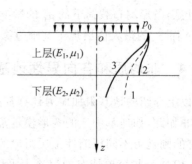

图 3-33　双层地基竖向应力分布的比较

$$f = \frac{E_{01}(1 - \mu_2^2)}{E_{02}(1 - \mu_1^2)} \qquad (3\text{-}52)$$

式中,E_{01}、μ_1——坚硬上层变形模量和泊松比;

E_{02}、μ_2——软弱下卧层的变形模量和泊松比。

由于土的泊松比变化不大(一般 $\mu = 0.3 \sim 0.4$),故参数 f 值的大小主要取决于变形模量的比值 E_{01}/E_{02}。

3．薄交互层地基(各向异性地基)

天然沉积形成的水平薄交互层地基,其水平向变形模量 E_{0h} 常大于竖向变形模量 E_{0v}。考虑到由于土的这种层状构造特征与通常假定的均质各向同性地基作比较,沿载荷中心线地基附加应力 σ_z 的分布将发生应力扩散现象(见图 3-32(b))。

沃尔夫(Wolf,1935)假设 $n = E_{0h}/E_{0v}$ 为大于 1 的经验常数,而得出了完全柔性均布条形载荷 p_0 中心线下竖向附加应力系数 α_s 与相对深度 z/b 的关系,如图 3-34(a)中实线所示,而图中虚线则表示相应于均质各向同性时的解答。可见,考虑到 $E_{0h} > E_{0v}$ 的因素,附加应力系数 α_s 将随着 n 值的增加而变小。

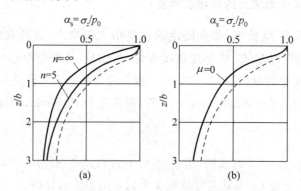

图 3-34　土的层状构造对应力系数的影响

(a) $E_{0h} = nE_{0v} > 1$；(b) 根据韦斯脱加特的解(取 $\mu = 0$)

-----按均质各向同性的解；——考虑到土的层状构造的解

韦斯脱加特(Westergard,1938)假设半空间体内夹有间距极小的、完全柔性的水平薄层,这些薄层只允许产生竖向变形,从而得出了集中载荷 P 作用下地基中附加应力 σ_z 的

公式：

$$\sigma_z = \frac{C}{2\pi} \frac{1}{\left[C^2 + \left(\frac{r}{2} \right)^2 \right]^{3/2}} \frac{P}{z^2} \tag{3-53}$$

把上式与布辛奈斯克解式（3-17c）相比较，它们在形式上有相似之处，其中

$$C = \sqrt{\frac{1-2\mu}{2(1-\mu)}} \tag{3-54}$$

式中，μ——柔性薄层的泊松比，如取 $\mu=0$，则 $C=1/\sqrt{2}$。

图 3-34(b) 中给出了均布条形载荷 p_0 中心线下的竖向应力系数 α_s 与 z/b 的关系。必须指出，土的泊松比 μ 均大于零，一般 $\mu=0.3\sim0.4$，μ 值越大，所得的附加应力系数 α_s 越小。

3.5　有效应力原理

计算土中应力的目的是为了研究土体受力后的变形和强度问题，但是土的体积变形和强度大小并不是直接取决于土体所受的全部应力（总应力），这是因为土是一种三相物质构成的散粒体，受力后存在着外力如何由三种成分分担、各分担应力如何传递与相互转化，以及它们与材料的变形和强度有哪些关系等问题。太沙基(Terzaghi)早在 1923 年发现并研究了这些问题，提出了土力学中最重要的有效应力原理和固结理论。可以说，有效应力原理的提出和应用阐明了散粒状材料与连续固体材料在应力-应变关系上的重大区别，是使土力学成为一门独立学科的重要标志。

3.5.1　有效应力原理

土中有效应力是指土中固体颗粒（土粒）接触点传递的粒间应力。土中任意截面上都包括土粒截面积和土中孔隙截面积，如图 3-35(a) 所示的饱和土中某单位面积的 a—a 截面，通过土中孔隙传递的压应力称为孔隙压力（应力），孔隙压力包括孔隙水压力和孔隙气压力。饱和土中的孔隙压力（应力）有静水压力和超静孔隙水压力之分。必须指出，通常在文献中所用的孔隙水压力，指的就是超静孔隙水压力，它不包括静水压力。为了研究有效应力，并不切断任何一个土粒，而只是通过上下土粒之间的那些接触点、面的一个水平截面，如图 3-35(b) 中所示的 b—b 截面。图中横截面面积为 A，外荷作用应力 σ 为总应力。

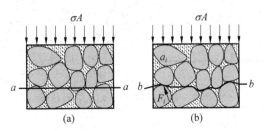

图 3-35　土中单位面积上的平均总应力和有效应力

在研究土中应力时（见 3.4 节）将土体简化成连续体，都只考虑土中某单位面积上平均

的应力。而存在于土体中某点的总应力有三种情况,即自重应力、附加应力、自重应力与附加应力之和三种。三种情况总应力均可能存在有效应力和孔隙应力。在图 3-35(b)中 b—b 截面上作用在孔隙面积上的孔隙水压力为 u(注意孔隙水压力通常是指超静孔隙水压力,不包括原来存在于土中的静水压力)以及作用在土粒接触面上的各力 $F_1,F_2,F_3,\cdots$,相应的接触面面积为 $a_1,a_2,a_3,\cdots$,而各力的竖向分量之和应等于横截面积上的有效应力 σ' 合力,即 $\sigma'A=F_{1v}+F_{2v}+F_{3v}+\cdots=\sum F_{iv}$,于是得出平衡方程式:

$$\sum F_{iv}+u\left(A-\sum a_i\right)=\sigma A \qquad (3\text{-}55)$$

式中,$\sum a_i$—— 土单位面积内土粒接触面积总量,它不会大于土的横截面积的百分之二三,因此,可将上式换成下式:

$$\sigma'+u=\sigma \quad 或 \quad \sigma'=\sigma-u \qquad (3\text{-}56)$$

因此得出重要的有效应力原理:①饱和土中任意点的总应力 σ 总是等于有效应力加上孔隙水压力;②土的有效应力控制了土的变形及强度。在非饱和土的孔隙中,既有水,又有气,在这种情况下,由于水、气界面上的表面张力和弯液面的存在,孔隙气压力 u_a 往往大于孔隙水压力 u_w。当土的饱和度较大时,可不考虑表面张力的影响,则 u_a 大致上等于 u_w,为简化起见,孔隙水压力以 u 表示,也用于饱和度较大的非饱和土。

由于有效应力 σ' 作用在土骨架的颗粒之间,很难直接测定,通常都是在已知总应力 σ 和测定孔隙水压力 u 之后,利用式(3-56)求得。

图 3-36 为一土层剖面,已知总应力为自重应力,地下水位位于地面下深度 h_1 处,地下水位以上土的[湿]重度为 γ_1,地下水位以下为饱和重度 γ_{sat}。作用在地面下深度为 h_1+h_2 处 C 点水平面上的总应力 σ,应等于该点以上单位土柱体和水柱体的总重,即 $\sigma=\gamma_1 h_1+\gamma_{sat}h_2$,静水压力为 $u=\gamma_w h_2$(侧压管中水位与地下水位齐平)。根据有效应力原理,C 点处的竖向有效应力 σ' 应为 $\sigma'=\sigma-u=\gamma_1 h_1+\gamma_{sat}h_2-\gamma_w h_2=\gamma_1 h_1+\gamma' h_2$($\gamma'$ 为有效重度),得出 C 点的竖向自重应力为有效应力。

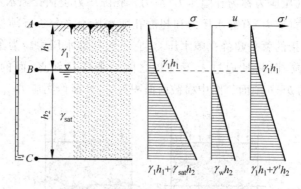

图 3-36 静水条件下的 σ、u 和 σ' 分布

3.5.2 毛细水上升时土中有效自重应力的计算

若已知土中毛细水的上升高度为 h_c,如图 3-37 所示,因为毛细水上升区中的水压力 u

为负值(即拉应力),所以在毛细水弯液面底面的水压力 $u = -\gamma_w h_c$,在地下水位面处 $u=0$。则可分别计算土中各控制点的总应力 σ、孔隙水压力 u 及有效应力 σ'(列于表 3-17),并绘出其分布图示于图 3-37。

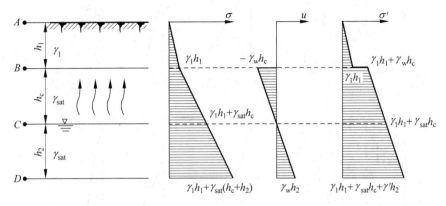

图 3-37 毛细水上升时土中的 σ、u 和 σ' 分布

表 3-17 毛细水上升时土中的总应力、孔隙水压力及有效应力计算

计算点		总应力 σ	孔隙水压力 u	有效应力 σ'
A		0	0	0
B	B 点上	$\gamma_1 h_1$	0	$\gamma_1 h_1$
	B 点下		$\gamma_w h_c$	$\gamma_1 h_1 + \gamma_w h_c$
C		$\gamma_1 h_1 + \gamma_{sat} h_c$	0	$\gamma_1 h_1 + \gamma_{sat} h_c$
D		$\gamma_1 h_1 + \gamma_{sat}(h_c + h_2)$	$\gamma_w h_2$	$\gamma_1 h_1 + \gamma_{sat} h_c + \gamma' h_2$

注:表中 γ_1、γ_{sat}、γ' 分别表示土的重度、饱和重度及有效重度。

从表 3-17 结果可见,在毛细水上升区(即 BC 段范围),由于表面张力的作用使孔隙水压力为负值,这就使土的有效应力增加,在地下水位以下,由于水对土颗粒的浮力作用,使土的有效应力减少。

3.5.3 稳定渗流时土中孔隙应力与有效自重应力的计算

当土中有地下水渗流时,土中水将对土颗粒作用着渗流(动水)力,这就必然影响到土中有效应力的分布。现通过图 3-38 所示两种情况,说明土中水一维渗流时对有效应力分布的影响。

在图 3-38(a)中表示土中 B、C 两点有水头差 h,水自上向下渗流;图 3-38(b)表示土中 B、C 两点的水头差也是 h,但水自下向上渗流。土中的总应力 σ、孔隙水压力 u 及有效应力 σ' 的计算值及其分布示于图 3-38 中。

不同情况水渗流时土中总应力 σ 的分布是相同的,土中水的渗流不影响总应力值。水渗流时土中产生渗流力,致使土中有效应力及孔隙水压力发生变化。土中水自上向下渗流时,渗流力方向与土重力方向一致,于是有效应力增加,而孔隙水压力相应减小。反之,土中水自下向上渗流时,导致土中有效应力减小,孔隙水压力增加。

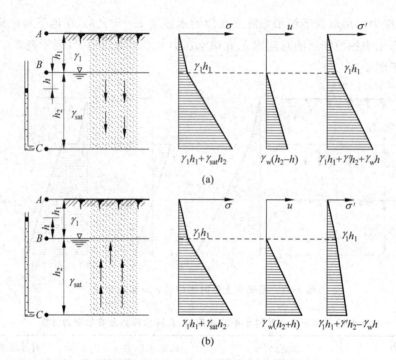

图 3-38　土中水渗流时的 σ、u 和 σ' 分布

（a）水自上向下渗流；（b）水自下向上渗流

复习思考题

3.1　土中的应力按照其起因和传递方式分有哪几种？怎样定义？

3.2　何谓自重应力？在计算土的竖向自重应力时,采用的是什么理论？做了哪些假设？土的自重应力沿深度有何变化？土的自重应力计算,在地下水位上、下是否相同？为什么？

3.3　何谓附加应力？空间问题和平面问题各有几个附加应力分量？目前根据什么假设条件计算地基的附加应力？基础底面的接触应力与基底的附加应力是否指的同一应力？

3.4　什么叫柔性基础？什么叫刚性基础？这两种基础的基底压力分布有何不同？

3.5　地基中竖向附加应力的分布有什么基本规律？相邻两基础上附加应力是否会彼此影响,为什么？

3.6　附加应力的计算结果与地基中实际的附加应力能否一致,为什么？

3.7　什么是有效应力？并评价它在实际土力学问题中的重要性。

3.8　有效应力与孔隙水压力的物理概念是什么？在固结过程中,两者是怎样变化的？

3.9　你能熟练地掌握叠加原理的应用吗？会计算各种载荷条件下地基中任意点的竖向附加应力吗？

3.10　试绘出以下几种情况附加应力沿深度的分布。（1）地表作用大面积均布载荷 100kPa；（2）地表作用局部载荷；（3）地下水位从地表突然降至 z 深度。

3.11　毛细水位变化时对土的有效自重应力有何影响？

3.12　稳定渗流时土中孔隙应力与有效自重应力如何计算？

习题

3.1　取一均匀土样,置于 x、y、z 直角坐标中,在外力作用下测得应力为:$\sigma_x = 10\text{kPa}$,$\sigma_y = 10\text{kPa}$,$\sigma_z = 40\text{kPa}$,$\tau_{xy} = 12\text{kPa}$。试求算:①最大主应力,最小主应力,以及最大剪应力 $\tau_{\max}$。②求最大主应力作用面与 x 轴的夹角 θ。③根据 σ_1 和 σ_3 绘出相应的摩尔应力圆,并在圆上标出大小主应力及最大剪应力作用面的相对位置?(答案:22kPa,－2kPa,21kPa,90°)

3.2　砂样置于一容器中的铜丝网上,砂样厚 25cm,由容器底导出一水压管,使管中水面高出容器溢水面。若砂样孔隙比 $e = 0.7$,颗粒重度 $\gamma_s = 26.5\text{kN/m}^3$,如图 3-39 所示。求:

(1) 当 $h = 10\text{cm}$ 时,砂样中切面 a—a 上的有效应力。(答案:0.57kPa)

(2) 若作用在铜丝网上的有效压力为 0.5kPa,则水头差 h 值应为多少?(答案:19.25cm)

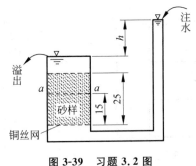

图 3-39　习题 3.2 图

3.3　根据图 3-40 所示的地质剖面图,请绘 A—A 截面以上土层的有效自重压力分布曲线。

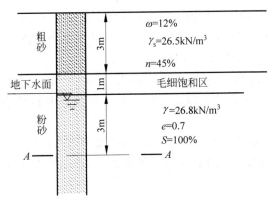

图 3-40　习题 3.3 图

3.4　某教学大楼工程地质勘察结果:地表为素填土,$\gamma_1 = 18.0\text{kN/m}^3$,厚度 $h_1 = 1.50\text{m}$;第二层为粉土,$\gamma_2 = 19.4\text{kN/m}^3$,厚度 $h_2 = 3.60\text{m}$;第三层为中砂,$\gamma_3 = 19.8\text{kN/m}^3$,

厚度 $h_3 = 1.80$m；第四层为坚硬整体岩石。地下水位埋深 1.50m。计算基岩顶面处土的自重应力。若第四层为强风化岩石，该处土的自重应力有无变化？（答案：132.5kPa；有变化，为 78.5kPa）

3.5　某商店地基为粉土，层厚 4.80m。地下水位埋深 1.10m，地下水位以上粉土呈毛细饱和状态。粉土的饱和重度 $\gamma_{sat} = 20.1$kN/m³。计算粉土层底面处的自重应力。（答案：59.48kPa）

3.6　有一U形基础，如图 3-41 所示，设在其 x—x 轴线上作用一单轴偏心垂直载荷 $P = 6000$kN，作用在离基边 2m 的点上，试求基底左端压力 p_1 和右端压力 p_2。如把载荷由 A 点向右移到 B 点，则右端基底压力将等于原来左端压力 p_1，试问 AB 间距为多少？（答案：1.27m）

3.7　如图 3-42 所示，求均布方形面积载荷中心线上 A、B、C 各点上的垂直载荷应力 σ_z，并比较用集中力代替此均布面积载荷时，在各点引起的误差（用%表示）。（答案：42.1%，10.4%，2.3%）

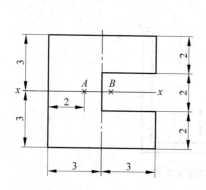

图 3-41　习题 3.6 图（单位：m）

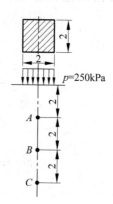

图 3-42　习题 3.7 图（单位：m），$b = 1$

3.8　已知某工程为矩形基础，长度为 l，宽度为 b。在偏心载荷作用下，基础底面边缘处附加应力 $\sigma_{max} = 150$kPa，$\sigma_{min} = 50$kPa。选择一种最简单的方法，计算此条形基础中心点下，深度分别为 $0,0.25b,0.50b,1.0b,2.0b$ 和 $3.0b$ 处地基中的附加应力。（答案：分别为 100kPa，96kPa，82kPa，55.2kPa，30.6kPa，20.8kPa）

3.9　已知某工程矩形基础，长度为 14.0m，宽度为 10.0m。计算深度同为 10.0m，长边中心线上基础以外 6m 处 A 点的竖向附加应力为矩形基础中心 O 点的百分之几？（答案：19.5%）

3.10　已知某条形基础，宽度为 6.0m，承受集中载荷 $P = 2400$kN/m，偏心距 $e = 0.25$m。计算距基础边缘 3.0m 的某 A 点下深度为 9.0m 处的附加应力。（答案：81.3kPa）

第4章

土的压缩性和地基沉降计算

4.1 概述

建筑物下的地基土在附加应力作用下,会产生附加的变形,这种变形通常表现为土体积的缩小,我们把这种在外力作用下土体积缩小的特性称为土的压缩性。土作为外力地质作用的产物,同其他材料一样,在附加应力的作用下,地基土要产生附加的变形。同时,地基土是多相体系,其变形又与其他土木工程材料的变形有着本质的差别,土的压缩通常由三部分组成:①固体土颗粒被压缩;②土中水及封闭气体被压缩;③水和气体从孔隙中排出。试验研究表明,在一般压力(100~600kPa)作用下,固体颗粒和水的压缩量与土体的压缩总量之比是微不足道的,可以忽略不计。所以土的压缩是指土中水和气体从孔隙中排出,土中孔隙体积缩小,与此同时,土颗粒相应调整位置,重新排列,土体变得更紧密。

对于饱和土来说,土体的压缩变形主要是孔隙水的排出。而孔隙水排出的快慢受到土体渗透特性的影响,从而决定了土体压缩变形的快慢。在载荷作用下,透水性大的饱和无黏性土,孔隙水排出很快,其压缩过程短;而透水性小的饱和黏性土,因为土中水沿着孔隙排出的速度很慢,其压缩过程所需时间较长,几年、十几年,甚至几十年压缩变形才稳定。由附加应力产生的超静孔隙水压力逐渐消散,所对应的孔隙水逐渐排出、土体压缩随时间增长的过程称为土的固结。

在建筑物载荷作用下,地基土主要由于压缩而引起基础的竖向位移称为沉降。本章研究地基土的压缩性,主要是为了计算地基的沉降变形。

在实际工程问题中,很多现象都要用土的压缩性和地基沉降的知识来解释。比如,为什么比萨斜塔建成了那么多年了还在继续倾斜?为什么有的房屋建筑在使用中墙壁会逐渐开裂?为什么建于软土地基上的高速公路常常会出现桥头跳车现象?这些问题都与地基沉降有关。研究地基的沉降变形,主要解决两方面的问题:一是总沉降量的大小,即最终沉降量;二是沉降变形与时间的关系,即某一时刻完成的沉降量是多少,或达到某一沉降量需要多长时间。

计算地基沉降时,必须取得土的压缩性指标。土的压缩性指标可以通过室内压缩试验或现场原位试验的方式获得,用这些指标可以描述土的压缩特性,再结合工程实践中广泛采用并积累了很多经验的实用计算方法,就可计算出地基的最终沉降量。当然,对于饱和黏性土地基而言,仅仅知道最终沉降量还远远不够,因为其固结变形的速度缓慢,还需要知道沉降随着时间是如何发展的,变化规律又是怎样的,便于科学地进行设计、合理地安排施工。

太沙基在 1925 年提出的饱和土中的有效应力原理和单向(一维)固结理论,作为黏性土固结的基本理论,因其简洁实用而一直被用来解决这一问题。

4.2　土的压缩性

4.2.1　压缩试验及压缩性指标

1. 压缩试验

室内侧限压缩试验(也称固结试验)是研究土的压缩性的最基本方法,室内试验简单方便,费用较低,被广泛采用。对于一般工程,当土层厚度较小时,常用侧限压缩试验研究土的压缩性。

压缩试验采用的试验装置是压缩仪(也称固结仪),其主要部分构造如图 4-1 所示。压缩试验时,用金属环刀切取土样,常用的环刀内径为 6.18cm 和 8cm 两种,对应的截面积为 30cm^2 和 50cm^2,高 2cm;将土样连同环刀一起放入压缩仪内,上下各垫一块透水石,土样受压后能够自由排水。由于金属环刀和刚性护环的限制,土样在压力作用下只发生竖向压缩变形。试验时,分级施加竖向压力,常规压缩试验的加荷等级 p 为:50、100、200、300、400kPa,最后一级载荷视土样情况和实际工程而定,原则上略大于预估的土自重应力与附加应力之和,但不小于 200kPa。在每级载荷作用下使土样变形至稳定,用百分表测出土样稳定后的变形量 ΔH。

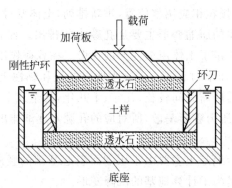

图 4-1　压缩试验仪(固结仪)示意图

根据上述压缩试验得到的 ΔH-p 关系,可以得到土样相应的孔隙比与加荷等级之间的 e-p 关系。

设土样的初始高度为 H_0,受压后土样的高度为 H,在载荷 p 作用下土样稳定后的总压缩量为 ΔH,假设土粒体积 $V_s=1$(不变),根据土的孔隙比的定义,则受压前后土孔隙体积 V_v 分别为 e_0 和 e,见图 4-2。

利用受压前后土粒体积不变和土样横截面面积不变的两个条件,再根据载荷作用下土样压缩稳定后总压缩量 ΔH 可求出相应的孔隙比 e 的计算公式:

$$\frac{H_0}{1+e_0} = \frac{H}{1+e} = \frac{H_0 - \Delta H}{1+e} \tag{4-1}$$

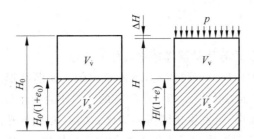

图 4-2　压缩试验中土样孔隙比的变化

得到

$$e = e_0 - \frac{\Delta H}{H_0}(1 + e_0) \tag{4-2}$$

式中，e_0——土的初始孔隙比，可由土的三个基本实验指标求得，即

$$e_0 = \frac{\rho_s(1 + \omega_0)}{p_w} - 1$$

式中，ρ_s、ω_0、ρ_w——土粒密度、土样的初始含水率及初始密度，它们可根据室内试验测定。

这样，只要测定了土样在各级压力 p 作用下的稳定变形量 ΔH 后，就可按上式算出相应的孔隙比 e，绘制出 e-p 曲线，如图 4-3(a)所示。如用半对数直角坐标绘图，则得到 e-lg$p$ 曲线，如图 4-3(b)所示。

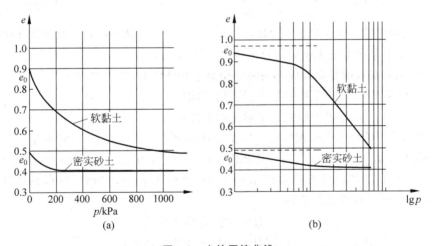

图 4-3　土的压缩曲线

(a) e-p 曲线；(b) e-lg$p$ 曲线

不同的土，压缩曲线的形状不同，如压缩曲线陡降，说明压力增加时，土的孔隙比显著减小，土是高压缩性的；反之，低压缩性土的压缩曲线是平缓的。不同的土质，其变形的规律是不同的。通常砂土的 e-p 曲线比较平缓，而软黏土的 e-p 曲线较陡，所以压缩曲线的形状可以形象地说明土的压缩性大小。在图 4-3(a)中还可以看到，压缩曲线前段较陡，而后随压力的增大而逐渐趋于平缓，说明在侧限条件下土不是线弹性体，其压缩性随应力增长逐渐减小。这是因为土体在压缩的过程中，随着土中孔隙减小，土的密实度逐渐增加，土粒间的接触应力以及摩擦力和咬合力也在增加，土粒的移动越来越困难，压缩增量随之减小。

2．土的压缩性指标

评价土体压缩性以及计算地基沉降通常有如下指标。

（1）压缩系数 a。由图 4-3（a）可以见，不同土类的 e-p 曲线形态是有差别的。由于软黏土的压缩性大，当发生压力变化 Δp 时，则相应的孔隙比的变化 Δe 也大，因而曲线就比较陡；而密实砂土的压缩性小，当发生相同压力变化 Δp 时，相应的孔隙比的变化 Δe 就小，因而曲线比较平缓。曲线的斜率反映了土压缩性的大小。因此，可用曲线上任一点的切线斜率 a 来表示相应于压力 p 作用下的压缩性：

$$a = -\frac{\mathrm{d}e}{\mathrm{d}p} \tag{4-3}$$

式中负号表示随着压力 p 的增加，孔隙比 e 逐渐减少。实用上，一般研究土中某点由原来的自重应力 p_1 增加到外载荷作用下土中的应力 p_2（自重应力与附加应力之和）这一压力范围的土的压缩性。当压力变化范围不大时，可将压缩曲线上相应的一段 M_1M_2 用直线来代替，如图 4-4 所示，用割线的斜率来表示土在这一段压力范围的压缩性。设割线与横坐标的夹角为 β，则

$$a = \tan\beta = \frac{\Delta e}{\Delta p} = \frac{e_1 - e_2}{p_2 - p_1} \tag{4-4}$$

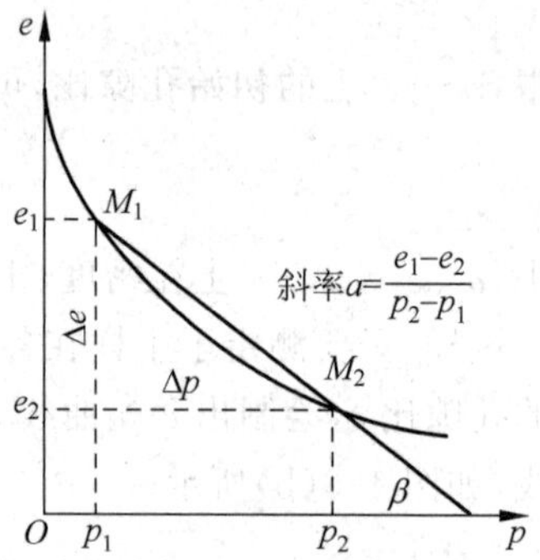

图 4-4 中标注：斜率 $a = \dfrac{e_1 - e_2}{p_2 - p_1}$

图 4-4　e-p 曲线确定压缩系数 a

式中，a——土的压缩系数（kPa^{-1} 或 MPa^{-1}）；

$\quad\quad p_1$——地基某深度处土中竖向自重应力（kPa）；

$\quad\quad p_2$——地基某深度处自重应力与附加应力之和（kPa）；

$\quad\quad e_1$——相应于 p_1 作用下压缩稳定后土的孔隙比；

$\quad\quad e_2$——相应于 p_2 作用下压缩稳定后土的孔隙比。

压缩系数是评价地基土压缩性高低的重要指标之一。从曲线上看，它不是一个常量，与所取的起始压力 p_1 有关，也与压力变化范围 $\Delta p = p_2 - p_1$ 有关。为了统一标准，《土工试验方法标准》（GB/T 50123—1999）规定采用 $p_1 = 100\mathrm{kPa}$，$p_2 = 200\mathrm{kPa}$ 所得到的压缩系数 a_{1-2} 作为评定土压缩性高低的指标：

当　　　　　　　　　　 $a_{1-2} < 0.1\mathrm{MPa}^{-1}$ 时，为低压缩性土；

$\quad\quad 0.1\mathrm{MPa}^{-1} \leqslant a_{1-2} < 0.5\mathrm{MPa}^{-1}$ 时，为中压缩性土；

$\quad\quad\quad\quad\quad a_{1-2} \geqslant 0.5\mathrm{MPa}^{-1}$ 时，为高压缩性土。

（2）压缩指数 C_c。侧限压缩试验结果分析中也可以采用 e-$\lg p$ 曲线，见图 4-3（b）。用这种形式表示的优点是在应力到达一定值时，e-$\lg p$ 曲线接近直线，该直线的斜率 C_c 称为压缩指数（见图 4-5），即

$$C_c = -\frac{\Delta e}{\Delta \lg p} = \frac{e_1 - e_2}{\lg p_2 - \lg p_1} = \frac{e_1 - e_2}{\lg\left(\dfrac{p_2}{p_1}\right)} \tag{4-5}$$

类似于压缩系数，压缩指数 C_c 可以用来判别土的压缩性的大小，C_c 越大，表示在一定压力变化的 Δp 范围内，孔隙比的变化量 Δe 越大，说明土的压缩性越高。一般认为，当 $C_c < 0.2$ 时为低压缩性土，$C_c = 0.2 \sim 0.4$ 时，属中压缩性土，$C_c > 0.4$ 时，属高压缩性土。国内外

广泛采用 $e\text{-}\lg p$ 曲线来分析研究应力历史对土压缩性的影响。

（3）压缩模量 E_s。根据 $e\text{-}p$ 曲线，可以得到另一个重要的侧限压缩指标——侧限压缩模量，简称压缩模量，用 E_s 来表示。其定义为土在完全侧限的条件下竖向附加应力 $\sigma_z = \Delta p$ 与相应的应变增量 $\Delta\varepsilon$ 的比值，即

$$E_s = \frac{\sigma_z}{\Delta\varepsilon} = \frac{\Delta p}{\Delta H / H_1} \tag{4-6}$$

式中，E_s——侧限压缩模量（MPa）。

在无侧向变形，即横截面积不变的情况下，同样根据土粒所占高度不变的条件，ΔH 可用相应的孔隙比的变化 $\Delta e = e_1 - e_2$ 来表示（见图 4-6）。

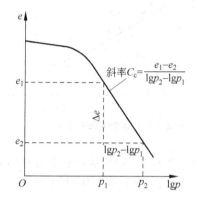

图 4-5　$e\text{-}\lg p$ 曲线确定压缩指数 C_c

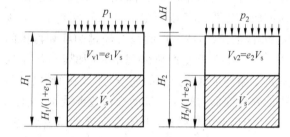

图 4-6　侧限条件下土样高度变化与孔隙比变化的关系

$$\frac{H_1}{1+e_1} = \frac{H_2}{1+e_2} = \frac{H_1 - \Delta H}{1+e_2} \tag{4-7}$$

$$\Delta H = \frac{e_1 - e_2}{1+e_1} H_1 = \frac{\Delta e}{1+e_1} H_1 \tag{4-8}$$

由于 $\Delta e = a\Delta p$（见式(4-4)），代入式(4-8)得

$$\Delta H = \frac{a\Delta p}{1+e_1} H_1 \tag{4-9}$$

结合式(4-6)得侧限条件下土的压缩模量：

$$E_s = \frac{\Delta p}{\Delta H / H_1} = \frac{1+e_1}{a} \tag{4-10}$$

土的压缩模量，亦称侧限压缩模量，以便与一般材料在无侧限条件下简单拉伸或压缩时的弹性模量 E 相区别。土的压缩模量越小，土的压缩性越高。因压缩系数 a 不是常数，由式(4-10)可知，压缩模量 E_s 也不是常数，随着压力的大小而变化。因此，在运用到沉降计算中时，比较合理的做法是根据实际竖向应力的大小在压缩曲线上取相应的值计算这些指标。

4.2.2　土的回弹再压缩曲线

在某些工况条件下，土体可能在受荷压缩后又卸荷，或反复多次地加荷卸荷，比如深基坑开挖后卸荷，修建建筑物又加荷，拆除老建筑卸荷后在原址上建造新建筑又加荷等。当需要考虑现场的实际加卸荷情况对土体变形的影响，应进行土的回弹再压缩试验。

在室内侧限压缩试验中连续递增加压,得到了常规的压缩曲线,现在如果加压到某一值 p_i(见图 4-7 中 e-p 曲线上的 b 点)后不再加压,而是逐级进行卸载,土样将发生回弹,土体膨胀,孔隙比增大,若测得回弹稳定后的孔隙比,则可绘制相应的孔隙比与压力的关系曲线(见图 4-7 中虚线 bc)。称为回弹曲线。

由图 4-7 可见,不同于一般的弹性材料的是,卸压后的回弹曲线 bc 并不沿压缩曲线 ab 回升,而要平缓得多,这说明土受压缩发生变形,卸压回弹,但变形不能全部恢复,其中可恢复的部分称为弹性变形,不能恢复的称为塑性变形,而土的压缩变形以塑性变形为主。

若接着重新逐级加压,则可测得土样在各级载荷作用下再压缩稳定后的孔隙比,相应地可绘制出再压缩曲线如图 cdf 段所示。可以发现其中 df 段像是 ab 段的延续,犹如期间没有经过卸载和再压的过程一样。土在重复载荷作用下,在加压与卸压的每一重复循环中都将走新的路线,形成新的滞后环,

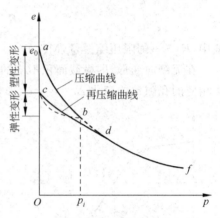

图 4-7   土的回弹和再压缩曲线

其中的弹性变形与塑性变形的数值逐渐减小,塑性变形减小得更快,加卸载重复次数足够多时,土体变形变为纯弹性,土体达到弹性压密状态。在 e-$\lg p$ 曲线中也同样可以看到这种现象。

土在卸载再压缩过程中所表现的特性应在工程实践中引起足够的重视。另外,利用压缩、回弹、再压缩的 e-$\lg p$ 曲线,可以分析应力历史对土的压缩性的影响。

4.2.3   现场载荷试验及变形模量

测定土的压缩性指标,除了可从上面介绍的室内侧限压缩试验获得之外,还可以通过现场原位试验取得。现场静载荷试验是一种重要且常用的原位测试方法,它是通过试验所测得的地基沉降(或土的变形)与压力之间近似的比例关系,从而利用地基沉降的弹性力学公式来反算土的变形模量及地基承载力。

1. 静载荷试验

静载荷试验是通过承压板,把施加的载荷传到地基中。其试验装置一般包括三部分:加荷装置、提供反力装置和沉降量测装置。其中加荷装置包括载荷板、垫块及千斤顶等;根据提供反力装置不同进行分类,载荷试验主要有堆重平台反力法及地锚反力架法两类(见图 4-8),前者通过平台上的堆重来平衡千斤顶的反力,后者将千斤顶的反力通过地锚最终传至地基中去;沉降量测装置包括百分表和基准短桩、基准梁等。

试验一般在坑内进行,《建筑地基基础设计规范》(GB 50007—2011)规定承压板的底面积宜为 $0.25\sim0.50\text{m}^2$,对均质密实土(如密实砂土、老黏性土)可用 $0.1\sim0.25\text{m}^2$,对松软土及人工填土则不应小于 0.50m^2(正方形边长 $0.707\text{m}\times0.707\text{m}$ 或圆形直径 0.798m)。同时,为模拟半空间地基表面的局部载荷,基坑宽度不应小于承压板宽度或直径的三倍。

试验时,通过千斤顶逐级给载荷板施加载荷,每加一级载荷到 p,观测记录沉降随时间

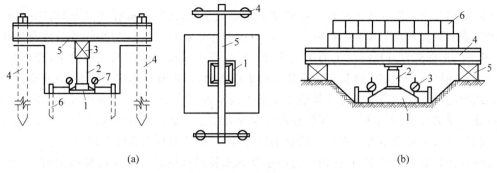

图 4-8　地基载荷试验装置示意图

（a）地锚-千斤顶式

1—承压板；2—垫块；3—千斤顶；4—地锚；5—横梁；6—基准桩；7—百分表

（b）堆重-千斤顶式

1—承压板；2—千斤顶；3—百分表；4—平台；5—枕木；6—堆重

的发展以及稳定时的沉降量 S，直至加到终止加载条件满足时为止。载荷试验所施加的总载荷，应尽量接近预计地基极限载荷 p_u（见第 7 章）。将上述试验得到的各级载荷与相应的稳定沉降量绘制成 $p\text{-}S$ 曲线，如图 4-9 所示。此外，通常还进行卸荷试验，并进行沉降观测，得到图 4-9 中虚线所示的回弹曲线，这样就可以知道卸荷时的回弹变形（即弹性变形）和塑性变形。

2. 变形模量

土的变形模量是指土体在无侧限条件下的应力与应变的比值，并以符号 E_0 表示，E_0 值的大小可由载荷试验结果求得。在 $p\text{-}S$ 曲线上，当载荷小于某数值时，载荷 p 与载荷板沉降量 S 之间往往呈直线关系，在 $p\text{-}S$ 曲线直线段或接近于直线段任选一压力 p_1 和它对应的沉降量 S_1，利用弹性力学公式可反求出地基的变形模量：

$$E_0 = \omega(1 - \mu^2)\frac{p_1 b}{S_1} \tag{4-11}$$

式中，E_0——土的变形模量（MPa）；

　　p_1——直线段的载荷强度（kPa）；

　　S_1——相应于 p_1 的载荷板下沉量（mm）；

　　b——承压板的宽度或直径（mm）；

　　μ——地基土的泊松比，砂土可取 0.2～0.25，黏性土可取 0.25～0.45；

　　ω——沉降影响系数，方形承压板取 0.88，圆形承压板取 0.79。

变形模量也是反映土的压缩性的重要指标之一。

对比测定土的压缩性指标的方法，室内压缩试验操作比较简单，但要得到保持天然结构状态的原状土样很困难，尤其是一些结构性很强的软土，取样、运输和制样的扰动在所难免，而且更重要的是试验是在侧向受限制的条件下进行的，因此试验得到的压缩性规律和指标

图 4-9　载荷试验 $p\text{-}S$ 曲线

的实际运用有其局限性或近似性。载荷试验在现场进行,排除了取样和试样制备等过程中应力释放及机械和人为扰动的影响,土中应力状态在承载板较大时与实际基础情况比较接近,测出的指标能较好地反映土的压缩性质。但现场载荷试验所需的设备笨重,操作繁杂,工作量大,时间长,规定沉降稳定标准带有较大的近似性,据有些地区的经验,它所反映的土的固结程度通常仅相当于实际建筑施工完毕时的早期沉降量。此外,承压板很难取得与原型基础一样的尺寸,而小尺寸承压板在同样压应力水平下引起的地基主要受力层范围有限,它只能反映板下深度不大范围内土的变形特性,载荷试验的影响深度一般只能达 2～3 倍的板宽或直径。对于深层土,可在钻孔内用小型承压板借助钻杆进行深层载荷试验。但由于在地下水位以下清理孔底困难和受力条件复杂等因素,数据不易准确。故国内外对现场快速测定变形模量的方法,如旁压试验、触探试验等给予了很大重视,并发展了一些新的深层试验测试方法。

4.2.4　弹性模量

许多土木工程建筑物对地基施加的载荷并不一定都是静止或恒定的,比如桥梁或道路地基受行驶车辆载荷的作用,高耸结构物受风载荷作用,还有建筑物在地震作用下与地基的相互作用等,在这些动载荷作用下计算地基土的变形时,如果采用压缩模量或变形模量作为计算指标,将会与实际情况不符,结果偏大,其原因是冲击载荷或反复载荷每一次作用的时间短暂,在很短的时间内土体中的孔隙水来不及排出或不完全排出,土的体积压缩变形来不及发生,这样载荷作用结束后,发生的大部分变形可以恢复,呈现弹性变形的特征,这就需要有一个能反映土体弹性变形特征的指标,以便使相关计算更合理。

土的弹性模量的定义是土体在无侧限条件下瞬时压缩的应力应变模量,是指正应力 σ 与弹性(即可恢复)正应变 ε_d 的比值,通常用 E 来表示。

确定土的弹性模量一般采用三轴仪进行三轴重复压缩试验,得到的应力-应变曲线上的初始切线模量 E_i 或再加荷模量 E_r 作为弹性模量。试验方法如下:采用取样质量好的不扰动土样,在三轴仪中进行固结,所施加的固结应力 σ_3 各向相等,其值取试样在现场条件下有效自重应力,即 $\sigma_3 = \sigma_{cx} = \sigma_{cy}$。固结后在不排水的条件下施加轴向应力 $\Delta\sigma$(这样试样所受的轴向应力 $\sigma_1 = \sigma_3 + \Delta\sigma$)。逐渐在不排水条件下增大轴向应力达到现场条件下的应力($\Delta\sigma = \sigma_z$),然后减压至零。这样重复加荷和卸荷若干次,如图 4-10 所示,便可测得初始切线模量 E_i,并测得每一循环在最大轴向压力一半时的切线模量,一般加荷和卸荷 5～6 个循环后这种切线模量趋近于一稳定的再加荷模量 E_r,这样确定的再加荷模量 E_r 就是符合现场条件下的土的弹性模量。

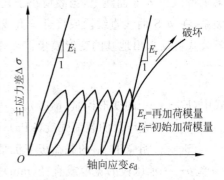

图 4-10　三轴压缩试验确定土的弹性模量

4.2.5　压缩性指标间的关系

在前面介绍了反映土压缩性的多个指标,这些指标之间都有些什么联系与区别,在解决实际工程问题时都用在哪些地方呢？要回答这些问题，我们还要从获得这些指标的试验条件入手。

压缩系数 a、压缩指数 C_c、压缩模量 E_s 都是室内压缩试验时土样在侧限条件下的压缩特性的反映，三者都能被用来计算地基的固结沉降量。从定义上看压缩系数 a 和压缩指数 C_c 都反映了孔隙比随竖向应力变化的关系，只不过曲线表达方式不同，但实际应用中，二者还有显著的不同。通常情况下，压缩系数 a 是通过常压（最大一级竖向压应力小于 500kPa）压缩试验即可获得，因是取 e-p 曲线的割线斜率，其值大小与竖向应力水平有关，实用中常常考虑实际地基土中的不同应力水平取对应的值，用于计算地基的最终沉降量（见 4.3 节）。压缩指数 C_c 是通过高压（最大一级竖向压应力大于 1000kPa）压缩试验获得，其值是取 e-$\lg p$ 曲线的直线段，在压力较大时为常数，不随压力变化而变化，因 e-$\lg p$ 曲线能较好地反映土的应力历史特征，压缩指数 C_c 也就常被用于考虑地基土应力历史时的最终沉降量计算。压缩系数 a 和压缩模量 E_s 之间的一一对应关系已经在式（4-10）中反映，故不在此赘述。计算地基的最终沉降量时压缩模量 E_s 也是常用的指标。

土的变形模量 E_0 是土在侧向自由膨胀条件下竖向应力与竖向应变的比值，竖向应变中包含弹性应变和塑性应变。变形模量可以由现场静载试验或旁压试验测定。该参数可用于弹性理论方法对最终沉降量进行估算，但不及压缩模量应用普遍。

弹性模量 E 指正应力 σ 与弹性（即可恢复）正应变 ε_d 的比值，测定可通过室内三轴试验获得。该参数常用于用弹性理论公式估算建筑物的初始瞬时沉降。

根据上述三种模量的定义可看出：压缩模量和变形模量的应变为总的应变，既包括可恢复的弹性应变，又包括不可恢复的塑性应变；而弹性模量的应变只包含弹性应变。

根据材料力学理论可得变形模量与压缩模量的关系：

$$E_0 = \left(1 - \frac{2\mu^2}{1-\mu}\right)E_s = \beta E_s \tag{4-12}$$

式中，β——小于 1.0 的系数，由土的泊松比 μ 确定。

式（4-12）是 E_0 与 E_s 的理论关系，由于各种试验因素的影响，实际测定的 E_0 和 E_s 往往不能满足式（4-12）的理论关系。对于硬土，E_0 可能较 βE_s 大数倍，对于软土，二者比较接近。

值得注意的是，土的弹性模量要比变形模量、压缩模量大得多，可能是它们的十几倍或者更大，这也是为什么在计算动载荷引起的地基变形时，用弹性模量计算的结果比用后两者计算的结果小很多的原因，而用变形模量或压缩模量解决此类问题往往会算出比实际变形大得多的结果。

4.3　地基最终沉降量计算

通常情况下，天然土层是经历了漫长的地质历史时期而沉积下来的，往往地基土层在自重应力作用下压缩已稳定。当我们在这样的地基土上建造建筑物时，建筑物的荷重会使地基土在原来自重应力的基础上增加一个应力增量，即附加应力。由土的压缩特性可知，附加应力会引起地基的沉降，地基土层在建筑物载荷作用下，不断地产生压缩，直至压缩稳定后地基表面的沉降量称为地基的最终沉降量。计算最终沉降量可以帮助我们预知该建筑物建成后将产生的地基变形，判断其值是否超出允许的范围，以便在建筑物设计或施工时，为采取相应的工程措施提供科学依据,保证建筑物的安全。

本节主要介绍国内外常用的几种沉降计算方法:分层总和法、根据《建筑地基基础设计规范》(GB 50007—2011)计算(应力面积法)和弹性理论方法。最后简要介绍考虑不同变形阶段的沉降计算。

4.3.1　分层总和法

分层总和法的基本思想是考虑附加应力随深度逐渐减小,地基土的压缩只发生在有限的土层深度范围内,在此范围内把土层划分为若干分层,因每一分层足够薄,可近似认为每层土的顶面、底面之间的应力在本层内不随深度变化,并且压缩变形时不考虑侧向变形,用弹性理论计算地基中的附加应力,以基础中心点下的附加应力和侧限条件下的压缩指标分别计算每一分层土的压缩变形量,如图 4-11(a)所示,最后把它们叠加作为地基的最终沉降量。分层总和法是最常用的一种最终沉降量计算方法。

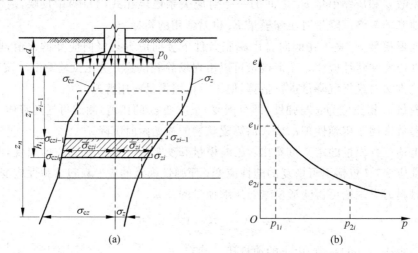

图 4-11　分层总和法计算地基最终沉降量

计算方法和步骤:

(1) 按比例绘制地基和基础剖面图。

(2) 划分计算薄层。计算薄层的厚度通常为基底宽度的 0.4 倍,但土层分界面和地下水位面应是计算薄层层面。除此之外,如果是手工计算,因深层处附加应力随深度变化小,为减少计算工作量,分层厚度可略大,每层顶面与底面的埋深确定最好考虑查应力系数表方便,减少查表内插取值。

(3) 计算各分层界面处的自重应力和附加应力,分别绘于基础中心线的左侧与右侧。

(4) 确定沉降计算深度 z_n。沉降计算深度是指由基础底面向下计算地基压缩变形所要求的深度。沉降计算深度以下地基中的附加应力已很小,其下土的压缩变形可以忽略不计,一般取附加应力等于自重应力 20% 处,即 $\sigma_z = 0.2\sigma_{cz}$;对高压缩性土(软土)计算至 $\sigma_z = 0.1\sigma_{cz}$ 处。在沉降计算深度范围内存在基岩时,z_n 可取至基岩表面。

(5) 计算各分层土的平均自重应力 $\bar{\sigma}_{czi} = (\sigma_{czi-1} + \sigma_{czi})/2$ 和平均附加应力 $\bar{\sigma}_{zi} = (\sigma_{zi-1} + \sigma_{zi})/2$。

(6) 令 $p_{1i} = \bar{\sigma}_{czi}$,$p_{2i} = \bar{\sigma}_{czi} + \bar{\sigma}_{zi}$,从该土层的压缩曲线中由 p_{1i} 及 p_{2i} 查出相应的 e_{1i} 和 e_{2i}

（见图 4-11(b)）。

（7）计算各分层的压缩量。

$$S_i = \frac{e_{1i} - e_{2i}}{1 + e_{1i}} h_i \tag{4-13}$$

又因

$$e_{1i} - e_{2i} = a(p_{2i} - p_{1i}) = a\bar{\sigma}_{zi} \tag{4-14}$$

故也可用

$$S_i = \frac{a_i}{1 + e_{1i}} \bar{\sigma}_{zi} h_i = \frac{\bar{\sigma}_{zi}}{E_{si}} h_i \tag{4-15}$$

（8）计算沉降计算深度范围内地基的最终沉降量 S。

$$S = \sum_{i=1}^{n} S_i \tag{4-16}$$

【例 4-1】 某建筑物基础底面积为正方形，边长 $l = b = 4.0 \mathrm{m}$。上部结构传至基础顶面的载荷 $P = 1440 \mathrm{kN}$，基础埋深 $d = 1.0 \mathrm{m}$。地基为黏土，土的天然重度 $\gamma = 16 \mathrm{kN/m^3}$。地下水位深度 3.4 m，水下饱和重度 $\gamma_{\mathrm{sat}} = 18.2 \mathrm{kN/m^3}$。土的压缩试验结果，$e\text{-}p$ 曲线如图 4-12(b) 所示。计算基础底面中点的沉降量。

【解】 （1）绘制基础剖面图与地基土的剖面图，如图 4-12(a)所示。

（2）地基沉降计算分层。计算分层每层厚度 $h_i \leqslant 0.4b = 1.6 \mathrm{m}$。地下水位以上 2.4 m 分两层，各 1.2 m；第三层 1.6 m；第四层以下因附加应力很小，均可取 2.0 m。

（3）计算地基土的自重应力。

基础底面

$$\sigma_{\mathrm{cd}} = \gamma d = 16 \times 1 \mathrm{kPa} = 16 \mathrm{kPa}$$

地下水面处

$$\sigma_{\mathrm{cw}} = 3.4\gamma = 3.4 \times 16.0 \mathrm{kPa} = 54.4 \mathrm{kPa}$$

地下水面以下因土均质，自重应力线性分布，故任取一点计算：

地面下 8 m 处

$$\sigma_{\mathrm{cz}} = 3.4\gamma + 4.6\gamma' = (54.4 + 4.6 \times 8.2) \mathrm{kPa} = 92.1 \mathrm{kPa}$$

把自重应力分布线绘于基础轴线左侧。

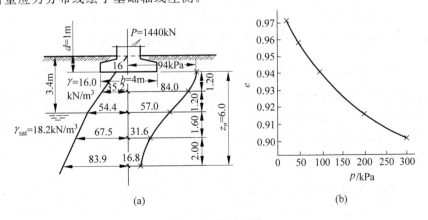

(a)   (b)

图 4-12   例 4-1 图

（4）计算地基土的附加应力。基础底面接触压力，设基础的重度 $\gamma_G = 20\text{kN/m}^3$，则

$$p = \frac{P}{l \times b} + \gamma_G d = \left(\frac{1440}{4 \times 4} + 20 \times 1\right)\text{kPa} = 110.0\text{kPa}$$

基础底面附加应力

$$p_0 = p - \gamma d = (110.0 - 16.0)\text{kPa} = 94.0\text{kPa}$$

地基中的附加应力：基础底面为正方形，用角点法计算，分成相等的四小块，计算边长 $l = b = 2.0\text{m}$。附加应力 $\sigma_z = 4\alpha_c p_0$，其中应力系数 α_c 可查表获得，列表计算如表 4-1 所示，并把附加应力绘于基础中心线的右侧。

表 4-1　附加应力计算

深度 z/m	l/b	z/b	应力系数 α_c	附加应力（$\sigma_z = 4\alpha_c p_0$）/kPa
0	1	0	0.25	94
1.2	1	0.5	0.223	83.8
2.4	1	1.2	0.152	57.2
4	1	2	0.084	31.6
6	1	3	0.045	16.9
8	1	4	0.027	10.2

（5）地基压缩计算深度 z_n。由图 4-12(a) 中自重应力分布与附加应力分布两条曲线，寻找 $\sigma_z = 0.2\sigma_{cz}$ 的深度 z。当深度 $z = 6.0\text{m}$ 时，$\sigma_z = 16.9\text{kPa}$，$\sigma_{cz} = 83.9\text{kPa}$，$\sigma_z \approx 0.2\sigma_{cz} = 16.9\text{kPa}$。故受压层深度 $= 6.0\text{m}$。

（6）地基沉降计算。利用土的压缩曲线计算沉降时可用式（4-13）计算各分层沉降，根据图 4-12(b) 中地基土的压缩曲线，由各层土的平均自重应力数值（$p_{1i} = \bar{\sigma}_{czi}$），查出相应的孔隙比为 e_{1i}；由各层土的平均自重应力与平均附加应力之和（$p_{2i} = \bar{\sigma}_{czi} + \bar{\sigma}_{zi}$），查出相应的孔隙比为 e_{2i}。再由公式（4-13）计算即可。

以第二层上为例计算如下：

平均自重应力　$\bar{\sigma}_{cz2} = (\sigma_{cz1} + \sigma_{cz2})/2 = (35.2 + 54.4)/2\text{kPa} = 44.8\text{kPa}$

平均附加应力　$\bar{\sigma}_{z2} = (\sigma_{z1} + \sigma_{z2})/2 = (83.8 + 57.2)/2\text{kPa} = 70.5\text{kPa}$

$$p_1 = \bar{\sigma}_{cz2} = 44.8\text{kPa}$$

$$p_2 = \bar{\sigma}_{cz2} + \bar{\sigma}_{z2} = (44.8 + 70.5)\text{kPa} = 115.3\text{kPa}$$

在图 4-12(b) 所示压缩曲线中，由 $p_1 = 44.8\text{kPa}$ 查得对应孔隙比 $e_1 = 0.960$；由 $p_2 = 115.3\text{kPa}$ 查得对应孔隙比 $e_2 = 0.936$，则该层土的沉降量为

$$S_2 = \left(\frac{e_1 - e_2}{1 + e_1}\right)_2 h_2 = \left(\frac{0.960 - 0.936}{1 + 0.960}\right) \times 1200\text{mm} = 14.64\text{mm}$$

注：上式为避免复杂的脚标造成混乱，把式（4-13）中的脚标 i 统一放在了括号外，表示括号内的指标皆是第 i 层土的指标

其他各层土的沉降量计算如表 4-2 所示。

（7）基础中点的总沉降量。

$$S = \sum_{i=1}^{4} S_i = (20.16 + 14.64 + 11.46 + 7.18)\text{mm} \approx 53.4\text{mm}$$

表 4-2   地基沉降计算

土层编号	土层厚度 h_i/m	平均自重应力 $\bar{\sigma}_{czi}/\text{kPa}$	平均附加应力 $\bar{\sigma}_{zi}/\text{kPa}$	$p_{2i}=\bar{\sigma}_{czi}+\bar{\sigma}_{zi}/\text{kPa}$	由 $p_{1i}=\bar{\sigma}_{czi}$ 查 e_1	由 p_{2i} 查 e_2	分层沉降量 S_i/mm
1	1200	25.6	88.9	114.5	0.970	0.937	20.16
2	1200	44.8	70.5	115.3	0.960	0.936	14.64
3	1600	61.0	44.4	105.4	0.954	0.940	11.46
4	2000	75.7	24.3	100.0	0.948	0.941	7.18

分层总和法存在的问题可以从附加应力的计算与分布、指标选择以及压缩层厚度确定等方面来考察。分层总和法是用弹性理论求算地基中的竖向应力 σ_z，用单向压缩的 $e\text{-}p$ 曲线求变形，这与实际地基受力情况有出入；对于变形指标，其试验条件决定了指标的结果，而使用中的选择又影响到计算结果；压缩层厚度的确定方法没有严格的理论依据，是半经验性的方法，其正确性只能从工程实测得到验证。研究表明，确定压缩层厚度的不同方法，使计算结果相差 10% 左右。以上这些问题就必然使沉降计算值与工程中的实测值不完全相符。但是，因为分层总和法计算沉降概念比较明确，计算过程及变形指标的选取比较简便，易于掌握，它依然是被工程界广泛采用的沉降计算方法。

4.3.2 应力面积法

应力面积法是以分层总和法的思想为基础，也采用侧限条件的压缩性指标，但运用了地基平均附加应力系数计算地基最终沉降量的方法。该方法确定地基沉降计算深度 z_n 的标准也不同于前面介绍的分层总和法，并引入沉降计算经验系数，使得计算成果比分层总和法更接近于实测值。应力面积法是《建筑地基基础设计规范》(GB 50007—2011)所推荐的地基最终沉降量计算方法，习惯上称为规范法。

在已介绍的分层总和法中，由于应力扩散作用，每一薄分层上下分界面处的应力实际是不相等的，但我们在应用室内压缩试验指标时，近似地取其上下分界面处的应力的均值来作为该分层内应力的计算值。这样的处理显然是为了简化计算，但同时也会有一些缺憾，那就是当分层厚度较大时，计算结果的误差也会加大。为提高计算精度，不妨设想把分层的厚度取到足够小：$h_i \to 0$，则每分层上下界面处附加应力 $\sigma_{zi} \approx \sigma_{zi-1}$，进而有应力均值 $\bar{\sigma}_{zi} \to \sigma_{zi}$，根据式(4-15)和式(4-16)知

$$S' = \sum_{i=1}^{n} \frac{\bar{\sigma}_{zi}}{E_{si}} h_i \tag{4-17}$$

这里用了 S' 表示未考虑经验修正的压缩沉降量，从而与应力面积法经过经验修正后的最终沉降量 S 相区别。根据定积分的定义，若假设自基底至深度 z，土层均质、压缩模量 E_{si} 不随深度变化，则式(4-17)可表示为

$$S' = \frac{1}{E_{si}} \int_0^z \sigma_z \mathrm{d}z = \frac{A}{E_{si}} \tag{4-18}$$

式中，A——表示深度 z 范围内的附加应力分布面积(见图 4-13)，$A = \int_0^s \sigma_z \mathrm{d}z = p_0 \int_0^z \alpha \mathrm{d}z$。

积分式中的 α 是随计算深度 z 而变化的应力系数，根据积分中值定理，在与深

度 $0 \sim z$ 变化范围内对应的 α 中，总可找到一个 $\bar{\alpha}$，使得 $\int_0^z \alpha \mathrm{d}z = \bar{\alpha}z$，于是有

$$S' = \frac{A}{E_{si}} = \frac{p_0 \bar{\alpha} z}{E_{si}} \tag{4-19}$$

式中，$\bar{\alpha}$——平均附加应力系数。

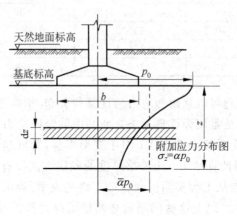

图 4-13　平均附加应力系数示意图

如果能提前把不同条件下的 $\bar{\alpha}$ 算出并制成表格，它就能大大简化计算，使我们不必人为地把土层细分成很多薄层，也不必进行积分运算这样的复杂工作就能准确地计算均质土层的沉降量。式(4-19)可以这样理解，即均质地基的压缩沉降量，等于计算深度范围内附加应力曲线所包围的面积与压缩模量的比值，这是应力面积法的重要思路。

实际地基土是有自然分层的，基底下受压缩的土层可能存在压缩特性不同的若干土层，此时不便于直接用式(4-19)计算最终沉降量，但我们可以应用解决上述问题的思想来解决这一问题，即把求压缩沉降转化为求应力面积，如图 4-14 所示，地基中第 i 层土内应力曲线所包围的面积记为 A_{3456}。

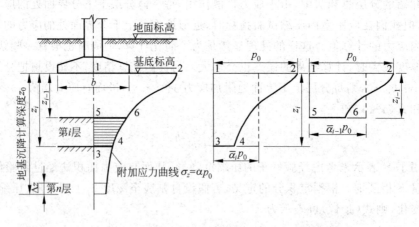

图 4-14　采用平均附加应力系数 $\bar{\alpha}$ 计算沉降量的示意图

由图 4-14 有

$$A_{3456} = A_{1234} - A_{1256}$$

而应力面积

$$A_{1234} = \bar{\alpha}_i p_0 z_i$$
$$A_{1256} = \bar{\alpha}_{i-1} p_0 z_{i-1}$$

则该层土的压缩沉降量为

$$S'_i = \frac{A_{1234} - A_{1256}}{E_{si}} = \frac{p_0}{E_{si}}(\bar{\alpha}_i z_i - \bar{\alpha}_{i-1} z_{i-1})$$

多层地基土总的沉降量为

$$S' = \sum_{i=1}^{n} S'_i = \sum_{i=1}^{n} \frac{p_0}{E_{si}}(\bar{\alpha}_i z_i - \bar{\alpha}_{i-1} z_{i-1}) \tag{4-20}$$

式中，$\bar{\alpha}_i$、$\bar{\alpha}_{i-1}$——z_i 和 z_{i-1} 范围内竖向平均附加应力系数，矩形基础可按表 4-3 查用，条形基础可取 $l/b=10$ 查，l 与 b 分别为基础的长边和短边，需注意该表给出的是均布矩形载荷角点下的平均竖向附加应力系数，对非角点下的平均附加应力系数 $\bar{\alpha}_i$ 需采用角点法计算，其方法同土中应力计算；

E_{si}——基础底面下第 i 层土的压缩模量，按实际应力段范围取值（MPa）。

表 4-3 均布的矩形载荷角点下的平均竖向附加应力系数 α

z/b \ l/b	1.0	1.2	1.4	1.6	1.8	2.0	2.4	2.8	3.2	3.6	4.0	5.0	10.0
0.0	0.2500	0.2500	0.2500	0.2500	0.2500	0.2500	0.2500	0.2500	0.2500	0.2500	0.2500	0.2500	0.2500
0.2	0.2496	0.2497	0.2497	0.2498	0.2498	0.2498	0.2498	0.2498	0.2498	0.2498	0.2498	0.2498	0.2498
0.4	0.2474	0.2479	0.2481	0.2483	0.2483	0.2484	0.2485	0.2485	0.2485	0.2485	0.2485	0.2485	0.2485
0.6	0.2423	0.2437	0.2444	0.2448	0.2451	0.2452	0.2454	0.2455	0.2455	0.2455	0.2455	0.2455	0.2456
0.8	0.2346	0.2372	0.2387	0.2395	0.2400	0.2403	0.2407	0.2408	0.2409	0.2409	0.2410	0.2410	0.2410
1.0	0.2252	0.2291	0.2313	0.2326	0.2335	0.2340	0.2346	0.2349	0.2351	0.2352	0.2352	0.2353	0.2353
1.2	0.2149	0.2199	0.2229	0.2248	0.2260	0.2268	0.2278	0.2282	0.2285	0.2286	0.2287	0.2288	0.2289
1.4	0.2043	0.2102	0.2140	0.2164	0.2190	0.2191	0.2204	0.2211	0.2215	0.2217	0.2218	0.2220	0.2221
1.6	0.1939	0.2005	0.2049	0.2079	0.2099	0.2113	0.2130	0.2138	0.2143	0.2146	0.2148	0.2150	0.2152
1.8	0.1840	0.1912	0.1960	0.1994	0.2018	0.2034	0.2055	0.2066	0.2073	0.2077	0.2079	0.2082	0.2084
2.0	0.1746	0.1822	0.1875	0.1912	0.1938	0.1958	0.1982	0.1996	0.2004	0.2009	0.2012	0.2015	0.2018
2.2	0.1659	0.1737	0.1793	0.1833	0.1862	0.1883	0.1911	0.1927	0.1937	0.1943	0.1947	0.1952	0.1955
2.4	0.1578	0.1657	0.1715	0.1757	0.1789	0.1812	0.1843	0.1862	0.1873	0.1880	0.1885	0.1890	0.1895
2.6	0.1503	0.1583	0.1642	0.1686	0.1719	0.1745	0.1779	0.1799	0.1812	0.1820	0.1825	0.1832	0.1838
2.8	0.1433	0.1514	0.1574	0.1619	0.1654	0.1680	0.1717	0.1739	0.1753	0.1763	0.1769	0.1777	0.1784
3.0	0.1369	0.1449	0.1510	0.1556	0.1592	0.1619	0.1658	0.1682	0.1698	0.1708	0.1715	0.1725	0.1733
3.2	0.1310	0.1399	0.1450	0.1497	0.1533	0.1562	0.1602	0.1628	0.1645	0.1657	0.1664	0.1675	0.1685
3.4	0.1256	0.1334	0.1394	0.1441	0.1478	0.1508	0.1550	0.1577	0.1595	0.1607	0.1616	0.1628	0.1639
3.6	0.1205	0.1282	0.1342	0.1389	0.1427	0.1456	0.1500	0.1528	0.1548	0.1561	0.1570	0.1583	0.1595
3.8	0.1158	0.1234	0.1293	0.1340	0.1378	0.1408	0.1452	0.1482	0.1502	0.1516	0.1526	0.1541	0.1554
4.0	0.1114	0.1189	0.1248	0.1294	0.1332	0.1362	0.1408	0.1438	0.1459	0.1474	0.1485	0.1500	0.1516
4.2	0.1073	0.1147	0.1205	0.1251	0.1289	0.1319	0.1365	0.1396	0.1418	0.1434	0.1445	0.1462	0.1479
4.4	0.1035	0.1107	0.1164	0.1210	0.1248	0.1279	0.1325	0.1357	0.1379	0.1396	0.1407	0.1425	0.1444
4.6	0.1000	0.1070	0.1127	0.1172	0.1209	0.1240	0.1287	0.1319	0.1342	0.1359	0.1371	0.1390	0.1410
4.8	0.0967	0.1036	0.1091	0.1136	0.1173	0.1204	0.1250	0.1283	0.1307	0.1324	0.1337	0.1357	0.1379
5.0	0.0935	0.1003	0.1057	0.1102	0.1139	0.1169	0.1216	0.1219	0.1273	0.1291	0.1304	0.1325	0.1348
5.2	0.0906	0.0972	0.1026	0.1070	0.1106	0.1136	0.1183	0.1217	0.1241	0.1259	0.1273	0.1295	0.1320
5.4	0.0878	0.0943	0.0996	0.1039	0.1075	0.1105	0.1152	0.1186	0.1211	0.1229	0.1243	0.1265	0.1292

续表

z/b \ l/b	1.0	1.2	1.4	1.6	1.8	2.0	2.4	2.8	3.2	3.6	4.0	5.0	10.0
5.6	0.0852	0.0916	0.0968	0.1010	0.1046	0.1076	0.1122	0.1156	0.1181	0.1200	0.1215	0.1238	0.1266
5.8	0.0828	0.0890	0.0941	0.0983	0.1018	0.1047	0.1094	0.1128	0.1153	0.1172	0.1187	0.1211	0.1240
6.0	0.0805	0.0866	0.0916	0.0957	0.0991	0.1021	0.1067	0.1101	0.1126	0.1146	0.1161	0.1185	0.1216
6.2	0.0783	0.0842	0.0891	0.0932	0.0966	0.0995	0.1041	0.1075	0.1101	0.1120	0.1136	0.1161	0.1193
6.4	0.0762	0.0820	0.0869	0.0909	0.0942	0.0971	0.1016	0.1050	0.1076	0.1096	0.1111	0.1137	0.1171
6.6	0.0742	0.0799	0.0847	0.0886	0.0919	0.0948	0.0993	0.1027	0.1053	0.1073	0.1088	0.1114	0.1149
6.8	0.0723	0.0779	0.0826	0.0865	0.0898	0.0926	0.0970	0.1004	0.1030	0.1050	0.1066	0.1092	0.1129
7.0	0.0705	0.0761	0.0806	0.0844	0.0877	0.0904	0.0949	0.0982	0.1008	0.1028	0.1044	0.1071	0.1109
7.2	0.0688	0.0742	0.0787	0.0825	0.0857	0.0884	0.0928	0.0962	0.0987	0.1008	0.1023	0.1051	0.1090
7.4	0.0672	0.0725	0.0769	0.0806	0.0838	0.0865	0.0908	0.0942	0.0967	0.0988	0.1004	0.1031	0.1071
7.6	0.0656	0.0709	0.0752	0.0789	0.0820	0.0846	0.0889	0.0922	0.0948	0.0968	0.0984	0.1012	0.1054
7.8	0.0642	0.0693	0.0736	0.0771	0.0802	0.0828	0.0871	0.0904	0.0929	0.0950	0.0966	0.0994	0.1036
8.0	0.0627	0.0678	0.0720	0.0755	0.0785	0.0811	0.0853	0.0886	0.0912	0.0932	0.0948	0.0976	0.1020
8.2	0.0614	0.0663	0.0705	0.0739	0.0769	0.0795	0.0837	0.0869	0.0894	0.0914	0.0931	0.0959	0.1004
8.4	0.0601	0.0649	0.0690	0.0724	0.0754	0.0779	0.0820	0.0852	0.0878	0.0898	0.0914	0.0943	0.0988
8.6	0.0588	0.0636	0.0676	0.0710	0.0739	0.0764	0.0805	0.0836	0.0862	0.0882	0.0898	0.0927	0.0973
8.8	0.0576	0.0623	0.0663	0.0696	0.0724	0.0749	0.0790	0.0821	0.0846	0.0866	0.0882	0.0912	0.0959
9.2	0.0554	0.0599	0.0637	0.0670	0.0697	0.0721	0.0761	0.0792	0.0817	0.0837	0.0853	0.0885	0.0931
9.6	0.0533	0.0577	0.0614	0.0645	0.0672	0.0696	0.0734	0.0765	0.0789	0.0809	0.0825	0.0855	0.0905
10.0	0.0514	0.0556	0.0592	0.0622	0.0649	0.0672	0.0710	0.0739	0.0763	0.0783	0.0799	0.0829	0.0880
10.4	0.0496	0.0537	0.0572	0.0601	0.0627	0.0649	0.0686	0.0716	0.0739	0.0759	0.0775	0.0804	0.0857
10.8	0.0479	0.0519	0.0553	0.0581	0.0606	0.0628	0.0664	0.0693	0.0717	0.0736	0.0751	0.0781	0.0834
11.2	0.0463	0.0502	0.0535	0.0563	0.0587	0.0609	0.0644	0.0672	0.0695	0.0714	0.0730	0.0759	0.0813
11.6	0.0448	0.0486	0.0518	0.0545	0.0569	0.0590	0.0625	0.0652	0.0675	0.0694	0.0709	0.0738	0.0793
12.0	0.0435	0.0471	0.0502	0.0529	0.0552	0.0573	0.0606	0.0634	0.0656	0.0674	0.0690	0.0719	0.0774
12.8	0.0409	0.0444	0.0474	0.0499	0.0521	0.0541	0.0573	0.0599	0.0621	0.0639	0.0654	0.0682	0.0739
13.6	0.0387	0.0420	0.0448	0.0472	0.0493	0.0512	0.0543	0.0568	0.0589	0.0607	0.0621	0.0649	0.0707
14.4	0.0367	0.0398	0.0425	0.0448	0.0468	0.0486	0.0516	0.0540	0.0561	0.0577	0.0592	0.0619	0.0677
15.2	0.0349	0.0379	0.0404	0.0426	0.0446	0.0463	0.0492	0.0515	0.0535	0.0551	0.0565	0.0592	0.0650
16.0	0.0332	0.0361	0.0385	0.0407	0.0425	0.0442	0.0469	0.0492	0.0511	0.0527	0.0540	0.0567	0.0625
18.0	0.0297	0.0323	0.0345	0.0364	0.0381	0.0396	0.0422	0.0442	0.0460	0.0475	0.0487	0.0512	0.0570
20.0	0.0269	0.0292	0.0312	0.0330	0.0345	0.0359	0.0383	0.0402	0.0418	0.0432	0.0444	0.0468	0.0524

地基沉降计算深度 z_n 的新标准应满足下列条件：由该深度处向上取按表 4-4 规定的计算厚度 Δz(图 4-14)所得的计算沉降量 $\Delta S'_n$ 应满足下式要求(包括考虑相邻载荷的影响):

$$\Delta S'_n \leqslant 0.025 \sum_{i=1}^{n} S'_i \qquad (4\text{-}21)$$

式中，$\Delta S'_i$——在计算深度 z_n 范围内，第 i 层土的计算沉降值(mm);

$\Delta S'_n$——在计算深度 z_n 处向上取厚度为 Δz 土层的计算沉降值(mm)。

表 4-4　计算厚度 Δz 值

基础宽度 b/m	$b \leqslant 2$	$2 < b \leqslant 4$	$4 < b \leqslant 8$	$b > 8$
Δz/m	0.3	0.6	0.8	1.0

按式(4-21)所确定的沉降计算深度下如有较软弱土层时,尚应向下继续计算,直至软弱土层中所取规定厚度 Δz 的计算沉降量满足该式为止。在沉降计算深度范围内存在基岩时,z_n 可取至基岩表面为止;当存在较厚的坚硬黏性土层,其孔隙比小于 0.5、压缩模量大于 50MPa,或存在较厚的密实砂卵石层,其压缩模量大于 80MPa 时,z_n 可取至该层土表面。

当无相邻载荷影响,基础宽度在 1~30m 范围内时,基础中点的地基沉降计算深度,也可按下式计算:

$$z_n = b(2.5 - 0.4\ln b) \tag{4-22}$$

式中,b——基础宽度(m)。

采用分层总和法进行建筑物地基沉降计算,并与大量建筑物的沉降观测进行比较,发现其具有下列规律:①中等地基,计算沉降量与实测沉降量相近,即 $S_{计} \approx S_{实}$;②软弱地基,计算沉降量小于实测沉降量,即 $S_{计} < S_{实}$;③坚实地基,计算地基沉降量远大于实测沉降量,即 $S_{计} \gg S_{实}$。

地基沉降量计算值与实测值不一致的原因主要有:①分层总和法计算所作的几点假定,与实际情况不完全符合;②土的压缩性指标试样的代表性、取原状土的技术及试验的准确度都存在问题;③在地基沉降计算中,未考虑地基、基础与上部结构的共同作用。

为了提高计算准确度,地基沉降计算深度范围内的计算沉降量 S' 尚须乘以一个沉降计算经验系数 ψ_s,即

$$S = \psi_s S' = \psi_s \sum_{i=1}^{n} S_i' = \psi_s \sum_{i=1}^{n} \frac{p_0}{E_{si}} (\bar{\alpha}_i z_i - \bar{\alpha}_{i-1} z_{i-1}) \tag{4-23}$$

这就是计算地基最终沉降量的规范法修正公式。式中 ψ_s 的取值根据地区沉降观测资料及经验确定,也可采用表 4-5 的数值(表中 f_{ak} 为地基承载力特征值)。

表 4-5　沉降计算经验系数 ψ_s

基底附加压力	$\bar{E}_s$/MPa				
	2.5	4.0	7.0	15.0	20.0
$p_0 \geqslant f_{ak}$	1.4	1.3	1.0	0.4	0.2
$p_0 \leqslant 0.75 f_{ak}$	1.1	1.0	0.7	0.4	0.2

表 4-5 中,$\bar{E}_s$ 为沉降计算深度范围内压缩模量的当量值,应按式(4-24)计算:

$$\bar{E}_s = \sum \Delta A_i \Big/ \sum (\Delta A_i / E_{si}) \tag{4-24}$$

式中,ΔA_i——第 i 层土附加应力系数沿土层厚度的积分值,$\Delta A_i = A_i - A_{i-1} = p_0(\bar{\alpha}_i z_i - \bar{\alpha}_{i-1} z_{i-1})$

【例 4-2】　某厂房柱传至基础顶面的载荷为 1190kN,基础埋深 $d = 1.5$m,基础尺寸 $l \times b = 4$m $\times 2$m,土层如图 4-15 所示,试用应力面积法求该柱基中点的最终沉降量。

【解】　(1)求基底压力和基底附加压力。

$$p = \frac{F + G}{A} = \frac{1190 + 20 \times 40 \times 2 \times 1.5}{4 \times 2} \text{kPa} = 178.75\text{kPa} \approx 179\text{kPa}$$

基础底面处土的自重应力

$$\sigma_{cz} = \gamma d = 19.5 \times 1.5 \text{kPa} = 29.25\text{kPa} \approx 29\text{kPa}$$

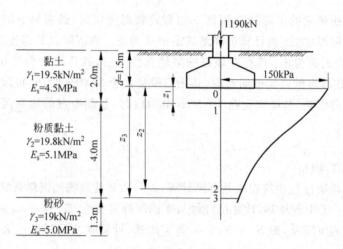

图 4-15 例 4-2 图

基底附加压力为

$$p_0 = p - \sigma_{cz} = (179 - 29)\text{kPa} = 150\text{kPa}$$

（2）确定沉降计算深度 z_n。本题中不存在相邻载荷的影响，故可按式（4-22）估算：

$$z_n = b(2.5 - 0.4\ln b)$$
$$= 2(2.5 - 0.4\ln 2)\text{m} = 4.445\text{m} \approx 4.5\text{m}$$

依据该深度，沉降量计算至粉质黏土层底面。

（3）沉降计算，见表 4-6。

表 4-6　按规范法计算基础最终沉降量

点号	z_i/m	l/b	z/b $\left(b=\dfrac{2.0}{2}\right)$	$\bar{\alpha}_i$	$z_i\bar{\alpha}_i$ /mm	$(\bar{\alpha}_i z_i - \bar{\alpha}_{i-1}z_{i-1})$/mm	$\dfrac{p_0}{E_{si}}=\dfrac{0.15}{E_{si}}$	ΔS_i /mm	$\sum \Delta S_i$ /mm	$\dfrac{\Delta S_n}{\sum \Delta S_i}$
0	0		0	4×0.2500 $=1.000$	0	—	—	—	—	—
1	0.50	$\dfrac{4.0}{2}\Big/\dfrac{2.0}{2}$ $=2.0$	0.50	4×0.2468 $=0.9872$	493.60	493.60	0.033	16.29		
2	4.20		4.2	4×0.1319 $=0.5276$	2215.92	1722.32	0.029	49.95	—	—
3	4.50		4.5	4×0.1260 $=0.5040$	2268.00	52.08	0.029	1.51	67.75	0.0226 $\leqslant0.025$

① 求 $\bar{\alpha}$

使用表 4-6 时，因为它是角点下平均附加应力系数，而所需计算的则为基础中点下的沉降量，因此查表时要应用"角点法"，即将基础分为 4 块相同的小面积，查表时按 $\dfrac{l/2}{b/2}=l/b$、$\dfrac{z}{b/2}$ 查，查得的平均附加应力系数应乘以 4。

② z_n 校核

根据规范规定，先由表 4-4 确定 $\Delta z = 0.3\text{m}$，计算出 $\Delta S_n = 1.51\text{mm}$，并除以 $\sum \Delta S_i$

（67.75mm），得到 $0.0223 \leqslant 0.025$，表明所取 $z_n = 0.45$m 符合要求。

（4）确定沉降经验系数 ψ_s。

① 计算 $\bar{E}_s$ 值

$$\bar{E}_s = \frac{\sum A_i}{\sum (A_i / E_{si})} = \frac{p_0 \sum (z_i \bar{\alpha}_i - z_{i-1} \bar{\alpha}_{i-1})}{p_0 \sum [(z_i \bar{\alpha}_i - z_{i-1} \bar{\alpha}_{i-1})/E_{si}]}$$

$$= \frac{493.60 + 1722.32 + 52.08}{\dfrac{493.60}{4.5} + \dfrac{1722.32}{5.1} + \dfrac{52.08}{5.8}} \text{MPa} \approx 5\text{MPa}$$

② ψ_s 值确定

假设 $p_0 = f_{ak}$，按表 4-5 插值求得 $\psi_s = 1.2$。

③ 基础最终沉降量

$$S = \psi_s \sum \Delta S_i = 1.2 \times 67.75\text{mm} = 81.30\text{mm}$$

4.4　应力历史对地基沉降的影响

4.4.1　天然土层的应力历史

天然土层是地质历史的产物，土在形成的地质年代中经受的应力可能是变化的。在 4.2 节中对土的回弹再压缩曲线的分析显示，土体的压缩变形情况不仅与其当前所受应力大小有关，还与先前所受的应力变化情况紧密联系。黏性土在形成及存在过程中所经受的地质作用和应力变化不同，所产生的压密过程及固结状态亦将不同。所谓应力历史就是指土在形成的地质年代中经受应力变化的情况。天然土层在历史上所经受过的包括自重应力和其他载荷作用形成的最大竖向有效固结压力称为先期固结压力，又称前期固结压力，常用 p_c 表示。通常将地基土中土体的先期固结压力 p_c 与现有土层自重应力 p_1 进行对比，并把两者之比定义为超固结比 OCR，即

$$\text{OCR} = \frac{p_c}{p_1} \tag{4-25}$$

根据土的超固结比 OCR，可把天然土层划分为三种固结状态。

（1）正常固结状态。指的是土层逐渐沉积到现在地面上，经历了漫长的地质年代，在历史上最大固结压力作用下压缩稳定，沉积后土层厚度无大变化，以后也没有受到过其他载荷的继续作用的情况（见图 4-16(a)）。即 $p_c = p_1 = \gamma h$，h 为现在地面下的计算深度，OCR = 1。

（2）超固结状态。覆盖土层在历史上本是相当厚的覆盖沉积层，在土的自重作用下也已达到稳定状态，图 4-16(b) 中虚线表示当时沉积层的地表，后来由于流水或冰川等的剥蚀作用而形成现在的地表，由此先期固结压力为 $p_c = \gamma h_c$（h_c 为剥蚀前地面下的计算点深度），超过了现有的土自重应力 p_1，或者古冰川下的土层曾经受过冰载荷（载荷强度为 p_c）的压缩，后由于气候转暖、冰川融化以致使上覆压力减小等使得先期固结压力 p_c 超过了现有的土自重应力 p_1，此时，OCR > 1。

（3）欠固结状态。土层逐渐沉积到现在地面，但没达到固结稳定状态（见图 4-16(c)）。如新近沉积黏性土、人工填土等，由于沉积后经历年代时间不久，$p_1 = \gamma h$ 作用下的压缩固结

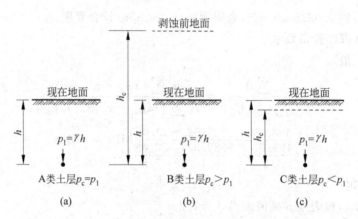

图 4-16 沉积土层的固结状态与先期固结压力 p_c 的关系

状态还未完成,还在继续压缩中,土层处于欠固结状态,OCR<1。

4.4.2 先期固结压力 p_c 的确定

确定先期固结压力 p_c 应利用高压固结试验成果,用 $e\text{-}\lg p$ 曲线表示。常用的方法是
A.卡萨格兰德(Cassagrande,1936)建议的经验作图法,作图步骤如下(图 4-17):

(1) 从 $e\text{-}\lg p$ 曲线上找出曲率半径最小的一点 A,过 A 点作水平线 A_1 和切线 A_2;

(2) 作 $\angle 1A2$ 的平分线 $A3$,与 $e\text{-}\lg p$ 曲线中直线段的延长线相交于 B 点;

(3) B 点所对应的有效应力就是先期固结压力 p_c。

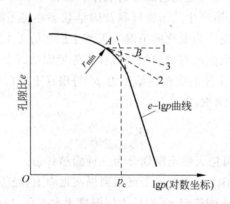

图 4-17 确定先期固结压力 p_c 的卡萨格兰德法

对于 $e\text{-}\lg p$ 曲线曲率变化明显的土层,能较清楚地反映土体的前期固结压力,该方法是
很方便的,但是也存在一些问题,比如曲线曲率半径最小点的确定随坐标轴比例的选取不同
而变化,目前还无统一的坐标比例,人为因素影响大。同时,这种简易的经验作图法,对取土
质量要求较高,土样的扰动将极大地影响取值的准确性,对软黏土最好采用对土体扰动较小
的薄壁取土器取样。确定先期固结压力,还应结合场地地形、地貌等形成历史的调查资料加
以判断,例如历史上由于自然力(流水、冰川等地质作用的剥蚀)和人工开挖等剥去原始地表
土层,或在现场堆载预压作用等,都可能使土层成为超固结土;而新近沉积的黏性土和粉
土、海滨淤泥以及年代不久的人工填土等则属于欠固结土。

4.4.3　考虑应力历史影响的地基最终沉降计算

利用 $e\text{-}\lg p$ 曲线可以分析应力历史对土的压缩性的影响，上面得到的 $e\text{-}\lg p$ 曲线是由室内侧限压缩试验得到的。由于目前钻探采样的技术条件不够理想，土样取出地面后应力的释放、室内试验时切土等人工扰动因素的影响，室内的压缩曲线已经不能代表地基中原位土层承受建筑物载荷后的 $e\text{-}\lg p$ 关系了。因此，必须对室内侧限压缩试验得到的曲线进行修正，以得到符合现场土实际压缩性的原位压缩曲线，才能更好地用于地基沉降的计算。原位压缩曲线就是指室内压缩试验 $e\text{-}\lg p$ 曲线经修正后得出的符合现场原始土体孔隙比与有效应力的关系曲线。

考虑应力历史的影响，计算地基最终沉降同样可利用分层总和法，只是在计算时的压缩性指标是由原位压缩曲线（$e\text{-}\lg p$ 曲线）确定的。下面介绍三种不同固结状态的地基土原位压缩曲线的作法，以及最终沉降量的计算方法。

1. 正常固结土

若地基土处于正常固结状态，那么先期固结压力 p_c 就等于取样深度处土的自重应力 p_1。假设取样和制样不造成土体孔隙比的改变，则该应力对应的孔隙比就等于试验室测定的土体初始孔隙比 e_0，所以在图 4-18(a) 中的 $E(p_1,e_0)$ 代表了土在原位条件下的一个应力-孔隙比状态。同时，对许多室内压缩试验的结果进行分析，发现对同种试样进行不同程度的扰动，得到的压缩曲线却都大致相交于 $0.42e_0$ 处，这说明在高应力条件下，土样扰动对其原来的应力-孔隙比关系没有明显的影响，那么这一交点 D 也代表了土在原位条件下的一个应力-孔隙比状态。正常固结理想土体的压缩曲线是一条直线，因此，连接 E、D 两点的直线就是原位压缩曲线，其斜率为压缩指数 C_c。

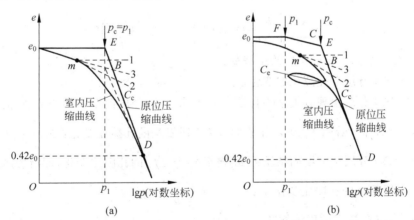

图 4-18　原位压缩曲线的确定

(a) 正常固结土；(b) 超固结土

由原位压缩曲线确定压缩指数 C_c 后，就可按下式计算最终沉降量：

$$S = \sum_{i=1}^{n} \frac{\Delta e_i}{1+e_{0i}} h_i = \sum \frac{h_i}{1+e_{0i}}\left[C_{ci}\lg\left(\frac{p_{1i}+\Delta p_i}{p_{1i}}\right) \right] \tag{4-26}$$

式中，Δe_i——由原位压缩曲线确定的第 i 层土的孔隙比变化；

Δp_i——第 i 层土附加应力的平均值(有效应力增量);

p_{1i}——第 i 层土自重应力的平均值;

e_{0i}——第 i 层土的初始孔隙比;

C_{ci}——从原位压缩曲线确定的第 i 层土的压缩指数;

h_i——第 i 层土的厚度。

2. 超固结土

超固结土原位压缩曲线的获得要利用土的回弹再压缩曲线(见 4.2 节)和再压缩指数 C_e。滞回圈的平均斜率定义为再压缩指数。假设室内测定的初始孔隙比 e_0 为自重应力 p_1 作用下的孔隙比,如图 4-18(b)所示,则点 $F(p_1,e_0)$ 代表取土深度处的应力-孔隙比状态,由于超固结土的前期固结压力 p_c 大于当前取土点的土自重应力 p_1,当压力从 p_1 到 p_c 过程中,原位土的变形特性必然具有再压缩的特性。因此过 F 点作一斜率为室内回弹再压缩曲线的平均斜率的直线,交前期固结压力的作用线于 E 点,当应力增加到前期固结压力以后,土样才进入正常固结状态,这样在室内压缩曲线上取孔隙比等于 $0.42e_0$ 的点 D,FE 为原位再压缩曲线,ED 为原位压缩曲线。相应地,FE 直线段的斜率 C_e 也为原位回弹指数,ED 直线段的斜率 C_c 为原位压缩指数。

超固结土的最终沉降量,应按下列两种情况分别计算,然后相加。

(1) $p_{1i}+\Delta p_i \geqslant p_{ci}$

$$S_n = \sum_{i=1}^{n} \frac{\Delta e_i}{1+e_{0i}} h_i$$

$$= \sum_{i=1}^{n} \frac{\Delta e_i' + \Delta e_i''}{1+e_{0i}} h_i$$

$$= \sum_{i=1}^{n} \frac{h_i}{1+e_{0i}} \left(C_{ei} \lg \frac{p_{ci}}{p_{1i}} + C_{ci} \lg \frac{p_{1i}+\Delta p_i}{p_{ci}} \right) \tag{4-27}$$

式中,n——土层中 $p_{1i}+\Delta p_i \geqslant p_{ci}$ 的土层数;

Δe_i——第 i 分层总孔隙比的变化;

$\Delta e_i'$——第 i 分层由现有土平均自重应力 p_{1i} 增至该分层前期固结压力 p_{ci} 的孔隙比变

　　　　化,即沿着图 4-19(a)压缩曲线 b_1b 段发生的孔隙比变化: $\Delta e_i' = C_{ei} \lg \dfrac{p_{ci}}{p_{1i}}$;

$\Delta e_i''$——第 i 分层由前期固结压力 p_{ci} 增至 $p_{1i}+\Delta p_i$ 的孔隙比变化,即沿着压缩曲线 bc

　　　　段发生的孔隙比变化: $\Delta e_i'' = C_{ci} \lg \dfrac{p_{1i}+\Delta p_i}{p_{ci}}$;

C_{ci}——第 i 分层土的压缩指数。

(2) $p_{1i}+\Delta p_i < p_{ci}$

$$S_m = \sum_{i=1}^{m} \frac{\Delta e_i}{1+e_{0i}} h_i$$

$$= \sum_{i=1}^{m} \frac{h_i}{1+e_{0i}} \left(C_{ei} \lg \frac{p_{1i}+\Delta p_i}{p_{1i}} \right) \tag{4-28}$$

式中,m——土层中 $p_{1i}+\Delta p_i < p_{ci}$ 的分层数。

地基所有压缩土层的总沉降量为二者之和,即

$$S = S_n + S_m \qquad (4\text{-}29)$$

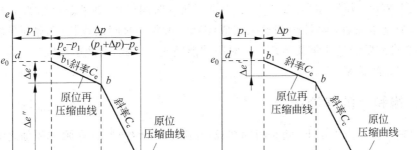

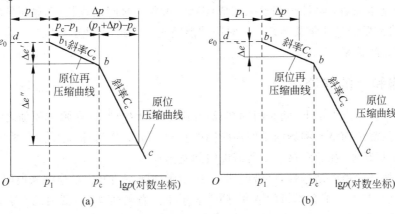

图 4-19　超固结土的孔隙比变化

（a）$p_1 + \Delta p \geqslant p_c$；（b）$p_1 + \Delta p < p_c$

3. 欠固结土

　　欠固结土的沉降包括由于地基附加应力所引起,以及原有土自重应力作用下的固结还没有达到稳定那一部分沉降在内。欠固结土的孔隙比变化,可近似地按与正常固结土一样的方法求得的原始压缩曲线确定(图 4-20)。其固结沉降包括两部分：①由于地基附加应力所引起的沉降；②由土的自重应力作用还将继续进行的沉降；总的沉降计算公式为

$$S = \sum_{i=1}^{n} \frac{h_i}{1 + e_{0i}} C_{ci} \lg \frac{p_{1i} + \Delta p_i}{p_{ci}} \qquad (4\text{-}30)$$

式中, p_{ci} ——第 i 层土的实际有效压力,小于土的自重应力 p_{1i}。

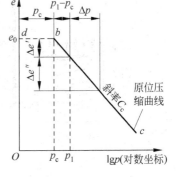

图 4-20　欠固结土的孔隙比变化

4.5　固结理论及地基变形与时间的关系

　　土体的压缩是孔隙的压缩,饱和土体的压缩则是伴随着孔隙水的排出而完成的。对于饱和的黏性土,在建筑物载荷的作用下孔隙水以渗流的方式排出,由于黏性土的渗透性差,使得地基沉降往往需要经过很长时间才能达到最终沉降。在这种情况下,建筑物施工期间沉降可能并不能全部完成,在正常使用期间还会缓慢地产生沉降。为了建筑物的安全与正常使用,在工程实践和分析研究中就需要掌握沉降与时间关系的规律性,以便控制施工速度或考虑保证建筑物正常使用的安全措施,如考虑预留建筑物有关部分之间的净空问题、连接方法及施工顺序等。对发生裂缝、倾斜等事故的建筑物,更需要掌握沉降发展的趋势,采取

相应的处理措施。在软土地基上建设高速公路时,为了控制工后沉降量,考虑地基变形与时间的关系是选择地基处理方法和确定合理工期必须考虑的重要问题。

碎石土和砂土压缩性小,渗透性大,变形经历的时间很短,在外载荷施加完毕时,地基沉降已全部或基本完成;黏性土和粉土完成固结所需的时间比较长,在厚层的饱和软黏土中,固结变形需要经过几年甚至几十年时间才能完成。因此,实践中一般只考虑黏性土和粉土的变形与时间关系。

4.5.1 饱和土的渗透固结

饱和黏土在压力作用下,随时间的增长,孔隙水逐渐被排出、孔隙体积随之缩小的过程称为饱和土的渗透固结。渗透固结所需时间的长短与土的渗透性和土层厚度有关,土的渗透性越小、土层越厚,孔隙水被挤出所需的时间就越长。

饱和土体的渗透固结过程,可借助图4-21所示的弹簧活塞力学模型来说明。在一个盛满水的圆筒中,装一个带有弹簧的活塞,弹簧表示土的颗粒骨架,容器内的水表示土中的孔隙水,带小孔的活塞表征土的透水性。由于模型中只有固液两相介质,则外力 σ_z 的作用只能由水与弹簧两者共同来承担。设其中弹簧承担的压力为有效应力 σ',圆筒中的水承担的压力为 u,按照静力平衡条件,应有

$$\sigma_z = \sigma' + u \tag{4-31}$$

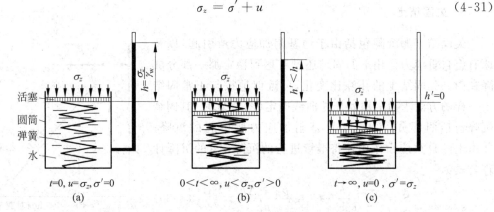

图 4-21 饱和土的渗透固结模型

式(4-31)表示了土的孔隙水压力 u 与有效应力 σ' 对外力 σ_z 的分担作用,它与时间有关。二者随时间变化的过程可以这样描述:

(1) 当 $t=0$,在活塞上瞬时施加压力 σ_z 的一瞬间,由于活塞上的孔细小,水还未来得及排出,容器内水的体积没有减少,活塞不产生竖向位移,所以弹簧也就没有变形,这样弹簧没有受力,而增加的压力就必须由活塞下面的水来承担,此时,$u=\sigma_z$,$\sigma'=0$。

(2) 当 $\infty>t>0$,由于活塞小孔的存在,受到超静水压力的水开始逐渐经活塞小孔排出,结果活塞下降,弹簧逐渐被压缩,而弹簧产生的反力 σ' 就逐渐增长,因为所受总的外力 σ_z 不变,这样水分担的压力 u 相应减少。总之,$u<\sigma_z$,$\sigma'>0$。

(3) 当 $t \to \infty$,水在超静孔隙水压力的作用下通过活塞上的小孔继续渗透,弹簧被压缩,弹簧提供的反力逐渐增加,直至最后 σ_z 完全由弹簧来承担,水不受超静孔隙水压力而停止流出。至此,整个渗透固结过程完成。此时,$u=0$,$\sigma'=\sigma_z$。

可见,饱和黏土的渗透固结实质是土体排水、压缩和应力转移三者同时进行的过程,即孔隙水压力逐渐消散和有效应力相应增长的过程。

4.5.2 太沙基一维固结理论

一维固结又称单向固结,是在载荷作用下土中水的流动和土体的变形仅发生在一个方向的土体固结问题。严格的一维固结问题只发生在室内有侧限的固结试验中,实际工程中并不存在。然而,当土层厚度比较均匀,其压缩土层厚度相对于均布外载荷作用面较小时,可以近似为一维固结问题。

为求饱和土层在渗透固结过程中任意时间的变形,通常采用 K. 太沙基(Terzaghi, 1925)提出的一维固结理论进行计算。其适用条件为载荷面积远大于压缩土层的厚度,地基中孔隙水主要沿竖向渗流的情况。

1. 基本假定

为简化实际问题,方便分析固结过程,太沙基一维固结理论作如下假定:

(1) 土是均质各向同性的、完全饱和的;

(2) 土颗粒和水是不可压缩的;

(3) 土层的压缩和土中水的渗流只沿同一方向发生,是一维的;

(4) 土中水的渗流服从达西定律,且渗透系数 k 保持不变;

(5) 孔隙比的变化与有效应力的变化成正比,即 $-de/d\sigma' = a$,且压缩系数 a 保持不变,即 E_s 不发生变化;

(6) 外载荷是一次瞬时施加的,且沿土层深度 z 呈均匀分布。

2. 一维固结微分方程

在如图 4-22 所示厚度为 H 的饱和黏土层,顶面是透水层,底面是不透水和不可压缩层,假设该饱和土层在自重应力作用下的固结已经完成,现在顶面受到一次骤然施加的无限均布载荷 p_0 作用。由于土层厚度远小于载荷面积,故土中附加应力图形将近似地取作矩形分布,即附加应力不随深度而变化。但是孔隙压力 u 与有效应力 σ' 却是坐标 z 和时间 t 的函数。即 u 和 σ' 分别写为 $u_{z,t}$ 和 $\sigma'_{z,t}$。考查土层顶面以下 z 深度的微元体 $1 \times 1 \times dz$ 在 dt 时间内的变化。

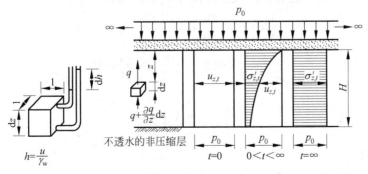

图 4-22 饱和土的固结过程

（1）单元体的渗流条件。由于渗流自下而上进行，设在外荷施加后某时刻 t 流入单元体的水量为 $\left(q+\frac{\partial q}{\partial z}\mathrm{d}z\right)\mathrm{d}t$，流出单元体的水量为 q，所以在 $\mathrm{d}t$ 时间内，流经该单元体的水量变化为

$$\left(q+\frac{\partial q}{\partial z}\mathrm{d}z\right)\mathrm{d}t-q\mathrm{d}t=\frac{\partial q}{\partial z}\mathrm{d}z\mathrm{d}t \tag{4-32}$$

根据达西定律，可得单元体过水面积 $A=1\times1$ 的流量 q 为

$$q=vA=ki=k\frac{\partial h}{\partial z}=\frac{k}{\gamma_{\mathrm{w}}}\times\frac{\partial u}{\partial z} \tag{4-33}$$

式中，k ——土的渗透系数；

   i ——水力梯度；

   h ——超静水头；

   u ——超孔隙水压力。

代入式（4-32）得

$$\frac{\partial q}{\partial z}\mathrm{d}z\mathrm{d}t=\frac{k}{\gamma_{\mathrm{w}}}\times\frac{\partial^2 u}{\partial z^2}\mathrm{d}z\mathrm{d}t \tag{4-34}$$

（2）单元体的变形条件。在 $\mathrm{d}t$ 时间内，单元体孔隙体积 V_{v} 随时间的变化率（减小）为

$$\frac{\partial V_{\mathrm{v}}}{\partial t}\mathrm{d}t=\frac{\partial}{\partial t}\left(\frac{e}{1+e}\right)\mathrm{d}z\mathrm{d}t=\frac{1}{1+e}\times\frac{\partial e}{\partial t}\mathrm{d}z\mathrm{d}t \tag{4-35}$$

式中，e ——渗透固结前初始孔隙比。

考虑到微单元体土粒体积 $\frac{1}{1+e}\times1\times1\times\mathrm{d}z$ 为不变的常数，而

$$\mathrm{d}e=-a\mathrm{d}p=-a\mathrm{d}\sigma'$$

或

$$\frac{\partial e}{\partial t}=-a\frac{\partial(p_0-u)}{\partial t}=a\frac{\partial u}{\partial t} \tag{4-36}$$

再根据有效应力原理以及总应力 $\sigma_z=p_0$ 是常量的条件，则将式（4-36）代入式（4-35）有

$$\frac{\partial V_{\mathrm{v}}}{\partial t}\mathrm{d}t=\frac{a}{1+e}\times\frac{\partial u}{\partial t}\times\mathrm{d}z\mathrm{d}t \tag{4-37}$$

（3）单元体的渗流连续条件。根据连续条件，在 $\mathrm{d}t$ 时间内，该单元体内排出的水量（水量的变化）应等于单元体孔隙的压缩量（孔隙的变化率），即

$$\frac{\partial q}{\partial z}\mathrm{d}z\mathrm{d}t=\frac{\partial V_{\mathrm{v}}}{\partial t}\mathrm{d}t$$

$$\frac{k}{\gamma_{\mathrm{w}}}\times\frac{\partial^2 u}{\partial z^2}\mathrm{d}z\mathrm{d}t=\frac{a}{1+e}\times\frac{\partial u}{\partial t}\mathrm{d}z\mathrm{d}t$$

令

$$C_{\mathrm{v}}=\frac{k(1+e)}{a\gamma_{\mathrm{w}}} \tag{4-38}$$

得

$$C_{\mathrm{v}}\frac{\partial^2 u}{\partial z}=\frac{\partial u}{\partial t} \tag{4-39}$$

式(4-39)即为太沙基一维固结微分方程,其中 C_v 称为土的竖向固结系数,$C_v = \frac{k(1+e)}{a\gamma_w}$,由室内固结(压缩)试验确定,$k,e,a$ 分别为土的渗透系数、初始孔隙比和压缩系数,γ_w 为水的重度。

3. 固结微分方程求解

式(4-39)的解需根据初始条件和边界条件,采用分离变量法得到。下面针对两种简单条件对一维固结微分方程进行求解。

(1)土层单面排水。土层单面排水时起始超孔隙水压力沿深度为线性分布,见图4-23。

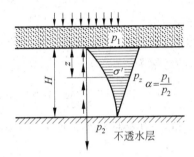

图 4-23　单面排水条件下超孔隙水压力的消散

定义 $\alpha = p_1/p_2 =$ 排水面的附加应力/不排水面的附加应力。初始条件及边界条件如下：

当 $t=0$ 和 $0 \leqslant z \leqslant H$ 时,$u = p_2\left[1+(\alpha-1)\dfrac{H-z}{H}\right]$；

当 $0 < t < \infty$ 和 $z=0$(透水面)时,$u=0$；

当 $0 < t < \infty$ 和 $z=H$(不透水面)时,$\dfrac{\partial u}{\partial z}=0$；

当 $t=\infty$ 和 $0 \leqslant z \leqslant H$ 时,$u=0$。

用分离变量法得式(4-39)的特解为

$$u(z,t) = \frac{4p_2}{\pi^2}\sum_{m=1}^{\infty}\frac{1}{m^2}\left[m\pi\alpha + 2(-1)^{\frac{m-1}{2}}(1-\alpha)\right]e^{-\frac{m^2\pi^2}{4}T_v} \cdot \sin\frac{m\pi z}{2H} \tag{4-40}$$

在实用中常取第一项,即 $m=1$ 得

$$u(z,t) = \frac{4p_2}{\pi^2}\left[\alpha(\pi-2)+2\right]e^{-\frac{\pi^2}{4}T_v} \cdot \sin\frac{\pi z}{2H} \tag{4-41}$$

式中,m——正奇数($m=1,3,5,\cdots$)；

　　e——自然对数底,e$=2.7182\cdots$；

　　H——孔隙水的最大渗透路径,在单面排水条件下为土层厚度；

　　T_v——时间因数,$T_v = \dfrac{C_v t}{H^2}$。

(2)土层双面排水。土层双面排水时起始超孔隙水压力沿深度为线性分布,见图4-24。
令土层厚度为 $2H$,初始条件及边界条件如下：

当 $t=0$ 和 $0 \leqslant z \leqslant H$ 时,$u = p_2\left[1+\left(\dfrac{p_1}{p_2}-1\right)\dfrac{2H-z}{2H}\right]$；

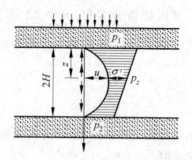

图 4-24 双面排水条件下超孔隙水压力的消散

$0 < t < \infty$ 和 $z = 0$（顶面）时，$u = 0$；

$0 < t < \infty$ 和 $z = 2H$（底面）时，$u = 0$。

用分离变量法得式（4-39）的特解为

$$u(z, t) = \frac{p_2}{\pi} \sum \frac{2}{m} \left[1 - (-1)^m \frac{p_1}{p_2} \right] e^{-\frac{m^2 \pi^2}{4} T_v} \cdot \sin \frac{m\pi(2H - z)}{2H} \tag{4-42}$$

式中，H——孔隙水的最大渗透路径，在双面排水条件下为土层厚度的一半；

其他符号意义同前。

在实用中常取第一项，即 $m = 1$ 得

$$u(z, t) = \frac{2p_2}{\pi} \left(1 + \frac{p_1}{p_2} \right) e^{-\frac{\pi^2}{4} T_v} \cdot \sin \frac{\pi(2H - z)}{2H} \tag{4-43}$$

一维固结微分方程的解式（4-41）和式（4-43）反映了土层中超孔隙水压力在加载后随深度和时间而变化的规律。

4. 固结度

土层的平均固结度是指地基土在某一压力作用下，经历时间 t 所产生的固结变形（压缩）量 S_{ct} 与最终固结变形（压缩）量 S_c 之比，土层的平均固结度用 U_t 表示，即

$$U_t = \frac{S_{ct}}{S_c} \tag{4-44}$$

根据有效应力原理，土的变形只取决于有效应力，所以经历时间 t 所产生的固结变形量取决于该时刻的有效应力，结合前面所介绍的应力面积法计算沉降量的原理可知

$$U_t = \frac{\dfrac{a}{1+e} \displaystyle\int_0^H \sigma'_{z,t} \mathrm{d}z}{\dfrac{a}{1+e} \displaystyle\int_0^H \sigma_z \mathrm{d}z} = \frac{\displaystyle\int_0^H \sigma_z \mathrm{d}z - \displaystyle\int_0^H u_{z,t} \mathrm{d}z}{\displaystyle\int_0^H \sigma_z \mathrm{d}z} = 1 - \frac{\displaystyle\int_0^H u_{z,t} \mathrm{d}z}{\displaystyle\int_0^H \sigma_z \mathrm{d}z} \tag{4-45}$$

$$U_t = \frac{\text{有效应力所围面积}}{\text{起始超孔隙水压力所围面积}} = 1 - \frac{t \text{时刻超孔隙水压力所围面积}}{\text{起始超孔隙水压力所围面积}} \tag{4-46}$$

式中，$u_{z,t}$——深度 z 处某一时刻 t 的超孔隙水压力；

$\sigma'_{z,t}$——深度 z 处某一时刻 t 的有效应力；

σ_z——深度 z 处的竖向附加应力（即 $t = 0$ 时刻的起始超孔隙水压力）。

（1）土层单面排水时固结度的计算。将式（4-41）代入式（4-45）得到单面排水情况下，土层任意时刻固结度的近似值：

$$U_t = 1 - \frac{\frac{\pi}{2}\alpha - \alpha + 1}{1 + \alpha} \cdot \frac{32}{\pi^3} \cdot e^{-\frac{\pi^2}{4}T_v} \tag{4-47}$$

起始超孔隙水压力沿深度线性分布的几种情况见图 4-25,对于实际工程问题,可参照图示的方法由图 4-25(a)简化成图 4-25(b)的形式,各形式代表的实际工程条件为:

"0"型:薄压缩层地基,或大面积均布载荷作用下;

"1"型:土层在自重应力作用下的固结;

"2"型:基础底面积较小,传至压缩层底面的附加应力接近零;

"0—1"型:在自重应力作用下尚未固结的土层上作用有基础传来的载荷;

"0—2"型:基础底面积较小,传至压缩层底面的附加应力不接近零。

$\alpha = 1$ 时,即"0"型,起始超孔隙水压力分布图为矩形,代入式(4-47)得

$$U_0 = 1 - \frac{8}{\pi^2}e^{-\frac{\pi^2}{4}T_v} \tag{4-48}$$

$\alpha = 0$ 时,即"1"型,起始超孔隙水压力分布图为三角形,代入式(4-47)得

$$U_1 = 1 - \frac{32}{\pi^3}e^{-\frac{\pi^2}{4}T_v} \tag{4-49}$$

其他 α 值时的固结度可直接按式(4-47)来求,也可利用式(4-48)和式(4-49)得到的 U_0 及 U_1,按下式来计算:

$$U_\alpha = \frac{2\alpha U_0 + (1-\alpha)U_1}{1 + \alpha} \tag{4-50}$$

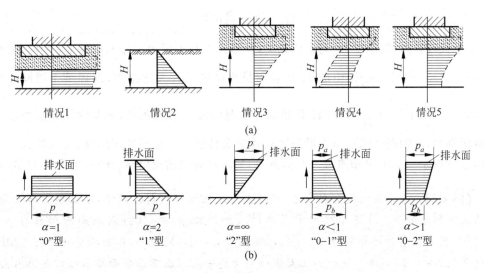

情况1　　情况2　　　情况3　　　情况4　　　情况5

(a)

排水面　　排水面　　　排水面　　　排水面　　　排水面

$\alpha=1$　　$\alpha=2$　　$\alpha=\infty$　　$\alpha<1$　　$\alpha>1$
"0"型　　"1"型　　　"2"型　　　"0—1"型　　"0—2"型

(b)

图 4-25　地基中应力分布图形

(a) 实际应力分布;(b) 简化的应力分布

为减少平时计算时的工作量,根据式(4-47)分别计算了不同 $\alpha = p_1/p_2$ 下固结度 U_t 的时间因数 T_v 的值,列于表 4-7。也有文献根据式(4-47)绘制成曲线可供查用。

表 4-7　单面排水，不同 $\alpha=\dfrac{p_1}{p_2}$ 下 U_t-T_v 关系表

α	固结度 U_t											类型
	0.0	0.1	0.2	0.3	0.4	0.5	0.6	0.7	0.8	0.9	1.0	
0.0	0.0	0.049	0.100	0.154	0.217	0.290	0.380	0.500	0.660	0.950	∞	"1"
0.2	0.0	0.027	0.073	0.126	0.186	0.26	0.35	0.46	0.63	0.92	∞	
0.4	0.0	0.016	0.056	0.106	0.164	0.24	0.33	0.44	0.60	0.90	∞	"0-1"
0.6	0.0	0.012	0.042	0.092	0.148	0.22	0.31	0.42	0.58	0.88	∞	
0.8	0.0	0.010	0.036	0.079	0.134	0.20	0.29	0.41	0.57	0.86	∞	
1.0	0.0	0.008	0.031	0.071	0.126	0.20	0.29	0.40	0.57	0.85	∞	"0"
1.5	0.0	0.008	0.024	0.058	0.107	0.17	0.26	0.38	0.54	0.83	∞	
2.0	0.0	0.006	0.019	0.050	0.095	0.16	0.24	0.36	0.52	0.81	∞	
3.0	0.0	0.005	0.016	0.041	0.082	0.14	0.22	0.34	0.50	0.79	∞	
4.0	0.0	0.004	0.014	0.040	0.080	0.13	0.21	0.33	0.49	0.78	∞	"0-2"
5.0	0.0	0.004	0.013	0.034	0.069	0.12	0.20	0.32	0.48	0.77	∞	
7.0	0.0	0.003	0.012	0.030	0.065	0.12	0.19	0.31	0.47	0.76	∞	
10.0	0.0	0.003	0.011	0.028	0.060	0.11	0.18	0.30	0.46	0.75	∞	
20.0	0.0	0.002	0.010	0.026	0.060	0.11	0.17	0.29	0.45	0.74	∞	
∞	0.0	0.002	0.009	0.024	0.048	0.09	0.16	0.23	0.44	0.73	∞	"2"

（2）土层双面排水时固结度的计算。将式（4-43）代入式（4-45）得到双面排水情况下，土层任意时刻固结度的近似值：

$$U_t = 1 - \frac{8}{\pi^2} e^{-\frac{\pi^2}{4}T_v} \tag{4-51}$$

从上式可看出，固结度 U_t 与 α 值无关，且形式上与土层单面排水时的 U_0 相同，需要说明的是式（4-51）中 $T_v = \dfrac{C_v t}{H^2}$ 中的 H 是双面排水时的最大渗透距离，即固结土层厚度的一半，而式（4-48）中 $T_v = \dfrac{C_v t}{H^2}$ 中的 H 是单面排水时的最大渗透距离，就是固结土层厚度。因此，双面排水，起始超孔隙水压力沿深度线性分布情况下 t 时刻的固结度，可以用式（4-51）来求，也可按 $\alpha=1$，即"0"型查表 4-7 得到，但要注意取固结土层厚度的一半作为 H 代入。

> 【例 4-3】 某路基为饱和黏土层，厚度为 5m，在均布载荷作用下，在土中引起的附加应力近似梯形分布（如图 4-26），土层顶面附加应力 $p_1=140$kPa，底面附加应力 $p_2=100$kPa，设该土层的初始孔隙比 $e=1$，压缩系数 $a=0.3$MPa^{-1}，压缩模量 $E_s=6.0$MPa，渗透系数 $k=1.8$cm/年。把该黏土层当一层考虑分别求在顶面单面排水或双面排水条件下，（1）加荷一年时的沉降量；（2）沉降量达 78mm 所需的时间。

【解】 （1）求 $t=1$ 年时的沉降量。因黏土层中附加应力沿深度是梯形分布的，若把黏土层当一层考虑计算最终沉降量，根据分层总和法的原理先求该土层附加应力均值：

$$\bar{\sigma}_z = \frac{1}{2}(p_1 + p_2) = \frac{1}{2} \times (140 + 100)\text{kPa} = 120\text{kPa}$$

黏土层的最终沉降量

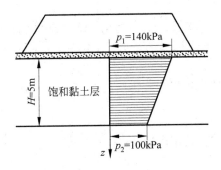

图 4-26　例 4-3 图

$$S = \frac{\bar{\sigma}_z}{E_s}H = \frac{120}{6000} \times 5 \times 10^3 \text{mm} = 100 \text{mm}$$

黏土层的竖向固结系数

$$C_v = \frac{k(1+e)}{\gamma_w a} = \frac{1.8 \times (1+1) \times 10^{-2}}{10 \times 0.0003} \text{m}^2/\text{年} = 12 \text{m}^2/\text{年}$$

对于单面排水条件下竖向固结时间因数

$$T_v = \frac{C_v t}{H^2} = \frac{12 \times 1}{10^2} = 0.12$$

根据 $\alpha = p_1/p_2 = 140/100 = 1.4$ 和 $T_v = 0.12$，因表 4-7 中未列出 $\alpha = 1.4$ 时的 U_t 与 T_v 关系，内插值求 U_t 不方便，故用式(4-47)计算得

$$U_t = 1 - \frac{\frac{\pi}{2}\alpha - \alpha + 1}{1 + \alpha} \times \frac{32}{\pi^3} \times e^{-\frac{\pi^2}{4}T_v} = 1 - \frac{\frac{\pi}{2} \times 1.4 - 1.4 + 1}{1 + 1.4} \times \frac{32}{\pi^3} \times e^{-\frac{\pi^2}{4} \times 0.12} = 0.425$$

则得 $t = 1$ 年时的沉降量

$$S_t = U_t S = 0.425 \times 100 \text{mm} = 42.5 \text{mm}$$

在双面排水条件下竖向固结时间因数

$$T_v = \frac{C_v t}{H^2} = \frac{12 \times 1}{5^2} = 0.48$$

(此处固结土层最大排水距离 H 取土层厚度的一半)

按 $\alpha = 1.0$ 查表 4-7，采用内插法 $\frac{U_t - 0.7}{0.8 - 0.7} = \frac{0.48 - 0.40}{0.57 - 0.40}$ 得 $U_t = 0.747$(也可按式(4-51)

计算 U_t)，得 $t = 1$ 年时的沉降量

$$S_t = U_t S = 0.747 \times 100 \text{mm} = 74.7 \text{mm}$$

(2) 求沉降量达到 78mm 所需的时间。

平均固结度为

$$U_t = \frac{S_t}{S} = \frac{78}{100} = 0.78$$

单面排水时

同样，因 $\alpha = 1.4$ 时的 U_t 与 T_v 关系在表 4-7 中未列出，内插求 T_v 较不方便，故利用式(4-47)反算时间因数

$$T_{v}=-\frac{4}{\pi^{2}}\ln\left[\frac{(1-U_{t})(1+\alpha)\pi^{3}}{32\left(\frac{\pi}{2}\alpha-\alpha+1\right)}\right]=-\frac{4}{\pi^{2}}\ln\left[\frac{(1-0.78)\times(1+1.4)\pi^{3}}{32\times\left(\frac{\pi}{2}\times1.4-1.4+1\right)}\right]=0.509$$

$$t=\frac{T_{v}H^{2}}{C_{v}}=\frac{0.509\times10^{2}}{12}年\approx4.2年$$

双面排水时

按 $\alpha=1.0$ 查表 4-7 求 T_{v}，采用内插法 $\dfrac{0.78-0.70}{0.80-0.70}=\dfrac{T_{v}-0.40}{0.57-0.40}$ 得 $T_{v}=0.536$（也可按式(4-51)反算 T_{v}），故

$$t=\frac{T_{v}H^{2}}{C_{v}}=\frac{0.536\times5^{2}}{12}年\approx1.1年$$

4.5.3 实测沉降-时间关系的经验公式

用土工试验指标按常规的一维固结理论计算地基沉降量是我们常用的方法,但其结果往往与实测结果有一定偏差,对于修建于软土地基上的建筑物尤为如此,有时甚至理论计算沉降量与实测沉降量会相去甚远,这主要是因为地基沉降多属于三维课题且实际情况又很复杂,影响地基沉降的因素多种多样。因此,利用沉降观测资料推算后期沉降(包括最终沉降量),有其重要的现实意义。采用科学的预测方法处理实测资料,有助于作出准确的预测,从而使后期施工组织安排达到最优化,具有一定的经济效益。根据沉降观测资料来推测最终沉降量,目前归纳起来,主要有四类方法:第一类为曲线拟合法,第二类为反演参数法,第三类为灰色系统法,第四类为神经网络法。下面介绍几种较常用的由实测沉降资料预测沉降的方法,其中包括较常用的对数曲线法和双曲线法等曲线拟合方法,这类方法属于经验方法,即采用与沉降观测曲线相似的曲线进行配合,然后外延求出最终沉降量。此外再介绍一种也较实用的 Asaoka 法,因其不仅是简单的经验法,而且还有一定的固结理论基础,近几年也引起工程界和不少学者注意。

1. 对数曲线法

太沙基一维固结理论得到了反映固结度与时间的关系式:

$$U_{0}=1-\frac{8}{\pi^{2}}e^{-\frac{\pi^{2}}{4}T_{v}}\tag{4-52}$$

参照式(4-52)所反映出的固结度与时间的指数关系,地基固结度用下式表示:

$$U=1-Ae^{-Bt}\tag{4-53}$$

式中,A、B ——与地基排水条件、地基土性质等有关的参数,当地基土为竖向排水固结时理论上 A、B 取值为 $A=\dfrac{8}{\pi^{2}}$，$B=\dfrac{\pi^{2}C_{v}}{4H^{2}}$，但如果二者作为实测的沉降与时间关系曲线中的参数,则其值是待定的。

如果在最终沉降量中,不考虑次固结产生的沉降,则地基的最终沉降量通常仅取瞬时沉降量与固结沉降量之和,即 $S=S_{d}+S_{ct}$，相应地,施工期 T 以后($t>T$)的沉降量为

$$S_{t}=S_{d}+S_{ct}$$

时间 t 时地基固结度定义为

$$U = \frac{S_{ct}}{S_c} = \frac{S_t - S_d}{S - S_d} \tag{4-54}$$

式中，S_t——t 时刻沉降量；

　　S_d——瞬时沉降量；

　　S——总沉降，或称最终沉降量。

　　结合式(4-53)和式(4-54)，可得

$$\frac{S_t - S_d}{S - S_d} = 1 - Ae^{-Bt} \tag{4-55}$$

或

$$S_t = S_d Ae^{-Bt} + S(1 - Ae^{-Bt}) \tag{4-56}$$

　　为求 t 时刻的沉降量，式(4-56)右边有四个未知数，即 S_d、S、A 和 B。由实测的初期沉降-时间曲线(S-t 曲线)并任意选取三点(见图 4-27)：(t_1,S_1)，(t_2,S_2) 和 (t_3,S_3)，并使 $t_2 - t_1 = t_3 - t_2$，分别代入式(4-56)，可得下述联立方程：

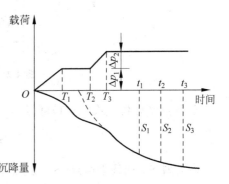

图 4-27　固结度对数配合法

$$\left.\begin{array}{l} S_t = S_d Ae^{-Bt_1} + S(1 - Ae^{-Bt_1}) \\ S_t = S_d Ae^{-Bt_2} + S(1 - Ae^{-Bt_2}) \\ S_t = S_d Ae^{-Bt_3} + S(1 - Ae^{-Bt_3}) \\ t_2 - t_1 = t_3 - t_2 \end{array}\right\} \tag{4-57}$$

求解联立方程组式(4-57)可得

$$B = \left(\ln \frac{S_2 - S_1}{S_3 - B_2}\right)\Big/(t_2 - t_1) \tag{4-58}$$

$$S = \frac{S_3(S_2 - S_1) - S_2(S_3 - S_2)}{(S_2 - S_1) - (S_3 - S_2)} \tag{4-59}$$

$$S_d = \frac{S_1 - S(1 - Ae^{-Bt_1})}{Ae^{-Bt_1}} \tag{4-60}$$

　　式(4-60)中含 S_d 和 A 两个变量，不能单独求出。由实测 S-t 曲线上三点，应用式(4-58)和式(4-59)可求出 B 值和总沉降量 S 值。在求瞬时沉降 S_d 时，A 值可采用理论值。

　　式(4-59)为对数曲线法求最终沉降计算式。为了使推算结果更精确一些，值$(t_2 - t_1)$和值$(t_3 - t_2)$尽可能取大一些，这样对应的$(S_2 - S_1)$和$(S_3 - S_2)$值可能大一些，计算结果能更好地反映实测 S-t 曲线的特征。

2. 双曲线两点配合法

　　这是一种纯经验性的曲线配合方法，根据实测沉降曲线的实际形态近似于一条双曲线，所以采用双曲线来配合后，通过曲线外延来推得未知某时刻的沉降量或最终沉降量。如图 4-28 所示，实测沉降曲线(S-t 曲线)自拐点 B 开始采用双曲线配合。双曲线方程为

$$xy = K \tag{4-61}$$

式中，K——系数。

$$x = a + t_c \tag{4-62}$$

$$y = S_c + S_t \tag{4-63}$$

式中，t_c——B 点开始计算的时间；

S_c——由 B 点开始计算地基产生的最终沉降量，即 B 点 y 坐标；

a——B 点的 x 坐标；

S_t——由 B 点开始计算的 t 时刻沉降。

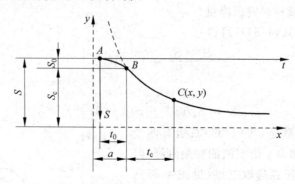

图 4-28　双曲线两点配合法

将 B 点坐标代入式(4-61)可得

$$S_t = S_c \frac{t_c}{a + t_c} \tag{4-64}$$

将实测 S-t 曲线上两点 (S_1, t_1) 和 (S_2, t_2) 代入式(4-64)可得 S_c 和 a 值：

$$a = \frac{S_2 t_1 t_2 - S_1 t_1 t_2}{S_1 t_2 - S_2 t_1} \tag{4-65}$$

$$S_c = S_1 S_2 \frac{t_2 - t_1}{S_1 t_2 - S_2 t_1} \tag{4-66}$$

总沉降量为

$$S = S_0 + S_c \tag{4-67}$$

式中，S_0——沉降曲线 S-t 曲线上拐点 B 对应的沉降。

3. 双曲线多点配合法

上述两点双曲线配合法只利用了少量的沉降观测资料，而配合出的近似曲线精度在很大程度上受到所利用的两点数据的准确性影响，在实际观测数据很少时较适宜选用，但当停止加荷后的沉降观测数据足够多时(如大于三组，(S_1, t_1)，(S_2, t_2)，$\cdots$，(S_i, t_i)，$i > 3$)，建议还是采用下述的多点配合双曲线法。如图 4-29 所示，沉降与时间的关系可近似用下式表示

$$S_t = S_0 + \frac{t - t_0}{A + B(t - t_0)} \tag{4-68}$$

式中，t_0——自加荷开始(施工开始)至终止加荷(施工期结束时)的时间；

t——自加荷开始(施工开始)至任意时刻的时间，$t > t_0$；

S_t——对应 t 时刻的沉降量；

S_0——对应 t_0 时刻的沉降量；

A、B——待定的系数。

式(4-68)变形后可得

$$\frac{t - t_0}{S_t - S_0} = A + B(t - t_0) \tag{4-69}$$

由式(4-69)可看出,以 $(t-t_0)$ 为横坐标,以 $\left(\dfrac{t-t_0}{S_t-S_0}\right)$ 作纵坐标建立坐标平面,即为一条直线方程,其斜率为 B,截距为 A。取多组沉降实测值 (S_1, t_1), (S_2, t_2), $\cdots$, (S_i, t_i) $(i > 3)$ 描点于该坐标平面内,如图 4-29(b)所示,作出这些点的拟合直线,得其截距 A 和斜率 B。然后即可利用式(4-68)推算任意时刻的沉降量。若要求其最终沉降量,可令式(4-68)中的 $t \to \infty$,则有

$$S_\infty = S_0 + \frac{1}{B} \tag{4-70}$$

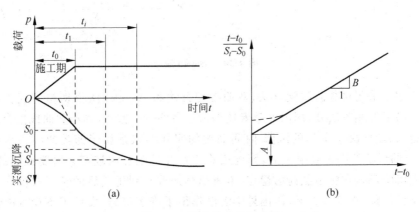

图 4-29　双曲线多点配合法

4. Asaoka 法

在研究一维固结理论方面,除了本节前面介绍的由太沙基建立的一维固结微分方程外,还有 Mikasa 导出的一维条件下以体积应变表示的固结方程如下:

$$C_v \frac{\partial^2 \varepsilon_v}{\partial z^2} = \frac{\partial \varepsilon}{\partial t} \tag{4-71}$$

日本学者 Asaoka 认为上式可近似用一个级数形式的微分方程来表示:

$$S + a_1 \frac{\mathrm{d}S}{\mathrm{d}t} + a_2 \frac{\mathrm{d}^2 S}{\mathrm{d}t^2} + \cdots + a_n \frac{\mathrm{d}^n S}{\mathrm{d}t^n} = b \tag{4-72}$$

式中,S ——固结沉降量;

$a_1, a_2, \cdots, a_n, b$ ——与土的固结系数和边界条件有关的系数。

Asaoka 法就是利用已有的沉降观测资料求出这些未知系数,然后根据这些系数预估总沉降。式(4-72)可用简化递推关系式表示:

$$S_i = \beta_0 + \beta_i S_{i-1} \tag{4-73}$$

式(4-73)可以采用图解法求解(见图 4-30)。其步骤如下:

(1) 将时间划分成相等的时间段 Δt,在实测 S-t 曲线上读出 t_1, t_2 时沉降值,并制成表格。

(2) 在以 S_{i-1} 和 S_i 为坐标轴的平面上将沉降值 S_1, S_2,以点 (S_{i-1}, S_i) 画出。同时,作出与横轴夹角 45°的直线。

（3）过点(S_{i-1}, S_i)作直线l，与45°直线相交点对应的沉降即为最终沉降值。

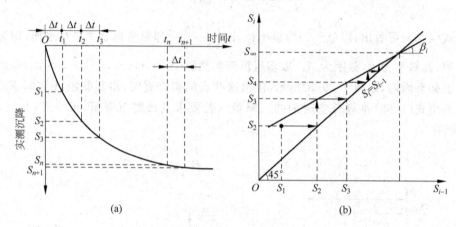

图 4-30　Asaoka 法

上面介绍了采用对数曲线配合法、双曲线配合法和 Asaoka 法根据初期观测资料预估最终沉降。除了上述方法外，国内外学者还提出了另外一些方法，如指数曲线配合法等。采用曲线配合，精度取决于实际的沉降-时间曲线的实际形状是属于何类曲线。然而影响沉降-时间曲线的形状的因素是很多的，因此很难说哪几种配合法较好。需要说明的是，这几种方法预测沉降都是在施工载荷已稳定（不再继续加载），利用其后的若干次沉降观测数据来推算将来的沉降，在这一方面，国内外学者已作出了许多努力，发展了不少沉降预测的方法，前面介绍的几种方法只是其中的一部分。目前，较困难的是在施工加载的过程中（不规则变载），如何利用为数不多的沉降观测数据来预测沉降，这对于信息化施工是一个很重要的课题。国内外学者仍在继续努力，探索新的沉降预测方法。

复习思考题

4.1　引起土体压缩的主要原因是什么？土的压缩主要包括哪三部分？如何判别土的压缩性的高低？压缩系数的量纲是什么？

4.2　试述土的各压缩性指标的意义和确定方法。

4.3　压缩系数和压缩模量的物理意义是什么？两者有何关系？如何利用压缩系数和压缩模量评价土的压缩性质？

4.4　变形模量和压缩模量有何关系和区别？

4.5　按分层总和法计算地基的最终沉降量有哪些基本假设？

4.6　试述计算地基最终沉降量的分层总和法步骤。

4.7　分层总和法计算基础的沉降量时，若土层较厚，为什么应将地基土分层？如果地基土为均质，且地基中自重应力和附加应力均为（沿高度）均匀分布，是否还有必要将地基分层？

4.8　计算地基最终沉降量的分层总和法与规范推荐法有何异同？试从基本假设、分层厚度、采用的计算指标、计算深度和结果修正等方面加以说明。

4.9　基础埋深$d=0$时，沉降计算为什么要用基底净压力？

4.10　地下水位上升或下降对建筑物沉降有没有影响？为什么？

4.11　工程上有一种土地基处理的方法——堆载预压法。它是在要修建建筑物的地基上堆载，经过一段时间之后，移去堆载，再在该地基上修建筑物。试从沉降控制的角度说明该方法处理地基的作用机理。

4.12　试用现场静载荷试验的 p-S 曲线，说明地基土压缩变形的过程。

4.13　何为土层前期固结压力？如何确定？如何判断土层一点的天然固结状态？

4.14　简述应力历史对沉降变形的影响。

4.15　结合图示说明，什么是前期固结应力？什么是超固结比？如何判断土的应力历史？

4.16　什么是正常固结土、超固结土和欠固结土？土的应力历史对土的压缩性有何影响？

4.17　饱和黏性土地基的总沉降一般包括哪几个部分？按室内压缩试验结果计算的沉降主要包括哪几种？

4.18　在砂土地基和软黏土地基中，建造同样的建筑物，施工期和使用期内哪些地基土建筑物的沉降量大？为什么？

4.19　简述应力历史对沉降变形的影响。

4.20　研究地基沉降与时间的关系有何实用价值？何谓固结度 U_t？U_t 与时间因子 T_v 有何关系？

习题

4.1　某住宅楼工程地质勘察，取原状土进行压缩试验，实验结果如表 4-8 所示。计算土的压缩系数 a_{1-2} 和相应侧限压缩模量 E_{s1-2}，并评价该土的压缩性。（答案：0.16MPa^{-1}，12.2MPa；中压缩性）

表　4-8

压应力 σ/kPa	50	100	200	300
孔隙比 e	0.964	0.952	0.936	0.924

4.2　设土样厚3cm，在 100～200kPa 压力段内的压缩系数 $a_v = 2 \times 10^{-4}$MPa^{-1}，当压力为 100kPa 时，e=0.7。求：（a）土样的无侧向膨胀变形模量；（b）土样压力由 100kPa 加到 200kPa 时，土样的压缩量 S。（答案：8.5MPa，0.035cm）

4.3　有一矩形基础 4m×8m，埋深为 2m，受 4000kN 中心载荷（包括基础自重）的作用。地基为细砂层，其 γ=19kN/m^3，压缩资料示于表 4-9。试用分层总和法计算基础的总沉降。（答案：8.47cm）

表 4-9　细沙的 e-p 曲线资料

p/kPa	50	100	150	200
e	0.680	0.654	0.635	0.620

4.4 已知条形基础 1 和 2,基础埋深 $d_1 = d_2$,基础底宽 $b_2 = 2b_1$,承受上部载荷 $N_2 = 2N_1$。两基础的地基土条件相同,土表层为粉土,厚度 $h_1 = d_1 + b_1$,$\gamma_1 = 20\text{kN/m}^3$,$a_{1-2} = 0.25\text{MPa}^{-1}$;第二层为黏土,厚度 $h_2 = 3b_2$,$\gamma_2 = 19\text{kN/m}^3$,$a_{1-2} = 0.50\text{MPa}^{-1}$。问两基础的沉降量是否相同?何故?通过调整两基础的 d 和 b,能否使两基础的沉降量接近?说明有几种调整方案,并给出评价。(答案:不同)

4.5 某工程采用箱形基础,基础底面尺寸为 $10.0\text{m} \times 10.0\text{m}$。基础高度 $h =$ 埋深 $d = 6.0\text{m}$,基础顶面与地面齐平。地下水位埋深 2.0m。地基为粉土,$\gamma_{sat} = 20\text{kPa/m}^3$,$E_s = 5\text{MPa}$。基础顶面中心集中载荷 $N = 8000\text{kN}$,基础自重 $G = 3600\text{kN}$。试估算该基础的沉降量。(答案:0)

4.6 已知一矩形基础底面尺寸为 $5.6\text{m} \times 4.0\text{m}$,基础埋深 $d = 2.0\text{m}$。上部结构总荷重 $P = 6600\text{kN}$,基础及其上填土平均重度 $\gamma_m = 20\text{kN/m}^3$。地基土表层为人工填土,$\gamma_1 = 17.5\text{kN/m}^3$,厚度 6.0m;第二层为黏土,$\gamma_2 = 16.0\text{kN/m}^3$,$e_1 = 1.0$,$a = \text{MPa}^{-1}$,厚度 1.6m;第三层为卵石,$E_s = 25\text{MPa}$,厚 5.6m。求黏土层的沉降量。(答案:48mm)

4.7 某工程矩形基础长 3.60m,宽 2.00m,埋深 $d = 1.00\text{m}$,地面以上上部荷重 $N = 900\text{kN}$。地基为粉质黏土,$\gamma = 16.0\text{kN/m}^3$,$e_1 = 1.0$,$a = 0.4\text{MPa}^{-1}$。试用《建筑地基基础设计规范》(GB 50007—2010)法计算基础中心 O 点的最终沉降量。(答案:68.4mm)

4.8 某办公大楼柱基底面积为 $2.00\text{m} \times 2.00\text{m}$,基础埋深 $d = 1.50\text{m}$。上部中心载荷作用在基础顶面,$N = 576\text{kN}$。地基表层为杂填土,$\gamma_1 = 17.0\text{kN/m}^3$,厚度 $h_1 = 1.50\text{m}$;第二层为粉土,$\gamma_2 = 18.0\text{kN/m}^3$,$E_{s2} = 3\text{MPa}$,厚度 $h_2 = 4.40\text{m}$;第三层为卵石,$E_{s3} = 20\text{MPa}$,厚度 $h_3 = 6.5\text{m}$。用《建筑地基基础设计规范》(GB 50007—2010)法计算柱基最终沉降量。(答案:123.5mm)

4.9 某饱和土层厚 3m,上下两面透水,在其中部取一土样,于室内进行固结试验(试样厚 2cm),在 20min 后固结度达 50%。求:

(a) 固结系数 C_v;(答案:$0.588\text{cm}^2/\text{h}$)

(b) 该土层在满布压力作用下,达到 90% 固结度所需的时间。(答案:3.70 年)

4.10 已知某大厦采用筏板基础,长 42.5m,宽 13.3m,埋深 $d = 4.0\text{m}$。基础底面附加应力 $p_0 = 214\text{kPa}$,基底铺排水砂层。地基为黏土,$E_s = 7.5\text{MPa}$,渗透系数 $k = 0.6 \times 10^{-8}\text{cm/s}$,厚度 8.00m。其下为透水的砂层,砂层面附加应力 $\sigma_2 = 160\text{kPa}$。计算地基沉降与时间的关系。

第5章
土的抗剪强度

5.1　概述

土的强度问题的研究成果在工程上的应用很广,归纳起来主要有下列三方面:

1. 土坡稳定性

土坡稳定性也是工程中经常遇到的问题。土坡包括两类:

(1)天然土坡。天然土坡为自然界天然形成的土坡,如山坡、河岸、海滨等。

如在山麓或山坡上建造房屋,一旦山坡失稳,势必毁坏房屋。如香港宝城大厦发生山坡滑动冲毁大厦的灾难;又如大连市南山山坡滑动,埋没坡下的民房,应引以为戒。又若在河岸或海滨建造房屋,可能导致岸坡滑动,连同房屋一起滑动破坏。

(2)人工土坡。人工土坡为人类活动造成的土坡,如基坑开挖、修筑堤防、土坝、路基等。

如基坑失去稳定,基坑附近地面上的建筑物和堆放的材料,将一起滑动入基坑。若路基发生滑动,可能连同路上行驶的车辆一起滑动,导致人员伤亡。

由此可见,土坡稳定性极为重要。这一问题,将在第6章中论述。

2. 挡土墙及地下结构上的土压力

在各类挡土墙及地下结构设计中,必须计算所承受的土压力的数值,土压力的计算建立在强度理论的基础上。关于土压力理论和计算,也将在第6章中研究。

3. 地基承载力与地基稳定性

地基承载力与地基稳定性,是每一项建筑工程都遇到的问题,具有普遍意义。这是第7章要研究解决的课题。

当上部载荷 N 较小,地基处于压密阶段或地基中塑性变形区很小时,地基是稳定的。

若上部载荷 N 很大,地基中的塑性变形区越来越大,最后连成一片,则地基发生整体滑动,即强度破坏,这种情况下地基是不稳定的。

上述土的强度在工程上应用的三个方面,非指土的抗压强度或抗拉强度,而特指土的抗剪强度。土的强度不是颗粒矿物本身的强度,而是颗粒间相互作用——主要是抗剪强度与剪切破坏,颗粒间的黏聚力与摩擦力。土的抗剪强度是指土抵抗剪切破坏的极限能力,是土的重要力学性质之一。这是因为地基受载荷作用后,土中各点同时产生法向应力和剪应力,其中法向应力作用将使土体发生压密,这是有利的因素;而剪应力作用可使土体发生剪切,这是不利的因素。若地基中某点的剪应力数值达到该点的抗剪强度,则此点的土将沿着剪应力作用方向产生相对滑动,此时称该点已发生强度破坏。如果随着外载荷增大,地基中到达强度破坏的点越来越多,即地基中的塑性变形区的范围不断扩大,最后形成一个连续的滑动面,则建筑物的地基会失去整体稳定而发生滑动破坏。

为了对建筑地基、土坡和挡土墙的稳定性进行力学分析和计算,需要深入研究土的强度问题,包括:了解土的抗剪强度的来源、影响因素、测试方法和指标的取值;研究土的极限平衡理论和土的极限平衡条件。

5.2 土的抗剪强度理论

5.2.1 库仑公式

法国科学家库仑(Coulomb)从 1776 年开始,根据砂土和黏性土剪切试验,提出砂土和黏性土抗剪强度的表达式为

$$\tau_f = \sigma\tan\varphi + c \tag{5-1}$$

式中,τ_f——剪切破坏面上的剪应力,即土的抗剪强度(kPa);

　　σ——作用在剪切面上的法向应力(kPa);

　　φ——土的内摩擦角(°);

　　c——土的黏聚力(kPa),对于无黏性土 $c=0$。

式(5-1)为库仑公式。可用图 5-1 表示。

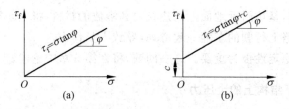

图 5-1 抗剪强度与法向应力之间的关系

(a) 砂土;(b) 黏性土

土的 c 和 φ 统称为土的抗剪强度指标。无黏性土(如砂土)的 $c=0$,其抗剪强度与作用在剪切面上的法向应力成正比。当 $\sigma=0$ 时,$\tau_f=0$,这表明无黏性土的 τ_f 由剪切面上土粒间的摩擦力所形成。粒状的无黏性土的粒间的摩擦力包括滑动摩擦和由粒间相互咬合所提供的附加阻力,大小取决于土颗粒的粒度大小、颗粒级配、密实度和土粒表面的粗糙度等因素。黏性土的 τ_f 包括摩擦力和黏聚力两个部分。黏聚力是土粒间的胶结作用和各种物理-化学键力作用的结果,其大小与土的矿物组成和压密程度有关。当 $\sigma=0$ 时,c 值即为抗剪强度包线在纵坐标轴上的截距。

土的 c 和 φ 应理解为只是表达 σ-τ_f 关系试验成果的两个数学参数,因为即使是同一种土,其 c 和 φ 也并非常数,均因试验方法和土样的试验条件等的不同而异。同时,许多土类

的抗剪强度线并非都呈直线状,而是随着应力水平有所变化。莫尔 1910 年提出当法向应力范围较大时,抗剪强度线往往呈非线性性质的曲线形状。应力水平增高对强度指标的影响可由图 5-2 说明。由于 $\sigma\text{-}\tau_f$ 关系是曲线而非直线,其上的抗剪强度指标 c 和 φ 并非恒定值,而应由该点的切线性质决定。如图 5-2 所示,当剪切面的法向应力为 σ_1 时,其抗剪强度指标为 c_1 和 φ_1。当法向应力增大至 σ_2 时,其抗剪强度指标为 c_2 和 φ_2。此时就不能用库仑公式来表示。通常把试验所得的不同形状的抗剪强度线统称为抗剪强度包线,又叫莫尔破坏包线。

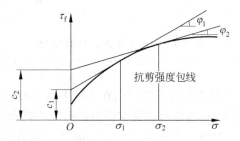

图 5-2　应力水平对强度指标的影响

　　一般土,在应力变化范围不很大的情况下,莫尔破坏包线可以用库仑强度公式(5-1)来表示,即土的抗剪强度与法向应力呈线性函数关系。

5.2.2　莫尔-库仑强度理论及极限平衡条件

　　用库仑强度公式作为抗剪强度公式,根据代表土单元体中某一个面上的剪应力是否达到抗剪强度作为破坏标准的理论就称为莫尔-库仑破坏理论。

　　当土体中某点任一平面上的剪应力等于土的抗剪强度时的临界状态称为"极限平衡状态"。土的极限平衡条件,是指土体处于极限平衡状态时土的应力状态和土的抗剪强度指标之间的关系式,即 σ_1、σ_3 与黏聚力 c、内摩擦角 φ 之间的数学表达式。

　　如果代表土单元体中某一个面上法向应力 σ 和剪向应力 τ 的点落在强度包线下面,它表明在该法向应力 σ 下,该面上的剪应力 τ 小于土的抗剪强度 τ_f,土体不会沿该面发生剪切破坏。如果点正好落在曲线上,它表明剪应力正好等于抗剪强度,土单元体处于临界破坏状态。代表应力状态的点如果落在曲线以上的区域,表明土已经破坏。实际上这种应力状态是不会存在的,因为剪应力 τ 增加到抗剪强度 τ_f 时,就不可能继续增长。当然,土单元体中只要有一个面发生破坏,该土单元体就进入破坏状态或称为极限平衡状态。

　　由第 3 章可求得在自重和竖向附加应力作用下土体中任一点 M 的应力状态 σ_1 和 σ_3 (图 5-3(a))。为简单起见,以平面应变为例,现研究该点是否产生破坏。如图 5-3(b)所示,设单元体两个相互垂直的面上分别作用着最大主应力 σ_1 和最小主应力 σ_3,可求得任一截面 m—n 上的法向应力 σ 和剪应力 τ 分别为

$$\sigma = \frac{1}{2}(\sigma_1 + \sigma_3) + \frac{1}{2}(\sigma_1 - \sigma_3)\cos 2\alpha \tag{5-2}$$

$$\tau = \frac{1}{2}(\sigma_1 - \sigma_3)\sin 2\alpha \tag{5-3}$$

　　由材料力学应力状态分析可知,以上 σ、τ 与 σ_1、σ_3 的关系也可以用莫尔应力圆表示

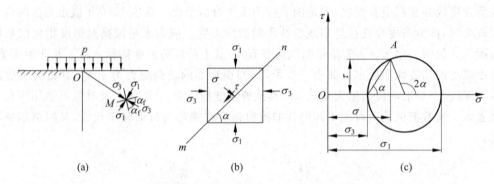

图 5-3　土体中任意点 M 的应力

(a) M 点的应力；(b) 微单元体上的应力；(c) 莫尔圆

（图 5-3(c)）。其圆周上各点的坐标即表示该点在相应平面上的法向应力和剪应力。

为判别 M 点土是否破坏，可将该点的莫尔应力圆与土的抗剪强度包线 σ-τ_f 绘在同一坐标图上并作相对位置比较。如图 5-4 所示，它们之间的关系存在以下三种情况：

（1）M 点莫尔应力圆整体位于抗剪强度包线的下方（圆 Ⅰ），莫尔应力圆与抗剪强度线相离，表明该点在任何平面上的剪应力均小于土能发挥的抗剪强度，因而，该点未被破坏。

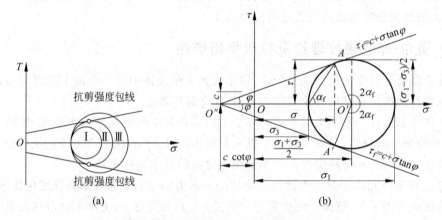

图 5-4　莫尔圆与抗剪强度的关系

(a) 莫尔圆与抗剪强度包线的位置关系；(b) 极限平衡时莫尔圆与抗剪强度包线

（2）M 点莫尔应力圆与抗剪强度包线相切（圆 Ⅱ），说明在切点所代表的平面上，剪应力恰好等于土的抗剪强度，该点就处于极限平衡状态，莫尔应力圆亦称为极限应力圆。由图 5-4 切点的位置还可确定 M 点破坏面的方向。连接切点与莫尔应力圆圆心，连线与横坐标之间的夹角为 $2\alpha_f$（见图 5-4），根据莫尔圆原理，可知土体中 M 点的破坏面与大主应力 σ_1 作用面方向夹角为 α_f。

（3）M 点莫尔应力圆与抗剪强度包线相割（圆 Ⅲ），则 M 点早已破坏。实际上圆 Ⅲ 所代表的应力状态是不可能存在的，因为 M 点破坏后，应力已超出土体的弹性范畴。

土体处于极限平衡状态时，从图 5-4(b) 中莫尔圆与抗剪强度包线的几何关系可推得黏性土的极限平衡条件为

$$\sin\varphi = \frac{O'A}{O''A} = \frac{\sigma_1 - \sigma_3}{\sigma_1 - \sigma_3 + 2c\cot\varphi}$$

化简后可得

$$\sigma_1 = \sigma_3 \frac{1+\sin\varphi}{1-\sin\varphi} + 2c\frac{\cos\varphi}{1-\sin\varphi}$$

或

$$\sigma_3 = \sigma_1 \frac{1-\sin\varphi}{1+\sin\varphi} - 2c\frac{\cos\varphi}{1+\sin\varphi} \qquad (5\text{-}4)$$

经三角函数关系转换后还可写为

$$\sigma_1 = \sigma_3 \tan^2\left(45° + \frac{\varphi}{2}\right) + 2c\cdot\tan\left(45° + \frac{\varphi}{2}\right) \qquad (5\text{-}5)$$

或

$$\sigma_3 = \sigma_1 \tan^2\left(45° - \frac{\varphi}{2}\right) - 2c\cdot\tan\left(45° - \frac{\varphi}{2}\right) \qquad (5\text{-}6)$$

无黏性土的 $c=0$，其极限平衡条件为

$$\sigma_1 = \sigma_3 \tan^2\left(45° + \frac{\varphi}{2}\right) \qquad (5\text{-}7)$$

$$\sigma_3 = \sigma_1 \tan^2\left(45° - \frac{\varphi}{2}\right) \qquad (5\text{-}8)$$

由几何关系，可得破坏面与大主应力作用面间的夹角 α_f 为

$$\alpha_f = \frac{1}{2}(90° + \varphi) = 45° + \frac{\varphi}{2} \qquad (5\text{-}9)$$

在极限平衡状态时，由图 5-4 中看出，通过 M 点将产生一对破裂面，它们均与大主应力作用面呈 α_f 夹角，相应地在莫尔应力圆上横坐标上下对称地有两个破裂面 A 和 A'。而这一对破裂面之间在大主应力作用方向夹角为 $90° - \varphi$。

5.3　抗剪强度指标的测定方法

土的抗剪强度是决定建筑物地基和土工建筑物稳定性的关键因素，因而正确测定土的抗剪强度指标对工程实际具有重要的意义。通过多年来的不断发展，目前抗剪强度指标的测定方法有多种，室内常用的有直接剪切试验、三轴压缩试验和无侧限抗压试验等。现场原位试验常用的有十字板剪切试验、大型现场直剪试验等。

5.3.1　直接剪切试验

1. 试验设备和试验方法

这是一种快速有效求抗剪强度指标的方法，在一般工程中普遍使用。直接剪切实验是最早的测定土的抗剪强度的实验方法，在世界各国广泛应用。直接剪切实验的主要仪器为直剪仪，分应变控制式和应力控制式两种，前者是等速推动试样产生位移，测定相应的剪应力，后者则是对试件分级施加水平剪应力测定相应的位移，目前我国普遍采用的是应变控制式直接剪切仪（简称直剪仪），其构造示意图如图 5-5 所示，它的主要部分是剪切盒。剪切盒分上下盒，上盒通过量力环固定于仪器架上，下盒放在能沿滚珠槽滑动的底板上。试件通常是用环刀切出的一块厚为 20mm 的圆形土饼，试验时，将土饼推入剪切盒内。先在试件上

施加垂直压力 P,然后通过推进螺杆推动下盒,使试件沿上下盒间的平面直接受剪切。剪力 T 由量力环测定,剪切变形 S 由百分表测定。在施加每一种法向压应力后($\sigma_n = P/A$,A 为试件面积),逐级增加剪切面上的剪应力 $\tau(\tau = T/A)$,直至试件破坏,将试验结果绘制成剪应力 τ 与剪切变形 s 的关系曲线,如图 5-6 所示。硬黏土和密实砂土的一般曲线的峰值作为该级法向应力 σ_n 下相应的抗剪强度 τ_f(图 5-6(a)中 A 线)。有些土(如软土和松砂)的 τ-s 曲线往往不出现峰值(B 线),此时应按某一剪切位移值作为控制破坏的标准,如一般可取相应于 4mm 的剪切位移量的剪应力作为土的抗剪强度值 τ_f。

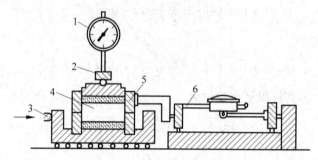

图 5-5 应变控制式直接剪切仪

1—垂直变形量表；2—垂直加荷框架；3—推动座；4—试样；5—剪切盒；6—量力环

要绘制某种土的抗剪强度包线,以确定其抗剪强度指标,至少应取 3 个以上试样,在不同的垂直压力 p_1,p_2,p_3,p_4⋯(一般可取 100,200,300,400kPa⋯)作用下测得相应的 τ-s 曲线,按上述原则确定对应的抗剪强度 τ_f 值。在 σ-τ 坐标系上,绘制 σ-τ_f 曲线,即为土的抗剪强度曲线,也就是莫尔-仑库破坏包线(见图 5-6(c))。为了近似模拟土体在现场受剪的排水条件,直剪试验又分为快剪、固结快剪、慢剪三种条件下的试验方法。

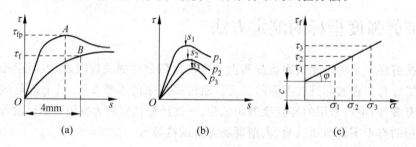

图 5-6 直接剪切试验

(a) 两种典型的 τ-s 曲线；(b) 不同垂直压力下的 τ-s 曲线；(c) 直剪试验结果

快剪:试验时在土样的上、下两面与透水石之间都用蜡纸或塑料薄膜隔开,竖向压力施加后立即施加水平剪力进行剪切,而且剪切的速度快,一般加荷到剪坏只用 3~5min。可以认为,土样在短暂的时间内来不及排水,所以又称不排水剪。

固结快剪:试验时,土样先在竖向压力作用下使其排水固结。待固结完毕后,再施加水平剪力,并快速将土样剪坏(3~5min)。因此,土样在竖向压力作用下充分排水固结,而在施加剪力时不让其排水。

慢剪:试验时在土样的上、下两面与透水石之间不放蜡纸或塑料薄膜。在整个试验过程中允许土样有充分的时间排水固结。

若施工速度快可采用快剪指标,若相反加荷速度慢,排水条件较好,则用慢剪。若介于二者之间,则选用固结快剪。

2. 优缺点

直剪试验已有百年以上的历史,仪器简单,操作方便,工程实践中广泛应用,试件厚度薄,固结快,试验的历时短。另外,仪器盒的刚度大,试件没有侧向膨胀的可能,根据竖向变形量就能直接算出试验过程中试件体积的变化。

这种仪器的缺点主要有如下四个方面:

（1）剪切面限定在上下盒之间的平面,而不是沿土样最薄弱的面剪切破坏;

（2）剪切面上剪应力分布不均匀,土样剪切破坏时先从边缘开始,在边缘发生应力集中现象;

（3）在剪切过程中,土样剪切面逐渐缩小,而在计算抗剪强度时却是按土样的原截面积计算的;

（4）试验时不能严格控制排水条件,不能量测孔隙水压力,在进行不排水剪切时,试件仍有可能排水,特别是对于饱和黏性土,由于它的抗剪强度显著受排水条件的影响,不够理想,但是由于它具有前面所说的优点,故仍为一般工程广泛采用。

此外,土往往是不均匀的,被剪力盒所固定的剪切面上土的性质不一定具有代表性。由于这些原因,用它来研究土的力学性状有较大的缺点。不过,因为它已广泛用于工程中,积累了宝贵的经验数据,给出的抗剪强度仍然很有实用价值。

5.3.2　三轴压缩试验

三轴压缩试验是测定土抗剪强度的一种较为完善的方法。三轴压缩试验是直接量测试样在不同恒定周围压力下的抗压强度,然后利用莫尔-库仑破坏理论间接推求土的抗剪强度。

三轴试验的主要特点是能严格地控制试样的排水条件,量测试样中孔隙水压力,定量地获得土中有效应力的变化情况,而且试样中的应力分布比较均匀,故三轴试验结果比直剪试验结果更加可靠、准确。

1. 试验设备和试验方法

三轴压缩试验,也叫三轴剪切试验,是一种较完善的测定土抗剪强度的试验方法。三轴压缩仪由压力室、轴向加荷系统、施加周围压力系统和孔隙水压力量测系统等组成,三轴压缩试验装置如图 5-7 所示,压力室是三轴压缩仪的主要组成部分,它是一个由金属上盖、底座和透明有机玻璃圆筒组成的密闭容器。与上述侧限压缩试验不同的是土样在三轴压缩仪中受压时,侧向可以变形。试件直径常用的是 38～50mm,高 50～100mm,用薄橡皮膜套起来,装在密闭压力室里,通过周围压力系统使试件各个表面承受周围压力 σ_3,进行等压固结,然后保持 σ_3 不变(见图 5-8(a)),通过活塞杆对试件顶面分级施加附加竖向压应力 $\Delta\sigma_1 = \dfrac{P}{A}$,$P$ 为作用于活塞杆上的竖向压力,A 为试件的截面积。试件的大主应力 $\sigma_1 = \sigma_3 + \Delta\sigma_1$,故 $\Delta\sigma_1 = \sigma_1 - \sigma_3$,亦称为偏差应力。与此同时测读每级压力作用下的竖向变形,并计算出竖向

应变 ε_1。对饱和试件，可测读通过排水阀流出或流入试样的水量，计算得出每级压力作用下的体积应变 ε_v，称为排水试验。也可将排水阀关闭，不让试样在受力过程中把水排出，称为不排水试验，这时试件的体应变 $\varepsilon_v=0$。因为不让试件排水，试件内将产生超静孔隙水压力，孔隙水压力的大小借安装在试件底座上的孔压传感器测读出来。

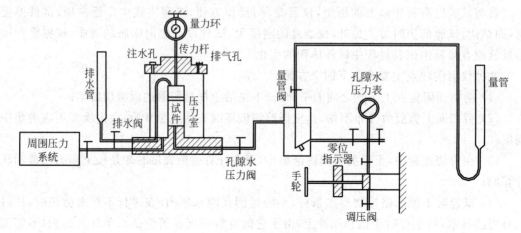

图 5-7 三轴压缩试验装置

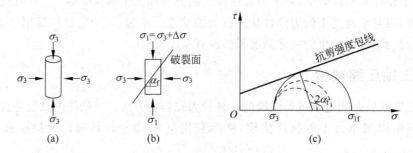

图 5-8 三轴压缩试验原理

(a) 试样受周围压力；(b) 破坏时试样上的主应力；(c) 试样破坏时的莫尔圆

试验过程中 $\Delta\sigma_1$ 不断增大，而围压 σ_3 维持不变，试样的轴向应力 σ_1 也不断增大，其莫尔应力圆亦逐渐扩大至极限应力圆，试样最终被剪坏(见图 5-8(b))。极限应力圆可由试样剪坏时的 σ_{1f} 和 σ_3 作出(见图 5-8(c)中实线圆)。破坏点的确定方法为，测量相应的轴向应变 ε_1，绘 $\Delta\sigma$-ε_1 关系曲线，以偏差应力 $\sigma_1-\sigma_3$ 峰值为破坏点(图 5-9(a))，无峰值时，取某一轴向应变(如 $\varepsilon_1=15\%$)对应的偏应力值作为破坏点。

在给定的周围压力 σ_3 作用下，一个试样的试验只能得到一个极限应力圆。同种土样至少需要 3 个以上试样在不同的 σ_3 作用下进行试验，方能得到一组极限应力圆，由于这些试样均被剪坏，绘极限应力圆的公切线，即为该土样的抗剪强度包线。它通常呈直线状，其与横坐标的夹角即为土的内摩擦角 φ，与纵坐标的截距即为土的黏聚力 c(图 5-9(b))。

2. 三种三轴压缩试验方法

对应于直接剪切试验的快剪、固结快剪和慢剪试验，根据试样固结和剪切过程中的排水条件，三轴试验可分为以下三种试验方法。

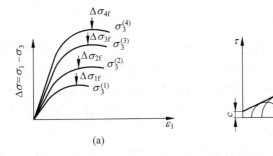

图 5-9　三轴压缩试验

（a）三轴试验的 $\Delta\sigma$-ε_1 曲线；（b）三轴试验的强度破坏包线

（1）不固结不排水剪（以符号 UU 表示）。试验时，无论施加围压 σ_3 还是轴向压力 σ_1，直至剪切破坏均关闭排水阀。整个试验过程自始至终试样不能固结排水，故试样的含水率保持不变。试样在受剪前，围压 σ_3 会在土内引起初始孔隙水压力 u_1，施加轴向偏应力 $\sigma_1-\sigma_3$ 后，产生附加孔隙水压力 u_2。

用直剪仪进行快剪试验时，试样上下两面可放不透水薄片。在施加垂直压力后，立即施加水平剪力，为使试样尽可能接近不排水条件，以较快的速度将试样剪坏。

（2）固结不排水剪（以符号 CU 表示）。试验时，打开排水阀，让试样在施加围压 σ_3 时排水固结，试样的含水率将发生变化，待固结稳定后（至 $u_1=0$）关闭排水阀，在不排水条件下施加轴向偏应力 $\sigma_1-\sigma_3$，产生附加孔隙水压力 u_2。剪切过程中，试样的含水率保持不变。

用直剪仪进行固结快剪试验时，在施加垂直压力后，应使试样充分排水固结，再以较快的速度将试样剪坏。尽量使试样在剪切过程中不再排水。

（3）固结排水剪（以符号 CD 表示）。试验时，整个试验过程始终打开排水阀，不但要使试样在围压 σ_3 时充分排水固结（至 $u_1=0$），而且在剪切过程中也要让试样充分排水固结（不产生 u_2），因而，剪切速度尽可能缓慢，直至试样破坏。

用直剪仪进行慢剪试验时，同样是让剪切速度尽可能缓慢，使试样在施加垂直压力时充分排水固结，并在剪切过程中充分排水。

3．三轴试验优缺点

三轴压缩试验可供在复杂应力条件下研究土的抗剪强度，其突出特点是：

（1）试验中能严格控制试样的排水条件，准确测定试样在剪切过程中孔隙水压力变化，从而可定量获得土中有效应力的变化情况。

（2）与直接剪切试验对比起来，试样中的应力状态相对地较为明确和均匀，不硬性指定破裂面位置。

（3）除抗剪强度指标外，还可测定如土的灵敏度、侧压力系数、孔隙水压力系数等力学指标。

但三轴压缩试验也存在试样制备和试验操作比较复杂，试样中的应力与应变仍然不够均匀的缺点。由于试样上下端的侧向变形分别受到刚性试样帽和底座的限制，而在试样的中间不受约束，因此，当试样接近破坏时，试样常被挤成鼓形。

4．三轴试验的发展

前面所述的是常规三轴剪切试验仪，它的缺点主要是试件所受的力是轴对称的，也即试件所受的三个主应力中，有两个是相等的。因此，测得的土的力学性质只能代表这种特定应力状态下土的性质。实际上，土的应力状态十分复杂，可以是侧限应力状态、平面应变状态和$\sigma_1 > \sigma_2 > \sigma_3$的各种真三维应力状态。为了模拟更广泛的应力状态，现代的土工试验还发展了如下几种新型的三轴剪力设备。

（1）平面应变试验仪。这种仪器用以测定平面应变状态下土的剪切特性。试件的两个侧面受限制不能移动，相当于第二主应力σ_2的作用平面。前后面可通过橡皮囊施加某一大小的主应力，相当于σ_3。然后加竖向主应力σ_1直至试件破坏。试验中的主应力$\sigma_1, \sigma_2, \sigma_3$以及$\varepsilon_1, \varepsilon_3$均可测出（$\varepsilon_2 = 0$），并可求出破坏包线。

（2）真三轴试验仪。真三轴试验仪是一种能独立施加三个方向主应力的仪器。试件一般为正立方体，仪器通过刚性板或橡皮囊分别向试件施加$\sigma_1, \sigma_2, \sigma_3$，并可独立测定三个主应力方向的变形量。但是为了保证三个方向能独立施加应力而变形互不干扰，使仪器的构造十分复杂，有时仍难以完全避免这种干扰，因此目前这种设备只用于研究性的试验中。

（3）空心圆柱扭剪试验仪。前两种仪器虽然可用以进行比轴对称更复杂的应力状态，但是主应力的方向在试验过程中是固定的。空心圆柱扭剪试验仪的试件为如图5-10(c)所示的空心圆柱。通过设备可对试件独立施加竖向应力σ_z、圆柱内外壁径向应力σ_{ri}和σ_{r0}。另外可通过加于活塞杆上的扭矩对试件端面施加剪应力。因此这种设备除了能独立改变三个方向的应力$\sigma_1, \sigma_2, \sigma_3$外，还可以施加剪应力使主应力的方向偏转成任意角度，以模拟实际土体中主应力的方向，故可研究各向异性时土的力学性质。

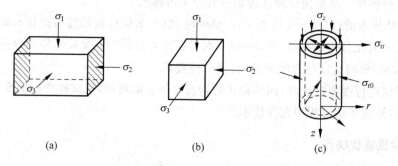

图5-10 新型三轴仪试件应力状态

5.3.3 无侧限抗压强度试验

无侧限抗压强度试验实际上是三轴压缩试验的一种特殊情况，即周围压力$\sigma_3 = 0$的三轴试验，其设备如图5-11所示。试件直接放在仪器的底座上，摇动手轮，使底座缓慢上升，顶压上部量力环从而产生轴向压力q至试件产生剪切破坏，破坏时的轴向压应力以q_u来表示，称为无侧限抗压强度，由于不能改变周围压力σ_3，所以只能测得一个通过原点的极限应力圆如图5-11(b)所示，得不到破坏包线。

饱和黏土在不固结不排水的剪切试验中，破坏包线近似一条水平线，即$\varphi_u = 0$。对于这种情况，就可用无侧限抗压强度q_u来换算土的不固结不排水强度c_u。即

$$\tau_f = \frac{q_u}{2} = c_u \tag{5-10}$$

在使用过程中应注意,由于取样过程中土样受到扰动,原位应力被释放,用这种土样测得的不排水强度并不能够完全代表土样的原位不排水强度。

对原状土和重塑试样进行无侧限抗压强度试验,测得其无侧限抗压强度 q_u 和 q'_u(kPa),可得该土的灵敏度:

$$S_t = \frac{q_u}{q'_u}$$

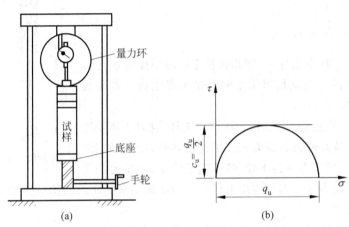

图 5-11　无侧限压缩试验

5.3.4　十字板剪切试验

十字板剪切仪是一种使用方便的原位测试仪器,通常用以测定饱和黏性土的原位不排水强度,特别适用于均匀饱和软黏土中。因为这种土常因取样操作和试样形成过程中不可避免地受到扰动而破坏其天然结构,致使室内试验测得的强度值明显低于原位土的强度。

十字板剪切仪由板头、加力装置和测量装置组成,设备如图 5-12 所示,板头是两片正交的金属板,厚 2mm,刃口成 60°,常用尺寸为 D(宽)$\times H$(高)$=50\text{mm}\times100\text{mm}$。

试验通常在钻孔内进行,先将钻孔钻进至要求测试的深度以上 75cm 左右。清理孔底后,将十字板头压入土中至测试的深度。然后通过安装在地面上的施加扭力装置,旋转钻杆以扭转十字板头,这时十字板周围的土体内形成一个直径为 D、高度为 H 的圆柱形剪切面。剪切面上的剪应力随扭矩的增加而增加,直到最大扭矩 M_{max} 时,土体沿圆柱面破坏,剪应力达到土的抗剪强度 τ_f。

分析土的抗剪强度与扭矩的关系。抗扭力矩是由 M_1 和 M_2 两部分所构成,即

$$M_{max} = M_1 + M_2 \tag{5-11}$$

式中,M_1、M_2——土柱体上下面的抗剪强度对圆心所产生的抗扭力矩和圆柱面上的剪应力对圆心所产生的抗扭力矩。其值为

$$M_1 = 2\left(\frac{\pi D^2}{4} \times L \times \tau_{fh}\right) \tag{5-12}$$

$$M_2 = \pi DH \times \frac{D}{2} \times \tau_{fv} \tag{5-13}$$

式中，L——上、下面剪应力对圆心的平均力臂（m），取 $L=$

$$\frac{2}{3}\left(\frac{D}{2}\right)=\frac{D}{3};$$

     τ_{fh}——水平面上的抗剪强度（kPa）；

     τ_{fv}——垂直面上的抗剪强度（kPa）。

假定土体为各向同性体，即 $\tau_{fh}=\tau_{fv}$，则得

$$M_{max}=M_1+M_2=\frac{\pi D^2}{2}\times\frac{D}{3}\times\tau_f+\frac{1}{2}\pi D^2 H\tau_f$$

$$\tau_f=\frac{M_{max}}{\frac{\pi D^2}{2}\left(\frac{D}{3}+H\right)} \tag{5-14}$$

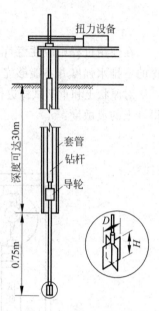

图 5-12　十字板试验装置

通常认为在不排水条件下，饱和软黏土的内摩擦角 $\varphi_u=0$，因此测得的抗剪强度也就相当于土的不排水强度或无侧限抗压强度 q_u 的一半。

试验时，当扭矩达到 M_{max} 时，土体剪切破坏，这时土所发挥的抗剪强度 τ_f 也就是峰值剪应力 τ_p。剪切破坏后，扭矩即不断减小，剪切面上的剪应力不断下降，最后趋于稳定，稳定时的剪应力称为剩余剪应力 τ_r。剩余剪应力代表土的结构完全破坏后的抗剪强度，所以 τ_p/τ_f 也可以表示土的灵敏度。

十字板剪切试验因为直接在原位进行试验，不必取土样，故地基土体所受的扰动较小，认为是比较能反映土体原位强度的测试方法。

【例 5-1】　在某饱和粉质黏土中进行十字板剪切试验，十字板头尺寸为 $50\text{mm}\times100\text{mm}$，测得峰值 $M_{max}=0.0103\text{kN}\cdot\text{m}$，终值扭矩 $M_r=0.0041\text{kN}\cdot\text{m}$。求该土的抗剪强度和灵敏度。

【解】　抗剪强度指峰值强度。由式（5-14）得

$$\tau_f=\frac{M_{max}}{\frac{\pi D^2}{2}\left(\frac{D}{3}+H\right)}=\frac{0.0103}{\frac{\pi\times 0.05^2}{2}\times\left(\frac{0.05}{3}+0.1\right)}\text{kN/m}^2=22.48\text{kN/m}^2$$

灵敏度

$$S_t=\frac{\tau_p}{\tau_r}=\frac{M_{max}}{M_r}=\frac{0.0103}{0.0041}=2.51$$

5.4　影响抗剪强度指标的因素

5.4.1　抗剪强度的来源

研究影响抗剪强度指标的因素，首先应分析土的抗剪强度的来源。按无黏性土与黏性土分为两大类介绍。

1. 无黏性土

无黏性土抗剪强度的来源,传统的观念为内摩擦力,内摩擦力由作用在剪切面的法向压力 σ 与土体的内摩擦因数 $\tan\varphi$ 组成,内摩擦力的数值为这两项的乘积,即 $\sigma\tan\varphi$。在密实状态的粗粒土中,除滑动摩擦外还存在咬合摩擦。

(1) 滑动摩擦。滑动摩擦存在于土粒表面之间,即在土体剪切过程中,剪切面上的土粒发生相对移动所产生的摩擦。

(2) 咬合摩擦。咬合摩擦是指相邻颗粒对于相对移动的约束作用。当土体内沿某一剪切面产生剪切破坏时,相互咬合着的颗粒必须从原来的位置被抬起,跨越相邻颗粒,或者在尖角处将颗粒剪断,然后才能移动,土越密,磨圆度越小,则咬合作用越强。

2. 黏性土

黏性土的抗剪强度包括内摩擦力与黏聚力两部分。

(1) 内摩擦力。黏性土的内摩擦力与无黏性土中的粉细砂相同。土体受剪切时,剪切面上下土颗粒相对移动时,土粒表面相互摩擦产生的阻力为内摩擦力。其数值一般小于无黏性土。

(2) 黏聚力。黏聚力是黏性土区别于无黏性土的特征,使黏性土的颗粒黏结在一起。黏聚力主要来源于土粒间的各种物理化学作用力,包括库仑力(静电力)、范德华力、胶结作用力等。

① 范德华力。范德华力是分子间的引力,这种粒间引力发生在颗粒间紧密接触点处,是细粒土黏结在一起的主要原因。

② 库仑力。库仑力即静电作用力。黏土颗粒上下平面带负电荷而边角处带正电荷,当颗粒间的排列是边对面或角对面时,将因异性电荷面产生静电引力。

③ 土中天然胶结物质。土中含有硅、铁、碳酸盐等物质,对土粒产生胶结作用,使土具有黏聚力。

5.4.2　影响抗剪强度指标的各种因素

钢材与混凝土等建筑材料的强度比较稳定,并可由人工加以定量控制。各地区的各类工程可以根据需要选用材料。而土的抗剪强度与之不同,为非标准定值,受很多因素影响。不同地区、不同成因、不同类型土的抗剪强度往往有很大的差别。即使同一种土,在不同的密度、含水率、剪切速率、仪器形式等条件下,其抗剪强度的数值也不相等。

根据库仑公式(5-1)可知:土的抗剪强度与法向应力 σ、土的内摩擦角 φ 和土的黏聚力 c 三者有关。因此,影响抗剪强度的因素可归纳为两类。

1. 土的物理化学性质的影响

(1) 土粒的矿物成分。砂土中石英矿物含量多,则内摩擦角 φ 大;云母矿物含量多,则内摩擦角 φ 小。黏性土的矿物成分不同,土粒电分子力等不同,其黏聚力 c 也不同。土中含有各种胶结物质,可使 c 增大。

(2) 土的颗粒形状与级配。土的颗粒越粗,表面越粗糙,内摩擦角 φ 越大。土的级配良好，φ 大；土粒均匀，φ 小。

（3）土的原始密度。土的原始密度越大，土粒之间接触点多且紧密，则土粒之间的表面摩擦力和粗粒土之咬合力越大，即 φ 越大。同时，土的原始密度大，土的孔隙小，接触紧密，黏聚力 c 也必然大。

（4）土的含水率。当土的含水率增加时，水分在土粒表面形成润滑剂，使内摩擦角 φ 减小。对黏性土来说，含水率增加，将使薄膜水变厚，甚至增加自由水，使抗剪强度降低。凡是山坡滑动，通常都在雨后，雨水入渗使山坡土中含水率增加，降低土的抗剪强度，导致山坡失稳滑动。

（5）土的结构。黏性土具有结构强度，如黏性土的结构受扰动，则其黏聚力 c 降低。

2. 孔隙水压力的影响

由 3.5 节可知：作用在试样剪切面上的总应力 σ 为有效应力 σ' 与孔隙水压力 u 之和，即 $\sigma = \sigma' + u$。在外荷 σ 作用下，随着时间的增长，孔隙水压力 u 因排水面逐渐消散，同时有效应力 σ' 相应地不断增加。

因为孔隙水压力作用在土中的自由水上，不会产生土粒之间的内摩擦力，只有作用在土颗粒骨架上的有效应力 σ' 才能产生土的内摩擦强度。因此，若土的抗剪强度试验的条件不同，影响土中孔隙水是否排出与排出多少，亦即影响有效应力 σ' 的数值大小，使抗剪强度试验结果不同。建筑场地工程地质勘察，应根据实际地质情况与施工速度，即土中孔隙水压力 u 的消散程度，采用三种不同的试验方法，如 5.3 节所述。

（1）三轴固结排水剪（或直剪慢剪）。试验控制条件：如在直剪试验中，施加垂直压力 σ 后，使孔隙水压力完全消散，然后再施加水平剪力，每级剪力施加后都充分排水，使试样在整个试验过程中都处于充分排水条件下，即试样中的孔隙水压力直至土试样剪损。这种试验方法称为排水剪，试验结果测得的抗剪强度值最大。

（2）三轴不固结不排水剪（或直剪快剪）。试验控制条件：与上述固结排水剪（慢剪）相反。如在直剪试验中，施加垂直压力 σ 后立即加水平剪力，并快速试验，在 $3\sim5\text{min}$ 内把试样剪损。在整个试验过程中不让土中水排出，使试样中始终存在孔隙水压力 u，因此土中有效应力 σ' 减小，所以试验结果测得的抗剪强度值最小。

（3）三轴固结不排水剪（或直剪固结快剪）。试验控制条件：相当于以上两种方法的组合。如在直剪试验中，施加垂直压力 σ 后充分固结，使孔隙水压力全部消散，即固结后再快速施加水平剪力，并在 $3\sim5\text{min}$ 内将土样剪坏。这样试验结果测得的抗剪强度值居中。

由此可见，试样中的孔隙水压力，对抗剪强度有重要影响。如前所述，这三种不同的试验方法各适用于不同的土层分布、土质、排水条件以及施工的速度。

5.5 土的抗剪强度指标和孔隙压力系数

5.5.1 有效抗剪强度指标

土的抗剪强度并不简单取决于剪切面上的总法向应力，而取决于该面上的有效法向应力，土体内的剪应力仅能由土的骨架承担，土的抗剪强度应表示为剪切面上的有效法向应力的函数。太沙基(Terzaghi)在 1925 年提出饱和土的有效应力概念,并试验证明了有效应力 σ' 等于总应力 σ 与孔隙水压力 u 的差值。因此,对于库仑定律,其有效应力强度的表达式为

$$\tau_f = (\sigma - u)\tan\varphi' + c' = \sigma'\tan\varphi' + c' \tag{5-15}$$

式中,c'——土的有效黏聚力(kPa);

　　　φ'——土的有效内摩擦角(°);

　　　σ'——作用在剪切面上的有效法向应力(kPa);

　　　u——孔隙水压力(kPa)。

　　饱和土的渗透固结过程,实际上是孔隙水压力消散和有效应力增长的转移过程,因此,土的抗剪强度随着它的固结压密而不断增长。通常称式(5-1)为总应力状态下的抗剪强度公式,土的 c 和 φ 称为土的总应力强度指标。式(5-15)为有效应力状态下的抗剪强度公式,c' 和 φ' 称为有效应力状态下的强度指标。

5.5.2　孔隙压力系数 A 和 B

　　由前述可知,用有效应力法对饱和土进行强度计算和稳定分析时,需估计外载荷作用下土体中产生的孔隙水压力。因三轴剪力仪能提供孔隙水压力量测装置,故可以用来研究土在三向应力条件下孔隙水压力与应力状态的关系。斯开普敦(Skempton)1954 年根据三轴压缩试验的结果,首先提出孔隙水压力系数的概念,并用以表示土中孔隙压力(饱和土的孔隙压力即为孔隙水压力)的大小。

1. 等向压缩应力作用下孔压系数 B

　　设图 5-13 中试样在各向均等的初始应力 σ_0 作用下已固结完毕,初始孔隙水压力 $u_0 = 0$,以模拟试样的原始应力状态。若试样此时受到各向均等的周围压力 $\Delta\sigma_3$ 作用,孔隙压力的增量为 Δu_1,则试样体积要有变化。土中固体颗粒和水本身认为不可压缩,土样体积的变化主要是孔隙空间的压缩所致。孔隙压力的增量 Δu_1 引起孔隙体积变化 ΔV_v,它们之间的关系为

$$\frac{\Delta V_v}{V_v} = \frac{\Delta V_v}{nV} = C_v \Delta u_1 \tag{5-16}$$

式中,V_v——试样中孔隙体积(m^3);

　　　V——试样体积(m^3);

　　　n——土的孔隙率;

　　　C_v——孔隙的体积压缩系数(kPa^{-1}),为单位应力增量引起的孔隙体积应变。

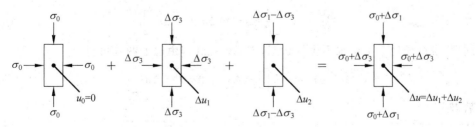

图 5-13　孔隙压力的变化

同时有效应力增量 $\Delta\sigma_3 - \Delta u_1$ 将引起土体的压缩,故试样的体积应变为

$$\frac{\Delta V}{V} = C_s(\Delta\sigma_3 - \Delta u_1) \tag{5-17}$$

$$C_s = \frac{3(1-2\mu)}{E} \tag{5-18}$$

式中,C_s——土体的体积压缩系数(kPa^{-1}),为单位应力增量引起的土体体积应变。

设试样处于不排水不排气状态,则体积变化主要由土体孔隙中气相的压缩产生。土体的压缩量必与土的孔隙体积变化相等,即 $\Delta V = \Delta V_v$,由式(5-16)和式(5-17)得

$$nC_v\Delta u_1 = C_s(\Delta\sigma_3 - \Delta u_1)$$

整理后可得

$$\Delta u = \frac{1}{1 + n\dfrac{C_v}{C_s}} \cdot \Delta\sigma_3 = B\Delta\sigma_3 \tag{5-19}$$

式中,B——各向等压作用下的孔隙压力系数,$B = \dfrac{1}{1 + n\dfrac{C_v}{C_s}}$,它表示单位周围压力增量所引起的孔隙水压力增量。

对于饱和试样来说,孔隙完全被水充满,C_v 即为水的体积压缩系数。水几乎是不可压缩的,C_v 与 C_s 的比值几乎为 0,因而 B 可取为 1,所施加的 $\Delta\sigma_3$ 完全由孔隙水所承担,此时 $\Delta u_1 = \Delta\sigma_3$;对于干土,由于土中气体的压缩性接近无穷大,所以 $B=0$;对于非饱和试样则 B 在 $0 \sim 1$ 之间,饱和度越大,B 越接近于 1,因此 B 可反映土饱和程度,其值可通过室内三轴试验进行测定。

2. 偏应力作用下孔压系数 A

如果在试样上仅施加轴向偏应力增量 $\Delta\sigma = \Delta\sigma_1 - \Delta\sigma_3$,则相应地会产生一孔隙压力增量 Δu_2,此时,试样的轴向有效应力增量为 $\Delta\sigma' = \Delta\sigma_1 - \Delta\sigma_3 - \Delta u_2$,而侧向的有效应力增量为 $-\Delta u_2$。与前同理,孔隙压力的增量 Δu_2 与孔隙体积的变化 ΔV_v 之间的关系为

$$\frac{\Delta V_v}{V_v} = \frac{\Delta V_v}{nV} = C_v\Delta u_2 \tag{5-20}$$

设土体为理想的弹性材料,则土体的体积变化仅与有效平均正应力增量 $\Delta\sigma'_m$ 有关,

$$\Delta\sigma'_m = \Delta\sigma_m - \Delta u_2 = \frac{1}{3}(\Delta\sigma_1 - \Delta\sigma_3) - \Delta u_2 \tag{5-21}$$

故试样的体积应变为

$$\frac{\Delta V}{V} = C_s\left[\frac{1}{3}(\Delta\sigma_1 - \Delta\sigma_3) - \Delta u_2\right] \tag{5-22}$$

同理,设试样处于不排水不排气状态,则 $\Delta V = \Delta V_v$,由以上两式可得

$$nC_v\Delta u_2 = C_s\left[\frac{1}{3}(\Delta\sigma_1 - \Delta\sigma_3) - \Delta u_2\right] \tag{5-23}$$

整理后得

$$\Delta u_2 = \frac{1}{1 + n\dfrac{C_v}{C_s}} \cdot \frac{1}{3}(\Delta\sigma_1 - \Delta\sigma_3) = \frac{B}{3}(\Delta\sigma_1 - \Delta\sigma_3) \tag{5-24}$$

若试样同时受到上述各向均等压力增量 $\Delta\sigma_3$ 和轴向偏应力增量 $\Delta\sigma_1 - \Delta\sigma_3$ 作用时,则由此产生的孔隙压力增量 Δu 为

$$\Delta u = \Delta u_1 + \Delta u_2 = B\left[\Delta\sigma_3 + \frac{1}{3}(\Delta\sigma_1 - \Delta\sigma_3)\right] \tag{5-25}$$

然而实际上土并非理想的弹性材料,其体积变化不仅取决于平均正应力增量 $\Delta\sigma_m$,还与偏应力增量有关。因此,式中的 1/3 就不再适用,而以另一孔隙压力系数 A 来代替。于是

$$\Delta u = B[\Delta\sigma_3 + A(\Delta\sigma_1 - \Delta\sigma_3)] = B\Delta\sigma_3 + AB(\Delta\sigma_1 - \Delta\sigma_3) \tag{5-26}$$

式中,A——偏应力增量作用下的孔隙压力系数。三轴压缩试验实测结果表明,A 值随偏应力的增量的变化而呈非线性变化。

因而,若能得知土体中任一点的大、小主应力的变化和孔隙压力系数 A、B,就可估算相应的孔隙压力。孔隙压力系数 A、B 可在室内三轴试验中通过测量土样中的孔隙压力确定。在常规的三轴试验中,加荷顺序是先加周围压力 $\Delta\sigma_3$(排水固结或不固结),然后再施加偏应力增量($\Delta\sigma_1 - \Delta\sigma_3$),使土样受剪直至破坏。根据对土样施加 $\Delta\sigma_3$ 和 $\Delta\sigma_1 - \Delta\sigma_3$ 的过程中先后量测的孔隙压力 Δu_1 和 Δu_2,可由 B 的表达式先求出系数 B,再根据式(5-26)得

$$BA = \frac{\Delta u_2}{\Delta\sigma_1 - \Delta\sigma_3} \tag{5-27}$$

对于饱和土,$B=1$,得

$$A = \frac{\Delta u_2}{\Delta\sigma_1 - \Delta\sigma_3} \tag{5-28}$$

所以,孔压系数 A 是饱和土体在单位偏应力增量($\Delta\sigma_1 - \Delta\sigma_3$)作用下产生的孔隙水压力增量,可用来反映土体剪切过程中的剪缩特性,是一个很重要的力学指标。

孔压系数 A 值的大小:对于弹性体是常数,$A=1/3$;对于土体则不是常数。它取决于偏差应力增量所引起的体积变化,其变化范围较大,主要与土的类型、状态、过去所受的应力历史和应力状态以及加载过程所产生的应变量等因素有关,在试验过程中 A 值是变化的。表 5-1 是斯开普敦根据试验资料建议的 A 值,可作参考。

表 5-1 孔压系数 A 参考值

土 类	A(用于计算沉降)	土 类	A_f(用于计算土体破坏)
很松的细砂	2～3	高灵敏度软黏土	>1
灵敏性黏土	1.5～2.5	正常固结黏土	0.5～1
正常固结黏土	0.7～1.3	超固结黏土	0.25～0.5
轻度超固结黏土	0.3～0.7	严重超固结黏土	0～0.25
严重超固结黏土	−0.5～0		

如果不是轴对称三维应力状态,则主应力增量为 $\Delta\sigma_1 > \Delta\sigma_2 > \Delta\sigma_3$。这种情况下,亨开尔等提出了一个确定饱和土孔隙压力的修正公式为

$$\Delta u = \frac{1}{3}(\Delta\sigma_1 + \Delta\sigma_2 + \Delta\sigma_3) + \frac{a}{3}\sqrt{(\Delta\sigma_1 - \Delta\sigma_2)^2 + (\Delta\sigma_2 - \Delta\sigma_3)^2 + (\Delta\sigma_3 - \Delta\sigma_1)^2}$$

$$\tag{5-29}$$

式中,a——亨开尔孔压系数。一般认为采用上式的孔压系数 a 除了能反映土中主应力影响外,更能反映剪应力所产生的孔隙压力变化的本质,具有更普遍的适用性。

【例 5-2】 有一圆柱体非饱和土试样(见图 5-14),在不排水条件下:(1)先施加周围压力 $\sigma_3=100\text{kPa}$,测得孔压系数 $B=0.7$,试求土样内的 u 和 σ_3';(2)在上述试验上又施加 $\Delta\sigma_3=50\text{kPa}$,$\Delta\sigma_1=150\text{kPa}$,并测得孔压系数 $A=0.5$,试求此时土样的 σ_1、σ_3、u、σ_1'、σ_3' 各为多少(假设 B 值不变)?

【解】 根据式(5-19)

$$\Delta u_1 = B\Delta\sigma_3 = 0.7 \times 100\text{kPa} = 70\text{kPa}$$

$$\sigma_3' = \sigma_3 - \Delta u_1 = (100-70)\text{kPa} = 30\text{kPa}$$

当 $\Delta\sigma_3=50\text{kPa}$,$\Delta\sigma_1=150\text{kPa}$ 时,土样内新增加的孔隙压力为 Δu_2,根据式(5-26)得

$$\begin{aligned}\Delta u_2 &= B[\Delta\sigma_3 + A(\Delta\sigma_1 - \Delta\sigma_3)]\\&= 0.7 \times [50 + 0.5(150-50)]\text{kPa}\\&= 70\text{kPa}\end{aligned}$$

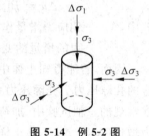

图 5-14 例 5-2 图

则此时试样内的总孔压 $u = \Delta u_1 + \Delta u_2 = (70+70)\text{kPa} = 140\text{kPa}$

$$\sigma_1 = (100+150)\text{kPa} = 250\text{kPa}$$

$$\sigma_3 = (100+50)\text{kPa} = 150\text{kPa}$$

$$\sigma_1' = (250-140)\text{kPa} = 110\text{kPa}$$

$$\sigma_3' = (150-140)\text{kPa} = 10\text{kPa}$$

5.5.3 强度试验方法与抗剪指标的选用

在土力学稳定性的计算分析工作中,抗剪强度指标是其中最重要的计算参数。能否正确选择土的抗剪强度指标,是关系到工程设计质量和成败的关键所在。

在实际工程中,若能直接测定土体在剪切过程中的 σ 和 u 的变化,便可利用有效应力法定量评价土的实际抗剪强度及其随土体固结的不断变化,采用有效应力强度指标去研究土体的稳定性。然而,往往受室内和现场试验设备条件所限制,不可能对所有工程都采用有效应力法,因而限制了有效应力法的广泛应用。因此,工程中较多的是采用土的总应力强度指标,试验方法是尽可能地接近模拟现场土体在受剪时的固结和排水条件,而不必测定土在剪切过程中 u 的变化。

1. 饱和黏性土在不同固结和排水条件下的抗剪强度指标

目前工程中,通常采用的做法是统一规定三种不同的标准试验方法,控制试样不同的固结和排水条件。须指出的是,只有三轴压缩试验才能严格控制试样固结和剪切过程中的排水条件,而直剪试验因限于仪器条件只能近似模拟工程中可能出现的固结和排水情况。

(1)固结不排水抗剪强度指标。土在剪切过程中的抗剪强度在一定程度上受到应力历史的影响。天然土层中的土体受到上覆土压力作用而固结,因此研究饱和黏性土的固结不排水强度时,要区分试样是正常固结还是超固结。以三轴压缩试验为例,试验中常用各向等压的周围压力 p_c 来代替和模拟历史上曾对试样所施加的先期固结压力。因此,若此试样所受到的周围压力 $\sigma_3 < p_c$,试样就处于超固结状态,反之,当 $\sigma_3 \geqslant p_c$,试样就处于正常固结状态。试验结果表明,这两种不同固结状态的试样,其抗剪强度性状是不同的。

为简便起见,针对饱和黏性土这一典型情况,研究土的强度规律。饱和黏性土的固结不排水剪(CU)试验中,试样在 σ_3 作用下充分排水固结,$\Delta\sigma_3 = 0$。在不排水条件下施加偏应力剪切时,孔隙水压力随偏应力的增加而不断变化,$u_1 = A(\Delta\sigma_1 - \Delta\sigma_3)$。对正常固结土,试样剪切时体积有减小的趋势(减缩),由于不允许排水,产生正的孔隙压力,得出孔隙压力系数都大于零;而超固结试样在剪切时体积有增加的趋势(剪胀),超固结试样在剪切过程中,开始产生正的孔隙水压力,以后转为负值(如图 5-15)。

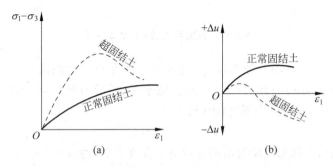

图 5-15　固结不排水试验的孔隙水压力

(a) 主应力差与轴向应变的关系;(b) 孔隙水压力与轴向应变的关系

图 5-16 表示正常固结饱和黏性土固结不排水实验结果,图中实线表示总应力圆和总应力破坏包线,如果实验时量测孔隙水压力,实测结果可以用有效应力整理,图中虚线表示有效应力圆和有效应力破坏包线,u_f 为剪切破坏时的孔隙水压力,由于 $\sigma_1' = \sigma_1 - u_f$,$\sigma_3' = \sigma_3 - u_f$,故 $\sigma_1' - \sigma_3' = \sigma_1 - \sigma_3$,即有效应力圆与总应力圆直径相等,但位置不同,两者之间的距离为 u_f,因为正常固结试样在剪切破坏时产生正的孔隙水压力,故有效应力圆在总应力圆的左方。总应力破坏包线和有效应力破坏包线都通过原点,说明没受任何固结压力的土(如泥浆状土)不会具有抗剪强度。总应力破坏包线的倾角 φ_{cu} 一般为 $10°\sim20°$,有效应力破坏包线的倾角 φ' 称为有效内摩擦角。φ' 比 φ_{cu} 大一倍左右。

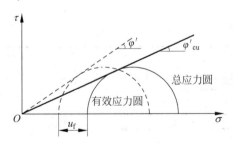

图 5-16　正常固结饱和黏性土 CU 试验结果

超固结土的固结不排水总应力破坏包线如图 5-17(a)所示是一条平缓的曲线,可近似用直线 ab 代替,与正常固结破坏包线 bc 相交,bc 的延长线仍通过原点,实用上将 abc 折线取为一条直线如图 5-17(b)所示,总应力强度指标为 c_{cu}、φ_{cu},于是,固结不排水剪的总应力破坏线可表示为

$$\tau_f = c_{cu} + \sigma\tan\varphi_{cu} \tag{5-30}$$

如以有效应力表示,有效应力圆和有效应力破坏包线如图 5-17 虚线所示,由于超固

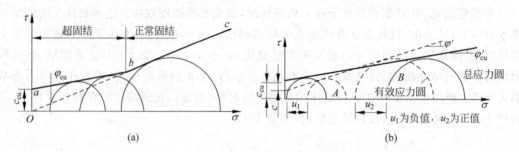

图 5-17 超固结土的 CU 试验结果

结土在剪切破坏时产生负的孔隙水压力,有效应力圆在总应力圆的右方(图 5-17(b)中圆 A),正常固结试样在剪切破坏时产生正的孔隙水压力,故有效应力圆在总应力圆的左方(图 5-17(b)中圆 B),有效应力强度包线可表达为

$$\tau_f = c' + \sigma' \tan\varphi' \tag{5-31}$$

式中,c'、φ'——固结不排水实验得出的有效应力强度参数,通常 $c' < c_{cu}$,$\varphi' > \varphi_{cu}$。

(2) 不固结不排水抗剪强度。不固结不排水试验(UU)是在施加周围压力和轴向压力直至剪切破坏的整个过程都不允许排水,试验结果如图 5-18 所示,图中三个实线半圆 A、B、C 分别表示三个试样在不同的 σ_3 作用下破坏时的总应力圆,虚线是有效应力圆。结果表明,虽然三个试件的周围压力 σ_3 不同,但破坏时的主应力差相等,在 τ-σ 图上表现出三个总应力圆直径相同,破坏包线是一条水平线,即

$$\varphi_u = 0 \tag{5-32}$$

$$\tau_f = c_u = \frac{1}{2}(\sigma_1 - \sigma_3) \tag{5-33}$$

式中,φ_u——不排水内摩擦角(°);

c_u——不排水抗剪强度(kPa)。

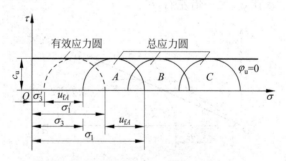

图 5-18 饱和黏性土的不固结不排水试验结果

在试验中如果分别测量试样破坏时的孔隙水压力 u_f,实验结果可以用有效应力整理,结果表明,三个试件只能得到同一个有效应力圆,并且有效应力圆的直径与三个总应力圆直径相等。即

$$\sigma_1' - \sigma_3' = (\sigma_1 - \sigma_3)_A = (\sigma_1 - \sigma_3)_B = (\sigma_1 - \sigma_3)_C$$

这是由于在不排水条件下,试样在试验过程中含水率不变,体积不变,改变周围压力增量只能引起孔隙水压力的变化,并不会改变试样中的有效应力,各试样在剪切前的有效应力

相等,因此抗剪强度不变。因为有效应力圆是同一个,因而就不能得到有效应力强度包线和 c'、φ'。这种试验一般只用于测定饱和土的不排水强度。

不固结不排水试验的"不固结"是在三轴压力室压力下不再固结,而保持试样原来的有效应力不变,如果饱和黏性土从未固结过,将是一种泥浆状土,抗剪强度也必为零。一般天然土样,相当于某一压力下已经固结,总有一定的天然强度,其有效固结应力是随深度变化的,所以不排水抗剪强度 c_u 也随深度变化,均质的正常固结不排水强度大致随有效固结应力呈线性增大。饱和的超固结黏土的不固结不排水强度包线也是一条水平线,由于超固结土的先期固结压力的影响,其 c_u 值比正常固结大。c_u 反映的正是试样原始有效固结压力作用所产生的强度。

(3) 固结排水抗剪强度。固结排水试验(CD)在整个试验过程中孔隙水压力始终为零,总应力最后全部转化为有效应力,所以总应力圆就是有效应力圆,总应力破坏包线就是有效应力破坏包线。图 5-19 为固结排水试验的应力-应变关系和体积变化,在剪切过程中,正常固结土发生剪缩,而超固结土则是先压缩,继而呈现剪胀的特性。土体在不排水剪中孔隙水压力值的变化趋势,也可根据其在排水剪中的体积变化规律得到验证。如正常固结土在排水剪中有剪缩趋势,因而当它进行不排水剪时,由于孔隙水排不出来,剪缩趋势就转化为试验中的孔隙水压力不断增长;反之,超固结土在不排水剪中不但不排出水分,反而因剪胀有吸水趋势,但它在不排水过程中无法吸水,于是就产生负的孔隙水压力。

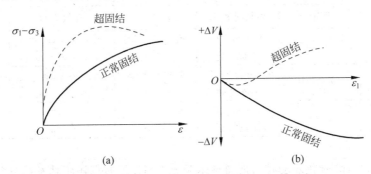

图 5-19　固结排水试验的应力-应变关系及体积变化

图 5-20 为固结排水试验结果,正常固结土的破坏包线通过原点,如图 5-20(a)所示,黏聚力 $c_d=0$,内摩擦角 φ_d 在 $20°\sim40°$ 之间,超固结土的破坏包线略弯曲,实用上近似取为一条直线代替,如图 5-20(b)所示,φ_d 比正常固结的内摩擦角小。试验证明:c_d、φ_d 与固结不排水试验得到的 c'、φ' 很接近,由于固结排水时间太长,故实用上用 c'、φ' 代替 c_d、φ_d,但两者的试验条件是有差别的,固结不排水试验在剪切过程中试样的体积保持不变,而固结排水试验在剪切过程中试样的体积一般要发生变化,c_d、φ_d 略大于 c'、φ'。

图 5-21 表示同一种黏性土分别在三种不同排水条件下的实验结果,因此,如果用总应力表示,将得出完全不同的试验结果,而以有效应力表示,则不论采用哪种试验方法,都得到近乎同一条有效应力破坏包线(如图中虚线所示),由此可见,抗剪强度与有效应力有唯一对应关系。

以上三种三轴试验方法中,试样在固结和剪切过程中的孔隙水压力变化、剪坏时的应力条件和所得到的强度指标如表 5-2 所示。

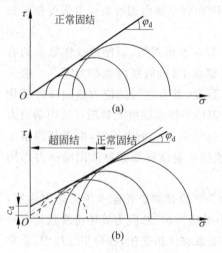

图 5-20　固结排水试验结果

（a）正常固结；（b）超固结

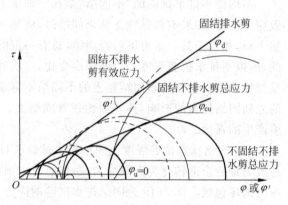

图 5-21　三种试验方法结果比较

表 5-2　三轴试验方法中应力条件孔隙水压力变化和强度指标

试验方法	孔隙水压力 u 的变化		破坏时的压力条件		强度指标
	剪前	剪切过程中	总应力	有效应力	
CU 试验	$u_1 = 0$	$u = u_1 \neq 0$ （不断变化）	$\sigma_{1f} = \sigma_3 + \Delta\sigma$ $\sigma_{3f} = \sigma_3$	$\sigma'_{1f} = \sigma_3 + \Delta\sigma - u_f$ $\sigma'_{3f} = \sigma_3 - u_f$	c_{cu}, φ_{cu}
UU 试验	$u_1 > 0$	$u = u_1 + u_2 \neq 0$ （不断变化）	$\sigma_{1f} = \sigma_3 + \Delta\sigma$ $\sigma_{3f} = \sigma_3$	$\sigma'_{1f} = \sigma_3 + \Delta\sigma - u_f$ $\sigma'_{3f} = \sigma_3 - u_f$	c_u, φ_u
CD 试验	$u_1 = 0$	$u = u_1 = 0$ （任意时刻）	$\sigma_{1f} = \sigma_3 + \Delta\sigma$ $\sigma_{3f} = \sigma_3$	$\sigma'_{1f} = \sigma_3 + \Delta\sigma$ $\sigma'_{3f} = \sigma_3$	c_d, φ_d

【例 5-3】　对某种饱和黏性土做固结不排水试验，三个试样破坏时的 σ_1、σ_3 和相应的孔隙水压力 u 列于表 5-3 中。（1）试确定该试样的 c_{cu}、φ_{cu} 和 c'、φ'；（2）试分析用总应力法和有效应力法表示土的强度时，土的破坏是否发生在同一平面上？

表 5-3　三轴试验成果

σ_1/kPa	σ_3/kPa	u/kPa
143	60	23
220	100	40
313	150	67

【解】　（1）根据表 5-3 中 σ_1、σ_3 值，按比例在 τ-σ 直角坐标系中绘出三个总应力极限莫尔圆，如图 5-22 中实线圆，再绘出此三圆的共切线即为外包线，量得

$$c_{cu} = 10\text{kPa}, \quad \varphi_{cu} = 18°$$

将三个总应力极限莫尔圆按各自测得的 u 值，分别向左平移相应的 u 值，即 $\sigma' = \sigma - u$，绘得三个有效应力极限莫尔圆，如图 5-22 中虚线圆。绘出外包线，量得

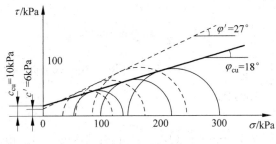

图 5-22　例 5-3 图

$$c' = 6\text{kPa}, \quad \varphi' = 27°$$

（2）由土的极限平衡条件可知，剪坏角 $\alpha_f = 45° + \dfrac{\varphi}{2}$，若以总应力来表示

$$\alpha_f = 45° + \frac{\varphi_{cu}}{2} = 54°$$

而用有效应力表示

$$\alpha_f = 45° + \frac{\varphi'}{2} = 58.5°$$

所以用总应力法和用有效应力法表示土的强度时，其理论剪坏面并不发生在同一平面上。

【例 5-4】　地基中某一单元体上的大主应力 $\sigma_1 = 420\text{kPa}$，小主应力 $\sigma_3 = 180\text{kPa}$。通过试验测得土的抗剪强度指标 $c = 18\text{kPa}$，$\varphi = 20°$。试问：（1）该单元土体处于何种状态？（2）是否会沿剪应力最大的面发生破坏？

【解】　（1）单元土体所处状态的判断。设达到极限平衡状态时所需小主应力为 σ_{3f}，则由式（5-6）

$$\sigma_{3f} = \sigma_1 \tan^2\left(45° - \frac{\varphi}{2}\right) - 2c\tan\left(45° - \frac{\varphi}{2}\right)$$
$$= \left[420 \times \tan^2\left(45° - \frac{20°}{2}\right) - 2 \times 18 \times \tan\left(45° - \frac{20°}{2}\right)\right]\text{kPa}$$
$$= 180.7\text{kPa}$$

因为 σ_{3f} 大于该单元土体的实际小主应力 σ_3，则极限应力圆半径将小于实际应力圆半径，所以该单元土体处于剪坏状态。

若设达到极限平衡状态时的大主应力为 σ_{1f}，则由式（5-5）

$$\sigma_{1f} = \sigma_3 \tan^2\left(45° + \frac{\varphi}{2}\right) + 2c\tan\left(45° + \frac{\varphi}{2}\right)$$
$$= \left[180 \times \tan^2\left(45° + \frac{20°}{2}\right) + 2 \times 18 \times \tan\left(45° + \frac{20°}{2}\right)\right]\text{kPa} = 419\text{kPa}$$

按照将极限应力圆半径与实际应力圆半径相比较的判别方式同样可得出上述结论。

（2）是否沿剪应力最大的面剪坏。最大剪应力为

$$\tau_{\max} = \frac{1}{2}(\sigma_1 - \sigma_3) = \frac{1}{2} \times (420 - 180)\text{kPa} = 120\text{kPa}$$

剪应力最大面上的正应力

$$\sigma = \frac{1}{2}(\sigma_1 + \sigma_3) + \frac{1}{2}(\sigma_1 - \sigma_3)\cos2\alpha$$

$$= \left[\frac{1}{2}(420 + 180) + \frac{1}{2}(420 - 180)\cos90°\right]\text{kPa}$$

$$= 300\text{kPa}$$

该面上的抗剪强度

$$\tau_f = c + \sigma\tan\varphi = (18 + 300\tan20°)\text{kPa} = 127\text{kPa}$$

因为在剪应力最大面上 $\tau_f > \tau_{max}$，所以不会沿该面发生剪破。

2. 黏性土的残余强度指标

坚硬的黏土剪切过程中，剪应力随着位移的增加出现峰值，即为土的峰值抗剪强度。峰后强度随着剪切位移的增大而降低，称之为应变软化，当剪切位移较大时，其强度最终也逐渐降低至某一稳定值，这种终值强度称为残余强度 τ_{fr}（图 5-23）。残余强度的测定方法是在直剪仪中进行反复剪切试验，以达到大应变的效果。

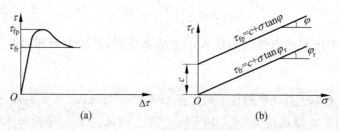

图 5-23 土的残余强度试验结果
(a) 应变软化型剪应力-剪应变曲线；(b) 黏性土的峰值强度与残余强度包线

试验证明，黏性土的残余强度同峰值抗剪强度一样也符合库仑公式，即

$$\tau_{fr} = c_r + \sigma\tan\varphi_r \tag{5-34}$$

式中，τ_{fr}——土的残余抗剪强度（kPa）；

σ——作用在剪切面上的法向应力（kPa）；

c_r——土的残余黏聚力（kPa）；

φ_r——土的残余内摩擦角（°）。

如图 5-23 所示，残余强度包线在纵坐标上的截距 $c_r \approx 0$，残余内摩擦角 φ_r 略小于其峰值内摩擦角 φ，残余强度的降低主要表现为黏聚力的下降。

试验资料表明，从同一种土的重塑试验求得的残余强度与原状土样的残余强度基本相同，说明残余强度与土的结构性关系不大，而主要取决于土的矿物成分和有效法向应力的影响。黏性土的残余强度现象可解释为沿剪切面两侧非定向性排列的薄层微粒结构，随着剪应变的增加而逐渐转化为沿剪切方向定向性排列，因而土的抗剪强度随之降低。

残余强度对研究天然黏性土土坡的长期稳定性问题具有十分重要的实际意义。由于土坡沿滑动面剪应变的发展不是各处均衡，往往在该面上某些点发生较大的剪应变，而在其他地方剪应变发挥得较小，造成沿滑动面上的剪应力分布也不均匀，使得沿滑动面上各部分的抗剪强度不能同时达到峰值。若土体具有明显的残余强度特性，则在较大剪应变处的土首先抵达峰值抗剪强度,即破坏点在这些点出现,随着剪应变增加,这些点的强度又降至残余强度,从而带动滑动面上其他各点也相继达到峰值强度后又降至残余强度。可以推断,这种连锁反应造成土坡的破坏过程将是从某一点开始,并逐渐蔓延到全面,形成所谓"渐近性破坏"现象。

3. 无黏性土的抗剪强度

图 5-24 表示不同初始孔隙比的同一种砂土在相同周围压力 σ_3 下受剪时的应力-应变关系和体积变化。由图可见,密砂初始孔隙比较小,应力-应变关系有明显的峰值,超过峰值后,随应变的增加应力逐步降低,呈应变软化型。体积变化是开始稍有减小,而后增加,表现为剪胀,这是由于较密实的砂土颗粒之间排列比较紧密,剪切时砂粒之间产生相对滚动,土颗粒之间的位置重新排列的结果。

松砂的强度随轴向应力的增加而增大,应力-应变关系呈应变硬化型,松砂受剪其体积减小,表现为剪缩。同一种土,无论密砂或松砂,在相同周围压力 σ_3 作用下最终强度总是趋向同一值。

由不同初始孔隙比的试样在同一压力下进行剪切试验,可以得出初始孔隙比 e_0 与体积变化 $\Delta V/V$ 之间的关系如图 5-25 所示,相应于体积变化为零的初始孔隙比称为临界孔隙比 e_{cr},在三轴试验中,临界孔隙比是与侧压力 σ_3 有关的,不同的 σ_3 可以得出不同的 e_{cr} 值。

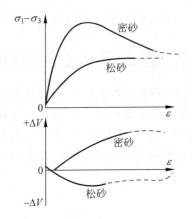

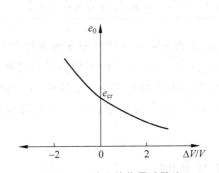

图 5-24　砂土受剪时的应力-应变和体积变化　　图 5-25　砂土的临界孔隙比

如果饱和砂土的初始孔隙比 e_0 大于临界孔隙比 e_{cr},在剪应力作用下,由于剪缩必然使颗粒间孔隙水压力增高,砂土的有效应力降低,致使砂土的抗剪强度降低,因此,饱和砂土的不排水强度是十分低的。由于砂土的渗透性强,排水固结性能较好,多数情况下,采用其排水强度指标。但是研究饱和砂土受动载荷时的土动力学问题时很有意义。当饱和松砂受到动载荷作用(例如地震),由于孔隙水来不及排出,因此在反复的动剪力作用下,孔隙水压力不断增加,就有可能使有效应力降低到零,因而使砂土像流体那样完全失去抗剪强度,这种饱和砂土受到动载荷作用,其强度丧失而会像流体一样流动的现象称为砂土液化,因此,临界孔隙比对研究砂土液化具有重要意义。

无黏性土的抗剪强度取决于有效法向应力和内摩擦角。密实砂土的内摩擦角与初始孔隙比、土颗粒表面的粗糙度以及颗粒级配等因素有关。初始孔隙比小,土颗粒表面粗糙,级配良好的砂土,其内摩擦角较大。松砂的内摩擦角大致与干砂的天然休止角相等(天然休止角是指干燥砂土堆积起来所形成的自然坡角),可以在实验室用简单的方法测定。近年来研究表明,无黏性土的强度性状也十分复杂,它还受各向异性、土体的沉积形式、应力历史等因素影响。

4. 抗剪强度指标的选用

土体稳定分析成果的可靠性,在很大程度上取决于对抗剪强度试验方法和强度指标的正确选择,因为试验方法所引起的抗剪强度的差别往往超过不同稳定分析方法之间的差别。

与有效应力分析法和总应力分析法相对应,应分别采用土的有效应力强度指标或总应力强度指标。当土体内的孔隙水压力能通过计算或其他方法确定时,宜采用有效应力法,当难以确定时采用总应力法。采用总应力法时应按土体可能的排水固结情况,分别用不固结不排水(快剪强度)或固结不排水(固结快剪强度),固结排水强度实际上就是有效应力抗剪强度,用于有效应力分析法中。表 5-4 中列出了各种剪切试验方法适用范围,可供参考。

表 5-4　各种剪切试验方法适用范围

试验方法	适 用 范 围
排水剪	加荷速率慢,排水条件好,如透水性较好的低塑黏性土作挡土墙填土;明堑的稳定验算;超压密土的蠕变等
固结不排水剪	建筑物竣工后较长时间,突遇载荷增大,如房屋加层、天然土坡上堆载,或地基条件等介于其余两种情况之间
不排水剪	透水性较差的黏性土地基,且施工速度快,常用于施工期的强度和稳定性验算

实际工程中应尽可能根据现场条件决定采用试验室的试验方法,以获得合适的抗剪强度指标。一般认为,由三轴固结不排水剪确定的有效应力强度参数 c'、φ' 宜用于分析地基的长期稳定性,如土坡的长期稳定分析,估计挡土结构物的长期土压力、位于软土地基上结构物的地基长期稳定分析等。而对于饱和软黏土的短期稳定问题,则采用不排水剪的强度指标。

复习思考题

5.1　什么叫作莫尔-库仑强度理论?

5.2　什么叫作土的极限平衡条件?如何表达?

5.3　何谓莫尔应力圆?如何绘制莫尔应力圆?莫尔应力圆是如何表示土中一点各方向的应力状态的?在外荷作用下,土体中发生剪切破坏的平面在何处?是否剪应力最大的平面首先发生剪切破坏?在什么情况下,剪切破坏面与最大剪应力面是一致的?在通常情况下,剪切破坏面与大主应面之间的夹角是多大?

5.4　如何确定土的剪切破坏面的方向?什么情况下剪切破坏面与最大剪应力面一致?

5.5　土体发生剪切破坏的面是否剪切应力最大的平面?一般情况下剪切破坏面与大主应力面成什么角度?

5.6　测定土的抗剪强度主要有哪几种方法?比较它们的优缺点和应用条件。

5.7 十字板试验测得的抗剪强度相当于实验室用什么试验方法测得的抗剪强度？同一土层现场十字板试验测得的抗剪强度一般随深度而增加，试说明其原因。

5.8 直剪试验的快剪、固结快剪、慢剪与三轴试验的不排水剪、固结不排水剪和排水剪性质是否相同？

5.9 通常用哪一种试验方法测土的有效强度指标？用排水剪或慢剪，以代替有效应力指标，是否可以？是否完全一致？

5.10 试述三轴压缩试验的原理，如何利用三轴压缩试验求得土的抗压强度指标。

5.11 土颗粒粗细与土内摩擦角什么关系？

5.12 简述土的密度和含水量对土的内摩擦角与内聚力的影响。

5.13 土的孔隙水压力对土的抗剪强度有何影响？

5.14 为什么土的颗粒越粗，通常其内摩擦角越大？相反，土的颗粒越细，其黏聚力 c 越大？土的密度大小和含水率高低，对 φ 与 c 有什么影响？

5.15 影响土的抗剪强度的因素有哪些？同一种土，当其矿物成分、颗粒级配及密度、含水率完全相同时，这种土的抗剪强度是否为一个定值？为什么？

习题

5.1 某高层建筑地基取原状土进行直剪试验，4 个试样的法向压力分别为 100,200, 300,400kPa，测得试样破坏时相应的抗剪强度为 $\tau_f=67,119,162,216$kPa。求此土的抗剪强度指标 c、φ 值。若作用在此地基中某平面上的正应力和剪应力分别为 225kPa 和 105kPa。试问该处是否会发生剪切破坏？（答案：$c=18$kPa，$\varphi=26°20'$；不会发生剪切破坏）

5.2 已知住宅地基中某一点所受的最大主应力为 $\sigma_1=600$kPa，最小主应力为 $\sigma_3=100$kPa。要求：(1)绘制莫尔应力圆；(2)求最大剪应力值和最大剪应力作用面与大主应力面的夹角；(3)计算作用在与小主应力面成 30° 的面上的正应力和剪应力。（答案：250kPa，45°，225kPa，217kPa）

5.3 设有一干砂样置入剪切盒中进行直剪试验，剪切盒断面积为 60cm²，在砂样上作用一垂直载荷 900N，然后作水平剪切，当水平推力达 300N 时，砂样开始被剪破。试求当垂直载荷为 1800N 时，应使用多大的水平推力砂样才能被剪坏？该砂样的内摩擦角为多大？并求此时的大小主应力和方向。（答案：600N，18.43°，438.8kPa，大主应力作用面与剪坏面的夹角 $\alpha=45°+\varphi/2=54.2°$）

5.4 设有一含水量较低的黏性土样作单轴压缩试验，当压力加到 90kPa 时，黏性土样开始破坏，并呈现破裂面，此面与竖直线呈 35° 角，如图 5-26 所示。试求其内摩擦角 φ 及黏聚力 c。（答案：20°，31.5kPa）

5.5 某土样内摩擦角 $\varphi=20°$，黏聚力 $c=12$kPa。问(1)作单轴压力试验时，或(2)液压为 5kPa 的三轴试验时，垂直压力加到多大（三轴试验的垂直压力包括液压）土样将被剪破？（答案：单轴，34.28kPa；三轴，44.47kPa）

5.6 已知一砂土层中某点应力达到极限平衡时，过该点的最大剪应力平面上的法向应力和剪应力分别为 264kPa 和 132kPa。试求：

图 5-26 习题 5.4 图

(a) 该点处的大主应力 σ_1 和小主应力 σ_3；（答案：396kPa,132kPa）

(b) 过该点的剪切破坏面上的法向应力 σ_f 和剪应力 τ_f；（答案：198kPa,114.3kPa）

(c) 该砂土内摩擦角；（答案：30°）

(d) 剪切破坏面与大主应力作用面的交角 α。（答案：60°）

5.7　对饱和黏土样进行固结不排水三轴试验，围压 σ_3 为 250kPa，剪坏时的压力差 $(\sigma_1-\sigma_3)_f=350$kPa,破坏时的孔隙水压 $u_f=100$,破坏面与水平面夹角 $\varphi=60°$。试求：

(a) 剪裂面上的有效法向压力 σ_f' 和剪应力 τ_f；（答案：187.5kPa,151.6kPa）

(b) 最大剪应力 τ_{max} 和方向？（答案：175kPa,45°）

5.8　某工程取干砂试样进行直剪实验，当法向压力 $\sigma=300$kPa 时，测得砂样破坏的抗剪强度 $\tau_f=200$kPa。求：(1)此砂土的内摩擦角 φ；(2)破坏时的最大主应力 σ_1 与最小主应力 σ_3；(3)最大主应力与剪切面所成的角度。（答案：33°42′；673kPa,193kPa；28°9′）

5.9　已知某工厂地基土的抗剪强度指标为：黏聚力 $c=100$kPa,内摩擦角 $\theta=30°$,在此地基中某平面上作用有总应力 $\sigma_0=170$kPa,该应力与平面法线的夹角为 $\theta=37°$。试问该处会不会发生剪切破坏？（答案：$\tau_f=178$kPa,而 $\tau=102$kPa,不会）

5.10　已知某工厂地基表层为人工填土，天然重度 $\gamma_1=16.0$kN/m³,层厚 $h_1=2.0$m；第②层为粉质黏土，$\gamma_2=18.0$kN/m³,层厚 $h_2=7.5$m。地下水位埋深 2.0m。在地面下深 8m 处取土进行直剪试验，试样的水平截面积 $A=30$cm²。4 个试样的竖向压力分别为 $0.25\sigma_c$,$0.5\sigma_c$,$0.75\sigma_c$ 和 $1.0\sigma_c$（σ_c 相当于土样在天然状态下所受有效自重应力）。问这 4 次直剪试验应各加多少竖向载荷？（答案：60N,120N,180N,240N）

5.11　某公寓条形基础下地基土体中一点的应力为：$\sigma_z=250$kPa,$\sigma_x=100$kPa,$\tau=40$kPa。已知地基为砂土，土的内摩擦角度 $\varphi=30°$。问该点是否剪坏？若 σ_z 和 σ_x 不变，τ 值增大为 60kPa,则该点是否剪坏？（答案：未剪损；剪损）

第 **6** 章

土压力、土坡稳定与基坑工程

6.1 概述

6.1.1 挡土结构物

在土木、水利、交通等工程中,经常会遇到修建挡土结构物的问题,它是用来支撑天然或人工斜坡不致坍塌,保持土体稳定性的一种建筑物,俗称挡土墙。图 6-1 为几种典型的挡土墙类型。挡土墙常用砖石、混凝土、钢筋混凝土等建成,近年来用加筋挡土墙逐渐增多。

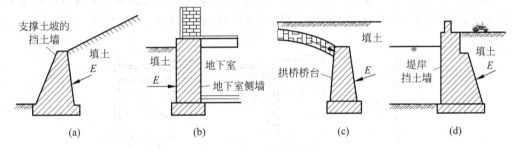

图 6-1 挡土墙应用举例

(a) 支撑土坡的挡土墙;(b) 地下室侧墙;(c) 桥台;(d) 堤岸挡土墙

挡土墙要承受墙后填土由于自重或作用在填土表面上的载荷对墙背所产生的侧向压力,即土压力。土压力是设计挡土墙结构物断面及验算其稳定性的主要外载荷。

6.1.2 土坡

土坡就是具有倾斜坡面的土体,它的简单外形和各部位名称如图 6-2 所示,土坡又分为天然土坡和人工土坡。由自然地质作用所形成的土坡,如山坡、江河的岸坡等,称为天然土坡。因人工开挖或回填而形成的土坡,如基坑、渠道、土坝、路堤等的边坡,则称为人工土坡。

由于土坡表面倾斜,在土体自重及外载荷作用下,坡体内会引起剪应力,若在某方向的剪应力大于土的抗剪强度,就要产生剪切破坏,土体将出现自上而下的滑动趋势。这种土坡上部分岩体或土体在自然或人为因素的影响下沿某一明显界面发生剪切破坏向坡下运动的现象称为滑坡。

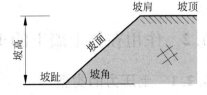

图 6-2 土坡各部分名称示意

影响土坡滑动的原因较多,但其根本原因在于土体内部某个面上的剪应力达到了抗剪强度,使稳定平衡达到破坏。因此,导致土坡滑动失稳的原因可归纳为两种:①外界载荷作用或土坡环境变化等导致土体内部剪应力加大,如路堑或基坑的开挖、堤坝施工中上部填土荷重、坡顶载荷的增加、降雨导致土体内水的渗流力和重度增加,或由于地震、打桩引起的动力载荷等;②外界因素导致土体抗剪强度降低,如超孔隙水压力的产生;气候变化产生的干裂、冻融,黏土夹层因雨水等侵入而软化,以及黏性土因蠕变土体强度降低等。土坡稳定性是高速公路、铁路、机场、高层建筑深基坑开挖、土石坝(堤)以及露天矿井等土木工程建设中十分重要的问题。

6.1.3 基坑工程

建筑基坑是指为进行建筑物(包括构筑物)基础与地下室的施工所开挖的地面以下空间。为保证基坑施工,主体地下结构的安全和周围环境不受损害,需对基坑进行包括土体、降水和开挖在内的一系列勘察、设计、施工和检测等工作。这项综合性的工程就称为基坑工程。

基坑工程是一个综合性的岩土工程问题,既涉及土力学中典型的强度、稳定与变形问题,又涉及土与支护结构共同作用以及工程、水文地质等问题,同时还与计算技术、测试技术、施工设备和技术等密切相关。

基坑工程的事故类型包括:支护结构变形过大造成周围建筑物及地下管线破坏事故;支护体系破坏,例如:墙体折断、整体失稳、基坑隆起、踢脚破坏、流土破坏、支撑体系失稳等,见图 6-3。

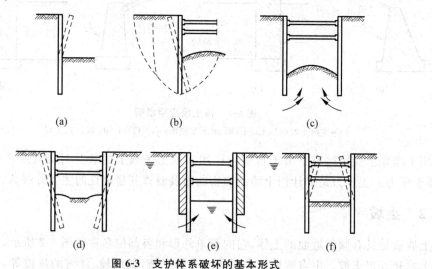

图 6-3　支护体系破坏的基本形式
(a)墙体折断破坏;(b)整体失稳破坏;(c)基坑隆起破坏;(d)踢脚失稳破坏;
(e)流土破坏;(f)支撑体系失稳破坏

6.2　作用在挡土墙上的土压力

6.2.1　土压力的类型

土压力的计算是个比较复杂的问题,影响因素很多。土压力的大小和分布,除了与土的性质有关外,还和墙体的位移方向、位移量、土体与结构物间的相互作用以及挡土墙的结构类型有关。在影响土压力的诸多因素中,墙体位移条件是最主要的因素。墙体位移的方向和位移量决定着所产生的土压力的性质和大小,因此,根据挡土墙的位移方向、大小及墙后填土所处的应力状态,将土压力分为静止土压力、主动土压力、被动土压力三种。

(1) 静止土压力。当挡土墙在墙后填土的推力作用下,不产生任何移动或转动时,墙后土体没有破坏,而处于弹性平衡状态,作用于墙背上的土压力称为静止土压力,用 E_0 表示。如图 6-4(a)所示,由于楼面支撑作用,地下室外墙几乎无位移发生,作用在外墙面上的土压力即为静止土压力。

(2) 主动土压力。挡土墙在土压力作用下背离填土方向移动或转动时,墙后土体由于侧面所受限制的放松而有下滑趋势,土体内潜在的滑动面上剪应力增加,使作用在墙背上的土压力逐渐减小,当墙的移动或转动达到一定数值时,墙后土体达到主动极限平衡状态,此时作用在墙背上的土压力,称为主动土压力,用 E_a 表示,如图 6-4(b)所示。

(3) 被动土压力。当挡土墙在外力作用下,向着填土方向移动或转动时,墙后土体由于受到挤压,有上滑趋势,土体内滑动面上的剪应力反向增加,作用在墙背上的土压力逐渐增加,当墙的移动量足够大时,墙后土体达到被动极限平衡状态,这时作用在墙背上的土压力,称为被动土压力,用 E_p 表示,如图 6-4(c)所示。

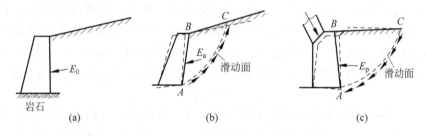

图 6-4　挡土墙的三种土压力

(a) 静止土压力;(b) 主动土压力;(c) 被动土压力

图 6-5 是墙体位移与土压力关系曲线示意图,从图中可以看出:

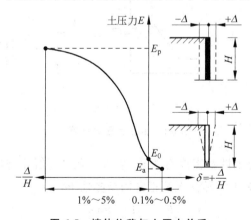

图 6-5　墙体位移与土压力关系

(1) 挡土墙所受的土压力类型首先取决于墙体是否发生位移以及位移的方向,可分为静止土压力 E_0、主动土压力 E_a 和被动土压力 E_p。

（2）墙所受土压力的大小并不是常数，随着位移量的变化，墙上所受的土压力值也在变化。

（3）使墙后土体达到主动极限平衡状态，从而产生主动土压力 E_a，所需的墙体位移量很小；产生被动土压力则要比产生主动土压力 E_a 困难得多，其所需位移量很大。

（4）相同的墙高和填土条件下，$E_a < E_0 < E_p$。

实际工程中，一般按 E_a、E_0、E_p 的值进行挡土墙设计，此时应根据挡土结构的实际工作条件，主要是墙身的位移情况，决定采用哪一种土压力作为计算依据。在使用被动土压力时，由于达到被动土压力时挡土墙将要发生较大的位移，如对于紧砂，位移要达到墙高的 $2\% \sim 5\%$，而这样大的位移一般建筑物是不允许发生的，因为在墙后土体发生破坏之前，结构物可能已先破坏，因此，计算时往往只按静止土压力或被动土压力值的一部分来考虑。

6.2.2 静止土压力计算

如前所述，当挡土墙静止不动，作用在其上的土压力即为静止土压力，这时，墙后土体处于侧限压缩应力状态，与土的自重应力状态相同，因此可用第 3 章计算自重应力的方法来确定静止土压力的大小。

图 6-6(a)表示半无限土体中 z 深度处一点的应力状态，作用于该土单元体上的竖直向自重应力 $\sigma_z = \gamma z$，水平向自重应力 $\sigma_x = K_0 \gamma z$。假想用一垛墙代替微分体左侧的土体，若该墙的墙背竖直光滑，且挡土墙不发生任何位移，则右侧土体中的应力状态并没有改变，墙后土体仍处于侧限应力状态，σ_x 由原来土体内部的应力变成土对墙的压力，显然，作用在该挡土墙上的土压力就相当于图 6-6(a)所示的水平向自重应力 σ_x，即静止土压力强度 σ_0，故

$$\sigma_0 = K_0 \gamma z \tag{6-1}$$

式中，K_0——土的侧压力系数或静止土压力系数，K_0 值的大小可根据室内试验（例如单向固结试验，三轴试验等）或原位测试确定，由于 K_0 的测试较为困难，也可根据经验公式计算。

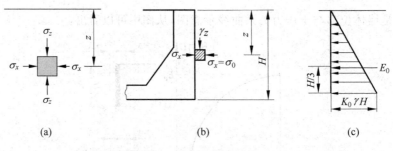

(a)　　　　　　　(b)　　　　　　　(c)

图 6-6　静止土压力计算

研究证明，K_0 除了与土性及密度有关外，黏性土的 K_0 值还与应力历史有关系。下列经验公式可估算 K_0 值，对于无黏性土及正常固结黏性土，

$$K_0 = 1 - \sin\varphi' \tag{6-2}$$

式中，φ'——土的有效内摩擦角。

显然对这类土，K_0 值均小于 1.0。采用式(6-2)计算的 K_0 值，与砂性土的试验结果吻合较好，对黏性土会有一定误差，对饱和软黏土更应慎重采用。在实际工程中，也可采用经

验系数值(见表 6-1)来计算。

表 6-1　静止土压力系数 K_0 的经验值

土类	坚硬土	硬塑黏性土、粉质黏土、砂土	可塑黏性土	软塑黏性土	流塑黏性土
K_0	0.2~0.4	0.4~0.5	0.5~0.6	0.6~0.75	0.75~0.8

由式(6-1)可知,静止土压力沿墙高呈三角形分布,若墙高为 H,则作用于单位长度墙上的总静止土压力 E_0(单位: kN/m)为

$$E_0 = \frac{1}{2}\gamma H^2 K_0 \tag{6-3}$$

E_0 的作用点在距墙底部 $H/3$ 处,见图 6-6(c)。对于地下水位以下透水性土采用浮重度 γ' 计算,同时考虑作用于墙上的静水压力。

6.3　朗肯土压力理论

朗肯土压力理论是土压力计算中两个著名的古典土压力理论之一,由英国科学家朗肯(RanKine,W.J.M)于 1857 年提出。它是根据墙后填土处于极限平衡状态,应用极限平衡条件,推导出主动土压力和被动土压力的计算公式。

朗肯土压力理论的基本假设条件是:挡土墙墙背竖直、光滑,墙后填土面水平。

6.3.1　基本理论

如前所述(见图 6-6(a)),图示应力单元表示半无限土体中 z 深度处一点的应力状态,由于土体内任一竖直面都是对称面,对称面上的剪切应力均为零,按照剪应力互等定理,可知任意水平面上的剪应力也等于零,因此,竖直面和水平面上的剪切应力都等于零,相应截面上的法向应力 σ_z 和 σ_x 都是主应力,大主应力 $\sigma_1=\sigma_z=\gamma z$,小主应力 $\sigma_3=\sigma_x=K_0\gamma z$,此时的应力状态用莫尔圆表示为如图 6-7(c)所示的圆①,由于该点处于弹性平衡状态,故莫尔圆没有和抗剪强度包线相切。

若由于某种原因使整个土体在水平方向均匀地伸展,如图 6-7(a)所示,则作用在微分体上的竖向应力 γz 保持不变,而水平向应力逐渐减小,直至土体达到主动极限平衡状态(称为主动朗肯状态),此时 σ_x 达最小值 σ_a。因此,σ_a 是小主应力,而 σ_z 是大主应力。若土体继续伸展,土压力也不会进一步减少。此时,应力与圆土的抗剪强度线相切,如图 6-7(c)中的圆②所示,这时土体进入破坏状态,土体中的抗剪强度已全部发挥出来。土体达到极限平衡时形成的剪切破坏面与水平线的夹角为 $(45°+\varphi/2)$,形成图 6-7(a)所示的两簇互相平行的破坏面。

反之,如果土体在水平方向压缩,这时作用在微分体上的竖向应力 σ_z 保持不变,而水平向应力则由静止土压力逐渐增大,至土体达到极限平衡状态(称为被动朗肯状态),此时,σ_x 达最大值 σ_p,σ_p 是大主应力,σ_z 是小主应力,应力圆与土的抗剪强度线相切,如图 6-7(d)中的圆③所示。土体达到极限平衡时形成的剪切破坏面与水平面的夹角为 $(45°-\varphi/2)$(见图 6-7(b)),形成两簇互相平行的破坏面。

朗肯将上述原理应用于挡土墙土压力计算中,若忽略墙背与填土之间的摩擦作用(为了

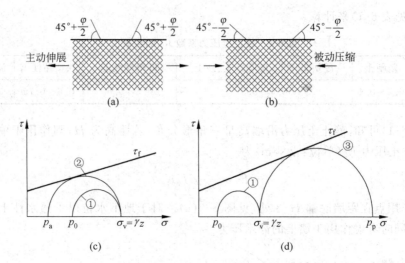

图 6-7　半空间的极限平衡状态

（a）主动朗肯状态的剪切破坏面；（b）被动朗肯状态的剪切破坏面；

（c）用摩尔圆表示主动朗肯状态；（d）用摩尔圆表示被动朗肯状态

满足剪应力为零的边界条件），对于挡土墙墙背竖直、墙后填土面水平的情况（为了满足水平面与竖直面上的正应力分别为大、小主应力），作用于其上的土压力大小可用朗肯理论计算。

6.3.2　主动土压力计算

根据前述分析可知，挡土墙后填土达主动极限平衡状态时，作用于任意深度 z 处土单元上的大主应力 $\sigma_1 = \gamma z$，小主应力 $\sigma_3 = \sigma_a$（σ_a 为作用于墙背上的主动土压力强度）。同时，利用第 5 章所述的极限平衡条件下 σ_1 与 σ_3 的关系，即可直接求出主动土压力强度 σ_a。

在极限平衡状态下，黏性土中任一点的大、小主应力即 σ_1 和 σ_3 之间应满足以下关系式，即

$$\sigma_3 = \sigma_1 \tan^2\left(45° - \frac{\varphi}{2}\right) - 2c\tan\left(45° - \frac{\varphi}{2}\right) \tag{6-4}$$

将 $\sigma_3 = \sigma_a$、$\sigma_1 = \gamma z$ 代入上式并令

$$K_a = \tan^2\left(45° - \frac{\varphi}{2}\right)$$

则有

$$\sigma_a = \gamma z K_a - 2c\sqrt{K_a} \tag{6-5}$$

上式适用于墙后土体为黏性土的情况，对于无黏性填土，由于 $c = 0$，则有

$$\sigma_a = \gamma z K_a \tag{6-6}$$

式中，σ_a——主动土压力强度（kPa）；

K_a——主动土压力系数，$K_a = \tan^2\left(45° - \dfrac{\varphi}{2}\right)$；

γ——墙后填土重度（kN/m³）；

c——填土的黏聚力（kPa）；

φ——填土的内摩擦角($°$);

z——计算点与填土表面的距离(m)。

由式(6-6)可知,无黏性土的主动土压力强度与 z 成正比,与上节所述的静止土压力分布形式相同,即沿墙高呈三角形分布(见图 6-8(b))。作用在单位墙长上的主动土压力 E_a 为

$$E_a = \frac{1}{2}\gamma H^2 K_a \tag{6-7}$$

式中,H——挡土墙的高度(m)。

E_a 通过三角形的形心,作用在距墙底 $H/3$ 高度处。

由式(6-5)可知,黏性土的主动土压力强度包括两部分:一部分是由土的自重引起的土压力强度 $\gamma z K_a$,另一部分是由黏聚力 c 引起的负侧压力 $2c\sqrt{K_a}$,这两部分土压力叠加的结果如图 6-8(c)所示,实际上虚线部分不存在,因为墙背与填土之间没有抗拉强度,不能承受拉应力,拉应力的存在会使填土与墙背脱开,出现 z_0 深度的裂缝,因此,在 z_0 以上可以认为土压力为零。作用于墙背的土压力只是图 6-8(c)中的 $\triangle abc$ 部分。

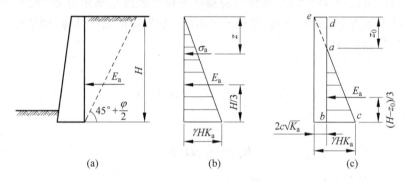

图 6-8 朗肯主动土压力强度分布图

(a) 主动土压力计算条件;(b) 无黏性土主动土压力分布;(c) 黏性土主动土压力分布

土压力图形顶点 a 在填土面下的深度 z_0 称临界深度。在填土面无载荷的条件下,可令式(6-5)为零求得 z_0 值,即

$$\sigma_a = \gamma z K_a - 2c\sqrt{K_a} = 0$$

$$z_0 = \frac{2c}{\gamma\sqrt{K_a}} \tag{6-8}$$

取单位墙长计算,黏性土的主动土压力 E_a 应为三角形 abc 之面积,即

$$E_a = \frac{1}{2}(H-z_0)(\gamma H K_a - 2c\sqrt{K_a})$$

将式(6-8)代入上式后得

$$E_a = \frac{1}{2}\gamma H^2 K_a - 2cH\sqrt{K_a} \frac{2c^2}{\gamma} \tag{6-9}$$

主动土压力 E_a 通过 $\triangle abc$ 的形心,即作用在离墙底 $(H-z_0)/3$ 处。

6.3.3 被动土压力计算

当墙后土体达被动极限平衡状态时,作用于任意深度 z 处土单元上的大主应力 $\sigma_1 = \sigma_p$

（σ_p 为作用于墙背上的被动土压力强度），小主应力 $\sigma_3 = \gamma z$。在极限平衡状态下，黏性土中任一点的大、小主应力之间应满足以下关系，即

$$\sigma_1 = \sigma_3 \tan^2 \left(45° + \frac{\varphi}{2}\right) + 2c\tan\left(45° + \frac{\varphi}{2}\right) \tag{6-10}$$

将 $\sigma_1 = \sigma_p$，$\sigma_3 = \gamma z$ 代入上式，并令

$$K_p = \tan^2\left(45° + \frac{\varphi}{2}\right)$$

则有

$$\sigma_p = \gamma z K_p + 2c\sqrt{K_p} \tag{6-11}$$

对于无黏性土，由于 $c = 0$，则有

$$\sigma_p = \gamma z K_p \tag{6-12}$$

式中，K_p——被动土压力系数，$K_p = \tan^2\left(45° + \frac{\varphi}{2}\right)$；

σ_p——被动土压力强度(kPa)。

由式(6-11)和式(6-12)可知，黏性土的被动土压力强度呈梯形分布(见图 6-9(c))，无黏性土的被动土压力呈三角形分布(见图 6-9(b))。如取单位墙长计算，则被动土压力强度 E_p 为分布图形的面积，即

黏性土

$$K_p = \frac{1}{2}\gamma H^2 K_p + 2cH\sqrt{K_p} \tag{6-13}$$

无黏性土

$$K_p = \frac{1}{2}\gamma H^2 K_p \tag{6-14}$$

式中，E_p——单位墙长的被动土压力值(kN/m)。

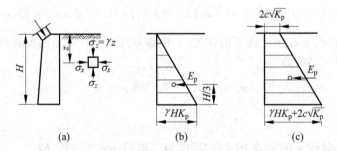

图 6-9 被动土压力强度分布图
(a) 被动土压力计算条件；(b) 无黏性土被动土压力；(c) 黏性土被动土压力

被动土压力 E_p 的作用方向垂直于墙背，作用点位于三角形或梯形分布图的形心，可通过一次求矩得到。黏性土的被动土压力合力作用点与墙底距离可由下式计算

$$x = \frac{H}{3}\frac{2\sigma_{pA} + \sigma_{pB}}{\sigma_{pA} + \sigma_{pB}}$$

式中，x——黏性土产生的被动土压力合力与墙底距离(m)；

σ_{pA}、σ_{pB}——作用于墙背顶、底面的被动土压力强度(kPa)。

$$\sigma_{pA} = 2c\sqrt{K_p}, \quad \sigma_{pB} = \gamma H K_p + 2c\sqrt{K_p}$$

【例 6-1】　有一挡土墙,高 4m,墙背直立、光滑,填土面水平,填土的物理力学性质指标为:$\gamma = 17kN/m^3$,$\varphi = 22°$,$c = 6kPa$。试求主动土压力大小及其作用点位置,并绘出主动土压力分布图。

【解】　主动土压力系数

$$K_a = \tan^2\left(45° - \frac{\varphi}{2}\right) = \tan^2\left(45° - \frac{22°}{2}\right) = 0.45$$

墙底处的主动土压力强度

$$\sigma_a = \gamma H K_a - 2c\sqrt{K_a} = (17 \times 4 \times 0.45 - 2 \times 6 \times \sqrt{0.45})kPa = 22.8kPa$$

临界深度

$$z_0 = \frac{2c}{\gamma\sqrt{K_a}} = \frac{2 \times 6}{17\sqrt{0.45}}m = 1.05m$$

主动土压力

$$E_a = \frac{1}{2} \times (4 - 1.05) \times 22.8kN/m = 33.7kN/m$$

主动土压力与墙底的距离为

$$\frac{H - z_0}{3} = \frac{4 - 1.05}{3}m = 0.98m$$

主动土压力分布图如图 6-10 所示。

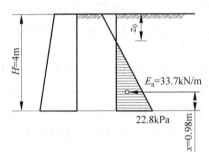

图 6-10　例 6-1 图

6.3.4　几种情况下的土压力计算

工程上所遇到的挡土墙及墙后土体的条件,要比朗肯理论所假定的条件复杂得多。例如填土面上有载荷作用,填土本身可能是性质不同的成层土,墙后填土有地下水等,对于这些情况,只能在前述理论基础上作些近似处理。以下将介绍几种常见情况下的主动土压力计算方法。

1. 填土面有均布载荷

当挡土墙后填土面有连续均布载荷 q 作用时(见图 6-11),用朗肯理论计算主动土压力,此时填土面下,墙背面 z 深度处土单元所受的大主应力 $\sigma_1 = q + \gamma z$,小主应力 $\sigma_3 = \sigma_a = $

$\sigma_1 K_a - 2c \sqrt{K_a}$，即

黏性土

$$\sigma_a = (q + \gamma z) K_a - 2c \sqrt{K_a} \qquad (6\text{-}15)$$

无黏性土

$$\sigma_a = (q + \gamma z) K_a \qquad (6\text{-}16)$$

由式(6-16)可看出,作用在墙背面的土压力强度 σ_a 由两部分组成:一部分由均布载荷 q 引起,其分布与深度 z 无关,是常数;另一部分由土重引起,与深度 z 成正比。土压力 E_a 即为图 6-11 所示的梯形分布图的面积。

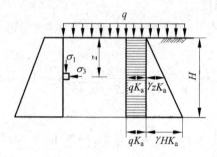

图 6-11　填土面有连续均布载荷的土压力计算

当填土表面上的均布载荷从墙背后某一距离开始,如图 6-12(a)所示,在这种情况下的土压力计算可按以下方法进行:从均布载荷起点 O 作 OC 及 OD 两条直线,分别与水平线呈 φ 和 $45°+\varphi/2$ 角,交墙背于 C、D 点。C 点以上不考虑均布载荷 q 的作用,D 点以下全部考虑 q 的作用,C 点和 D 点之间的土压力用直线连接,最后的主动土压力强度分布图形如图 6-12(a)中的阴影部分。

若填土表面上均布载荷在一定宽度范围内(见图 6-12(b))所示,墙面上的土压力可近似按以下方法进行计算:自局部载荷 q 的两个端点 O、O' 分别作与水平面成 $\theta = 45°+\varphi/2$ 的斜线交墙背于 C、D 两点,认为 C 点以上和 D 点以下的土压力都不受局部载荷 q 的影响,C、D 之间的土压力按均布载荷计算,作用于 AB 墙背面的土压力分布如图 6-12(b)中的阴影部分。

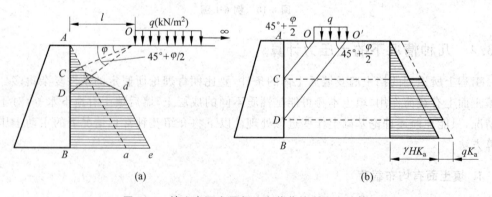

图 6-12　填土表面有局部均布载荷的土压力计算

(a)在墙背某个距离外的均布载荷 q；(b)在墙背某个距离外的局部均布载荷 q

2．成层填土

当墙后填土是由多层不同种类的水平分布土层组成时，可用朗肯理论计算土压力。此时填土面下，任意深度 z 处土单元所受的竖向应力为其上覆土的自重应力之和，即 $\sum\limits_{i=1}^{n}\gamma_i h_i$，$\gamma_i$、$h_i$ 分别为第 i 层土的重度和厚度。以无黏性土为例，成层土产生的主动土压力强度为 $\sigma_a = \sigma_i K_a$，σ_i 为任意深度处土单元所受的竖向应力。图 6-13 所示的挡土墙各层面的主动土压力强度为

第一层土填土表面 A 处，$\sigma_{aA}=0$

第一层土层底 B 处，$\sigma_{aB}^{\pm}=\gamma_1 h_1 K_{a1}$

第二层土层顶，$\sigma_{aB}^{\mp}=\gamma_1 h_1 K_{a2}$

第二层土层底 C 处，$\sigma_{aC}^{\pm}=(\gamma_1 h_1 + \gamma_2 h_2)K_{a2}$

第三层土层顶，$\sigma_{aC}^{\mp}=(\gamma_1 h_1 + \gamma_2 h_2)K_{a3}$

第三层土层底 D 处，$\sigma_{aD}=(\gamma_1 h_1 + \gamma_2 h_2 + \gamma_3 h_3)K_{a3}$

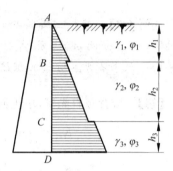

图 6-13　成层填土的土压力计算

由于各层土的性质不同，主动土压力系数 K_a 也不同，因此在土层的分界面处，主动土压力强度会出现两个值。图 6-13 所示为 $\varphi_2 > \varphi_1$、$\varphi_2 > \varphi_3$ 时的土压力强度分布图。

总结以上计算方法可得出如下规律，作用在第一层土范围内的墙背 AB 段上的土压力分布仍按均质土层挡墙计算，并采用第一层土的指标和土压力系数 K_{a1}；考虑作用在第二层土范围内的墙背 BC 段上的土压力分布时，可将第一层土的重力 $\gamma_1 h_1$ 看成作用在第二层土面上的超载，用第二层土的指标和土压力系数 K_{a2} 计算，但仅适用于第二层范围，这样在 B 点土压力强度有一个突变：在第一层底面土压力强度为 $\gamma_1 h_1 K_{a1} - 2c_1\sqrt{K_{a1}}$，在第二层顶面为 $\gamma_1 h_1 K_{a2} - 2c_2\sqrt{K_{a2}}$；同样地，考虑第三层土范围内的墙背 CD 段时，将第一、第二层土的重力 $\gamma_1 h_1 + \gamma_2 h_2$ 作为超载作用在第三层土面上，用第三层土的指标和土压力系数 K_{a3} 计算，但仅适用于第三层土，当有更多土层时，依此进行。

3．墙后填土有地下水

挡土墙后的填土常会部分或全部处于地下水位以下，此时要考虑地下水位对土压力的影响，具体表现在：①地下水位以下填土重量将因受到水的浮力而减小，计算土压力时用浮重度 γ'。②由于地下水的存在将使土的含水率增加，抗剪强度降低，而使土压力增大。③地下水对墙背产生静水压力。

当墙后填土有地下水时，作用在墙背上的侧压力有土压力和水压力两部分，计算土压力时，假设水位上下土的内摩擦角、黏聚力都相同，水位以下取有效重度进行计算。以图 6-14 所示的挡土墙为例，若墙后填土为无黏性土，地下水位在填土表面下 H_1 处，作用在墙背上的水压力 $E_w = \dfrac{1}{2}\gamma_w H_2^2$，其中 γ_w 为水的重度，H_2 为水位以下的墙高。作用在挡土墙上的总压力为主动土压力 E_a 与水压力 E_w 之和。

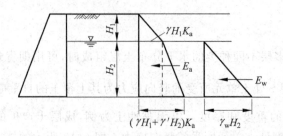

图 6-14 墙后有地下水时土压力计算

【例 6-2】 某挡土墙高 6m,墙背竖直光滑,墙后填土面水平,并作用均布载荷 $q=$ 30kPa,填土分两层,上层 $\gamma_1=17\text{kN/m}^3$,$\varphi_1=26°$;下层 $\gamma_2=19\text{kN/m}^3$,$\varphi_2=16°$,$c_2=$ 10kPa。试求墙背主动土压力 E_a 及作用点位置,并绘土压力强度分布图。

【解】 墙背竖直光滑,填土面水平,符合朗肯条件,故

$$K_{a1}=\tan^2\left(45°-\frac{\varphi_1}{2}\right)=\tan^2\left(45°-\frac{26°}{2}\right)=0.390$$

$$K_{a2}=\tan^2\left(45°-\frac{\varphi_2}{2}\right)=\tan^2\left(45°-\frac{16°}{2}\right)=0.568$$

计算第一层土的主动土压力强度

$$\sigma_{aA}=qK_{a1}=30\times0.390\text{kPa}=11.7\text{kPa}$$

$$\sigma_{aB}^{\text{上}}=(q+\gamma_1h_1)K_{a1}=(30+17\times3)\times0.390\text{kPa}=31.6\text{kPa}$$

第一层土的主动土压力为

$$E_{a1}=\frac{1}{2}(11.7+31.6)\times3\text{kN/m}=65.0\text{kN/m}$$

E_{a1} 与墙底的距离为

$$x_1=\left[3+\frac{11.7\times3\times\frac{3}{2}+\frac{1}{2}(31.6-11.7)\times3\times\frac{3}{3}}{65}\right]\text{m}=4.27\text{m}$$

计算第二层土的主动土压力强度

$$\sigma_{aB}^{\text{下}}=(q+\gamma_1h_1)K_{a2}-2c_2\sqrt{K_{a2}}$$

$$=[(30+17\times3)\times0.568-2\times10\times\sqrt{0.568}]\text{kPa}=30.9\text{kPa}$$

$$\sigma_{aC}=(q+\gamma_1h_1+\gamma_2h_2)K_{a2}-2c_2\sqrt{K_{a2}}$$

$$=[(30+17\times3+19\times3)\times0.568-2\times10\times\sqrt{0.568}]\text{kPa}=63.3\text{kPa}$$

第二层土的主动土压力为

$$E_{a2}=\frac{1}{2}(30.9+63.3)\times3\text{kN/m}=141.3\text{kN/m}$$

E_{a2} 与墙底的距离为

$$x_2=\frac{30.9\times3\times\frac{3}{2}+\frac{1}{2}(63.3-30.9)\times3\times\frac{3}{3}}{141.3}\text{m}=1.33\text{m}$$

各点土压力强度绘于图 6-15 中,故总土压力为图中的阴影面积,即

$$E_a = \left[\frac{1}{2} \times (11.7 + 31.6) \times 3 + \frac{1}{2} \times (30.9 + 63.3) \times 3 \right] \text{kN/m} = 206.3 \text{kN/m}$$

总土压力与墙底的距离为

$$x = \frac{E_{a1} x_1 + E_{a2} x_2}{E_a} = \frac{65 \times 4.27 + 141.3 \times 1.33}{206.3} \text{m} = 2.26 \text{m}$$

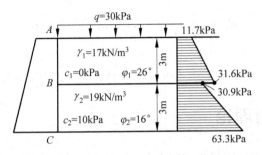

图 6-15　例 6-2 图

【例 6-3】　某重力式挡土墙墙高 $H = 6\text{m}$,墙背竖直、光滑,填土面水平,填土的有关物理力学指标如图 6-16 所示。试求挡土墙的总侧向压力(c、φ 水上、水下相同)。

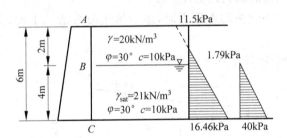

图 6-16　例 6-3 图

【解】　主动土压力系数为

$$K_a = \tan^2 \left(45° - \frac{\varphi}{2} \right) = \tan^2 \left(45° - \frac{30°}{2} \right) = 0.33$$

填土表面的主动土压力强度为

$$\sigma_{aA} = -2c \sqrt{K_a} = -2 \times 10 \times \sqrt{0.33} \text{kPa} = -11.5 \text{kPa}$$

地下水位处的主动土压力强度为

$$\sigma_{aB} = \gamma h_1 K_a - 2c \sqrt{K_a} = (20 \times 2 \times 0.33 - 11.5) \text{kPa} = 1.79 \text{kPa}$$

墙底处的主动土压力强度为

$$\sigma_{aC} = (\gamma h_1 + \gamma' h_2) K_a - 2c \sqrt{K_a} = [(20 \times 2 + 11 \times 4) \times 0.33 - 11.5] \text{kPa} = 16.46 \text{kPa}$$

设临界深度为 z_0,则有

$$\sigma_a = \gamma z_0 K_a - 2c \sqrt{K_a} = 0$$

$$z_0 = \frac{2c}{\gamma \sqrt{K_a}} = \frac{2 \times 10}{20 \times \sqrt{0.33}} \text{m} = 1.74 \text{m}$$

总的主动土压力为

$$E_a = \left[\frac{1}{2} \times 1.79 \times (2-1.74) + \frac{1}{2} \times (1.79+16.46) \times 4\right]\text{kPa} = 36.7\text{kPa}$$

静水压力强度为

$$\sigma_w = \gamma_w h_2 = 10 \times 4\text{kPa} = 40\text{kPa}$$

静水压力为

$$E_w = \frac{1}{2} \times 40 \times 4\text{kN/m} = 80\text{kN/m}$$

总侧向压力为

$$E = E_a + E_w = (36.7+80)\text{kN/m} = 116.7\text{kN/m}$$

6.4 库仑土压力理论

库仑土压力理论是由法国科学家库仑(C. A. Coulomb)于1776年提出的。它是根据墙后土体处于极限平衡状态并形成一滑动土楔体,根据楔体的静力平衡条件得出的土压力计算理论。

库仑土压力理论的基本假设是:

(1) 墙后填土是均质的无黏性土($c=0$)。

(2) 挡土墙产生主动或被动土压力时,墙后填土形成滑动土楔,其滑裂面为通过墙踵BC(图6-17)的平面。

(3) 滑动楔体为刚体,即本身无变形。

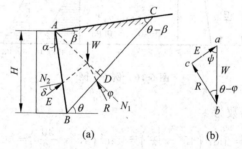

图6-17　库仑主动土压力计算图
(a) 土楔体ABC上的作用力;(b) 力矢三角形

6.4.1 主动土压力计算

取单位长度挡土墙进行分析,设挡土墙高为H,墙背俯斜与垂线夹角为α,墙后填土为砂土,填土重度为γ,内摩擦角为φ,填土表面与水平面成β角,墙背与土的摩擦角为δ。

挡土墙在土压力作用下将向前位移,当墙后填土处于极限平衡状态时,墙后填土形成一滑动土楔ABC,其滑裂面为平面BC,与水平线成θ角(见图6-17)。

取处于极限平衡状态的滑动楔体$\triangle ABC$作为隔离体来进行分析,作用在$\triangle ABC$上的作用力有:

(1) 土楔$\triangle ABC$的自重为W,方向向下。

$$W = \frac{1}{2}\overline{BC} \cdot \overline{AD} \cdot \gamma = \frac{\gamma H^2}{2} \cdot \frac{\cos(\alpha-\beta)\cos(\theta-\alpha)}{\cos^2\alpha\sin(\theta-\beta)}$$

（2）滑动面 BC 对楔体 $\triangle ABC$ 的反力 R，与滑动面 BC 的法线 N_1 的夹角为土的内摩擦角 φ，当土体处于主动状态时，为阻止楔体下滑，R 位于 N_1 的下方。

（3）墙背对楔体的反力 E，与墙背的法线 N_2 的夹角为 δ，为阻止楔体下滑，E 位于 N_2 的下方，δ 为墙背与土之间的摩擦角。与 E 大小相等、方向相反的反作用力就是作用在挡土墙上的主动土压力。

土楔体 ABC 在以上三力作用下处于静力平衡状态，因此，三力形成一个闭合的力矢三角形（见图 6-17(b)）。

由正弦定律可得

$$E = W \cdot \frac{\sin(\theta-\varphi)}{\sin[180° - (\theta-\varphi+\psi)]} = W \cdot \frac{\sin(\theta-\varphi)}{\sin(\theta-\varphi+\psi)} \tag{6-17}$$

式(6-17)中，$\psi = 90° - \alpha - \delta$，如图 6-17 所示。

将 W 的表达式代入上式得

$$E = \frac{\gamma H^2}{2} \cdot \frac{\cos(\alpha-\beta)\cos(\theta-\alpha)\sin(\theta-\varphi)}{\cos^2\alpha\sin(\theta-\beta)\sin(\theta-\varphi+\theta)} \tag{6-18}$$

在式(6-18)中，γ、H、α、β 和 φ、δ 都是已知的，即滑裂面 BC 与水平面的倾角 θ 则是任意假定的，所以，给出不同的滑裂面可以得出一系列相应的土压力值。只有 E 值最大的滑裂面是最容易下滑的面，因而也是真正的滑裂面，其他的面都不会滑裂。令 $\dfrac{\mathrm{d}E}{\mathrm{d}\theta} = 0$，解出使 E 为最大值时所对应的破坏角 θ_{cr}，即为真正滑动面的倾角，然后再将 θ_{cr} 代入式(6-18)得出最后作用于墙背上的总主动土压力 E_a 的大小。其表达式为

$$E_a = \frac{1}{2}\gamma H^2 K_a \tag{6-19}$$

其中

$$K_a = \frac{\cos^2(\varphi-\alpha)}{\cos^2\alpha\cos(\alpha+\delta)\left[1 + \sqrt{\dfrac{\sin(\varphi+\delta)\sin(\varphi-\beta)}{\cos(\alpha+\delta)\cos(\alpha-\beta)}}\right]} \tag{6-20}$$

式中，K_a——库仑主动土压力系数，由式(6-20)计算或查表 6-2 确定；

H——挡土墙高度(m)；

γ——墙后填土的重度(kN/m^3)；

φ——墙后填土的内摩擦角(°)；

α——墙背的倾斜角(°)，俯斜时取正号，仰斜时取负号；

β——墙后填土面的倾角(°)；

δ——土对挡土墙墙背的摩擦角，其值可由试验确定，无试验资料时，也可按表 6-3 选用。

当挡土墙满足朗肯理论假设，即墙背垂直($\alpha=0$)、光滑($\delta=0$)、填土面水平($\beta=0$)时，式(6-19)可写为

$$E_a = \frac{1}{2}\gamma H^2 \tan^2\left(45° - \frac{\varphi}{2}\right)$$

表 6-2　库仑主动土压力系数 K_a 值

δ	α	β\φ	15°	20°	25°	30°	35°	40°	45°	50°
0°	−20°	0°	0.497	0.380	0.287	0.212	0.153	0.106	0.070	0.043
		10°	0.595	0.439	0.323	0.234	0.166	0.114	0.074	0.045
		20°		0.707	0.401	0.274	0.188	0.125	0.080	0.047
		30°				0.498	0.239	0.147	0.090	0.051
	−10°	0°	0.540	0.433	0.344	0.270	0.209	0.158	0.117	0.083
		10°	0644	0.500	0.389	0.301	0.229	0.171	0.125	0.088
		20°		0.785	0.482	0.353	0.261	0.190	0.136	0.094
		30°				0.614	0.331	0.226	0.155	0.104
	0°	0°	0.589	0.490	0.406	0.333	0.271	0.271	0.172	0.132
		10°	0.704	0.569	0.462	0.374	0.300	0.238	0.186	0.142
		20°		0.883	0.573	0.441	0.344	0.267	0.204	0.154
		30°				0.750	0.436	0.318	0.235	0.172
	10°	0°	0.562	0.560	0.478	0.407	0.343	0.288	0.238	0.194
		10°	0.784	0.655	0.550	0.461	0.384	0.318	0.261	0.211
		20°		1.015	0.685	0.548	0.444	0.360	0.291	0.231
		30°				0.925	0.566	0.433	0.337	0.262
	20°	0°	0.736	0.648	0.569	0.498	0.434	0.375	0.322	0.274
		10°	0.896	0.768	0.663	0.572	0.492	0.421	0.358	0.302
		20°		1.205	2.834	0.688	0.576	0.484	0.405	0.337
		30°				1.169	0.740	0.586	0.474	0.385
10°	−20°	0°	0.427	0.330	0.252	0.188	0.137	0.096	0.064	0.039
		10°	0.529	0.388	0.286	0.209	0.149	0.103	0.068	0.041
		20°		0.675	0.364	0.248	0.170	0.114	0.073	0.044
		30°				0.475	0.220	0.135	0.082	0.047
	−10°	0°	0.477	0.385	0.309	0.245	0.191	0.146	0.109	0.078
		10°	0.590	0.455	0.354	0.275	0.211	0.159	0.116	0.082
		20°		0.773	0.450	0.328	0.242	0.177	0.127	0.088
		30°				0.605	0.313	0.212	0.146	0.098
	0°	0°	0.533	0.447	0.373	0.309	0.253	0.204	0.163	0.127
		10°	0.664	0.531	0.431	0.350	0.282	0.225	0.177	0.136
		20°		0.897	0.549	0.420	0.326	0.254	0.195	0.148
		30°				0.762	0.423	0.306	0.226	0.166
	10°	0°	0.603	0.520	0.448	0.384	0.326	0.275	0.230	0.185
		10°	0.759	0.626	0.524	0.440	0.369	0.307	0.253	0.206
		20°		1.064	0.674	0.534	0.432	0.351	0.284	0.227
		30°				0.969	0.564	0.427	0.332	0.258
	20°	0°	0.695	0.615	0.543	0.478	0.419	0.365	0.316	0.271
		10°	0.890	0.752	0.646	0.558	0.482	0.414	0.354	0.300
		20°		1.308	0.844	0.687	0.573	0.481	0.403	0.337
		30°				1.268	0.758	0.594	0.478	0.388

续表

δ	α	β \ φ	15°	20°	25°	30°	35°	40°	45°	50°
15°	−20°	0°	0.405	0.314	0.240	0.180	0.132	0.093	0.062	0.038
		10°	0.509	0.372	0.275	0.201	0.144	0.100	0.066	0.040
		20°		0.667	0.352	0.239	0.164	0.110	0.071	0.042
		30°				0.470	0.214	0.131	0.080	0.046
	−10°	0°	0.458	0.371	0.298	0.237	0.186	0.142	0.106	0.076
		10°	0.576	0.442	0.344	0.267	0.205	0.155	0.114	0.081
		20°		0.776	0.441	0.320	0.237	0.174	0.125	0.087
		30°				0.607	0.308	0.209	0.143	0.097
	0°	0°	0.518	0.434	0.363	0.301	0.248	0.201	0.160	0.125
		10°	0.656	0.522	0.423	0.343	0.277	0.222	0.174	0.135
		20°		0.914	0.546	0.415	0.323	0.251	0.194	0.147
		30°				0.777	0.422	0.305	0.225	0.165
	10°	0°	0.592	0.511	0.441	0.378	0.323	0.273	0.228	0.189
		10°	0.760	0.623	0.520	0.437	0.366	0.305	0.252	0.206
		20°		1.103	0.679	0.535	0.432	0.351	0.284	0.228
		30°				1.005	0.571	0.430	0.334	0.260
	20°	0°	0.690	0.611	0.540	0.476	0.419	0.366	0.317	0.273
		10°	0.904	0.757	0.649	0.560	0.484	0.416	0.357	0.303
		20°		1.383	0.862	0.697	0.579	0.486	0.408	0.341
		30°				1.341	0.778	0.606	0.487	0.395
20°	−20°	0°			0.231	0.174	0.128	0.090	0.061	0.038
		10°			0.266	0.195	0.140	0.097	0.064	0.039
		20°			0.344	0.233	0.160	0.108	0.069	0.042
		30°				0.468	0.210	0.129	0.079	0.045
	−10°	0°			0.291	0.232	0.182	0.140	0.105	0.076
		10°			0.337	0.262	0.202	0.153	0.113	0.080
		20°			0.437	0.316	0.233	0.171	0.124	0.086
		30°				0.614	0.306	0.207	0.142	0.096
	0°	0°			0.357	0.297	0.245	0.199	0.160	0.125
		10°			0.419	0.340	0.275	0.220	0.174	0.135
		20°			0.547	0.414	0.322	0.251	0.193	0.147
		30°				0.798	0.425	0.306	0.225	0.166
	10°	0°			0.438	0.377	0.322	0.273	0.229	0.190
		10°			0.521	0.438	0.367	0.306	0.254	0.208
		20°			0.690	0.540	0.436	0.354	0.286	0.230
		30°				1.051	0.582	0.437	0.338	0.264
	20°	0°			0.543	0.479	0.422	0.370	0.321	0.277
		10°			0.659	0.568	0.490	0.423	0.363	0.309
		20°			0.891	0.715	0.592	0.496	0.417	0.349
		30°				1.434	0.807	0.624	0.501	0.406

表 6-3　土对挡土墙墙背的摩擦角 δ

挡土墙情况	摩擦角 δ
墙背平滑,排水不良	$(0\sim0.33)\varphi_k$
墙背粗糙,排水良好	$(0.33\sim0.50)\varphi_k$
墙背很粗糙,排水良好	$(0.50\sim0.67)\varphi_k$
墙背与填土间不可能滑动	$(0.67\sim1.00)\varphi_k$

注:φ_k 为墙背填土的内摩擦角标准值。

可见,满足朗肯理论假设时,库仑理论与朗肯理论的主动土压力计算公式相同,朗肯理论是库仑理论的特殊情况。

关于土压力强度沿墙高的分布形式,可通过对式(6-19)求导得出,即

$$\sigma_a = \frac{dE_a}{dz} = \frac{d}{dz}\left(\frac{1}{2}\gamma z^2 K_a\right) = \gamma z K_a \tag{6-21}$$

由式(6-21)可见,库仑主动土压力强度沿墙高呈三角形分布(见图 6-18(b))。值得注意的是,这种分布形式只表示土压力大小,并不代表实际作用于墙背上的土压力方向。土压力合力 E_a 的作用方向仍在墙背法线上方,并与法线成 δ 角或与水平面成 $a+\delta$ 角,如图 6-18(a)所示;E_a 作用点在距墙底 $H/3$ 处。

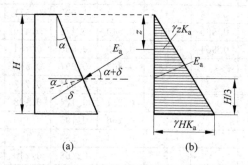

(a)　　　　　　(b)

图 6-18　库仑主动土压力强度分布

6.4.2　被动土压力计算

与产生主动土压力情况相反,当挡土墙受外力向填土方向移动直至墙后土体达到被动极限平衡状态,产生沿平面 BC 向上滑动的土楔 ABC(见图 6-19(a)),此时土楔 ABC 在其自重 W 和反力 R、土压力 E_p 的作用下平衡,组成力矢三角形(见图 6-19(b))。为阻止楔体上滑,土压力 E_p 和反力 R 均位于法线的上侧。按上述求主动土压力时同样的方法,可求得被动土压力 E_p 的表达式,如式(6-22)所示,但要注意到与求主动土压力不同的地方,就是相应于 E_p 为最小值时的滑动面才是真正的滑动面,因为楔体在这时所受的阻力最小,最容易向上滑动。被动土压力 E_p 的表达式如下

$$E_p = \frac{1}{2}\gamma H^2 K_p \tag{6-22}$$

其中

$$K_p = \frac{\cos^2(\varphi+\alpha)}{\cos^2\alpha\cos(\alpha-\delta)\left[1-\sqrt{\dfrac{\sin(\varphi+\delta)\sin(\varphi+\beta)}{\cos(\alpha-\delta)\cos(\alpha-\beta)}}\right]^2} \tag{6-23}$$

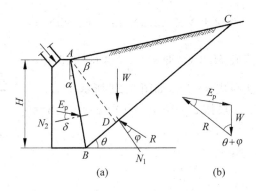

图 6-19　库仑被动土压力计算图

式中，K_p——库仑被动土压力系数；

其他符号意义同前。

当挡土墙满足朗肯理论假设，即墙背垂直（$\alpha=0$）、光滑（$\delta=0$）、填土面水平（$\beta=0$）时，式（6-22）可简化为

$$E_p = \frac{1}{2}\gamma H^2 \tan^2\left(45° + \frac{\varphi}{2}\right)$$

显然，满足朗肯理论假设时，库仑理论与朗肯理论的被动土压力的计算公式也相同。同样可得土压力强度沿墙高的分布形式为

$$\sigma_p = \frac{\mathrm{d}E_p}{\mathrm{d}z} = \frac{\mathrm{d}}{\mathrm{d}z}\left(\frac{1}{2}\gamma z^2 K_p\right) = \gamma z K_p \tag{6-24}$$

被动土压力强度 σ_p 沿墙高也呈三角形分布，合力 E_p 的作用方向在墙背法线下方，与法线成 δ 角，与水平面成（$\delta-\alpha$）角，如图 6-20 所示，作用点在距墙底 $H/3$ 处。

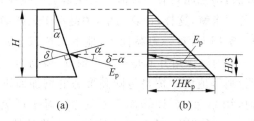

图 6-20　库仑主动土压力强度分布

【例 6-4】　某重力式挡土墙 $H=4.0\mathrm{m}$，$\alpha=10°$，$\beta=10°$，墙后回填砂土，$c=0$，$\varphi=30°$，$\gamma=18\mathrm{kN/m^3}$。试分别求出当 $\delta=\dfrac{1}{2}\varphi$ 和 $\delta=0$ 时，作用于墙背上的总主动土压力 E_a 的大小、方向及作用点。

【解】　（1）求 $\delta=\dfrac{1}{2}\varphi$ 时的 E_{a1}。

用库仑土压力理论计算，根据 $\alpha=10°$，$\beta=10°$，$\varphi=30°$，$\delta=\dfrac{1}{2}\varphi=15°$ 查表 6-2，得

$$K_{a1} = 0.343$$

则

$$E_{a1} = \frac{1}{2}\gamma H^2 K_{a1} = \frac{1}{2} \times 18 \times 4^2 \times 0.437 \text{kN/m} = 62.9\text{kN/m}$$

E_{a1} 作用点位置在距墙底 $H/3$ 处,即 $x = \frac{1}{3} \times 4\text{m} = 1.33\text{m}$。

E_{a1} 作用方向与墙背法线成 $\delta = 15°$,如图 6-21 所示。

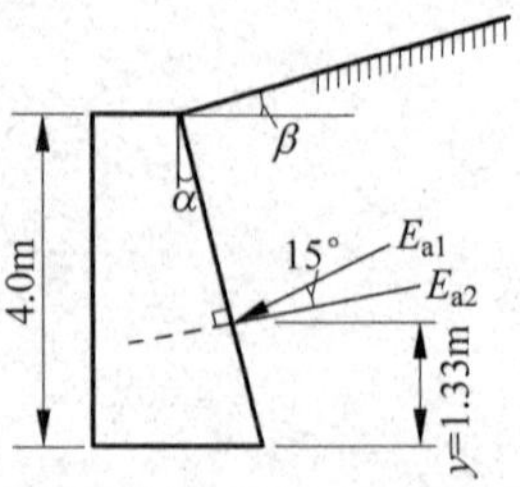

(2)求 $\delta = 0$ 时的 E_{a2}。根据 $\alpha = 10°$,$\beta = 10°$,$\varphi = 30°$,$\delta = 0°$ 查表 6-2,得

$$K_{a2} = 0.461$$

则

$$E_{a2} = \frac{1}{2}\gamma H^2 K_{a2} = \frac{1}{2} \times 18 \times 4^2 \times 0.461 \text{kN/m} = 66.4\text{kN/m}$$

图 6-21 例 6-4 图

E_{a2} 作用点同 E_{a1},作用方向与墙背垂直。

(3)经上述计算比较得知,当墙背与填土之间的摩擦角 δ 减小时,作用于墙背上的总主动土压力将增大。

6.4.3 黏性土的库仑土压力理论

库仑理论假设墙后填土是均质的无黏性土,也就是填土只有内摩擦角而没有黏聚力 c。但在实际工程中墙后土体有时为黏性土,为了考虑黏性土的内聚力 c 对土压力数值的影响,就必须采取一些办法进行修正,使库仑土压力理论公式也可用来计算黏性土土压力。目前已提出了多种修正方法,下面对以下两种方法进行简要介绍。

1. 等值内摩擦角法

这是一种近似计算方法,即把原具有 c、φ 值的黏性填土代换成仅具有等值内摩擦角 φ_D 的无黏性土,然后用库仑公式求解,这样,计算简单,关键在于怎样确定等值内摩擦角。在理论上,该法是解释不通的。实用上,对一般黏性土,地下水位以上常取 35° 或 30°,地下水位以下用 30°~25°。但是,等值内摩擦角并非是一个定值,随墙高而变化,墙高越小,等值内摩擦角越大。若墙高为定值,则等值内摩擦角将随黏聚力的增加而迅速递增。计算表明:对于高墙而填土土质较差时,用 $\varphi_D = 35°$ 计算偏于不安全;对于低墙而填土土质较好时,用 $\varphi_D = 35°$ 计算,却又偏于保守。可见用一个等值内摩擦角来代替填土的实际抗剪强度,不能很好符合实际情况,也并不都偏于安全。

2. 图解法——楔体试算法

楔体试算法假设填土中的破裂面是平面,以简化代替实际的曲面破裂面,这可以计算黏性填土的库仑主动土压力而不致引起太大的误差,但在计算库仑被动土压力时误差较大。

根据前述朗肯理论可知,在无载荷作用的黏性土半限体表层 z_0 深度内,由于存在拉应力,将导致裂缝出现(见图 6-22(a)),故在 z_0 深度内的墙背面上和破裂面上无黏聚力 c 的作用。表达式 $z_0 = \frac{2c}{\gamma}\frac{1}{\sqrt{K_a}}$ 不因地表倾角不同而变化。

假设破裂面为 BD,作用在滑动楔体 EBD 上的力有:

(1)土楔体自重 W,大小已知,方向向下。

（2）滑动面$\overline{BD}$上的反力R，与$\overline{BD}$面的法线成φ角。

（3）$\overline{BD}$面上的总黏聚力$C = c \cdot \overline{BD}$，$c$为填土内单位面积上的黏聚力，方向沿接触面。

（4）墙背与土接触面AB上的总黏聚力$C_a = c_a \cdot \overline{AB}$，$c_a$为墙背与填土之间的黏聚力。

（5）墙背对填土的反力E，与墙背法线方向成δ角。

上述5个力的作用方向均为已知，且W，C_a和C的大小也已知。根据力系平衡的力多边形闭合的条件，即可确定出E的大小，如图6-22(b)所示。

试算多个滑裂面，根据矢量E与R交点的轨迹，画出一条光滑曲线，找到最大E值，即为主动土压力E_a。

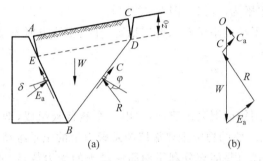

图6-22　用图解法求黏性土主动土压力

（a）作用在滑动土楔体上的力；（b）力多边形

6.4.4　朗肯土压力理论与库仑土压力理论的比较

从前面的分析可以看出，朗肯理论和库仑理论都是在作出一些假设后得到的，因此，计算挡土墙土压力时，必须注意针对实际情况合理选择，否则将会造成不同程度的误差。

朗肯土压力理论根据弹性半空间的应力状态和极限平衡理论分析确定土压力，概念明确，对黏性土和无黏性土都能计算。为了使墙后土体应力状态符合空间应力状态，必须假设墙背竖直、光滑，墙后填土面水平，因而使用范围受到限制。但由于其假定墙背与填土无摩擦，使计算的主动土压力偏大，被动土压力偏小，结果偏为保守。在基坑开挖工程中，作用在板桩墙上的土压力计算常采用朗肯土压力；对于黏性填土，可用朗肯公式直接计算，在一些特殊情况（如填土面上有均布载荷、成层填土、地下水位等），用朗肯公式计算比较简单，用库仑公式则无法计算。

库仑理论根据墙背和滑裂面之间的土楔处于极限平衡状态，用静力平衡条件，推导出土压力的计算公式，考虑了墙背与土之间的摩擦力，并可用于墙背倾斜、填土面倾斜的情况。但由于该理论假设填土是无黏性土，因此不能用库仑理论直接计算黏性土的土压力。库仑理论把土体中的滑动面假定为平面，而实际上却是一曲面，这种平面滑动面的假定是使计算出的土压力（特别是被动土压力）存在很大误差的重要原因。通常在计算主动土压力时偏差为2%～10%，基本能满足工程精度要求；但在计算被动土压力时，由于破裂面接近于对数螺旋线，会产生较大误差，有时可达实测值的2～3倍或更大，因此在实际计算中不用库仑公式计算被动土压力。此时宜按有限差分解或考虑对数螺旋线区的塑性理论解计算，具体方法可参见有关文献。

6.5 挡土墙设计

6.5.1 挡土墙的类型

1. 重力式挡土墙

这种挡土墙是以自重来维持挡土墙在土压力作用下的稳定,多用砖、石或混凝土材料建成,一般不配钢筋或只在局部范围内配以少量钢筋。重力式挡墙结构简单,施工方便,取材容易,在土建工程中应用极为广泛(见图6-23(a))。

重力式挡土墙适用于高度小于6m、地层稳定、开挖土石方时不会危及相邻建筑物安全的地段。

2. 悬臂式挡土墙

悬臂式挡土墙一般用钢筋混凝土建造,它由三个悬臂板组成,即立臂、墙趾悬臂和墙踵悬臂,如图6-23(b)所示。墙的稳定主要靠墙踵悬臂以上的土重维持,墙体内的拉应力由钢筋承担。这类挡土墙的优点是能充分利用钢筋混凝土的受力特点,墙体截面较小。在市政工程以及厂矿储库中广泛应用这种挡土墙。

3. 扶壁式挡土墙

当墙高较大时,悬臂式挡土墙的立臂在推力作用下产生的弯矩与挠度较大,为了增加立臂的抗弯性能和减少钢筋用量,常沿墙的纵向每隔一定距离设一道扶壁,扶壁间距为$(0.8\sim1.0)H$(H为墙高)。墙体稳定主要靠扶壁间土重维持(见图6-23(c))。

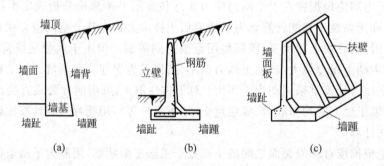

图6-23 挡土墙的类型
(a)重力式挡土墙;(b)悬臂式挡土墙;(c)扶壁式挡土墙

4. 锚定板及锚杆式挡土墙

锚杆挡土墙与锚定板挡土墙均属于锚拉式挡土结构,为轻型挡土墙(见图6-24),常用于铁路路基、护坡、桥台及基坑开挖支挡邻近建筑等工程。

锚杆挡土墙由钢筋混凝土墙板及锚固于稳定土层中的锚杆组成。锚杆根据受力大小通常由高强钢丝索或热轧钢筋组成。锚杆挡土墙可作为山边的支挡结构物,也可用于地下工

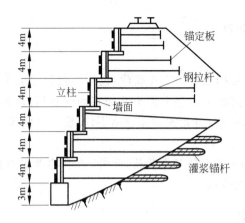

图 6-24　锚杆、锚定板式挡墙实例

程的临时支撑。锚杆可通过钻孔灌浆、开挖预埋等方法设置,其作用是将墙体所承受的土压力传递到土(岩层)内部,从而维持挡土墙的稳定。

锚定板挡土墙一般由立柱、基础、拉杆与锚定板组成。锚杆的抗拔力由埋置在填料中的锚定板来提供,拉杆常采用较粗的热轧钢筋外裹防腐层构成,其末端连接于锚定板,前面与立柱相连。作用在墙板上的土压力通过拉杆传至锚定板,再由锚定板的抗力来平衡。锚定板挡土墙一般用于填土工程,在填筑的过程中将锚定板、锚拉杆埋入压密的土中。

由此可见,锚拉式挡土结构不同于一般挡土墙利用自重维持挡土墙的稳定性,而是依靠锚固在稳定岩土中的拉杆所提供的拉力来保证挡土墙的稳定。这种挡墙与重力式挡墙相比,具有结构轻、柔性大、工程量小、造价低、施工方便等优点,特别适用于地基承载力不大的地区。

5. 其他形式的挡土结构

此外,还有混合式挡土墙、板桩墙、加筋土挡墙以及土工合成材料挡墙等。

6.5.2　挡土墙的计算

这里介绍的是重力式挡土墙的计算,对悬臂式和扶壁式挡土墙,其计算内容、计算的原则和安全系数可以借用,但载荷计算有所不同,此处从略。

挡土墙的截面尺寸一般按试算法确定,即先根据挡墙的工程地质、填土性质、载荷情况以及墙体材料和施工条件等凭经验初步拟定截面尺寸,然后进行验算,如不满足要求,则修改截面尺寸或采取其他措施。

1. 挡土墙的计算内容

(1)稳定性验算。抗倾覆和抗滑移稳定验算。

(2)地基的承载力验算。

(3)墙身强度验算。执行《混凝土结构设计规范(2015 版)》(GB 50010—2010)和《砌体结构设计规范》(GB 50003—2011)等标准的相应规定。

2. 作用在挡土墙上的力

（1）墙身自重 G。

（2）土压力。土压力是挡土墙的主要载荷，包括墙背作用的土压力 E_a；若挡土墙基础有一定埋深，则埋深部分前趾上因整个挡土墙前移而受挤压，故对墙体作用着被动土压力 E_p，但在挡土墙设计中常因基坑开挖松动而忽略不计，使结果偏于安全。

（3）基底反力。

以上 3 种为作用在挡土墙上的基本载荷，此外，若墙的排水不良，填土积水需计算水压力，对地震区还要考虑地震效应。

3. 挡土墙稳定性验算

1）抗滑移稳定性验算

在土压力作用下，挡土墙有可能沿基础底面发生滑动（见图 6-25(a)），因此，要求基底抗滑力 F_1 应大于其滑动力 F_2，即抗滑安全系数 K_s 应满足

$$K_s = \frac{F_1}{F_2} = \frac{(G_n + E_{an})\mu}{E_{at} - G_t} \geqslant 1.3 \tag{6-25}$$

式中，G——挡土墙每延米自重(kN/m)；

G_n——G 垂直于墙底的分力(kN/m)，$G_n = G\cos\alpha_0$；

G_t——G 平行于墙底的分力(kN/m)，$G_t = G\sin\alpha_0$；

E_{an}——主动土压力 E_a 垂直于墙底的分力(kN/m)，

$$E_{an} = E_a\cos(\alpha - \alpha_0 - \delta)$$

E_{at}——主动土压力 E_a 平行于墙底的分力(kN/m)，$E_{at} = E_a\sin(\alpha - \alpha_0 - \delta)$。其中，$\alpha_0$ 为挡土墙基底对水平面的倾角($^\circ$)，α 为挡土墙墙背对水平面的倾角($^\circ$)，δ 为土对挡土墙墙背的摩擦角($^\circ$)，可按表 6-2 选用；

μ——由试验确定，也可按表 6-4 选用。

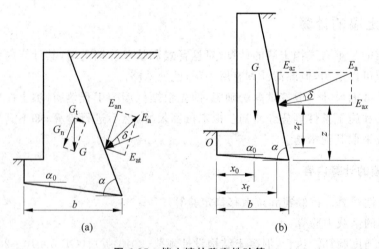

图 6-25 挡土墙的稳定性验算

（a）滑动稳定验算；（b）倾覆稳定验算

表 6-4　土对挡土墙基底的摩擦因数 μ

土的类别		摩擦因数 μ	土的类别	摩擦因数 μ
黏性土	可塑	0.25～0.30	中砂、粗砂、砾砂	0.40～0.50
	硬塑	0.30～0.35	碎石土	0.40～0.60
	坚硬	0.35～0.45	软质土	0.40～0.60
粉土		0.30～0.40	表面粗糙的硬质岩	0.65～0.75

注：1. 对易风化的软质岩和塑性指数 I_p 大于 22 的黏性土，基底摩擦因数应通过试验确定。

　　2. 对碎石土，可根据其密实程度、填充物状况、风化程度等确定。

若验算不能满足式(6-25)的要求时，可采取以下措施加以解决。

（1）修改挡墙断面尺寸，以加大 G 值，增大抗滑力。

（2）挡墙底面做成砂、石垫层，以提高 μ 值，增大抗滑力。

（3）挡墙底面做成逆坡，利用滑动面上部分反力抗滑，如图 6-26(a)所示，这是比较经济而有效的措施。

（4）在软土地基上，其他方法无效或不经济时，可在墙踵后加拖板，如图 6-26(b)所示，利用拖板上的土重来抗滑，拖板与挡墙之间应用钢筋连接。由于扩大了基底宽度，对墙的倾覆稳定也是有利的。

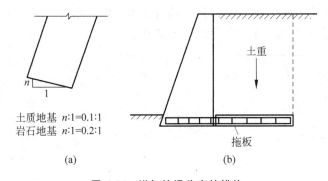

土质地基 $n:1=0.1:1$
岩石地基 $n:1=0.2:1$

(a)　　　　　　　　　(b)

图 6-26　增加抗滑稳定的措施

2）抗倾覆稳定性验算

抗倾覆稳定性验算要保证挡墙在土压力作用下不发生绕墙趾 O 点的外倾(见图 6-25(b))，须要求对 O 点的抗倾覆力矩 M_1 大于倾覆力矩 M_2，即抗倾覆安全系数 K_t 应满足下列要求

$$K_t = \frac{M_1}{M_2} = \frac{Gx_0 + E_{az}x_f}{E_{ax}z_f} \geqslant 1.6 \qquad (6-26)$$

式中，E_{az}——主动土压力 E_a 的竖向分力(kN/m)，$E_{az}=E_a\cos(\alpha-\delta)$；

　　E_{ax}——主动土压力 E_a 的水平分力(kN/m)，$E_{ax}=E_a\sin(\alpha-\delta)$；

　　x_0——挡土墙重心与墙趾的水平距离(m)；

　　z——土压力作用点离墙踵的高度(m)；

　　b——基底的水平投影宽度(m)；

　　z_f——土压力作用点离 O 点的高度(m)，$z_f=z-b\tan\alpha_0$；

　　x_f——土压力作用点离 O 点的水平距离(m)，$x_f=b-z\cot\alpha$。

当地基软弱时，在倾覆的同时墙趾可能陷入土中，力矩中心 O 点向内移动，导致抗倾覆安全系数降低,因此在运用式(6-26)时要注意土的压缩性。

若验算结果不能满足式(6-26)的要求时,可按以下措施处理:

(1)增大挡墙断面尺寸,使 G 增大,以增大抗倾覆力矩,这一方法要增加较多的工程量,不经济。

(2)加大 x_0,即伸长墙趾,如墙趾过长,厚度不足,则需配筋。

(3)墙背做成仰斜,可减小土压力。

(4)在挡土墙垂直墙背上做卸荷台,形状如牛腿,卸荷台以上的土压力不能传到卸荷台以下,总土压力减小,减小了倾覆力矩。

6.5.3 重力式挡土墙的构造措施

挡土墙的设计,除进行前述验算外,还必须合理地选择墙型和采取必要的构造措施,以保证其安全、经济和合理。

1. 墙型的选择

重力式挡土墙按墙背倾斜方向可分为仰斜、直立和俯斜三种形式,如图 6-27 所示。如用相同的计算方法和计算指标计算主动土压力,一般仰斜最小,俯斜墙背主动土压力最大,直立居中。就墙背所受的土压力而言,仰斜墙背较为合理。然而选用哪一种墙背倾斜形式,还应根据使用要求、地形和施工条件等综合考虑确定。

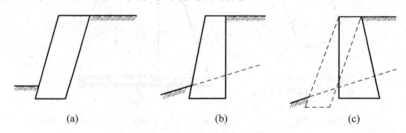

图 6-27 重力式挡土墙的墙背倾斜

(a)仰斜;(b)直立;(c)俯斜

仰斜墙背、墙身截面经济,墙背可与开挖的临时边坡紧密贴合,但墙后填土较为困难,因此多用于支挡挖方工程的边坡。

俯斜墙背,墙后填土施工较为方便,易于保证回填土质量而多用于填土工程。

直立墙背多用于墙前地形较陡的情况,如山坡上建墙,因为此时仰斜墙背为了保证墙趾与墙前土坡面之间保持一定距离,就要加高墙身,使砌筑工程量增加,俯斜则土压力较大。

2. 重力式挡墙的基础埋置深度

挡土墙的基础埋置深度(如基底倾斜,基础埋置深度从最浅处的墙趾处计算)应根据持力层土的承载力、水流冲刷、岩石裂隙发育及风化程度等因素进行确定。在特强冻胀、强冻胀地区应考虑冻胀的影响。在土质地基中,基础埋置深度不宜小于 0.5m;在软质岩地基中,基础埋置深度不宜小于 0.3m。

3. 断面尺寸拟定

挡土墙各部分的构造必须符合强度和稳定性的要求,并考虑就地取材、截面经济、施工及养护方便,按地质地形条件通过技术经济比较后确定。

当墙前地面较陡时,墙面坡可取 $1:0.05\sim1:0.2$,当墙高较小时,亦可采用直立的截面。在墙前地形较为平坦时,对于中、高挡土墙,墙面坡度可较缓,但不宜缓于 $1:0.4$,以免增高墙身或增加开挖宽度。仰斜墙背坡度越缓,主动土压力越小,但为了避免施工困难,仰斜墙背坡度一般不宜缓于 $1:0.25$,墙面坡应尽量与墙背坡平行。俯斜墙背的坡度不大于 $1:0.36$。

为了增加挡土墙的抗滑稳定性,可将基底做成逆坡,如图 6-26(a)所示。但是基底逆坡过大,可能使墙身连同基底下的一块三角形土体一起滑动,因此,一般土质地基的基底逆坡坡度不宜大于 $0.1:1$,对岩石地基基底逆坡坡度不宜大于 $0.2:1$。

当墙高较大时,为了使基底压力不超过地基承载力特征值,可加墙趾台阶,如图 6-28 所示,以便扩大基底宽度,这对墙的倾覆稳定也是有利的。墙趾台阶的高宽比可取 $h:a=2:1$,a 不得小于 20cm 。此外,基底法向反力的偏心距应满足 $e\leqslant b_1/4$ 的条件(b_1 为无台阶时的基底宽度)。

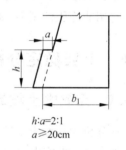

$$h:a=2:1$$
$$a\geqslant20\text{cm}$$

图 6-28　墙趾台阶尺寸

挡土墙的顶宽如无特殊要求,对于块石挡土墙的墙顶宽度不宜小于 400mm;混凝土挡土墙的墙顶宽度不宜小于 200mm。重力式挡土墙基础底宽为墙高的 $1/3\sim1/2$。

重力式挡土墙应每隔 $10\sim20$m 设置一道伸缩缝。当地基有变化时宜加设沉降缝。在挡土结构的拐角处,应采取加强的构造措施。

4. 墙后排水措施

在挡土墙建成使用期间,如遇雨水渗入墙后填土中,会使填土的重度增加,内摩擦角减小,土的强度降低,从而使填土对墙的土压力增大,同时墙后积水,增加水压力,对墙的稳定性不利。积水自墙面渗出,还要产生渗流压力。水位较高时,静、动水压力对挡土墙的稳定威胁更大,因此挡土墙设计中必须设置排水。

对于可以向坡外排水的支挡结构,应在支挡结构上设置排水孔(见图 6-29)。排水孔应沿着横竖两个方向设置,其间距宜取 $2\sim3$m,排水孔外斜坡度宜为 5%,孔眼尺寸不宜小于 100mm。为了防止排水孔堵塞,应在其入口处以粗颗粒材料做反滤层和必要的排水暗沟。为防止地面水渗入填土和一旦渗入填土中的水渗到墙下地基,应在地面和排水孔下部铺设黏土层并分层夯实,以利隔水。当墙后有山坡时,应在坡脚处设置截水沟。对于不能向坡外排水的边坡,应在墙背填土中设置足够的排水暗沟。

5. 填土质量要求

为保证挡土墙的安全正常工作及经济合理,填料的恰当选取极为重要。由土压力理论可知,填土的重度越大,则主动土压力越大,而填土的内摩擦角越大,则主动土压力越小。所以,在选择填料时,应从填料的重度和内摩擦角哪一个因素对减小主动土压力更为有效这一

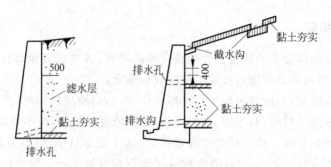

图 6-29　挡土墙的排水措施

点出发来考虑。一般来说,选用内摩擦角较大的粗粒填料如粗砂、砾石、碎石、块石等,能够显著减小主动土压力,而且它们的内摩擦角受浸水的影响也很小。所以,墙后填土应选择透水性较强的填料;当采用黏性土作填料时,宜掺入适量的碎石。在季节性冻土地区,墙后填土应选用非冻胀性填料,如炉渣、碎石、粗砂等。墙后填土必须分层夯实,保证质量。

6.6　土坡稳定分析

6.6.1　无黏性土坡的稳定性分析

在分析无黏性土土坡稳定时,一般可假定沿滑动面是平面。图 6-30 为一简单土坡,已知土坡高 H,坡角为 β,土的重度为 γ,土的抗剪强度 $\tau_f = \sigma\tan\varphi$。若假定滑动面是通过坡脚 A 的平面 AC,AC 的倾角为 α,则可计算滑动土体 ABC 沿 AC 面上滑动的稳定安全系数 K。

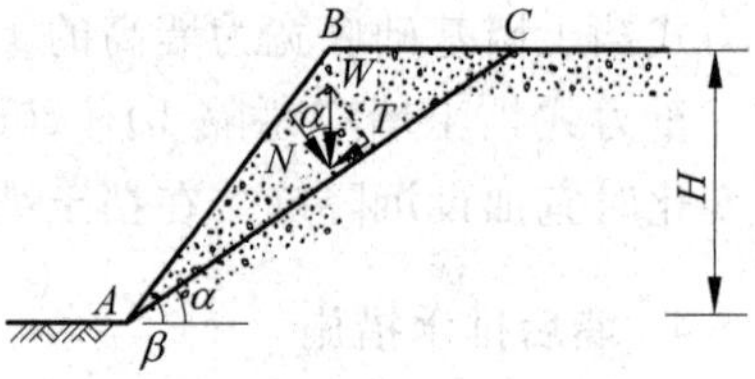

图 6-30　无黏性土坡稳定

沿土坡长度方向截取单位长度土坡,作为平面应变问题分析。滑动土体 ABC 的重力为

$$W = \gamma \times 1 \times S_{\triangle ABC}$$

W 在滑动面 AC 上的法向分力及切向分力为

$$N = W\cos\alpha, \quad T = W\sin\alpha$$

W 在滑动面 AC 上的正应力及剪应力为

$$\sigma = \frac{N}{AC} = \frac{W\cos\alpha}{AC}$$

$$\tau = \frac{T}{AC} = \frac{W\sin\alpha}{AC}$$

土坡的抗剪强度与土坡中剪应力的比值叫滑动稳定安全系数,其值为

$$K = \frac{\tau_f}{\tau} = \frac{\sigma\tan\varphi}{\tau} = \frac{\dfrac{W\cos\alpha}{AC}\tan\varphi}{\dfrac{W\sin\alpha}{AC}} = \frac{\tan\varphi}{\tan\alpha} \tag{6-27}$$

由上式可知,当 $\alpha = \beta$ 时滑动稳定安全系数最小,即土坡面上的一层土是最易滑动的。因此,无黏性土的土坡滑动稳定安全系数为

$$K = \frac{\tan\varphi}{\tan\beta} \tag{6-28}$$

由上式可见,对于均质无黏性土坡,理论上土坡的稳定性与坡高无关,只要坡角小于土的内摩擦角,$K>1$,土体就是稳定的。当坡角与土的内摩擦角相等时,稳定安全系数 $K=1$,此时抗滑力等于滑动力,土坡处于极限平衡状态,相应的坡角就等于无黏性土的内摩擦角,特称之为自然休止角。通常为了保证土坡具有足够的安全储备,可取 $K=1.1 \sim 1.5$。

当无黏性土坡受到一定的渗流力作用时,坡面上渗流溢出处的单元土体,除本身重量外,还受到渗流力的作用,当坡面有顺坡渗流作用时,无黏性土坡的稳定安全系数约降低一半。

6.6.2　黏性土坡的稳定性分析

在非均质土层中,如果土坡下面有软弱层,则滑动面很大部分将通过软弱土层,形成曲折的复合滑动面,如果土坡位于倾斜的岩层面上,则滑动面往往沿岩层面产生,如图 6-31 所示。

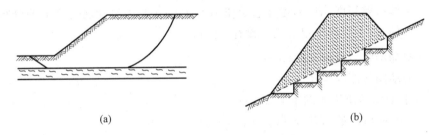

(a)　　　　　　　　　　　　　　　(b)

图 6-31　非均质土层中的滑动面

(a) 沿软弱夹层滑动；(b) 沿岩层滑动

均质黏性土的土坡失稳破坏时,其滑动面常常是一曲面,通常近似地假定为圆弧滑动面。圆弧滑动面的形式与土坡的坡角 β 大小、土的强度指标,以及土中硬层的位置等因素有关,一般有如下 3 种：

(1) 圆弧滑动面通过坡脚 B 点(见图 6-32(a)),称为坡脚圆；

(2) 圆弧滑动面通过坡面上 E 点(见图 6-32(b)),称为坡面圆；

(3) 圆弧滑动面发生在坡脚以外的 A 点(见图 6-32(c)),称为中点圆。

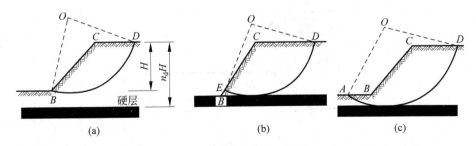

(a)　　　　　　　　　　(b)　　　　　　　　　　(c)

图 6-32　均质黏性土层中的滑动面

(a) 坡脚圆；(b) 坡面圆；(c) 中点圆

土坡稳定分析方法可分成三种：①土坡圆弧滑动体按整体稳定分析法，主要适用于均质简单土坡。即土坡上、下两个土面是水平的，坡面 BC 是一平面，如图 6-33 所示。②条分法分析土坡稳定。对非均质土坡、土坡外形复杂、土坡部分在水下时均适用。③非圆弧滑动面的简布法。

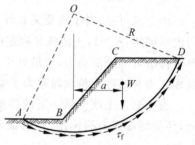

图 6-33　土坡整体稳定分析

1. 整体圆弧滑动法土坡稳定分析

1）基本原理

如图 6-33 所示均质简单土坡，若以滑动面上的最大抗滑力矩与滑动力矩之比来定义稳定安全系数，AD 为假定的滑动面，圆心为 O，半径为 R。当土体 $ABCDA$ 保持稳定时必须满足力矩平衡条件，故稳定安全系数为

$$K = \frac{\text{抗滑力矩 } M_r}{\text{滑动力矩 } M_s} = \frac{\tau_f \hat{L} R}{Wa} \tag{6-29}$$

式中，τ_f——土的抗剪强度（kPa），按库仑定律 $\tau_f = \sigma \tan\varphi + c$，沿滑动面 AD 上的分布是不均匀的，使土坡的稳定安全系数有一定误差；

$\hat{L}$——滑动圆弧 AD 的长度（m）；

R——滑动圆弧面的半径（m）；

W——滑动体 $ABCDA$ 的重力（kN）；

a——土体对 O 点的力臂（m）。

式（6-29）中土的抗剪强度沿滑动面 AD 上的分布是不均匀的。土坡的稳定安全系数有一定误差。

由于计算上述安全系数时，滑动面为任意假定，并不是最危险滑动面，相应于最小稳定安全系数的滑动面才是最危险的滑动面。由此可见，土坡稳定分析的计算工作量是很大的。为此，费伦纽斯和泰勒对均质的简单土坡做了大量的计算分析工作，提出了确定最危险滑动面圆心的经验方法，以及计算土坡稳定安全系数的图表。

2）费伦纽斯确定最危险滑动面圆心的方法

如图 6-34 所示，费伦纽斯确定最危险滑动面圆心的具体方法如下：

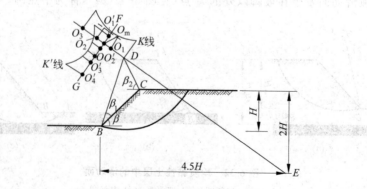

图 6-34　确定最危险滑动面圆心位置

（1）土的内摩擦角 $\varphi=0$ 时。费伦纽斯提出当土的内摩擦角 $\varphi=0$ 时，土坡的最危险圆弧滑动面通过坡脚，其圆心为 O 点。D 点是由坡脚和坡顶 C 分别作 BD 与 CD 线的交点，BD 与 CD 线分别与坡面及水平面成 β_1 及 β_2 角。β_1 及 β_2 与土坡坡角 β 有关，可由表 6-5 查得。

表 6-5　不同边坡的 β_1、β_2 数据表

坡比	坡角	β_1	β_2	坡比	坡角	β_1	β_2
1:0.58	60°	29°	40°	1:3	18.43°	25°	35°
1:1	45°	28°	37°	1:4	14.04°	25o	37°
1:1.5	33.79°	26o	25°	1:5	11.32	25°	37°
1:2	26.57°	25°	25°				

（2）土的内摩擦角 $\varphi>0$ 时。费伦纽斯提出这时最危险滑动面也通过坡脚，其圆心在 ED 的延长线上。E 点的位置与坡脚 B 点的水平距离为 $4.5H$，竖直距离 H 值越大，圆心越向外移。计算时从 D 点向外延伸取几个试算圆心 O_1，O_2，$\cdots$，分别求得其相应的滑动稳定安全系数 K_1，K_2，$\cdots$，绘 K 值曲线可得最小安全系数值 $K_{\min}$，其相应的圆心 Q_m 即为最危险滑动面的圆心。

实际上土坡的最危险滑动面圆心位置有时并不一定在 ED 的延长线上，而可能在其左右附近，因此圆心 Q_m 可能并不是最危险滑动面的圆心，这时可以通过 Q_m 点作 DE 线的垂线 FG，在 FG 上取几个试算滑动面的圆心 O_1'，O_2'，求得其相应的滑动稳定安全系数 K_1'，K_2'，$\cdots$，绘得 K' 值曲线，相应于 $K_{\min}$ 值的圆心 O 才是最危险滑动面的圆心。

可见，根据费伦纽斯提出的方法，虽然可以把最危险滑动面的圆心位置缩小到一定范围，但其试算工作量还是很大的。为此，泰勒对此作了进一步的研究，提出了确定均质简单土坡稳定安全系数的图表。

3）泰勒分析法（稳定数法）

泰勒通过大量计算分析后认为圆弧滑动面的 3 种形式与土的内摩擦角 φ、坡角 β 有关。并提出：

（1）当 $\varphi>3°$ 时，滑动面为坡脚圆，其最危险滑动面圆心位置，可根据 φ 及 β 角，从图 6-35(a) 中的曲线查得 θ 及 α 值作图求得。

（2）当 $\varphi=0°$，且 $\beta>53°$ 时，滑动面也是坡脚圆，其最危险滑动面圆心位置，同样可从图 6-35(a) 中的 θ 及 α 值作图求得。

（3）当 $\varphi=0°$，且 $\beta<53°$ 时，滑动面可能是中点圆，也有可能是坡脚圆或坡面圆，它取决于硬层的埋藏深度。当土坡高度为 H，硬层的埋藏深度为 $n_d H$（如图 6-35(b) 所示），若滑动面为中点圆，则圆心位置在坡面中点 M 的铅直线上，且与硬层相切，滑动面与土面的交点为 A 点，A 点与坡脚 B 的距离为 $n_x H$，n_x 值可根据 n_d 及 β 值由图 6-35(c) 查得。若硬层埋藏较浅，则滑动面可能是坡脚圆或坡面圆，其圆心位置需通过试算确定。

泰勒认为在土坡稳定分析中共有 5 个计算参数，即土的抗剪强度指标 c、φ、重度 γ、土坡高度 H 以及坡角 β，为简化计算，泰勒把 c、γ、H 3 个参数组成一个新的参数 N_s，称为稳定因数，

$$N_s = \frac{\gamma H}{c} \tag{6-30}$$

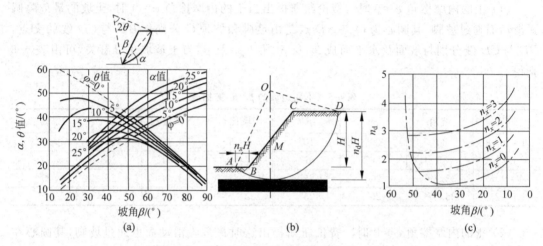

图 6-35 按泰勒法确定最危险滑动面圆心位置

（a）当 $\varphi > 3°$ 或 $\varphi = 0°$，且 $\beta > 53°$ 时；（b）和（c）当 $\varphi = 0°$，且 $\beta < 53°$ 时

若已知其中 4 个参数即可求出第 5 个参数，通过大量计算可以得 N_s 与 φ 及 β 间的关系曲线，如图 6-36 所示，从图可见，当 $\beta < 53°$ 时滑动面形式与硬层埋藏深度 n_d 值有关。

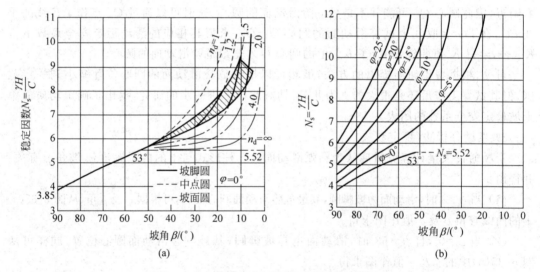

图 6-36 泰勒的稳定因素 N_s 与坡角 β 的关系

（a）$\varphi = 0°$ 时；（b）$\varphi > 0°$ 时

验算简单土坡的稳定性时，假定滑动面上土的摩擦力首先得到充分发挥，然后才由土的黏聚力补充。因此在求得满足土坡稳定时滑动面上所需要的黏聚力 c_1，与土的实际黏聚力进行比较，即可求得土坡的稳定安全系数。

【例 6-5】 已知某简单土坡高度 $H = 10\text{m}$，坡角 $\beta = 50°$，土的重度为 19.5kN/m^3、$\varphi = 10°$、$c = 28\text{kPa}$，试用泰勒的稳定因数曲线计算土坡的稳定安全系数。

【解】　当 $\varphi=10°,\beta=50°$ 时,由图 6-36(b)查得 $N_s=8.4$。由式(6-30)可求得此时滑动面上所需要的黏聚力为

$$c_1=\frac{\gamma h}{N_s}=\frac{19.5\times10}{8.4}\text{kPa}=23.2\text{kPa}$$

土坡稳定安全系数

$$K=\frac{c}{c_1}=\frac{28}{23.2}=1.21$$

必须指出的是,大量研究结果证明,黏性土坡整体圆弧滑动分析只能用于总应力分析中且 $\varphi_n=0$ 时才是精确的。

2. 毕肖普条分法

从前面分析知道,由于圆弧滑动面上各点法向应力不同,因此土的抗剪强度各点也不相同,故不能直接应用式(6-29)计算土坡的稳定安全系数。而泰勒分析法是在对滑动面上的抵抗力大小及方向作了一些假定的基础上,才得到分析均质简单土坡稳定计算图表的。它对于非均质土坡或比较复杂的土坡均不适用。而毕肖普条分法是解决这一问题的实用方法之一,广泛应用于工程中。

1955 年毕肖普(A. W. Bishop)假定各土条底部滑动面上的抗滑安全系数均相同,即等于整个滑动面的平均安全系数,取单位长度土体按平面问题计算,如图 6-37 所示。设可能滑动面为一圆弧 AD,圆心为 O,半径为 R。将滑动土体 $ABCD$ 分成若干土条,而取其中任一条(第 i 条)分析其受力情况。则作用在该土条上的力有:土条自重 $W_i=\gamma b_i h_i$;作用于土条底面的切向力 T_i,有效法向反力 N_i',孔隙水压力 $u_i l_i$;作用于该土条两侧的法向力 E_i 和 E_{i+1} 及切向力 X_i 和 X_{i+1},$\Delta X_i=(X_{i+1}-X_i)$。其中 b_i、h_i 分别为该土条的宽度与平均高度,u_i、l_i 为该土条底面中点处孔隙水压力和滑动圆弧弧长,且 W_i、T_i、N_i'、$u_i l_i$ 的作用点均在土条底面中点。

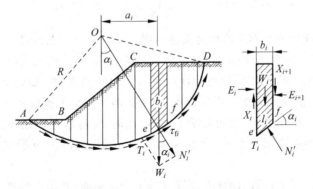

图 6-37　毕肖普条分法计算土坡稳定

对土条 i 取竖向力平衡得

$$W_i+X_{i+1}-X_i-T_i\sin\alpha_i-N_i'\cos\alpha_i-u_i l_i\cos\alpha_i=0$$

则

$$N_i'\cos\alpha_i=W_i+X_{i+1}-X_i-T_i\sin\alpha_i-u_i l_i\cos\alpha_i \tag{6-31}$$

若土坡的稳定安全系数为 K,则土条滑动面上的抗剪强度 τ_{fi} 也只发挥了一部分,毕肖

普假设 τ_{fi} 与滑动面上的切向力 T_i 相平衡,即

$$T_i = \frac{\tau_{fi} l_i}{K} = \frac{1}{K}(N_i' \tan\varphi_i' + c_i' l_i) \tag{6-32}$$

式中,c_i'——土条 i 的有效黏聚力;

φ_i'——土条 i 的有效内摩擦角。

代入式(6-31)解得

$$N_i' = \frac{1}{m_{a_i}}\left(W_i + X_{i+1} - X_i - u_i b_i - \frac{c_i' l_i}{K}\sin\alpha_i\right) \tag{6-33}$$

式中

$$m_{a_i} = \cos\alpha_i + \frac{1}{K}\tan\varphi_i'\sin\alpha_i \tag{6-34}$$

就整个滑动土体对圆心 O 求力矩平衡,此时相邻土条之间侧壁作用力的力矩将相互抵消,而各土条的 N_i' 及 $u_i l_i$ 的作用线均通过圆心,则有

$$\sum W_i a_i - \sum T_i R = 0$$

考虑到 $a_i = R\sin\alpha_i$, $b = b_i = l_i\cos\alpha_i$,把式(6-33)代入式(6-32)得

$$K = \frac{\sum \dfrac{1}{m_{a_i}}[c_i' b + (W_i - u_i b_i + \Delta X_i)]\tan\varphi_i'}{\sum W_i \sin\alpha_i} \tag{6-35}$$

上式为毕肖普条分法计算土坡安全系数的普遍公式,但 ΔX_i 仍未知。为了求出 K,须估算 ΔX_i 值,可通过逐次逼近法求解。毕肖普补充假定忽略土条间的竖向切向力 X_i 和 X_{i+1} 的作用,即令各土条的 $\Delta X_i = 0$,毕肖普证明所产生的误差仅为 1%,由此可得国内外普遍使用的简化的毕肖普公式:

$$K = \frac{\sum \dfrac{1}{m_{a_i}}[c_i' b + (W_i - u_i b_i)]\tan\varphi_i'}{\sum W_i \sin\alpha_i} \tag{6-36}$$

以上简化的毕肖普法计算土坡稳定安全系数公式中的 m_{a_i} 也包含 K 值,因此式(6-36)须用迭代法求解,即先假定一个 K 值,按公式(6-34)求得 m_{a_i},代入式(6-36)求出 K 值,若此 K 值与假定值不符,则用此 K 值重新计算 m_{a_i},求得新的 K 值,如此反复迭代,直至假定的 K 值与求得的 K 值相近为止。通常迭代 3~4 次即可满足工程精度要求。

尚应注意,当 α_i 为负时,m_{a_i} 有可能趋近于零,此时 N_i' 将趋近于无限大,这是不合理的,此时简化毕肖普法不能应用。此外,当坡顶土条的 α_i 很大时,N_i' 可能出现负值,此时可取 $N_i' = 0$。

为了求得最小的安全系数,同样必须假定若干个滑动面,其最危险滑动面圆心位置的确定,仍可采用前述费伦纽斯经验法。

【例 6-6】 某土坡如图 6-38 所示。已知土坡高度 $H = 6\mathrm{m}$,坡角 $\beta = 55°$,土的重度 $\gamma = 18.6\mathrm{kN/m^3}$,土的内摩擦角 $\varphi = 12°$,黏聚力 $c = 16.7\mathrm{kN/m^3}$。试用条分法验算土坡的稳定安全系数。

【解】 (1) 按比例绘出土坡的剖面图(如图 6-38)。按泰勒经验法确定最危险滑动面圆

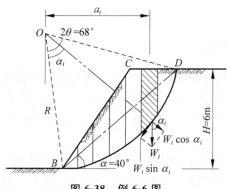

图 6-38　例 6-6 图

心位置。当 $\varphi=12°$，$\beta=55°$ 时，土坡的滑动面是坡脚圆，其最危险滑动面圆心的位置，可从图 6-35 中的曲线得到 $\alpha=40°$，$\theta=34°$，由此作图求得圆心 O。

（2）将滑动土体 $BCDB$ 划分成竖直土条。滑动圆弧 BD 的水平投影长度为

$$Hc\tan\alpha = 6 \times c\tan40° = 7.15\text{m}$$

把滑动土体划分为 7 个土条，从坡脚 B 开始编号，第 1～6 条的宽度均取为 1m，而第 7 条的宽度则为 1.15m。

（3）计算各土条滑动面中点与圆心的连线同竖直线间的夹角值 α_i。按公式（6-36）计算各土条有关参数，如表 6-6 所示。

表 6-6　例 6-6 计算表

土条编号	α_i /(°)	l_i/m	W_i/kN	$W_i\sin\alpha_i$ /kN	$W_i\tan\varphi_i$	$c_i l_i\cos\alpha_i$	m_{a_i}		$\dfrac{1}{m_{a_i}}(W_i\tan\varphi_i + c_i l_i\cos\alpha_i)$/kN	
							$K=1.2$	$K=1.19$	$K=1.2$	$K=1.19$
1	9.5	1.01	11.16	1.84	2.37	16.64	1.016	1.016	18.71	18.71
2	16.5	1.05	33.48	9.51	7.12	16.81	1.009	1.010	23.72	23.69
3	23.8	1.09	53.01	21.39	11.27	16.66	0.986	0.987	28.33	28.30
4	31.6	1.18	69.75	36.55	14.83	16.78	0.945	0.945	33.45	33.45
5	40.1	1.31	76.26	49.12	16.21	16.73	0.879	0.880	37.47	37.43
6	49.8	1.56	56.73	43.33	12.06	16.82	0.781	0.782	36.98	36.93
7	63.0	2.68	29.70	24.86	5.93	20.32	0.612	0.613	42.89	42.82
—			合力为 186.60		—				合力为 221.55	合力为 221.33

第一次试算假定稳定安全系数 $K=1.20$，计算结果列于表 6-6，可按式（6-36）求得稳定安全系数

$$K = \frac{\displaystyle\sum_{i=1}^{n}\frac{1}{m_{a_i}}(W_i\tan\varphi_i + c_i l_i\cos\alpha_i)}{\displaystyle\sum_{i=1}^{n}W_i\sin\alpha_i} = \frac{221.55}{186.6} = 1.187$$

第二次试算假定 $K=1.19$，计算结果列于表 6-6，可得 $K=1.186$，这时计算结果与假定接近，故得土坡的稳定安全系数 $K=1.19$。

应当注意：这仅是一个滑动圆弧的计算结果，为求出最小的 K 值，需假定若干个滑动

面,按前法进行试算。

3. 非圆弧滑动面的简布法

在实际工程中常常会遇到非圆弧滑动面的土坡稳定分析问题,如土坡下面有软弱夹层,或土坡位于倾斜岩层面上,滑动面形状受到夹层或硬层影响而呈非圆弧形状。此时若采用前述圆弧滑动面法分析就不再适用。简布(N. Janbu)提出的非圆弧普遍条分法可解决该问题,称为简布法。

图 6-39(a)所示土坡,滑动面 $ABCD$ 为任意形状,将土体划分为许多土条,其中任意土条 i 上的作用力如图 6-39(b)所示,其受力情况如前所述也是二次超静定问题,简布求解时作了两个假定:①滑动面上的切向力 T_i 等于滑动面上土所发挥的抗剪强度 τ_{fi},即 $T_i = \tau_{fi}l_i = (N_i\tan\varphi_i + c_il_i)/K$;②土条两侧法向力 E 的作用点位置为已知,即作用于土条底面以上 $1/3$ 高度处。分析表明,条间力作用点的位置对土坡稳定安全系数影响不大。

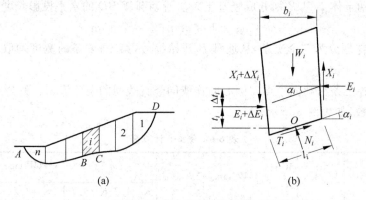

图 6-39 简布的普遍条分法

取任一土条 i 如图 6-39(b)所示,α_i 是推力线与水平线的夹角,t_i 为条间力作用点的位置。需求的未知量有:土条底部法向反力 $N_i(n\ \text{个})$;法向条间力之差 $\Delta E_i(n\ \text{个})$;切向条间力 $\Delta X_i(n\ \text{个})$ 及安全系数 K。可通过对每一土条竖向、水平向力和力矩平衡建立 $3n$ 个方程求解。

对每一土条取竖向力的平衡 $\sum F_y = 0$,则

$$N_i\cos\alpha_i - W_i - \Delta X_i + T_i\sin\alpha_i = 0 \tag{6-37}$$

再取水平向力的平衡 $\sum F_x = 0$,则

$$\Delta E_i - N_i\sin\alpha_i + T_i\cos\alpha_i = 0$$

$$\Delta E_i - (W_i + \Delta X_i)\tan\alpha_i + T_i\sec\alpha_i = 0 \tag{6-38}$$

对土条中点取力矩平衡 $\sum M_O = 0$,则

$$X_ib_i + \frac{1}{2}\Delta X_ib_i + E_i\Delta t_i - \Delta E_it_i = 0$$

并略去高阶微量 $\frac{1}{2}\Delta X_ib_i$,可得

$$X_i = E_i\frac{t_i}{b_i} - \Delta E_i\tan\alpha_i \tag{6-39}$$

再由整个土坡 $\sum \Delta E_i = 0$，得

$$\sum (W_i + \Delta X_i)\tan\alpha_i - \sum T_i \sec\alpha_i = 0 \qquad (6\text{-}40)$$

根据土坡稳定安全系数定义和摩尔库仑破坏准则有

$$T_i = \frac{\tau_{fi} l_i}{K} = \frac{c_i b_i \sec\alpha_i + N_i \tan\varphi_i}{K} \qquad (6\text{-}41)$$

联合求解式(6-37)和式(6-41)并代入式(6-40)得

$$K = \frac{\sum \dfrac{1}{m_{a_i}}[c_i b_i + (W_i + \Delta X_i)\tan\varphi_i]}{\sum (W_i + \Delta X_i)\sin\alpha_i} \qquad (6\text{-}42)$$

式中

$$m_{a_i} = \cos\alpha_i \left(1 + \frac{\tan\varphi_i \tan\alpha_i}{K}\right)$$

上述公式的求解仍需采用迭代法，步骤如下：

（1）先设 $\Delta X_i = 0$（相当于简化的毕肖普总应力法），并假定 $K = 1$，算出 m_{a_i} 代入式(6-42)求得 K，若计算 K 值与假定值相差较大，则由新的 K 值再求 m_{a_i} 和 K，反复逼近至满足精度要求，求出 K 的第一次近似值。

（2）由式(6-41)、式(6-38)及式(6-39)分别求出每一土条的 T_i，ΔE_i 和 X_i，并计算出 ΔX_i。

（3）用新求出的 ΔX_i 重复步骤(1)，求出第二次近似值，并以此值重复上述计算，计算每一土条的 T_i，ΔE_i，X_i，直到前后计算的 K 值达到某一要求的计算精度。

以上计算是在滑动面已确定时进行的，整个土坡稳定分析过程尚需假定几个可能的滑动面，分别按上述步骤进行计算，相应于最小安全系数的滑动面才是最危险的滑动面。简布条分法同样可用于圆弧滑动面的情况。

6.7　基坑工程技术简介

6.7.1　基坑工程的特点

（1）基坑工程一般情况下都是临时结构，安全储备相对较小，风险性较大。

（2）基坑工程具有很强的区域性和个案性，其由场地的工程水文地质条件和岩土的工程性质以及周边环境条件的差异性所决定，因此，基坑工程的设计和施工，必须因地制宜，切忌生搬硬套。

（3）基坑工程是一项综合性很强的系统工程，它不仅涉及结构、岩土、工程地质及环境等多门学科，而且勘察、设计、施工、检测等工作环环相扣，紧密相连。

（4）基坑工程具有较强的时空效应，支护结构所受载荷（如土压力）及其产生的应力和变形在时间上和空间上具有较强的变异性，在软黏土和复杂体型基坑工程中尤为突出。

（5）基坑工程对周边环境会产生较大影响。基坑开挖、降水势必引起周边场地土的应力和地下水位发生改变，使土体产生变形，对相邻建（构）筑物和地下管线等产生影响，严重者将危及它们的安全和正常使用。大量土方运输也将对交通和环境卫生产生影响。

基坑工程的目的是构建安全可靠的支护体系。对支护体系的要求体现在如下三个方面：

（1）保证基坑四周边坡土体的稳定性，同时满足地下室施工有足够空间的要求，这是土方开挖和地下室施工的必要条件；

（2）保证基坑四周相邻建（构）筑物和地下管线等设施在基坑支护和地下室施工期间不受损害，即坑壁土体的变形，包括地面和地下土体的垂直和水平位移要控制在允许范围内；

（3）通过截水、降水、排水等措施，保证基坑工程施工作业面在地下水位以上。

6.7.2　基坑支护结构的类型及适用条件

基坑支护结构是指支挡和加固基坑侧壁的结构。其中以挡土构件（桩、地下连续墙）和锚杆或支撑为主的，或者仅以挡土构件为主的支护结构，称为支挡式结构，包括悬臂式、内撑式和锚拉式支挡结构等；而坑壁加固式结构主要有土钉墙和重力式水泥土墙。

基坑支护结构的基本类型及其适用条件如下。

1. 放坡开挖及简易支护

放坡开挖是指选择合理的坡比进行开挖。适用于地基土质较好，开挖深度不大以及施工现场有足够放坡场所的工程。放坡开挖施工简便、费用低，但挖土及回填土方量大。有时为了增加边坡稳定性和减少土方量，常采用简易支护（图 6-40）。

2. 悬臂式支护结构

广义上讲，一切设有支撑和锚杆的支护结构均可归属悬臂式支护结构，但这里仅指没有内撑和锚拉的板桩墙、排桩墙和地下连续墙支护结构（图 6-41）。悬臂式支护结构依靠其入土深度和抗弯能力来维持坑壁稳定和结构的安全。由于悬臂式支护结构的水平位移是深度的五次方，所以它对开挖深度很敏感，容易产生较大的变形，只适用于土质较好、开挖深度较浅的基坑工程。

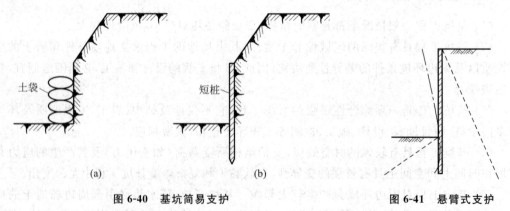

图 6-40　基坑简易支护
（a）土袋或块石堆砌支护；（b）短桩支护

图 6-41　悬臂式支护

3. 水泥土桩墙支护结构

利用水泥作为固化剂,通过特制的深层搅拌机械在地基深部将水泥和土体强制拌和,便可形成具有一定强度和遇水稳定的水泥土桩。水泥土桩与桩或排与排之间可相互咬合紧密排列,也可按网格式排列(图6-42)。水泥土桩墙适合软土地区的基坑支护。

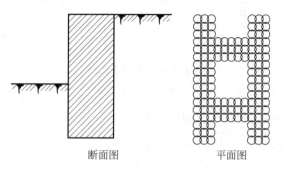

断面图　　　　　　　平面图

图 6-42　重力式水泥土桩墙支护

4. 内撑式支护结构

内撑式支护结构由支护桩或墙和内支撑组成。支护桩常采用钢筋混凝土桩或钢板桩,支护墙通常采用地下连续墙。内支撑常采用木方、钢筋混凝土或钢管(或型钢)做成。内支撑支护结构适合各种地基土层,但设置的内支撑会占用一定的施工空间,见图6-43。

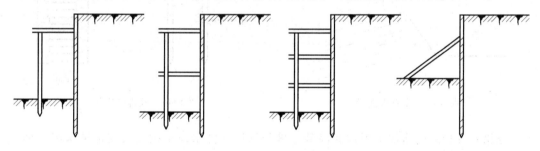

图 6-43　内撑式支护

5. 拉锚式支护结构

拉锚式支护结构由支护桩或墙和锚杆组成。支护桩和墙同样采用钢筋混凝土桩和地下连续墙。锚杆通常有地面拉锚(图6-44(a))和土层锚杆(图6-44(b))两种。地面拉锚需要有足够的场地设置锚桩或其他锚固装置。土层锚杆因需要土层提供较大的锚固力,不宜用于软黏土地层中。

6. 土钉墙支护结构

土钉墙支护结构是由被加固的原位土体、布置较密的土钉和喷射于坡面上的混凝土面板组成(图6-45)。土钉一般是通过钻孔、插筋、注浆来设置的,但也可通过直接打入较粗的钢筋或型钢形成。土钉墙支护结构适合地下水位以上的黏性土、砂土和碎石土等地层,不适

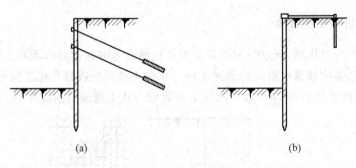

图 6-44　拉锚式支护

（a）土层锚杆式；（b）地面锚拉式

合于淤泥或淤泥质土层，支护深度不超过 18m。

7．其他支护结构

其他支护结构形式有双排桩支护结构（图 6-46）、连拱式支护结构（图 6-47）、SMW 工法柱列式挡墙支护结构（图 6-48）、逆作拱墙、加筋水泥土拱墙支护结构以及各种组合支护结构。双排桩支护结构通常由钢筋混凝土前排桩和后排桩以及盖、系梁或板组成（图 6-46）。其支护深度比单排悬臂式结构要大，且变形相对较小。

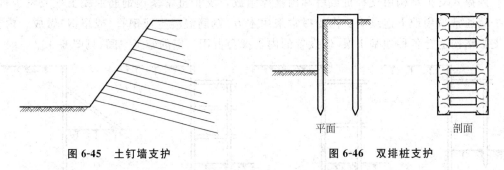

图 6-45　土钉墙支护　　　　　　**图 6-46　双排桩支护**

连拱式支护结构通常采用钢筋混凝土桩与深层搅拌水泥土拱以及支锚结构组合而成（图 6-47）。水泥土抗拉强度很小，抗压强度较大，形成水泥土拱可有效利用材料强度。拱脚采用钢筋混凝土桩，承受由水泥土拱传递来的土压力，如果采用支锚结构承担一定的载荷，则可取得更好的效果。

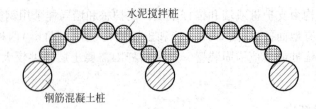

图 6-47　连拱式支护

将支承载荷与防渗结合起来，使之同时具有承力与防渗两种功能的支护形式，即是劲性水泥搅拌桩法，日本称为 SMW 工法，即在水泥土搅拌桩内插入 H 型钢或者其他种类的受拉材料，形成承力和防水的复合结构，见图 6-48。通常认为：水土侧压力全部由型钢单独承担；水泥土桩的作用在于抗渗止水。试验表明,水泥土对型钢的包裹作用提高了型钢的刚度,可起到减少位移的作用。此外,水泥土起到套箍作用,可以防止型钢失稳,对 H 型钢还可以防止翼缘失稳,这样可使翼缘厚度减小到很薄。

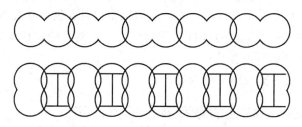

图 6-48　SMW 工法柱列式挡墙支护

6.7.3　基坑支护工程的设计原则和设计内容

基坑支护工程设计的基本原则是:

(1) 在满足支护结构本身强度、稳定性和变形要求的同时,确保周围环境的安全;

(2) 在保证安全可靠的前提下,设计方案应具有较好的技术经济和环境效应;

(3) 为基坑支护工程施工和基础施工提供最大限度的施工方便,并保证施工安全。

根据《建筑基坑支护技术规程》(JGJ 120—2012),基坑支护结构极限状态可分为承载能力极限状态和正常使用极限状态。承载能力极限状态对应于支护结构达到最大承载能力或土体失稳、过大变形导致支护结构或基坑周边环境破坏;正常使用极限状态对应于支护结构的变形已妨碍地下施工或影响基坑周边环境的正常使用功能。

根据建筑基坑工程破坏可能造成的后果,基坑工程划分为三个安全等级,如表 6-7 所示。

表 6-7　基坑支护结构的安全等级及重要性系数

安全等级	破 坏 后 果	重要性系数 γ_0
一级	支护结构失效或土体失稳或过大变形对基坑周边环境或主体结构施工安全的影响很严重	1.10
二级	支护结构失效或土体失稳或过大变形对基坑周边环境或主体结构施工安全的影响严重	1.00
三级	支护结构失效或土体失稳或过大变形对基坑周边环境或主体结构施工安全的影响不严重	0.90

基坑工程从规划、设计到施工检测全过程应包含如下内容。

(1) 基坑内建筑场地勘察和基坑周边环境勘察:基坑内建筑场地勘察可利用构(建)筑物设计提供的勘察报告,必要时进行少量补勘。基坑周边环境勘察须查明:①基坑周边地面建(构)筑物的结构类型、层数、基础类型、埋深、基础载荷大小及上部结构现状;②基坑周边地下建(构)筑物及各种管线等设施的分布和状况;③场地周围和邻近地区地表及地下水分布情况及对基坑开挖的影响程度。

(2) 支护体系方案技术经济比较和选型:基坑支护工程应根据工程和环境条件提出几种可行的支护方案,通过比较,选出技术经济指标最佳的方案。

（3）支护结构的强度、稳定和变形以及基坑内外土体的稳定性验算：基坑支护结构均应进行极限承载力状态的计算，计算内容包括支护结构和构件的受压、受弯、受剪承载力计算和土体稳定性计算。对于重要基坑工程尚应验算支护结构和周围土体的变形。

（4）基坑降水和止水帷幕设计以及支护墙的抗渗设计：包括基坑开挖与地下水变化引起的基坑内外土体的变形验算（如抗渗稳定性验算，坑底突涌稳定性验算等）及其对基础桩邻近建筑物和周边环境的影响评价。

（5）基坑开挖施工方案和施工检测设计。

6.7.4　作用于支护结构上的载荷及土压力计算

作用于支护结构上的载荷通常有：土压力、水压力、影响区范围内建（构）筑物载荷、施工载荷、地震载荷以及其他附加载荷。其中最重要的载荷是土压力和水压力。其计算方法有"水土分算"法和"水土合算"法两种。对于砂性土和粉土，可按水土分算法，即分别计算土、水压力，然后叠加；对黏性土可根据现场情况和工程经验，按水土分算或水土合算法进行，水土合算法则是采用土的饱和重度计算总的水土压力。

作用于支护结构的土压力，工程中通常按朗肯土压力理论计算，然而，在基坑开挖过程中，作用在支挡结构上的土压力、水压力等是随着开挖的进程逐步形成的，其分布形式除与土性和地下水等因素有关外，更重要的还与墙体的位移量及位移形式有关。而位移性状随着支撑和锚杆的设置及每步开挖施工方式的不同而不同，因此，土压力并不完全处于静止和主动状态。有关实测资料证明：当支护墙上有支锚时，土压力分布一般呈上下小、中间大的抛物线形状或更复杂的形状；只有当支护墙无支锚时，墙体上端绕下端外倾，才会产生一般呈直线分布的主动土压力。太沙基（Terzaghi）和佩克（Peck）根据实测和模型试验结果，提出了作用于板桩墙上的土压力分布经验图。

我国工程界常采用三角形分布土压力模式和经验的矩形土压力模式。当墙体位移比较大时，一般采用三角形土压力模式；否则采用矩形土压力模式。在用"m"法进行设计计算时，一般应采用矩形土压力模式。

6.7.5　止水降水措施

合理确定控制地下水的方案是保证工程质量、加快工程进度、取得良好社会和经济效益的关键。通常应根据地质、环境和施工条件以及支护结构设计等因素综合考虑。

对于渗透性很小的地基，往往既不降低地下水也不设置止水帷幕，在基坑开挖过程中产生的少量积水采用明沟排水处理。

在以下情况下需采取止水措施：

（1）杂填土厚度大，透水性强，地下水可能流入基坑时；

（2）基坑临近河流特别是河道变迁不清时，需在围护桩排后设水泥搅拌桩止水帷幕；

（3）基坑深度大，紧靠基坑有需保护的浅基础建筑物时，对于承压水应注意对排桩施工的影响及防止突涌问题。

6.7.6　基坑工程实例

1. 北京银泰中心基坑支护工程

银泰中心位于北京建国门外大街国贸桥西南角原第一机床厂院内,北侧紧邻地铁变电站,基坑围护与其结构外墙净距仅 1.95～2.13m。该工程由三栋塔楼及裙房组成,总建筑面积 35.75 万 m²。基坑开挖长 219.4m,宽 100.4m,最深部位 22.95m。

基坑围护形式为 10m 土钉墙＋护坡桩＋2 层锚杆。护坡桩为 $\phi800$mm,桩间距为 1.5m,桩深 15.6～19.5m,共计 407 根。锚杆为 $\phi150$ 预应力锚杆,第一道长度为 15～18m,第二道长度为 16～23m,间距为 1.5m,共 779 根,如图 6-49 所示。

图 6-49　银泰中心北侧地铁变电站处支护全景

2. 央视 CCTV 基坑支护、降水工程

CCTV 新台址建设工程位于北京市朝阳区东三环中路 32 号,地处东三环路东侧、光华路以北、朝阳路以南,北京市中央商务区(CBD)规划范围内。该工程建筑用地面积总计 17800m²,总建筑面积 56.6 万 m²,高度 234m。

基坑开挖深度 12～22m,支护形式采取土钉墙、土钉墙＋护坡桩、土钉墙＋护坡桩＋1(2,3)锚杆等综合支护形式,土钉直径 $\phi120$mm,水平间距 1.5m,竖向间距 1.5m,护坡桩采用 $\phi800$、$\phi600$ 钢筋混凝土灌注桩,桩长 4.6～19.7m,嵌固深度 2.5～4.0m,桩间距 1.2～1.6m,护坡桩数量 280 余根。锚杆长度 13～29m,间距 1.6m。降水方式采用抽取和疏干基坑范围内层间潜水,降低承压水,如图 6-50 所示。

3. 中国国家博物馆改扩建基坑工程

本工程位于天安门东侧,长安街南侧,国家公安部西侧,为天安门地区标志性建筑,在中

图 6-50　央视 CCTV 基坑支护

国革命博物馆和中国历史博物馆原址上进行改建。本工程东侧结构紧邻建筑红线,新馆建筑镶嵌于老馆之中,且南北两侧局部紧靠老馆基础,基坑周边存在各种地下管线。

基坑开挖深度 14.65m,支护形式采用挡土墙＋护坡桩＋1(2、3)道锚杆,南、北汽车坡道处局部采用土钉墙支护形式。挡土墙高度 2m,护坡桩直径 800mm,间距 1600mm,桩长 19.45m,共 5148 根。第一道锚杆长 25m;第二道锚杆长 22m;第三道锚杆 18m,锚杆间距 1.6m,一桩一锚。降水方式采用坑内设渗水井,抽排结合,如图 6-51 所示。

图 6-51　中国国家博物馆改扩建基坑工程

4. 杭州地铁1号线滨康路车站基坑工程

杭州地铁1号线工程滨康路站位于滨安路、滨康路及西兴路间的三角地块内,与滨康路成 60°夹角,施工条件良好。该工程基坑开挖长度 170m,宽 21.7~25.8m,深度 15.03~17m。

该工程围护结构采用 800mm 厚地下连续墙,标准段采用 1 道混凝土支撑加 3 道钢支撑,端头井采用 1 道混凝土支撑加 4 道钢支撑。连续墙共 87 槽。钢支撑采用 $\phi609$ 壁厚 16mm 钢管,支撑间距 1.7~4.5m,一般为 3m;混凝土支撑形式为八字形撑,支撑间距 8.4~9.5m,一般为 9.0m。出入口采用 SMW 桩施工,桩径 $\phi850$mm,共 136 根。降水形式采用大口径无砂管降水。承压气体排气井,施工期间进行坑外排气,在排气井外设置回灌井,如图 6-52 所示。

图 6-52　滨康路车站基坑工程

5. 北京地铁五号线刘家窑车站基坑工程

刘家窑站位于南三环路与蒲黄榆路交叉口处,车站位置横越南三环(刘家窑桥),呈南北向布置。北侧为现状蒲黄榆路,南侧为规划的蒲黄榆南路,是南三环重要的交通枢纽。现状为大量 1～2 层平房,周围地势平坦。该车站总建筑面积 11426.26m²。

基坑开挖分南侧和北侧,南侧基坑开挖深度为 16.7～20.0m,开挖宽度为 20.3m,开挖长度为 75.7m;北侧基坑开挖深度为 17.5～20.6m,开挖宽度为 22.35m,开挖长度为 49.8m。本工程明挖车站,围护结构形式采用护坡桩＋3 道钢支撑＋1 道一桩一锚杆(仅北侧基坑北侧),围护桩直径 600mm,间距 800～1100mm,桩长为 19.54～23.82m,共 385 根;锚杆长 20m,竖向设三道钢围檩及 $\phi 609 \times 14$mm 的钢支撑。降水方式采用管井降水,抽渗结合。如图 6-53 所示。

图 6-53　刘家窑车站基坑工程

复习思考题

6.1　土压力有哪几种? 影响土压力大小的因素是什么? 其中最主要的影响因素是什么?

6.2　何谓静止土压力? 说明产生静止土压力的条件、计算公式和应用范围。

6.3　何谓主动土压力? 产生主动土压力的条件是什么? 适用于什么范围?

6.4　何谓被动土压力？什么情况产生被动土压力？工程上如何应用？

6.5　朗肯土压力理论有何假设条件？适用于什么范围？主动土压力系数 K_a 与被动土压力系数 K_p 如何计算？

6.6　库仑土压力理论研究的课题是什么？有何基本假定？适用于什么范围？K_a 与 K_p 如何求得？

6.7　试比较朗肯土压力理论和库仑理论的优缺点和存在的问题。

6.8　挡土墙有哪几种类型,各有什么特点？各适用于什么条件？挡土墙的尺寸如何初定？如何最终确定？

6.9　挡土墙设计中需要进行哪些验算？要求稳定安全系数多大？采取什么措施可以提高稳定安全系数？

6.10　土坡稳定有何实际意义？影响土坡稳定的因素有哪些？如何预防土坡发生滑动？

6.11　土坡稳定分析圆弧法的原理是什么？为何要分条计算？计算技巧有何优点？最危险的滑弧如何确定？怎样避免计算中发生概念性的错误？

6.12　简述基坑支护结构的类型及适用条件。

6.13　作用于支护结构上的载荷有哪些？

6.14　基坑支护工程的设计原则是什么？

习题

6.1　已知某挡土墙高度 $H=4.0$m,墙背竖直、光滑。墙后填土表面水平。填土为干砂,重度 $\gamma=18.0$kN/m³,内摩擦角 $\varphi=36°$。计算作用在此挡土墙上的总静止土压力 E_0；若墙能向前移动,大约需移动多少距离才能产生主动土压力 σ_a？计算 E_a 的数值。(答案：57.6kN/m；约 2cm；37.4kN/m)

6.2　对于习题 6.1 的挡土墙,当墙后填土中的地下水位上升至离墙顶 2.0m 处,砂土的饱和重度为 $\gamma_{sat}=21.0$kN/m³。求此时墙所受的 E_0、E_a 和水压力 E_w。(答案：52.0kN/m；33.8kN/m；20.0kN/m)

6.3　对于习题 6.1,若挡土墙与墙土间的摩擦角 $\delta=24°$,其余条件不变,计算此时的总主动土压力 E_a。(答案：36.3kN/m)

6.4　如图 6-54 所示挡土墙,墙背垂直,填土面水平,墙后按力学性质分为三层土,每层土的厚度及物理力学指标见图,土面上作用有满布的均匀载荷 $q=50$kPa,地下水位在第三层土的层面上。试用朗肯理论计算作用在墙背 AB 上的主动土压力 σ_a 和合力 E_a 以及作用在墙背上的总水平压力 E_w。(答案：$E_a=106.74$kPa)

6.5　某挡土墙高为 6m,墙背垂直、光滑,填土面水平,土面上作用有连续均匀载荷 $q=30$kPa,墙后填土为两层性质不同的土层,其他物理力学指标如图 6-55 所示。试计算作用于该挡土墙上的被动土压力及其分布。

6.6　挡墙的墙背竖直,高度为 6m,墙后填土为砂土,相关土性指标为：$\gamma=18$kN/m³,$\varphi=30°$,设 δ 和 β 均为 15°,试按库仑理论计算墙后主动土压力的合力 E_a 的大小。如用朗肯理论计算,其结果又如何？(答案：120.84kN/m,相同)

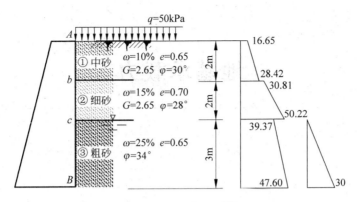

图 6-54　习题 6.4 图

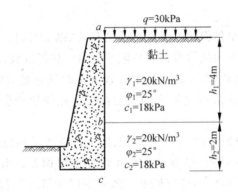

图 6-55　习题 6.5 图

6.7　某挡土墙高度 $H=10.0\text{m}$,墙背竖直、光滑,墙后填土表面水平。填土上作用均布载荷,$q=20\text{kPa}$。墙后填土分两层:上层为中砂,重度 $\gamma_1=18.5\text{kN/m}^3$,内摩擦角 $\varphi_1=30°$,层厚 $h_1=3.0\text{m}$;下层为粗砂,$\gamma_2=19.0\text{kN/m}^3$,$\varphi_2=35°$。地下水位在离墙顶 6.0m 位置。水下粗砂的饱和重度为 $\gamma_{\text{sat}}=20.0\text{kN/m}^3$。计算作用在此挡土墙上的总主动土压力和水压力。(答案:298kN/m;80.0kN/m)

6.8　已知一均匀土坡,坡角口 $\theta=30°$,土的重度 $\gamma=16.0\text{kN/m}^3$,内摩擦角 $\varphi=20°$,黏聚力 $c=5\text{kPa}$。计算此黏性土坡的安全高度 H。(答案:12.0m)

6.9　已知某路基填筑高度 $H=10.0\text{m}$,填土的重度 $\gamma=18.0\text{kN/m}^3$,内摩擦角 $\varphi=20°$,黏聚力 $c=7\text{kPa}$。求此路基的稳定坡角 θ。(答案:35°)

第 **7** 章

地基承载力

7.1 概述

地基承载力是指地基单位面积上所能承受的载荷,以 kPa 计。我们通常把地基单位面积上所能承受的最大载荷称为极限载荷或极限承载力。如果基底压力超过地基的极限承载力,地基就会失稳破坏。因此,在工程实际中必须确保地基有足够的稳定性。在强度方面,相对于破坏状态的极限载荷应有足够大的安全储备。此外所产生的变形应均在容许的范围内。

地基承载力是地基基础设计的一个重要组成部分,它关系到建筑物或构筑物的安全、经济和正常使用,它与地基的处理、基础的选型和设计密切相关。由于地基基础属于隐蔽工程,一旦出现事故,处理不易,因而更应慎重。随着高层建筑的兴起,深基础工程增多,这些都对地基承载力的确定提出了更高的要求。

许多建筑工程质量事故往往与地基的承载力有关。例如,加拿大特朗斯康谷仓,由于未勘察到基础下有厚达 16m 的软黏土层,建成后初次储存谷物时,基底压力超过了地基极限承载力,致使谷仓一侧陷入土中 8.8m,另一侧抬高 1.5m,倾斜 27°。

由于地基土的复杂性,地基承载力的确定在地基基础设计中是一个非常重要而又十分复杂的问题,它不仅与土的物理力学性质有关,还与基础形式、埋深、建筑物类型、结构特点和施工速度等因素有关。

7.1.1 地基强度的意义

为了保证建筑工程的安全与正常使用,除了防止地基的有害变形外,还应确保地基的强度足以承受上部结构的载荷。各类建筑工程设计中,为了建筑物的安全可靠,要求建筑地基必须同时满足两个技术条件,在绪论中已经介绍过。

这两个技术条件中,第一个地基变形条件已在第 4 章中阐述,本章着重研究地基强度问题。为便于理解地基强度问题的具体内容,先对几个国内外地基强度破坏的工程实例进行分析:

加拿大特朗斯康大型谷仓发生严重事故,是地基强度破坏的典型工程实例,见图 7-1。导致这起灾难性事故的原因为仓库满载时超过地基强度的极限载荷,引起地基整体滑动破坏。这是设计工程师的失误。

南美洲巴西的一幢 11 层大厦,这幢高层建筑长度为 29m,宽度为 12m。地基软弱,设计桩基础。桩长 21m，共计 99 根桩。此大厦于 1955 年动工，至 1958 年 1 月竣工时，发现大厦背面产生明显沉降，如图 7-2 所示。1 月 30 日，大厦沉降速率高达 4mm/h。晚间 8 时沉降加剧，在 20s 内整幢大厦倒塌，平躺在地面。分析这一起重大事故的原因：大厦的建筑场地为沼泽土，软弱土层很厚；邻近其他建筑物采用的桩长为 26m，穿透软弱土层，到达坚实土层，而此大厦的桩长仅 21m，桩尖悬浮在软弱黏土和泥炭层中，必然导致地基产生整体滑动而破坏。

图 7-1　加拿大特朗斯康大型谷仓

图 7-2　南美洲巴西的一幢 11 层大厦

挪威弗莱德里克斯特 T8 号油罐，该油罐的直径为 25.4m，高度为 19.3m，容积为 6230m³。1952 年快速建造这座大油罐。竣工后试水，在 35h 内注入油罐的水量约 6000m³，因载荷增加太快，2h 后，发现此油罐向东边倾斜，同时发现油罐东边的地面有很大隆起。事故发生后，立即将油罐中的水放空，量测油罐最大的沉降差达 508mm，最大的地面隆起为 406mm。同时地基位移扩展约 10.36m。事后查明：油罐的地基为海积粉质黏土和海积黏土，高灵敏度，且油罐东部地基中存在局部软黏土层。在油罐充水载荷为 55000kN，相当于承受 110.9kPa 均布载荷时，油罐地基通过局部软黏土层产生滑动破坏。由此吸取教训，采取分级向油罐充水的办法，使每级充水之间的间隔时间能使地基发生固结。1954 年，油罐正式运用，没有发现新问题。

由此可见，对地基土的强度问题如不注意，可能发生上述地基滑动事故。尽管这类地基强度事故的数量比起地基变形引起的事故要少，但其后果极为严重，往往是灾难性的破坏，难以挽救。因此，建设各部门对地基土的强度问题都应当予以高度的重视。

7.1.2　地基的破坏形式

试验研究表明，建筑地基在载荷作用下往往由于承载力不足而产生剪切破坏，其破坏形式可分为整体剪切破坏、局部剪切破坏及冲剪破坏三种，可通过现场载荷试验来判断。

1．整体剪切破坏

通过现场载荷试验，整体剪切破坏的 p-s 曲线如图 7-3 中曲线 a 所示，地基变形的发展可分为三个阶段、两个转折点。

（1）线性变形阶段。当载荷较小时，基底压力 p 与沉降 s 基本上呈直线关系（OA 段），

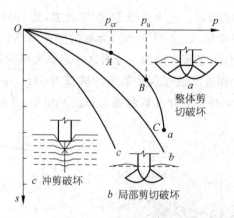

图 7-3　地基的破坏形式

属线性变形阶段,土粒发生竖向位移,孔隙减小,产生地基的压密变形,土中各点均处于弹性应力平衡状态,地基中应力-应变关系可用弹性力学理论求解。相应于 A 点的载荷称临塑载荷,以 p_{cr} 表示。

（2）塑性变形阶段。AB 段表明 $p\text{-}s$ 不再是线性关系,变形速率不断加大,基础边缘处土体开始发生剪切破坏,产生塑性变形。随着载荷的增加,剪切破坏区（或塑性变形区）从基础边缘逐渐开展并加大加深。当载荷增加到 B 点时,塑性变形区扩展为连续滑动面,则地基濒临失稳破坏,故称 B 点对应的载荷为极限载荷,以 p_u 表示。

（3）完全破坏阶段。$p\text{-}s$ 曲线 B 点以下的 BC 阶段,基础急剧下沉或向一侧倾斜,同时土体被挤出,基础四周地面隆起,载荷增加不多,地基发生整体剪切破坏。整体剪切破坏一般发生在紧密的砂土、硬黏性土地基。

2. 局部剪切破坏

局部剪切破坏是介于整体剪切破坏和冲剪破坏之间的一种破坏形式。随着载荷的增加,剪切破坏区从基础边缘开始,发展到地基内部某一区域（b 中实线区域）。但滑动面并不延伸到地面,在地基内某一深度处终止,基础四周地面有隆起迹象,但不明显。相应的 $p\text{-}s$ 曲线如图 7-3 中曲线 b 所示,仅一个拐点,且拐点不甚明显,拐点后沉降增长速率较前段大,但不像整体剪切破坏那样急剧增加。局部剪切破坏一般常发生在中等密实的砂土地基。

3. 冲剪破坏

冲剪破坏也叫刺入破坏,图 7-3 中曲线 c 为冲剪破坏的情况。随着载荷的增加,基础下土层发生压缩变形,当载荷继续增加,基础四周土体发生竖向剪切破坏,基础"切入"土中,但地基中不出现明显的连续剪切滑动面,基础四周不隆起,基础除在竖向有突然的小位移之外,既没有明显的失稳,也没有大的倾斜。沉降随载荷的增大而加大,$p\text{-}s$ 曲线无明显拐点。冲剪破坏常发生在松砂及软土地基。

7.1.3　确定地基承载力的方法

地基极限承载力是从地基稳定的角度研究地基土体所能够承受的最大载荷,即使地基尚未失稳,若变形太大,引起上部建筑物破坏或不能正常使用也是不允许的。所以正确的地基设计,既要保证满足地基稳定性的要求,也要保证满足地基变形的要求,称为"两种极限状态设计"。也就是说,要求作用在基底的压应力不超过地基的极限承载力,并有足够的安全度,而且所引起的变形不能超过建筑物的容许变形,满足以上两项要求,地基单位面积上所能承受的载荷就称为地基的承载力(《建筑地基基础设计规范》(GB 50007—2011)中叫地基承载力的特征值,《公路桥涵地基与基础设计规范》(JTG D63—2007)中叫地基承载力容许值)。

地基承载力的确定方法主要有:按控制地基内塑性区的发展范围确定;按理论公式计算确定极限承载力;按载荷试验方法或其他原位测试方法确定;根据规范方法确定。下面分别介绍。

7.2　地基临塑载荷及临界载荷的确定

本节主要介绍临塑载荷和临界载荷的确定,其均在整体剪切破坏的条件下得出,对于局部剪切和冲剪破坏的情况,目前无理论公式可循。

7.2.1　地基塑性区边界方程

地基塑性区边界方程是根据土中应力计算的弹性理论和土体极限平衡条件推导出的。设地表作用一均布条形载荷 p_0,如图 7-4(a)所示,在地表下任一深度点 M 处产生的附加大、小主应力可按式(7-1)求得。

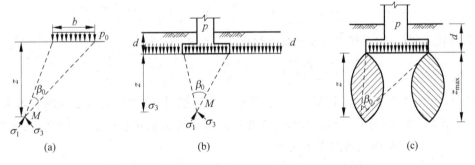

图 7-4　条形均布载荷作用下的地基主应力及塑性区

$$\left.\begin{array}{r}\sigma_1 \\ \sigma_3\end{array}\right\} = \frac{p_0}{\pi}(\beta_0 \pm \sin\beta_0) \qquad (7\text{-}1)$$

实际上,一般基础都具有一定的埋深 d,如图 7-4(b)所示,此时地基中某点 M 的应力除了由基底附加应力产生外,还有土的自重应力($\gamma_0 d + \gamma z$)。严格地说,M 点上土的自重应力在各向是不等的,因此上述两项在 M 点产生的应力在数值上不能叠加。为了简化起见,在下述载荷公式推导中,假定土的自重应力在各向相等。故地基中任一点的 σ_1 和 σ_3 可写为

$$\left.\begin{array}{r}\sigma_1 \\ \sigma_3\end{array}\right\} = \frac{p - \gamma_0 d}{\pi}(\beta_0 \pm \sin\beta_0) + \gamma_0 d + \gamma z \qquad (7\text{-}2)$$

当 M 点处于极限平衡状态时,该点的大、小主应力应满足极限平衡条件式

$$\sin\varphi = \frac{\sigma_1 - \sigma_3}{\sigma_1 + \sigma_3 + 2c\cot\varphi}$$

将式(7-2)代入上式,整理后得

$$z = \frac{p - \gamma_0 d}{\pi \gamma}\left(\frac{\sin\beta_0}{\sin\varphi_0} - \beta_0\right) - \frac{c}{\gamma\tan\varphi} - \frac{\gamma_0}{\gamma}d \qquad (7\text{-}3)$$

式(7-3)为塑性区边界方程,描述了极限平衡区边界线上的任一点的坐标 z 与 β_0 的关系。如果已知 p、γ_0、γ、d、c 和 φ,则根据式(7-3)可绘出塑性区边界线如图 7-4(c)所示。采用弹性理论计算,基础两边点的主应力差最大,因此塑性区首先从基础两边点开始向深度发展。

7.2.2 地基临塑载荷和临界载荷

地基临塑载荷是地基中将要而尚未出现塑性变形区时的基底压力,如图 7-3 中的 p_{cr}。计算 p_{cr} 的过程为:利用数学上求极值的方法,即根据式(7-3)中的 z,由 $\dfrac{\mathrm{d}z}{\mathrm{d}\beta_0} = 0$ 的条件求得 $z_{\max}$。

$$\frac{\mathrm{d}z}{\mathrm{d}\beta_0} = \frac{p - \gamma_0 d}{\pi \gamma}\left(\frac{\cos\beta_0}{\sin\varphi} - 1\right) = 0$$

则有

$$\cos\beta_0 = \sin\varphi$$

即

$$\beta_0 = \frac{\pi}{2} - \varphi$$

将其代入式(7-3)得塑性区发展最大深度 $z_{\max}$ 的表达式为

$$z_{\max} = \frac{p - \gamma_0 d}{\pi \gamma}\left[\cot\varphi - \left(\frac{\pi}{2} - \varphi\right)\right] - \frac{c}{\gamma\tan\varphi} - \frac{\gamma_0}{\gamma}d \qquad (7\text{-}4)$$

因此,其他条件不变时,载荷 p 增大,塑性区就发展,该区的最大深度也随着增大。若 $z_{\max} = 0$,则表示地基中即将出现塑性区,其相应的载荷即为临塑载荷 p_{cr}。因此,在式(7-3)中令 $z_{\max} = 0$,可得临塑载荷的表达式为

$$p_{cr} = \frac{\pi(\gamma_0 d + c\cot\varphi)}{\cot\varphi + \varphi - \pi/2} + \gamma_0 d \qquad (7\text{-}5)$$

式中,γ_0——基底标高以上土的平均重度(kN/m³);

$\quad\quad\varphi$——地基土的内摩擦角(°)。

工程实际表明,即使地基发生局部剪切破坏,地基中塑性区有所发展,只要塑性区范围不超出某一限度,就不致影响建筑物的安全和正常使用,因此以 p_{cr} 作为地基土的承载力偏于保守。地基塑性区发展的容许深度与建筑物类型、载荷性质以及土的特性等因素有关,目前尚无一致意见。一般认为,在中心垂直载荷下,塑性区的最大发展深度 $z_{\max}$ 可控制在基础宽度的 1/4(偏心载荷取 1/3),相应的载荷 $p_{1/4}$(偏心载荷时 $p_{1/3}$)作为地基承载力,已经过许多工程实践的检验。我们把 $p_{1/4}$、$p_{1/3}$ 称为临界载荷。《建筑地基基础设计规范》(GB 50007—2011)也将临界载荷 $p_{1/4}$ 作为确定地基承载力特征值的依据之一。

式(7-4)中,令 $z_{\max} = \dfrac{1}{4}b$ 得

$$p_{1/4} = \frac{\pi(\gamma_0 d + c\cot\varphi + \gamma b/4)}{\cot\varphi + \varphi - \dfrac{\pi}{2}} + \gamma_0 d \tag{7-6}$$

式中，γ——基础底面下土的重度。

偏心载荷作用的基础，一般可取 $z_{max} = \dfrac{1}{3}b$，相应的载荷 $p_{1/3}$ 作为地基承载力，即

$$p_{1/3} = \frac{\pi(\gamma_0 d + c\cot\varphi + \gamma b/3)}{\cot\varphi + \varphi - \dfrac{\pi}{2}} + \gamma_0 d \tag{7-7}$$

以上公式是在条形均布载荷作用下导出的，对于矩形和圆形基础，其结果偏于安全。此外，在公式的推导过程中采用了弹性力学的解答，对于已出现塑性区的塑性变形阶段，其推导是不够严格的。

> **【例 7-1】**　某条形基础宽 5m，基底埋深 1.2m，地基土 $\gamma = 18.0 \text{kN/m}^3$，$\varphi = 22°$，$c = 15.0 \text{kPa}$，试计算该地基的临塑载荷 p_{cr} 及临界载荷 $p_{1/4}$。

【解】　（1）由式（7-5）可得临塑载荷为

$$p_{cr} = \left[\frac{\pi(18.0 \times 1.2 + 15.0\cot 22°)}{\cot 22° + 22° \times \dfrac{\pi}{180°} - \dfrac{\pi}{2}} + 18.0 \times 1.2\right] \text{kPa} = 164.8 \text{kPa}$$

（2）由式（7-6）可得 $p_{1/4}$ 为

$$p_{1/4} = \left[\frac{\pi(18.0 \times 1.2 + 15.0\cot 22° + 18.0 \times 5/4)}{\cot 22° + 22° \times \dfrac{\pi}{180°} - \dfrac{\pi}{2}} + 18.0 \times 1.2\right] \text{kPa} = 219.0 \text{kPa}$$

7.3　按理论公式计算地基极限承载力

地基的极限承载力 p_u 是指地基发生剪切破坏失去整体稳定时的基底压力，即地基承受载荷的极限压力。将地基极限承载力除以安全系数 K，即为地基承载力的设计值。

求解地基的极限承载力的途径有二：一是用严密的数学方法求解土中某点达到极限平衡时的静力平衡方程组，以求得地基的极限承载力。此方法过程甚繁，未被广泛采用。二是根据模型试验的滑动面形状，通过简化得到假定的滑动面，然后借助该滑动面上的极限平衡条件，求出地基极限承载力。此类方法是半经验性质的，称为假定滑动面法。不同研究者所进行的假设不同，所得的结果不同，下面介绍几个常用的公式。

7.3.1　普朗德尔公式

普朗德尔（Prandtl，1920）根据塑性理论，推导了刚性冲模压入无质量的半无限刚塑性介质时的极限压应力公式。若应用于地基极限承载力课题，则相当于一无限长、地板光滑的条形载荷板置于无质量（$\gamma = 0$）的地基表面上，当土体处于极限平衡状态时，塑性区的边界如图 7-5 所示（此时基础的埋置深度 $d = 0$，基底以上土重 $q = \gamma d = 0$）。由于基底光滑，Ⅰ区大主应力 σ_1 为垂直向，其边界 AD 或 $A_1 D$ 为直线，破裂面与水平面成 $45° + \varphi/2$，称主动朗

肯区。Ⅲ区大主应力 σ_1 为水平方向，其边界 EF 或 E_1F_1 为直线，破裂面与水平面成 $45°-\varphi/2$，称被动朗肯区。Ⅱ区的边界 DE 或 DE_1 为对数螺旋线，方程为 $r=r_0\exp(\theta\tan\varphi)$，式中 $r_0=L_{AD}=L_{A_1D}$。取脱离体 $ODEC$（见图 7-6），根据作用在脱离体上力的平衡条件，如不计基底以下地基土的重度（即 $\gamma=0$），可求得极限承载力为

$$p_u = cN_c \qquad\qquad (7\text{-}8)$$

其中

$$N_c = \cot\varphi\left[\tan^2\left(45°+\frac{\varphi}{2}\right)\exp(\pi\tan\varphi)-1\right] \qquad\qquad (7\text{-}9)$$

式中，N_c——承载力系数，是仅与 φ 有关的无量纲系数；

c——土的黏聚力（kPa）。

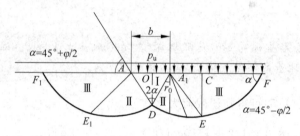

图 7-5 普朗德尔理论假设的滑动面

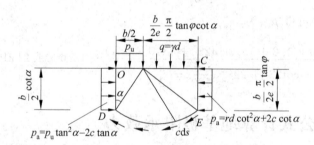

图 7-6 ODEC 脱离体平衡分析

如果考虑到基础有一定的埋置深度 d（见图 7-5），将基底以上土重用均布超载 $q(=\gamma d)$ 代替，赖斯纳（Reissner，1924）推导出计入基础埋深后的极限承载力为

$$p_u = cN_c + qN_q \qquad\qquad (7\text{-}10)$$

其中

$$N_q = \tan^2\left(45°+\frac{\varphi}{2}\right)\exp(\pi\tan\varphi) \qquad\qquad (7\text{-}11)$$

$$N_c = (N_q-1)\cot\varphi \qquad\qquad (7\text{-}12)$$

式中，N_q——是仅与 φ 有关的又一承载力系数。

普朗德尔的极限承载力公式与基础宽度无关，这是由于公式推导过程中不计基础土的重度所至，此外基底与土之间尚存在一定的摩擦力，因此，普朗德尔公式只是一个近似公式。在此之后，不少学者在这方面继续进行了许多研究工作，如太沙基（1943），泰勒（Taylor，1948），梅耶霍夫（Meyerhof，1951），汉森（Hansen，1961），魏西克（Vesic，1973）等。以下仅对太沙基公式、汉森公式及泰勒公式作一简要介绍。

7.3.2　泰勒对普朗特尔公式的补充

考虑土体重量,将其等代为换算黏聚力 $c' = \gamma h \tan\varphi$, h 为滑动土体的换算高度, $h = \dfrac{b}{2}\tan\left(\dfrac{\pi}{4}+\dfrac{\varphi}{2}\right)$,用 $c+c'$ 代替式(7-10)的 c 得

$$p_u = cN_c + qN_q + \frac{1}{2}\gamma b N_r$$

式中, N_r——承载力系数,是仅与 φ 有关的函数, $N_r = \tan\left(\dfrac{\pi}{4}+\dfrac{\varphi}{2}\right)\left[e^{\pi\tan\varphi}\tan^2\left(\dfrac{\pi}{4}+\dfrac{\varphi}{2}\right)-1\right]$。

7.3.3　太沙基公式

实际上,地基土是有质量的介质,即 $\gamma \neq 0$;基础底面并不完全光滑,而是粗糙的,基础与地基之间存在着摩擦力。摩擦力阻止了基底处剪切位移的发生,因此直接在基底以下的土不发生破坏而处于弹性平衡状态,此部分土体(图7-7中的Ⅰ区)称为弹性楔体(或称为弹性核)。由于载荷的作用,基础向下移动,弹性楔体与基础成为整体向下移动。弹性楔体向下移动时,挤压两侧地基土体,使两侧土体达到极限平衡状态,地基土随之破坏。太沙基在求解地基极限承载力公式时作了如下三条假设:条形基础底面是粗糙的;除弹性楔体外,滑动区域范围内的土体均处于塑性平衡状态;基础底面以上两侧的土体用相当均布载荷 $q=\gamma d$ 代替。根据这三条假设,滑动面的形状如图7-7所示。滑动土体共分三个区,Ⅰ区为基础下的弹性楔体(刚性核),代替普朗德尔解的朗肯主动区,与水平面成 φ 角。Ⅱ区为过渡区,边界为对数螺旋曲线。Ⅲ区为朗肯被动区,即处于被动极限平衡状态,滑动边界与水平面成 $(45°-\varphi/2)$。

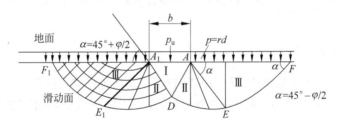

图 7-7　太沙基极限平衡理论求解示意图

弹性体形状确定后,根据其静力平衡条件,可推导出太沙基极限承载力计算公式为

$$p_u = cN_c + qN_q + \frac{1}{2}\gamma b N_r \tag{7-13}$$

式中, q——基底水平面以上基础两侧的超载(kPa), $q=\gamma d$;

　　　 b,d——基底的宽度和埋置深度(m);

　　　 N_c,N_q,N_r——无量纲承载力系数,仅与土的内摩擦角有关,可由图7-8中实线查得,

　　　　　　　　　 N_q 及 N_c 值也可按式(7-11)及式(7-12)计算求得。

式(7-13)适用于条形载荷下的整体剪切破坏(坚硬黏土和密实砂土)情况。对于局部剪切破坏(软黏土和松砂),太沙基建议采用经验方法调整抗剪强度指标 c 和 φ,即以 $c' =$

$2c/3,\varphi'=\arctan(2\tan\varphi/3)$代替式(7-13)中的 c 和 φ,故式(7-13)变为

$$p_u = cN'_c + qN'_q + \frac{1}{2}\gamma bN'_r \tag{7-14}$$

式中,N'_c,N'_q,N'_r——相应于局部剪切破坏的承载力因数,可由 φ 查图 7-8 中的虚线;其余符号意义同前。

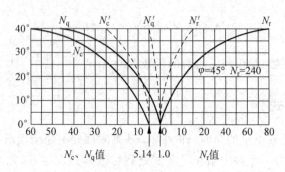

图 7-8 太沙基承载力因数

方形和圆形基础属于三维问题,因数学上的困难,至今尚未能导得其分析解,太沙基根据试验资料建议按以下公式计算:

方形基础(宽度为 b)

$$p_u = 1.2cN_c + qN_q + 0.4\gamma bN_r \tag{7-15}$$

圆形基础(直径为 b)

$$p_u = 1.3cN_c + qN_q + 0.6\gamma bN_r \tag{7-16}$$

对于矩形基础($b\times l$),可按 b/l 值在条形基础($b/l=10$)与方形基础($b/l=1$)之间用插入法求得。若地基为软黏土或松砂,将发生局部剪切破坏,则以上两式中的承载力因数均应改用 N'_c、N'_q 及 N'_r 值。

7.3.4 汉森公式

汉森公式是一个半经验公式,其应用范围较广,北欧各国应用颇多。

汉森建议,对于均质地基,基底完全光滑时,在中心倾斜载荷作用下地基的竖向承载力可按下式计算

$$p_u = cN_cS_cd_ci_cg_cb_c + qN_qS_qd_qi_qg_qb_q + \frac{1}{2}\gamma bN_rS_rd_ri_rg_rb_r \tag{7-17}$$

式中,S_c,S_q,S_r——基础的形状系数;

i_c,i_q,i_r——载荷的倾斜系数;

d_c,d_q,d_r——基础的深度系数;

g_c,g_q,g_r——地面的倾斜系数;

b_c,b_q,b_r——基底倾斜系数;

N_c,N_q,N_r——承载力系数,N_c、N_q 可由式(7-11)及式(7-12)计算,$N_r=1.5(N_q-1)\tan\varphi$。

其余符号意义同前。

汉森认为,极限承载力的大小与作用在基底上倾斜载荷的倾斜程度及大小有关。当满足 $H \leqslant C_a A + P\tan\delta$ 时(H 和 P 分别为倾斜载荷在基底上的水平及垂直分力;C_a 为基底与土之间的附着力;A 为基底面积;δ 为基底与土之间的摩擦角),载荷倾斜系数可按下式确定。

$$i_c = \begin{cases} 0.5 - 0.5\sqrt{1 - \dfrac{H}{cA}}, & \varphi = 0 \\ i_q - \dfrac{1 - i_q}{cN_c}, & \varphi > 0 \end{cases} \tag{7-18}$$

$$i_q = \left(1 - \frac{0.5H}{P + cA\cot\varphi}\right)^5 > 0 \tag{7-19}$$

$$i_r = \left(1 - \frac{0.7H - \eta/450°}{P + cA\cot\varphi}\right)^5 > 0 \tag{7-20}$$

式中,η——倾斜地基与水平面的夹角(°),如图 7-9 所示。

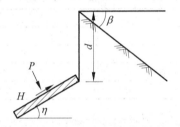

图 7-9　地面或基底倾斜情况

基础的形状系数可由下式确定:

$$s_c = 1 + 0.2i_c b/L \tag{7-21}$$

$$s_q = 1 + i_q b/L\sin\varphi \tag{7-22}$$

$$s_r = 1 - 0.4i_r b/L \geqslant 0.6 \tag{7-23}$$

当计入基础两侧土的相互作用及基底以上土的抗剪强度等因素时,可用下式深度系数近似加以修正:

$$d_c = \begin{cases} 1 + 0.35d/b, & d \leqslant b \\ 1 + 0.4\arctan(d/b), & d > b \end{cases} \tag{7-24}$$

$$d_q = \begin{cases} 1 + 2\tan\varphi(1 - \sin\varphi)^2 d/b, & d \leqslant b \\ 1 + 2\tan\varphi(1 - \sin\varphi)^2 \arctan(d/b), & d > b \end{cases} \tag{7-25}$$

$$d_r = 1 \tag{7-26}$$

地面或基础底面本身倾斜,均对承载力产生影响。若地面与水平面的倾角 β(°)以及基底与水平面的倾角 η(°)为正值(见图 7-9),且满足 $\eta + \beta \leqslant 90°$ 时,两者的影响可按下列近似公式确定:

地面倾斜系数:

$$g_c = 1 - \beta/147° \tag{7-27}$$

$$g_q = g_r = (1 - 0.5\tan\beta)^5 \tag{7-28}$$

基底倾斜系数:

$$b_c = 1 - \eta/147° \tag{7-29}$$

$$b_q = \exp(-2\eta\tan\varphi) \tag{7-30}$$

$$b_r = \exp(-2.7\eta\tan\varphi) \tag{7-31}$$

7.3.5 地基承载力的安全度

由理论公式计算的极限承载力是在地基处于极限平衡时的承载力,为了保证建筑物的安全和正常使用,地基承载力设计值应以一定的安全度将极限承载力加以折减。安全系数 K 与上部结构的类型、载荷性质、地基土类型以及建筑物的预期寿命和破坏后果等因素有关,目前尚无统一的安全度准则可用于工程实践。应用太沙基极限载荷公式进行基础设计时,地基承载力安全系数一般大于等于 3。应用汉森公式时,地基承载力安全系数一般认为可取 2~3,但不得小于 2。表 7-1 给出了汉森公式的安全系数参考值。

表 7-1　汉森公式的安全系数

土或载荷情况	安全系数
无黏性土	2.0
黏性土	3.0
瞬时载荷(风、地震及相当的活载)	2.0
静载荷或长时期的活载荷	2 或 3(视土样而定)

【例 7-2】 若例 7-1 的地基属于整体剪切破坏,试分别采用太沙基公式及汉森公式确定其承载力设计值,并与 $p_{1/4}$ 进行比较。

【解】 (1) 根据 $\varphi = 22°$,由图 7-8 查得太沙基承载力因数为

$$N_c = 16.9, \quad N_q = 7.8, \quad N_r = 6.9$$

则其极限承载力由式(7-13)得

$$p_u = \left(16.9 \times 15.0 + 7.8 \times 18.0 \times 1.2 + \frac{1}{2} \times 18.0 \times 5 \times 6.9\right)\text{kPa} = 732.5\text{kPa}$$

(2) 根据汉森公式可得 $N_c = 16.9, N_q = 7.8, N_r = 4.1$;垂直载荷 $i_c = i_q = i_r = 1$;条形基础 $S_c = S_q = S_r = 1$;又因 $\beta = 0, \eta = 0$,有 $g_c = g_q = g_r = b_c = b_q = b_r = 1$;根据 $d/b = 0.24$,可得

$$d_c = 1 + 0.35 \times 0.24 = 1.1$$

$$d_q = 1 + 2\tan22°(1 - \sin22°) \times 0.24 = 1.1$$

$$d_r = 1$$

所以由式(7-17)得

$$p_u = \left(15.0 \times 16.9 \times 1 \times 1.1 \times 1 \times 1 \times 1 + 18.0 \times 1.2 \times 7.8 \times 1 \times 1.1 \times 1 \times 1 \times 1 + \right.$$

$$\left. \frac{1}{2} \times 18.0 \times 5 \times 4.1 \times 1 \times 1 \times 1\right)\text{kPa} = 648.7\text{kPa}$$

(3) 若取安全系数 $K = 3$(黏性土),则可得承载力设计值 p_v 为

太沙基公式

$$p_v = \frac{732.5}{3}\text{kPa} = 244.2\text{kPa}$$

汉森公式

$$p_v = \frac{648.7}{3}kPa = 216.2kPa$$

而

$$p_{1/4} = 219.7kPa$$

因此,对于该例题地基,汉森公式计算的承载力设计值与 $p_{1/4}$ 比较一致,而太沙基公式计算的结果相差较大。

7.3.6　影响极限载荷的因素

地基的极限载荷与建筑物的安全和经济密切相关,尤其对重大工程或承受倾斜载荷的建筑物更为重要。各类建筑物采用不同的基础形式、尺寸、埋深,置于不同地基土质情况下,极限载荷大小可能相差悬殊。影响地基极限载荷的因素很多,可归纳为以下几个方面。

1. 地基的破坏形式

在极限载荷作用下,地基发生破坏的形式有多种,通常地基发生整体滑动破坏时,极限载荷大;地基发生冲切剪切破坏时,极限载荷小,现分述如下。

(1)地基整体滑动破坏。当地基土良好或中等,上部载荷超过地基极限载荷 p_u 时,地基中的塑性变形区扩展连成整体,导致地基发生整体滑动破坏。若地基中有软弱的夹层,则必然沿着软弱夹层滑动;若为均匀地基,则滑动面为曲面;理论计算中,滑动曲线近似采用折线、圆弧或两端为直线中间为曲线表示。

(2)地基局部剪切破坏。当基础埋深大、加荷速率快时,因基础旁侧载荷大,阻止地基整体滑动破坏,使地基发生基础底部局部剪切破坏。

(3)地基冲切剪切破坏。若地基为松砂或软土,在外荷作用下地基产生大量沉降,基础竖向切入土中,发生冲切剪切破坏。

2. 地基土的指标

地基土的物理力学指标很多,与地基极限载荷有关的主要是土的强度指标 φ, c 和重度 γ。地基土的 φ, c, γ 越大,则极限载荷 p_u 相应也越大。

(1)土的内摩擦角。土的内摩擦角 φ 的大小,对地基极限载荷的影响最大。如 φ 越大,即 $\tan\left(45° + \dfrac{\varphi}{2}\right)$ 越大,则承载力系数 N_r, N_c, N_q 都大,对极限载荷 p_u 计算公式中三项数值都起作用,故极限载荷值就越大。

(2)土的黏聚力。如地基土的黏聚力 c 增加,则极限载荷一般公式中的第二项增大,即 p_u 增大。

(3)土的重度。地基土的重度 γ 增大时,极限载荷公式中第一、三两项增大,即 p_u 增大。例如松砂地基采用强夯法压密,使 γ 增大(同时 φ 也增大),则极限载荷增大,即地基承载力提高。强夯是地基处理的方法之一,详见第 10 章。

3. 基础尺寸

地基的极限载荷大小不仅与地基土的性质优劣密切相关,而且与基础尺寸大小有关,这是初学者容易忽视的。在建筑工程中,遇到地基承载力不够,但相差不多时,可在基础设计中加大基底宽度和基础埋深来解决,不必加固地基土。

(1)基础宽度。基础设计宽度 b 加大时,地基极限载荷公式第一项增大,即 p_u 增大。但在饱和软土地基中,b 增大后对 p_u 几乎没有影响,这是因为饱和软土地基内摩擦角 $\varphi=0$,则承载力系数 $N_r=0$,无论 b 增大多少,p_u 的第一项均为零。

(2)基础埋深。当基础埋深 d 加大时,则基础旁侧载荷 $q=\gamma d$ 增加,即极限载荷公式第三项增加,因而 p_u 也增大。

4. 载荷作用方向

(1)载荷为倾斜方向。倾斜角 δ_0 越大,则相应的倾斜系数 i_r,i_c 与 i_q 就越小,因而极限载荷 p_u 也越小,反之则大。倾斜载荷为不利因素。

(2)载荷为竖直方向。即倾斜角 $\delta_0=0$,相应的倾斜系数 $i_r=i_c=i_q=1$,则极限载荷大。

5. 载荷作用时间

(1)载荷作用时间短暂。若载荷作用的时间很短,如地震载荷,则极限载荷可以提高。

(2)载荷长时期作用。如地基为高塑性黏土,呈可塑或软塑状态,在长时期载荷作用下,土产生蠕变降低强度,即极限载荷降低。例如,伦敦附近威伯列铁路通过一座 17m 高的山坡,修筑 9.5m 高挡土墙支挡山坡土体,正常通车 13 年后,土坡因伦敦黏土强度降低而滑动,将长达 162m 的挡土墙移滑达 6.1m。

7.4 按规范方法确定地基承载力

7.4.1 按《建筑地基基础设计规范》(GB 50007—2011)规定确定地基承载力

《建筑地基基础设计规范》(GB 50007—2011)规定地基承载力特征值可由载荷试验、其他原位测试、公式计算及结合工程实践经验等方法综合确定。

1. 按地基规范承载力表确定

有些土的物理、力学指标与地基承载力之间存在着良好的相关性。根据新中国成立以来大量工程实践经验、原位试验和室内土工试验数据,以确定地基承载力为目的进行了大量的统计分析,我国许多地基规范制订了便于查用的表格,由此,可查得地基承载力。

1974 年版《建筑地基基础设计规范》建立了土的物理力学性质与地基承载力之间的关系,1989 年版《建筑地基基础设计规范》仍保留了地基承载力表,并在使用上加以适当限制。承载力表使用方便是其主要优点,但也存在一些问题。承载力表是用大量的试验数据,通过统计分析得到的,由于我国幅员辽阔,土质条件各异,用几张表格很难概括全国的土质地基承载力规律。用查表法确定地基承载力,在大多数地区可能基本适合或偏于保守,但也不排除个别地区可能不安全。此外,随着设计水平的提高和对工程质量要求的趋于严格,变形控制已是地基设计的重要原则。因此,作为国标,如仍沿用承载力表,显然已不再适应当前的要求,所以,现行《建筑地基基础设计规范》(GB 50007—2011)取消了地基承载力表。但是,允许各地区(省、市、自治区)根据试验和地区经验,制定地方性建筑地基规范,确定地基承载力表等设计参数,实际上是将原全国统一的地基承载力表地域化。

考虑增加基础宽度和埋置深度,地基承载力也将随之提高,所以,应将地基承载力对不同的基础宽度和埋置深度进行修正,才适于供设计用。《建筑地基基础设计规范》(GB 50007—2011)规定:当基础宽度大于 3m 或埋置深度大于 0.5m 时,从载荷试验或其他原位测试、经验值等方法确定的地基承载力特征值尚应按下式修正:

$$f_a = f_{ak} + \eta_b \gamma (b-3) + \eta_d \gamma_m (d-0.5) \tag{7-32}$$

式中,f_a——修正后的地基承载力特征值(kPa);

$\quad\quad$ f_{ak}——地基承载力特征值(kPa);

$\quad\quad$ η_b、η_d——基础宽度和埋深的地基承载力修正系数,按基底下土的类别查表 7-2 取值;

$\quad\quad$ γ——基础底面以下土的重度(kN/m³),地下水位以下取浮重度 γ';

$\quad\quad$ γ_m——基础底面以上埋深范围内土的加权平均重度(kN/m³),地下水位以下取浮重度;

$\quad\quad$ b——基础底面宽度(m),当 $b<3m$ 时按 3m 取值,$b>6m$ 时按 6m 取值;

$\quad\quad$ d——基础埋置深度(m),一般自室外地面标高算起,在填方整平地区,可自填土地面标高算起,但填土在上部结构施工后完成时,应从天然地面标高算起,对于地下室,如采用箱形基础或筏形基础时,基础埋置深度自室外地面标高算起,当采用独立基础或条形基础时,应从室内地面标高算起。

表 7-2　承载力修正系数

土的类别		η_b	η_d
淤泥和淤泥质黏土		0	1.0
人工填土 e 或 I_l 大于等于 0.85 的黏性土		0	1.0
红黏土	含水比 $a_w>0.8$	0	1.2
	含水比 $a_w\leqslant0.8$	0.15	1.4
大面积 压实填土	压实系数大于 0.95,黏粒含量 $\rho_c\geqslant10\%$ 的粉土,最大 干密度大于 2.1t/m³ 的级配砂石	0	1.5
		0	2.0
粉土	黏粒含量 $\rho_c\geqslant10\%$ 的粉土	0.3	1.5
	黏粒含量 $\rho_c<10\%$ 的粉土	0.5	2.0
e 及 I_l 均小于 0.85 的黏性土		0.3	1.6
粉砂,细砂(不包括很湿与饱和时的稍密状态)		2.0	3.0
中密,粗砂,砾砂和碎石土		3.0	4.4

注:1. 强风化和全风化的岩石,可参照所风化成的相应土类取值,其他状态下的岩石不修正。

$\quad$ 2. 地基承载力特征值按深层平板载荷试验确定时,η_d 取 0。

$\quad$ 3. 含水比是指土的天然含水量与液限的比值。

$\quad$ 4. 大面积压实填土是指填土范围大于 2 倍基础宽度的填土。

2. 按原位试验确定地基承载力

1) 载荷试验确定地基土承载力特征值 f_{ak}

在现场通过一定尺寸的载荷板对扰动较少的地基土体直接施加载荷,所测得的成果一般能反映相当 1~2 倍载荷板宽度的深度以内土体的平均性质。这样大的影响范围为许多其他测试方法所不及。载荷试验虽然比较可靠,但费时、耗资而不能多做,规范只要求对地基基础设计等级为甲级的建筑物采用载荷试验、理论公式计算及其他原位试验等方法综合确定。对于成分或结构很不均匀的土层,如杂填土、裂隙土、风化岩等,它则显出用别的方法所难以代替的作用。有些规范中的地基承载力表所提供的经验性数值也是以静载荷试验成果为基础的。

下面讨论怎样利用载荷试验记录整理而成的 $p\text{-}s$ 曲线来确定地基承载力特征值。

对于密实砂土、硬塑黏土等低压缩性土,其 $p\text{-}s$ 曲线通常有比较明显的起始直线段和极限值,即呈急进破坏的"陡降型",如图 7-10(a)所示。考虑到低压缩性土的承载力特征值一般由强度安全控制,故《建筑地基基础设计规范》(GB 50007—2011)规定取图中的极限载荷 p_b 作为承载力特征值。此时,地基的沉降量很小,为一般建物所允许,强度安全储备也绰绰有余,因为从 p_b 发展到破坏还有很长过程。但是对于少数呈"脆性"破坏的土,p_b 与极限载荷 p_u 很接近,当 $p_u < 1.5 p_b$ 时,取 $p_u/2$ 作为承载力特征值。

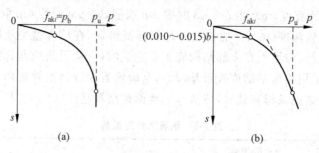

图 7-10　按载荷试验结果确定地基承载力
(a) 低压缩性土;(b) 高压缩性土

对于有一定强度的中、高压缩性土,如松砂、填土、可塑黏土等,$p\text{-}s$ 曲线无明显转折点,但曲线的斜率随载荷的增加而逐渐增大,最后稳定在某个最大值,即呈渐进破坏的"缓变型",如图 7-10(b)所示。此时,极限载荷 p_u 可取曲线斜率开始到达最大值时所对应的压力。不过,要取得 p_u 值,必须把载荷试验进行到有很大的沉降才行。而实践中往往因受加荷设备的限制,或出于对安全的考虑,不能将试验进行到这种地步,因而无法取得 p_u 值。此外,土的压缩性较大,通过极限载荷确定的承载力,未必能满足对地基沉降的限制。事实上,中、高压缩土的承载力,往往受允许沉降控制,故应当从沉降的观点来考虑。但是沉降量与基础(或载荷板)底面尺寸、形状有关,而试验采用的载荷板通常总是小于实际基础的底面尺寸。为此,不能直接以基础的允许沉降值在 $p\text{-}s$ 曲线上定出承载力特征值。规范总结了许多实测资料,当压板面积为 $0.25\sim0.50\text{m}^2$ 时,规定取 $s/b = 0.010\sim0.015$ 所对应的载荷作为承载力特征值,但其值不应大于最大加载量的 $1/2$。

对同一土层,应选择三个以上的试验点。如所得的特征值的级差不超过平均值的 30%,则取该平均值作为地基承载力特征值 f_{ak}。

载荷板的尺寸一般比实际基础小,影响深度较小,试验只反映这个范围内土层的承载力。如果载荷板影响深度之下存在软弱下卧层,而该层又处于基础的主要受力层内(如图 7-11 所示的情况),此时除非采用大尺寸载荷板做试验,否则意义不大。

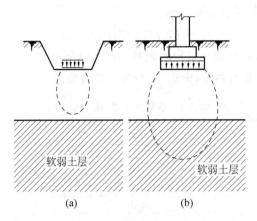

图 7-11 载荷板与基础载荷影响深度的比较

(a) 载荷试验；(b) 实际基础

2) 岩石地基承载力特征值 f_a

对完整、较完整和较破碎的岩石地基承载力特征值，可按载荷试验确定，对应于 p-s 曲线上起始直线的终点为比例界限。符合终止加载条件（《建筑地基基础设计规范》（GB 50007—2011）附录 H）的前一级载荷为极限载荷。将极限载荷除以 3 的安全系数，所得值与对应于比例界限的载荷相比较，取二者较小值。每个场地载荷试验的数量不少于 3 个，取最小值作为岩石地基承载力特征值 f_a（不再对承载力进行深度修正）。

对完整、较完整和较破碎的岩石地基承载力特征值，也可根据室内饱和单轴抗压强度按下式计算：

$$f_a = \psi_r f_{rk} \tag{7-33}$$

式中，f_a——岩石地基承载力特征值（kPa）；

f_{rk}——岩石饱和单轴抗压强度标准值（kPa），可按《建筑地基基础设计规范》（GB 50007—2011）附录 J 确定；

ψ_r——折减系数，根据岩体完整程度以及结构面的间距、宽度、产状和组合，由地区经验确定。无经验时，对完整岩体可取 0.5；对较完整岩体可取 0.2～0.5；对较破碎岩体可取 0.1～0.2。

对破碎、极破碎的岩石地基承载力特征值，可根据地区经验取值，无地区经验时，可根据平板载荷试验确定。

3) 其他原位测试地基承载力特征值 f_{ak}

除了载荷试验外，静力触探、动力触探、标准贯入试验等原位测试，在我国已经积累了丰富经验，《建筑地基基础设计规范》（GB 50007—2011）允许将其应用于确定地基承载力特征值。但是强调必须有地区经验，即当地的对比资料，还应对承载力特征值进行基础宽度和埋置深度修正。同时还应注意，当地基基础设计等级为甲级和乙级时，应结合室内试验成果综合分析，不宜单独应用。

3.《建筑地基基础设计规范》（GB 50007—2011）推荐的理论公式计算地基承载力

当载荷偏心距 $e \leqslant 0.033b$（b 为偏心方向基础边长）时，以浅基础地基的临界载荷 $p_{1/4}$ 为基础的理论公式计算地基承载力特征值：

$$f_a = M_b \gamma b + M_d \gamma_m d + M_c c_k \tag{7-34}$$

式中，f_a——由土的抗剪强度指标确定的地基承载力特征值；

M_b、M_d、M_c——承载力系统，根据 φ_k 按表 7-3 查取。

表 7-3　承载力系数 M_b、M_d、M_c

土的内摩擦角标准值 $\varphi_k / (°)$	M_b	M_d	M_c
0	0	1.00	3.14
2	0.03	1.12	3.32
4	0.06	1.25	3.51
6	0.10	1.39	3.71
8	0.140	1.55	3.93
10	0.18	1.73	4.17
12	0.23	1.94	4.42
14	0.29	2.17	4.69
16	0.36	2.43	5.00
18	0.43	2.72	5.31
20	0.51	3.06	5.66
22	0.61	3.44	6.04
24	0.81	3.87	6.45
26	1.10	4.37	6.90
28	1.40	4.93	7.40
30	1.90	5.59	7.95
32	2.60	6.35	8.55
34	3.40	7.21	9.22
36	4.20	8.25	9.97
38	5.00	9.44	10.84
40	5.80	10.80	11.73

注：φ_k——基底下 1 倍短边宽深度内土的内摩擦角标准值(°)；

　　b——基础底面宽度(m)，大于 6m 时按 6m 取值，对于砂土，小于 3m 时按 3m 取值；

　　c_k——基底下 1 倍短边宽度的深度范围内土的黏聚力标准值(kPa)；

　　γ——基础底面以下土的重度(kN/m³)，地下水位以下取浮重度；

　　γ_m——基础底面以上的各层土的加权平均重度(kN/m³)，位于地下水位以下的土层取浮重度。

说明：

(1) 按理论公式计算地基承载力，关键是土的抗剪强度指标 c_k、φ_k 的取值。要求采取原状土样以三轴剪切试验测定，一般要求在建筑场地范围内布置 6 个以上的取土钻孔，各孔中同一层土的试验不少于三组。

(2) 确定抗剪强度指标 c_k、φ_k 的试验方法必须和地基土的工作状态相适应。例如：对饱和软土，不固结不排水剪的内摩擦角 $\varphi_k = 0$，由表 7-3 知：$M_b = 0$、$M_d = 1.0$、$M_c = 3.14$，将式(7-14)中的 c_k 相应地改为 c_u，则地基承载力设计值：$f_a = \gamma_m d + 3.14 c_u$；这时，增大基底尺寸不可能提高地基承载力。但对 $\varphi_k > 0$ 的土，增大基底宽度，承载力将随着 φ_k 的提高而逐渐增大。

(3) 系数 $M_d \geqslant 1$，故承载力随埋深 d 线性增加。但对设置后回填土的实体基础，因埋深增大而提高的那一部分承载力将被基础和回填土重 G 的相应增加而有所抵偿；尤其是对 $\varphi_u = 0$ 的软土，$M_d = 1.0$，由于 $\gamma_G \approx \gamma_m$，这两方面几乎相抵而收不到明显的效果。

（4）式(7-14)仅适用于 $e \leqslant 0.033b$ 的情况，这是因为用该公式确定承载力时相应的理论模式是基底压力呈条形均匀分布。当受到较大水平载荷而使合力的偏心距过大时，地基反力就会很不均匀，为了使理论计算的地基承载力符合其假定的理论模式，根据 $p_{k,max} \leqslant 1.2f_a$ 的条件，对公式使用时增加了以上限制条件。

（5）按土的抗剪强度确定地基承载力时，没有考虑建筑物对地基变形的要求。因此按式(7-14)求得的承载力确定基础底面尺寸后，还应进行地基变形特征验算。

7.4.2 按《公路桥涵地基与基础设计规范》(JTG D63—2007)规定确定地基承载力

该规范规定桥涵地基承载力容许值，设计中应尽可能采用载荷试验或其他原位测试取得地基承载力，但是由于桥涵基础所处环境特殊，在很多地点可能无法进行现场测试，因此，对中小桥、涵洞，或载荷试验和原位试验有困难时，也可以按规范提供的地基承载力表采用，使用方法和步骤介绍如下。

1. 地基的容许承载力

《公路桥涵地基与基础设计规范》(JTG D63—2007)把一般地基土分为六大类，即岩石、碎石土、砂土、粉土、黏性土和特殊性土。每一类土可以划分更细的类别，例如：黏性土既可以根据塑性指数 I_p 分为黏土和粉质黏土，又可以根据沉积年代的不同分为老黏性土、一般黏性土和新沉积黏性土。

（1）岩石地基承载力基本容许值 $[f_{a0}]$，可按表 7-4 选用。

表 7-4 岩石地基承载力基本容许值 $[f_{a0}]$　　　　　　kPa

岩石坚硬程度 ＼ 节理发育程度	节理不发育	节理发育	节理很发育
坚硬岩、较硬岩	＞3000	2000～3000	1500～2000
较软岩	1500～3000	1000～1500	800～1000
软岩	1000～1200	800～1000	500～800
极软岩	400～500	300～400	200～300

（2）碎石土地基承载力基本容许值 $[f_{a0}]$，可按表 7-5 选用。

表 7-5 碎石土地基承载力基本容许值 $[f_{a0}]$　　　　　　kPa

土 名 ＼ 密实程度	密 实	中 密	稍 密	松 散
卵石	1000～1200	650～1000	500～650	300～500
碎石	800～1000	550～800	400～550	200～400
圆砾	600～800	400～600	300～400	200～300
角砾	500～700	400～500	300～400	200～300

注：1. 由硬质岩组成，填充砂土者取高值；由软质岩组成，填充黏性土者取低值。

2. 半胶结的碎石土，可按密实的同类土的 $[f_{a0}]$ 值提高 10%～30%。

3. 松散的碎石土在天然河床中很少遇见，需特别注意鉴定。

4. 漂石、块石的 $[f_{a0}]$ 值，可参照卵石、碎石适当提高。

（3）砂土地基承载力基本容许值$[f_{a0}]$，可按表 7-6 选用。

表 7-6　地基承载力基本容许值$[f_{a0}]$　　　　kPa

土　名	密实度 水位情况	密　实	中　密	稍　密	松　散
砾砂粗砂	与湿度无关	550	430	370	200
中砂	与湿度无关	450	370	330	150
细纱	水　上	350	270	230	100
	水　下	300	210	190	—
粉砂	水　上	300	210	190	—
	水　下	200	110	90	—

（4）粉土地基承载力基本容许值$[f_{a0}]$，可按表 7-7 选用。

表 7-7　粉土地基承载力基本容许值$[f_{a0}]$　　　　kPa

e ＼ $\omega/\%$	10	15	20	25	30	35
0.5	400	380	355	—	—	—
0.6	300	290	280	270	—	—
0.7	250	235	225	215	205	—
0.8	200	190	180	170	165	—
0.9	160	150	145	140	130	125

（5）黏性土地基承载力基本容许值$[f_{a0}]$。

① 老黏性土地基承载力基本容许值$[f_{a0}]$。老黏性土的地基承载力基本容许值$[f_{a0}]$可按土的压缩模量（E_s）确定，如表 7-8 所示。

表 7-8　老黏性土的地基承载力基本容许值$[f_{a0}]$

E_s/MPa	10	15	20	25	30	35	40
$[f_{a0}]/\mathrm{kPa}$	380	430	470	510	550	580	620

注：1. 老黏性土是指第四纪晚更新世（Q_4）及其以前沉积的黏性土。一般具有较高的强度和较低的压缩性。

2. $E_s=\dfrac{1+e_1}{a_{1-2}}$。式中，$e_1$ 为压力＝0.1MPa 时，土样的孔隙比；a_{1-2} 为对应于 0.1～0.2MPa 时压力段的压缩系数（MPa^{-1}）；E_s 为压缩模量，当老黏性土 $E_s<10\mathrm{MPa}$ 时，地基承载力基本容许值$[f_{a0}]$按一般黏性土确定。

② 一般黏性土的地基承载力基本容许值$[f_{a0}]$。一般黏性土的地基承载力基本容许值$[f_{a0}]$可按液性指数 I_l 和天然孔隙比 e 确定，如表 7-9 所示。

表 7-9　一般黏性土的地基承载力基本容许值$[f_{a0}]$　　　　kPa

e ＼ I_l	0	0.1	0.2	0.3	0.4	0.5	0.6	0.7	0.8	0.9	1.0	1.1	1.2
0.5	450	440	430	420	400	380	350	310	270	240	220	—	—
0.6	420	410	400	380	360	340	310	280	250	220	200	180	—
0.7	400	370	350	330	310	290	270	240	220	190	170	160	150

续表

e＼I_1	0	0.1	0.2	0.3	0.4	0.5	0.6	0.7	0.8	0.9	1.0	1.1	1.2
0.8	380	330	300	280	260	240	230	210	180	160	150	140	130
0.9	320	280	260	240	220	210	190	180	160	140	130	120	100
1.0	250	230	220	210	190	170	160	150	140	120	110	—	—
1.1	—	—	160	150	140	130	120	110	100	90	—	—	—

注：1. 一般黏性土是指第四纪晚更新世（Q_4）（文化期以前）沉积的黏性土，一般为正常沉积的黏性土。

2. 土中含有粒径大于 2mm 的颗粒重量超过全重量的 30％以上的，$[f_{a0}]$可适当提高。

3. $e<0.5$ 时，取 $e=0.5$；$I_1<0$ 时，取 $I_1=0$；此外超过表列范围的一般黏性土，$[f_{a0}]$可按下式计算

$$[f_{a0}] = 57.22e^{0.57}$$

4. 黏性土的状态按《公路桥涵地基与基础设计规范》（JTG D63—2007）的液性指数划分。

③ 新近沉积黏性土的地基承载力基本容许值$[f_{a0}]$，可按液性指数 I_1 和天然孔隙比 e 确定，如表 7-10 所示。

表 7-10　新近沉积黏性土的地基承载力基本容许值$[f_{a0}]$　　　　　　kPa

e＼I_1	≤0.25	0.75	1.25
≤0.8	140	120	100
0.9	130	110	90
1.0	120	100	80
1.1	110	90	—

注：新近沉积黏性土是指文化期以来沉积的黏性土，一般为欠固结土，且强度较低。

2. 修正后的地基承载力容许值$[f_a]$

修正后的地基承载力容许值$[f_a]$按下式修正计算：

$$[f_a] = [f_{a0}] + k_1\gamma_1(b-2) + k_2\gamma_2(h-3) \tag{7-35}$$

式中，$[f_a]$——修正后的地基承载力容许值（kPa）；

$[f_{a0}]$——按表 7-4～表 7-10 查得的地基承载力基本容许值（kPa）；

b——基础底面的最小边宽（m），当 $b<2m$ 时，取 $b=2m$ 计；当 $b>10m$ 时，按 10m 计算；

h——基础底面的埋置深度（m），对于受水流冲刷的基础，由一般冲刷线算起；不受水冲刷者，由天然地面算起；当 $h<3m$ 时，取 $h=3m$ 计；当 $h/b>4$ 时，取 $h=4b$；

γ_1——基底下持力层土的天然重度（kN/m^3），如持力层在水面以下且为透水层者，应采用浮重度；

γ_2——基底以上土的重度（kN/m^3）或不同土层的加权平均重度，如持力层在水面以下，且为不透水层时，不论基底以上土的透水性质如何，应一律采用饱和重度；如持力层为透水时，水中部分土层应一律采用浮重度；

k_1、k_2——基础宽度、深度的修正系数，根据基底持力层土的类别按表 7-11 确定。

表 7-11 地基土承载力宽度、深度修正系数

地基土承载力宽度、深度修正系数	黏性土				粉土	砂土						碎石土					
	老黏性土	一般黏性土		新近沉积黏性土		粉砂		细砂		中砂		砾砂、粗砂		碎石、圆砾、角砾		卵石	
		$I_1 \geq 0.5$	$I_1 < 0.5$			中密	密实	中密	密实	中密	密实	中密	密实	中密	密实	中密	密实
k_1	0	0	0	0	0	1.0	1.2	1.5	2.0	2.0	3.0	3.0	4.0	3.0	4.0	3.0	4.0
k_2	2.5	1.5	2.5	1.0	1.5	2.0	2.5	3.0	4.0	4.0	5.5	5.0	6.0	5.0	6.0	6.0	10.0

注：1. 对于稍密和松散状态的砂、碎石土，k_1、k_2 值可采用表列中密值的 50%。

2. 强风化和全风化的岩石，可参照所风化成的相应土类取值；其他状态下的岩石不修正。

当持力层为不透水层时，基底以上的水柱压力可作为超载看待，所以，《公路桥涵地基与基础设计规范》(JTG D63—2007)规定：当基础位于水中不透水层时，地基承载力容许值 $[f_a]$ 按平均常水位至一般冲刷线的水深每米再增大 10kPa。

【例 7-3】 某桥梁基础，基础埋置深度（一般冲刷以下）$h = 5.2m$，基础底面短边尺寸 $b = 2.6m$。地基土为一般黏性土，天然孔隙比 $e_0 = 0.85$，液性指数 $I_1 = 0.7$，土在水面以下的容积密度（饱和状态）$\gamma_0 = 27kN/m^3$。要求按《公路桥涵地基与基础设计规范》(JTG D63—2007)：

(1) 查表确定地基土的承载力基本容许值 $[f_{a0}]$；

(2) 计算对基础宽度、埋深修正后的地基承载力容许值 $[f_a]$。

【解】 (1) 查表确定地基土的承载力基本容许值 $[f_{a0}]$

按 $e_0 = 0.85$，$I_1 = 0.7$，一般黏性土查表 7-9 得

$$[f_{a0}] = 195kPa$$

(2) 计算对基础宽度、埋深修正后的地基承载力容许值 $[f_a]$

一般黏性土按 $I_1 = 0.7 (\geq 0.5)$ 查表 7-11 得：$k_1 = 0$，$k_2 = 1.5$。

持力层（一般黏性土）为水面以下的不透水层：$\gamma_2 = 27kN/m^3$。

$$[f_a] = [f_{a0}] + k_1 \gamma_1 (b-2) + k_2 \gamma_2 (h-3)$$
$$= [195 + 0 + 1.5 \times 27 \times (5.2 - 3)]kPa = 284.10kPa$$

注：以上计算未考虑平均常水位、载荷组合及地基条件对容许承载力的修正。

【例 7-4】 已知某拟建建筑物场地地质条件，第(1)层：杂填土，层厚 1.0m，$\gamma = 18kN/m^3$；第(2)层：粉质黏土，层厚 4.2m，$\gamma = 18.5kN/m^3$，$e = 0.92$，$I_1 = 0.94$，地基承载力特征值 $f_{ak} = 136kPa$，试按以下基础条件分别计算修正后的地基承载力特征值：

(1) 当基础底面为 4.0m×2.6m 的矩形独立基础，埋深 $d = 1.0m$；

(2) 当基础底面为 9.5m×36m 的箱形基础，埋深 $d = 3.5m$。

【解】 根据《建筑地基基础设计规范》(GB 50007—2011)进行计算。

(1) 矩形独立基础下修正后的地基承载力特征值 f_a

基础宽度 $b = 2.6m (<3m)$。

按 3m 考虑；埋深 $d = 1.0m$，持力层粉质黏土的孔隙比 $e = 0.94 (>0.85)$，查表 7-2 得

$$\eta_0 = 0, \quad \eta_d = 1.0$$
$$f_a = f_{ak} + \eta_b \gamma(b-3) + \eta_d \gamma_m(d-0.5)$$
$$= [136 + 0 + 1.0 \times 18 \times (1.0-0.5)] kPa = 145.0 kPa$$

（2）箱形基础下修正后的地基承载力特征值 f_a

基础宽度 $b=9.5m(>6m)$，按 6m 考虑；$d=3.5m$，持力层仍为粉质黏土，查表 7-2 得 $\eta_b = 0$，$\eta_d = 1.0$。

$$\gamma_m = \frac{18 \times 1.0 + 18.5 \times 2.5}{3.5} kN/m^3 = 18.4 kN/m^3$$

$$f_a = [136 + 0 \times 18.5 \times (6-3) + 18.4 \times (3.5-0.5)] kPa = 191.2 kPa$$

【例 7-5】 某建筑物承受中心载荷的柱下独立基础底面尺寸为 $2.5m \times 1.5m$，埋深 $d=1.6m$；地基土为粉土，土的物理力学性质指标：$\gamma=17.8 kN/m^3$，$c_k=1.2 kPa$，$\varphi_k = 22°$，试确定持力层的地基承载力特征值。

【解】 由于基础承受中心载荷（偏心距 $e_k=0$），根据土的抗剪强度指标计算持力层的地基承载力特征值 f_a。

根据 $\varphi_k = 22°$ 查表 7-3 得：$M_b=0.61$，$M_d=3.44$，$M_c=6.04$，则

$$f_a = M_b \gamma b + M_d \gamma_m d + M_c c_k$$
$$= (0.61 \times 17.8 \times 1.5 + 3.44 \times 17.8 \times 1.6 + 6.04 \times 1.2) kPa = 121.5 kPa$$

复习思考题

7.1 进行地基基础设计时，地基必须满足哪些条件？为什么？

7.2 地基发生剪切破坏的类型有哪些？其中整体剪切破坏的过程和特征是怎样的？各在什么情况下容易发生？

7.3 确定地基承载力的方法有哪几类？

7.4 按塑性开展区方法确定地基承载力的推导是否严谨？为什么？

7.5 何谓地基的临塑载荷？临塑载荷如何计算？有何用途？根据临塑载荷设计是否需除以安全系数？

7.6 确定地基极限承载力时，为什么要假定滑动面？各种公式假定中，哪些假定较合理？哪些假定可能与实际有较大差异？

7.7 试分别就理论方法和规范方法分析研究影响地基承载力的因素有哪些？其影响的结果分别怎样？

7.8 请画出地基处于极限平衡时，普朗德尔理论所假设的基础下地基的滑动面形状。

7.9 太沙基承载力公式的适用条件是什么？

7.10 写出太沙基极限承载力 p_u 的计算公式，说明各符号的意义，并就太沙基公式讨论影响承载力的因素。

7.11 影响地基承载力的因素有哪些？

7.12 为什么地基的极限载荷有时相差悬殊？什么情况下地基的极限载荷大？什么情况下地基的极限载荷小？极限载荷的大小取决于哪些因素？通常什么因素对极限载荷的影

响最大？

7.13 地基的破坏过程与地基中的塑性范围有何关系？正常工作状态下应当处在破坏过程的哪一位置？

7.14 考虑到地基的不均匀性，用载荷试验方法确定实际基础的地基承载力，应当注意什么问题？

7.15 何谓地基承载力特征值？有哪几种确定方法？各适用于何种情况？

7.16 对地基承载力特征值 f_{ak}，为何要进行基础宽度与埋深的修正？

习题

7.1 有一条形基础，宽度 $b=3m$，埋深 $h=1m$，地基土内摩擦角 $\varphi=30°$，黏聚力 $c=20kPa$，天然重度 $\gamma=18kN/m^3$。试求：

(1) 地基临塑载荷；（答案：259.5kPa）

(2) 当极限平衡区最大深度达到 $0.3b$ 时的均布载荷。（答案：333.8kPa）

7.2 有一长条形基础，宽 4m，埋深 3m，测得地基土的各种物性指标平均值为：$\gamma=17kN/m^3$，$\omega=25\%$，$\omega_l=30\%$，$\omega_p=22\%$，$\gamma_s=27kN/m^3$。已知各力学指标的标准值为：$c=10kPa$，$\varphi=12°$。试按《建筑地基基础设计规范》(GB 50007—2011)的规定计算地基承载力设计值：

(1) 由物理指标求算（假定回归修正系数 $\psi_i=0.95$）；（答案：159.6kPa）

(2) 利用力学指标和承载力公式进行计算。（答案：158.8kPa）

7.3 某宿舍采用的条形基础底宽 $b=2.00m$，埋深 $d=1.2m$。每米载荷包括基础自重在内为 500kN。地基土的天然重度为 $20kN/cm^3$，黏聚力 $c=10kPa$，内摩擦角 $\varphi=25°$；地下水位埋深 8.50m。问地基稳定安全系数有多大？（答案：2.8）

7.4 某工程设计框架结构，采用天然地基独立基础，埋深 $d=1.0m$。每个基础底面载荷为 1200kN。地基为砂土，天然重度 $\gamma=19.0kN/m^3$，饱和重度 $\gamma_{sat}=21.0kN/m^3$，内摩擦角 $\varphi=30°$，地下水位埋深 1.00m。要求地基稳定安全系数 $K \geqslant 2.0$，计算基础底面尺寸。（答案：2.0m×2.0m）

7.5 某仓库为条形基础，基底宽度 $b=3.00m$，埋深 $d=1.0m$，地下水位埋深 8.50m，土的天然重度 $\gamma=19.0kN/m^3$，黏聚力 $c=10kPa$，内摩擦角 $\varphi=10°$。试求：(1)地基的极限载荷；(2)当地下水位上升至基础底面时，极限载荷有变化？为什么？（答案：138kPa；减小）

7.6 某高压输电塔设计天然地基独立浅基础。基底长度 $l=4.00m$，基底宽度 $b=3.00m$，基础埋深 $d=2.00m$。地基为粉土，土的天然重度 $\gamma=18.6kN/m^3$，内摩擦角 $\varphi=16°$，黏聚力 $c=8kPa$，无地下水，载荷倾斜角 $\delta=11°18'$。计算地基的极限载荷。（答案：247kPa）

7.7 某高层建筑设计采用筏板基础，筏板长度 53.40m，宽度 21.00m。基础埋置深度 $d=5.00m$。基底以上土的重度为 $18.5kN/m^3$，基底以下为角砾、稍密土，$f_{ak}=240kPa$，重度为 $21kN/m^3$，地下水位很低。计算修正后的地基承载力特征值。（答案：795kPa）

7.8 某教学大楼采用框架结构，独立基础。基础底面为正方形，边长 $l=b=3.00m$。基础埋深 $d=2.00m$。地基表层为杂填土，$\gamma_1=18.0kN/m^3$，层厚 $h_1=2.00m$；第二层为厚层粉土,孔隙比 $e=0.80$,含水量 $\omega=17.5\%$,饱和度 $S_r=0.60$。设地基承载力特征值 $f_{ak}=215kPa$。确定深宽修正后的地基承载力特征值。(答案:256kPa)

7.9 一商店门市部房屋基础底宽 $b=1.00m$,埋深 $d=1.5m$。地基为黏土,测得地基土的物理性质:$\omega=31.0\%$,$\gamma=19.0kN/m^3$,$d=2.77$;$\omega_l=51.6\%$,$\omega_p=26.8\%$,$N_{10}=28$,$f_{ak}=200kPa$。确定修正后的地基承载力特征值。(答案:219kPa)

7.10 一高层建筑箱形基础长度为23.00m,宽度为8.50m,埋深为4.00m。地基表层为素填土,层厚1.80m,$\gamma_1=17.8kN/m^3$;第二层为粉土,层厚18.0m。地下水位深2.80m。粉土层的物理性质指标为:水上 $\gamma_2=18.9kN/m^3$,水下 $\gamma_{sat}=19.4kN/m^3$;$\omega=28.0\%$,$\omega_l=30.0\%$,$\omega_p=23.0\%$,$f_{ak}=140kPa$,试确定地基承载力修正后的特征值。(答案:230kPa)

第**8**章

浅基础设计

8.1 概述

在建筑物的设计和施工中,地基和基础占有很重要的地位,它对建筑物的安全使用和工程造价有着很大的影响,因此,正确选择地基基础的类型十分重要。在选择地基基础类型时,主要考虑两个方面的因素:一是上部结构条件,即建筑物的性质(包括它的用途、重要性、结构形式、载荷性质和载荷大小等);二是地基的工程地质和水文地质情况(包括岩土层的分布,岩土的性质和地下水等)。综合考虑其他方面的要求(工期、施工条件、造价和节约资源等),合理选择地基基础方案,因地制宜,精心设计,以确保建筑物或构筑物的安全和正常使用。

地基可分为天然地基和人工地基。如果地基内是良好的土层或者上部有较厚的良好的土层时,一般将基础直接做在天然土层上,这种地基叫作"天然地基"。如果地基范围内都属于软弱的土层(通常指承载力低于 100kPa 的土层),或者上部有较厚的软弱土层,不适合做天然地基上的浅基础时,可加固上部土层,提高土层的承载能力,再把基础做在这种经过人工加固后的土层上,这种地基叫作"人工地基"。

基础是连接上部结构(例如房屋的墙和柱,桥梁的墩和台等)与地基之间的过渡结构,起承上启下作用。基础可分为浅基础和深基础。浅基础是相对深基础而言的,二者的差别主要在施工方法及设计原则上。浅基础的埋深通常不大,一般只需采用普通基坑开挖、敞坑排水的施工方法建造,施工条件和工艺都比较简单;深基础(包括桩、墩、沉井、地下连续墙等)都要采用特殊的施工方法和施工机具建造,施工条件比较困难,工艺比较复杂。正因为浅基础的埋深不大,浅基础设计时,只考虑基础底面以下土的承载能力,不考虑基础底面以上土的抗剪强度对地基承载力的作用,还忽略了基础侧面与土之间的摩擦阻力;而深基础则要考虑侧壁与土之间的摩擦阻力对基础的有利作用,深基础承载力的确定和设计方法也就不同。但是,浅基础和深基础的区别很难用一个固定的埋置深度来区别。

一般地,对于坐在天然地基上、埋置深度小于 5m 的一般基础(柱基或墙基)以及埋置深度虽超过 5m,但小于基础宽度的大尺寸的基础(如箱形、筏形基础),在计算中基础的侧面摩擦力不必考虑,统称为天然地基上的浅基础。天然地基上的浅基础,结构比较简单,最为经济,如能满足要求,宜优先选用。天然地基上的浅基础设计的原则和方法,基本上适用于人工地基上的浅基础,只是选用人工地基上的浅基础方案时,尚须对选择的地基处理方法进行设计,并处理好人工地基与浅基础之间的连接与相互影响。

因为地基基础设计的重要性,为了贯彻落实国家的技术经济政策,我国制定了相应的设计规范,并已经过了数十年的工程实践和几次大的修改、完善。但是,由于种种原因,到目前为止,我国现行地基基础设计规范仍然分行业制定和执行。例如,《建筑地基基础设计规范》(GB 50007—2011),适用于工业与民用建筑(包括构筑物)的地基基础设计,并要求与国家标准《建筑结构载荷规范》(GB 50009—2012)、《混凝土结构设计规范》(GB 50010—2010)、《砌体结构设计规范》(GB 50003—2011)等的有关规定配套执行;中华人民共和国交通部标准《公路桥涵地基与基础设计规范》(JTG D63—2007,以下简称《路桥地基规范》),要求与《公路桥涵设计通用规范》(JTG D60—2015)、《公路圬工桥涵设计规范》(JTG D61—2005)《公路钢筋混凝土及预应力混凝土桥涵设计规范》(JTG D62—2004)的有关规定配套执行。为了便于阐述,若无特殊说明,本章将以《建筑地基基础设计规范》(GB 50007—2011)为主,主要讨论天然地基上的浅基础的设计问题。

8.2　浅基础的设计方法和设计步骤

地基基础的设计,必须坚持因地制宜、就地取材的原则。根据地质勘察资料,综合考虑结构类型、材料供应与施工条件等因素,精心设计,以保证建筑物的安全和正常使用。

8.2.1　地基基础的设计方法——概率极限设计方法(可靠度设计方法)

随着建筑科学技术的发展,地基基础的设计方法不断改进。最初采用允许承载力设计方法,由于地基稳定和变形允许是对地基的两种不同要求,地基变形对新型结构和复杂体型的影响不能忽略,必须单独进行验算,所以允许承载力设计方法失去了它原来的意义。为了同时控制地基承载能力和地基变形,出现了极限状态设计方法。按极限状态设计方法,地基必须满足两种极限状态要求:承载能力极限状态或稳定极限状态;正常使用极限状态或变形极限状态。《结构可靠性总原则》(ISO 2394)对土木工程领域的设计采用了以概率论为基础的极限状态设计方法:我国为了与国际接轨,从 20 世纪 80 年代开始在建筑工程领域内使用概率极限状态设计原则,现行建筑工程设计规范都是按这一原则要求制定的。

以结构的可靠度指标(或失效概率)来度量结构的可靠度,并建立结构可靠度与结构极限状态方程的关系,这种设计方法就是以概率论为基础的极限设计方法,简称概率极限设计方法。该方法一般要已知基本变量的统计特征,然后根据预先规定的可靠度指标求出所需的结构抗力平均值,并选择截面,能比较充分地考虑各有关影响因素的客观变异性。但是,对一般常见的结构使用这种方法设计工作量很大,尤其是在地基基础设计中,其中有些参数因为统计资料不足,在很大程度上还要凭经验确定。

整个结构或结构的一部分(构件)超过某一特定状态就不能满足设计规定的某一功能要求,这一特定状态称为该功能的极限状态。对于结构的极限状态,均应规定明确的标志及限值。极限状态可分为下列两类:

(1) 承载能力极限状态。这种极限状态对应于结构或构件达到最大承载能力或不适于继续承载大变形,例如地基丧失承载能力而失稳破坏(整体剪切破坏)。

(2) 正常使用极限状态。这种极限状态对应于结构或构件达到正常使用或耐久性能的某项规定限值,例如影响建筑物正常使用或外观的地基变形。

结构极限状态采用结构极限状态方程 $g(x_1, x_2, \cdots, x_n) = 0$ 描述,其中:结构功能函数 $g(x_1, x_2, \cdots, x_n)$ 中的基本变量 x_i 是指结构上的各种作用和材料性能、几何参数等;进行结构可靠度分析时,也可采用作用效应和结构抗力作为综合的基本变量;基本变量应作为随机变量考虑。

结构按极限状态设计应满足下列要求:

$$g(x_1, x_2, \cdots, x_n) \geqslant 0 \tag{8-1}$$

当仅有作用效应和结构抗力两个基本变量时,结构按极限状态设计应满足下列要求:

$$R - S \geqslant 0 \tag{8-2}$$

式中,S——结构的作用效应;

R——结构抗力。

8.2.2 现行《建筑地基基础设计规范》(GB 50007—2011)设计方法要点

首先,《建筑地基基础设计规范》(GB 50007—2011)根据地基复杂程度、建筑物规模和功能特征以及由于地基问题可能造成建筑物破坏或影响正常使用的程度,将地基基础设计分为甲级、乙级和丙级三个设计等级,设计时应根据具体情况,按表 8-1 选用。

表 8-1　地基基础设计等级

设计等级	建筑与地基类型
甲级	重要的工业与民用建筑物 30 层以上的高层建筑 体型复杂,层数相差超过 10 层的高低层连成一体的建筑物 大面积的多层地下建筑物(如地下车库、商场、运动场等) 对地基变形有特殊要求的建筑物 复杂地质条件下的坡上建筑物(包括高边坡) 对原有工程影响较大的新建建筑物 场地和地基条件复杂的一般建筑物 位于复杂地质条件及软土地区的二层及二层以上地下室的基坑工程 开挖深度大于 15m 的基坑工程 周边环境条件复杂、环境保护要求高的基坑工程
乙级	除甲级、丙级以外的工业与民用建筑物 除甲级、丙级以外的基坑工程
丙级	场地和地基条件简单、载荷分布均匀的七层及七层以下民用建筑及一般工业建筑物;次要的轻型建筑物 非软土地区且场地地质条件简单、基坑周边环境条件简单、环境保护要求不高且开挖深度小于 5.0m 的基坑工程

为了保证建筑物的安全与正常使用,根据建筑物的安全等级和长期载荷作用下地基变形对上部结构的影响程度,地基基础设计和计算应该满足下述三项基本原则:

(1) 在防止地基土体剪切破坏和丧失稳定性方面,应具有足够的安全度。因此,各级建筑物均应满足地基承载力计算要求;对基坑工程、经常受水平载荷作用的高层建筑、高耸结构和挡土墙等,以及建造在斜坡上或边坡附近的建筑物和构筑物,应进行稳定性验算;对地下水埋藏较浅,建筑地下室或地下构筑物存在上浮问题时,还应进行抗浮验算。

（2）控制地基的变形，使之不超过建筑物的地基变形允许值，以免引起基础和上部结构的损坏或影响建筑物的正常使用功能和外观。因此，应进行必要的地基变形计算。对设计等级为甲级、乙级的建筑物均应进行地基变形设计验算；对表 8-2（选自《建筑地基基础设计规范》(GB 50007—2011)）所列范围以内设计等级为丙级的建筑物可不作地基变形验算。如有下列情况之一时，仍应作地基变形验算：①地基承载力特征值小于 130kPa，且体型复杂的建筑；②在基础上及其附近有地面堆载或相邻基础载荷差异较大，可能引起地基产生过大的不均匀沉降时；③软弱地基上建筑物存在偏心载荷时；④相邻建筑距离过近，可能发生倾斜时；⑤地基内有厚度较大或厚薄不均的填土，其自重固结未完成时。

表 8-2　可不作地基变形计算，设计等级为丙级的建筑物范围

地基主要受力层情况	地基承载力特征值 f_{ak}/kPa			$80 \leqslant f_{ak} < 100$	$100 \leqslant f_{ak} < 130$	$130 \leqslant f_{ak} < 160$	$160 \leqslant f_{ak} < 200$	$200 \leqslant f_{ak} < 300$
	各土层坡度/%			≤5	≤10	≤10	≤10	≤10
建筑类型	砌体承重结构、框架结构（层数）			≤5	≤5	≤6	≤6	≤7
	单层排架结构(6m柱距)	单跨	吊车额定起重量/t	10~15	15~20	20~30	30~50	50~100
			厂房跨度/m	≤18	≤24	≤30	≤30	≤30
		多跨	吊车额定起重量/t	5~10	10~15	15~20	20~30	30~75
			厂房跨度/m	≤18	≤24	≤30	≤30	≤30
	烟囱	高度/m		≤40	≤50	≤75		≤100
	水塔	高度/m		≤20	≤30	≤30		≤30
		容积/m³		50~100	100~200	200~300	300~500	500~1000

注：① 地基主要受力层是指条形基础底面下深度为 $3b$（b 为基础底面宽度），独立基础下为 $1.5b$，且厚度均不小于 5m 的范围（二层以下一般的民用建筑除外）；

② 地基主要受力层中如有承载力特征值小于 130kPa 的土层时，表中砌体承重结构的设计，应符合本规范第七章的有关要求；

③ 表中砌体承重结构和框架结构均指民用建筑，对于工业建筑可按厂房高度、载荷情况折合成与其相当的民用建筑层数；

④ 表中吊车额定起重量、烟囱高度和水塔容积的数值是指最大值。

（3）基础的材料、形式、尺寸和构造除应能适应上部结构、符合使用要求、满足上述地基承载力（稳定性）和变形要求外，还应满足对基础结构的强度、刚度和耐久性的要求。另外，力求灾害载荷（爆炸等）作用时，经济损失最小。

《建筑地基基础设计规范》(GB 50007—2011)规定，地基基础设计时，所采用的载荷效应最不利组合与相应的抗力限值应按下列规定执行。

（1）按地基承载力确定基础底面面积及埋深或按单桩承载力确定桩数时，传至基础或承台底面上的载荷效应应按正常使用极限状态下作用的标准组合。相应的抗力应采用地基承载力特征值或单桩承载力特征值。

（2）计算地基变形时，传至基础底面上的作用效应应按正常使用极限状态下作用的准

永久组合,不应记入风载荷和地震作用。相应的限值应为地基变形允许值。

(3)计算挡土墙、地基或滑坡稳定以及基础抗浮稳定时,作用效应应按承载能力极限状态下作用的基本组合,但其分项系数均为1.0。

(4)在确定基础或桩基承台高度、支挡结构截面、计算基础或支挡结构内力、确定配筋和验算材料强度时,上部结构传来的作用效应和相应的基底反力、挡土墙土压力以及滑坡推力,应按承载能力极限状态下作用的基本组合,采用相应的分项系数。当需要验算基础裂缝宽度时,应按正常使用极限状态下作用的标准组合。

(5)基础设计安全等级、结构设计使用年限、结构重要性系数应按有关规范的规定采用,但结构重要性系数r_0不应小于1.0。

8.2.3 浅基础的设计步骤

天然地基上浅基础设计的内容和一般步骤是:

(1)充分掌握拟建场地的工程地质条件和地质勘察资料,例如:不良地质现象和地震层的存在及其危害性、地基土层分布的均匀性和软弱下卧层的位置和厚度、各层土的类别及其工程特性指标。

(2)在研究地基勘察资料的基础上,结合上部结构的类型,载荷的性质、大小和分布,建筑布置和使用要求,以及拟建基础对原有建筑设施或环境的影响,并充分了解当地建筑经验、施工条件、材料供应、保护环境、先进技术的推广应用等其他有关情况,综合考虑选择基础类型和平面布置方案。

(3)选择地基持力层和基础埋置深度。

(4)确定地基承载力。

(5)按地基承载力(包括持力层和软弱下卧层)确定基础底面尺寸。

(6)进行必要的地基稳定性和变形验算,使地基的稳定性得到充分保证,并使地基的沉降不致引起结构损坏、建筑倾斜与开裂,或影响其正常使用和外观。

(7)进行基础的结构设计,按基础结构布置进行结构的内力分析、强度计算,并满足构造设计要求,以保证基础具有足够的强度、刚度和耐久性。

(8)绘制基础施工图,并提出必要的技术说明。

上述各方面内容密切关联、相互制约,很难一次考虑周详。因此,地基基础设计工作往往需反复多次才能取得满意的结果。设计人员可根据具体工程情况,采用优化设计方法,以提高设计质量。

8.3 浅基础的类型

8.3.1 浅基础的结构类型

基础的作用就是把建筑物的载荷安全可靠地传给地基,保证地基不会发生强度破坏或者产生过大变形,同时还要充分发挥地基的承载能力。因此,基础的结构类型必须根据建筑物的特点(结构形式、载荷的性质和大小等)和地基土层的情况来选定。浅基础的基本结构类型分下列几种。

1. 独立基础

柱的基础一般都是独立基础(图 8-1)。膨胀土地基上的墙基础,往往采用独立基础,并在独立基础顶面设置钢筋混凝土墙梁,再在过梁上砌筑砖墙,见图 8-2。

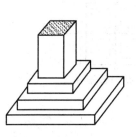

图 8-1　柱下独立基础

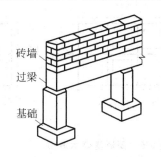

图 8-2　墙下独立基础

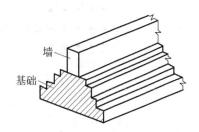

图 8-3　墙下条形基础

2. 条形基础

墙的基础通常是连续设置成长条形,称为墙下条形基础(图 8-3)。

如果柱子的载荷较大而土层的承载能力又较低,做独立基础需要很大的面积,在这种情况也可采用柱下条形基础(图 8-4),若仅是相邻柱相连,又称作联合基础或双柱联合基础。采用柱下钢筋混凝土条形基础不能满足地基基础设计要求时,可采用交叉条形基础(亦称交梁基础或十字交叉条形基础)(图 8-5)。这种基础在纵横两向均具有一定的刚度,当地基软弱且在两个方向的载荷和土质不均匀时,交叉条形基础具有良好的调整不均匀沉降的能力。

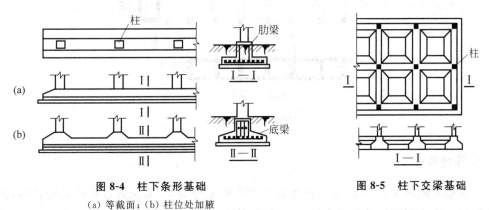

图 8-4　柱下条形基础
(a) 等截面; (b) 柱位处加腋

图 8-5　柱下交梁基础

3. 筏形基础和箱型基础

当载荷很大且地基软弱,采用交梁条形基础也不能满足要求时,可采用筏形基础(也称筏板基础),即用钢筋混凝土做成连续整片基础,俗称"满堂红"。筏形基础由于基底面积大,故可减小基底压力,并能比较有效地增强基础的整体性。筏形基础在构造上好像倒置的钢筋混凝土楼盖,并可分为平板式(图 8-6 (a))和梁板式(图 8-6(b))两种。

筏形基础较多用于框架结构、框架剪力墙结构、剪力墙结构等高层建筑,亦可用于砌体结构。我国南方某些城市在多层砌体住宅基础中采用筏形基础,并直接建筑在地表土层,称

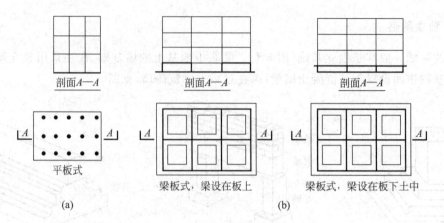

图 8-6 筏形基础示意图

（a）平板式；（b）梁板式

为无埋深筏基。但在北方应用时,必须考虑能否满足抗冰冻与采暖要求。

为了增加基础板的刚度,以减小不均匀沉降,一些高层建筑物往往把地下室的底板、顶板、侧墙及一定数量的内隔墙一起构成一个整体刚度很强的钢筋混凝土箱形结构,称为箱形基础(图 8-7)。

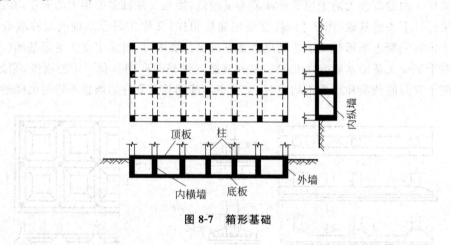

图 8-7 箱形基础

4. 壳体基础

为改善基础的受力性能,基础的形状可以不做成台阶状,而做成各种形式的壳体,称为壳体基础。由正圆锥形及其组合形式构成的壳体基础(图 8-8),可用于一般工业与民用建筑柱基和筒形的构筑物基础(如烟囱、水塔、料仓、中小型高炉等)。这种基础使径向内力转变为以压应力为主,据报道,可比一般梁、板式的钢筋混凝土基础减少混凝土用量 50% 左右,节约钢筋 30% 以上,具有良好的经济效果。但壳体基础施工时修筑土胎的技术难度大,易受气候因素的影响,布置钢筋及浇捣混凝土施工困难,较难实行机械化施工。

5. 岩层锚杆基础

岩层锚杆基础(图 8-9)适用于直接建在基岩上的柱基,以及承受拉力或水平力较大的

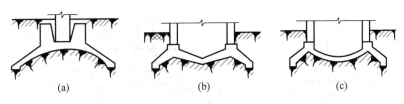

图 8-8　壳体基础的结构形式

（a）正圆锥壳；（b）M 形组合壳；（c）内球外锥组合壳

建（构）筑物基础。岩层锚杆基础对锚杆材料、锚杆孔径、锚杆插入上部结构的长度、灌浆等都有一定的要求，以确保锚杆基础与基岩有效地连成整体。

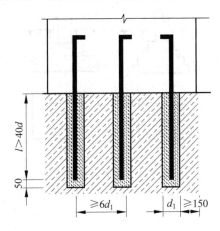

图 8-9　锚杆基础

d_1—锚杆孔直径；l—锚杆的有效锚固长度；d—锚杆筋体直径

8.3.2　无筋扩展基础和扩展基础

1. 无筋扩展基础

无筋扩展基础是指用砖、毛石、混凝土、毛石混凝土、灰土和三合土等材料组成的墙下条形基础或柱下独立基础（图 8-10、图 8-11），适用于多层民用建筑和轻型厂房。因为无筋扩展基础是由抗压性能较好，而抗拉、抗剪性能较差的材料建造的基础，基础需具有非常大的截面抗弯刚度，受荷后基础不允许挠曲变形和开裂，所以，过去习惯称其为"刚性基础"。无筋扩展基础设计时，必须规定基础材料强度及质量、限制台阶宽高比、控制建筑物层高和一定的地基承载力，因而，一般无须进行繁杂的内力分析和截面强度计算。

无筋扩展基础的台阶宽高比（图 8-10）要求一般可表示为

$$\frac{b_i}{H_i} \leqslant \tan\alpha \tag{8-3}$$

式中，b_i——无筋扩展基础任一台阶的宽度（mm）；

　　　H_i——相应 b_i 的台阶高度（mm）；

　　　$\tan\alpha$——无筋扩展基础台阶宽高比的允许值，可按表 8-3 选用。

对基础底面的平均压力值超过 300kPa 的混凝土基础，按下式验算墙（柱）边缘或变阶

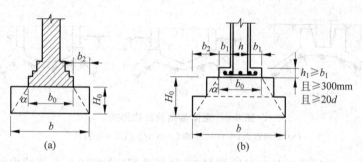

图 8-10 墙下条形基础

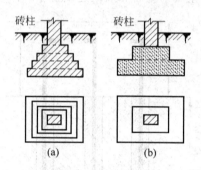

图 8-11 柱下独立基础

（a）砖基础；（b）混凝土基础

处的受剪承载力：

$$V_s \leqslant 0.366 f_t A \qquad (8\text{-}4)$$

式中，V_s——相应于作用基本组合时的地基土平均净反力产生的沿墙（柱）边缘或变阶处单位长度的剪力设计值（kN）；

　　f_t——混凝土的轴心抗拉强度设计值（kPa）；

　　A——沿墙（柱）边缘或变阶处基础的垂直截面面积（m²）。

对采用无筋扩展基础的钢筋混凝土柱，其柱脚高度 h_1 不得小于 b_1（图 8-10（b）），并不应小于 300mm 且不小于 20d（d 为柱中的纵向受力钢筋的最大直径）。当纵向钢筋在柱脚内的竖向锚固长度不满足锚固要求时，可沿水平方向弯折，弯折后的水平锚固长度不应小于 10d 也不应大于 20d。

砖基础是工程中最常见的一种无筋扩展基础，各部分的尺寸应符合砖的尺寸模数。砖基础一般做成台阶式，俗称"大放脚"，其砌筑方式有两种，一是"二皮一收"，如图 8-12（a）所示；另一种是"二一间隔收"，但须保证底层为两皮砖，即：120mm 高，如图 8-12（b）所示。上述两种砌法都能符合式（8-3）的台阶宽高比要求，"二一间隔收"较节省材料，同时又恰好能满足台阶宽高比要求。

为了保证砖基础的砌筑质量，并能起到平整和保护基坑作用，砖基础施工时，常常在砖基础底面以下先做垫层。垫层材料可选用灰土、三合土和混凝土。垫层每边伸出基础底面 50～100mm，厚度一般为 100mm。设计时，这样的薄垫层一般作为构造垫层，不作为基础结构部分考虑。因此，垫层的宽度和高度都不计入基础的底部 b 和埋深 d 之内。

有时，无筋扩展基础是由两种材料叠合组合，如上层砖砌体，下层用混凝土。下层混凝

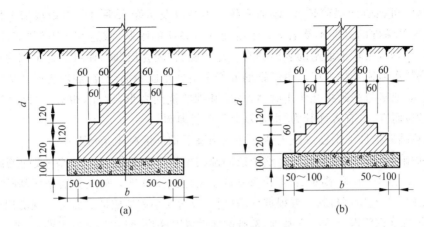

图 8-12　砖基础剖面图

(a) "二皮一收"砌法；(b) "二一间隔收"砌法

土的高度如果在 200mm 以上，且符合表 8-3 的要求，则混凝土层可作为基础结构部分考虑。

表 8-3　无筋扩展基础台阶宽高比的允许值

基础材料	质量要求	台阶宽高比的允许值		
		$p_k \leqslant 100$	$100 < p_k \leqslant 200$	$200 < p_k \leqslant 300$
混凝土基础	C15 混凝土	1:1.00	1:1.00	1:1.25
毛石混凝土基础	C15 混凝土	1:1.00	1:1.25	1:1.50
砖基础	砖不低于 MU10、砂浆不低于 M5	1:1.50	1:1.50	1:1.50
毛石基础	砂浆不低于 M5	1:1.25	1:1.50	—
灰土基础	体积比为 3:7 或 2:8 的灰土，其最小干密度： 粉土为 1.55t/m³； 粉质黏土为 1.50t/m³； 黏土为 1.45t/m³	1:1.25	1:1.50	
三合土基础	体积比 1:2:4～1:3:6（石灰:砂:骨料），每层约虚铺 220mm，夯至 150mm	1:1.50	1:2.00	—

注：① p_k 为载荷效应标准组合时基础底面处的平均压力值(kPa)；

② 阶梯形毛石基础的每阶伸出宽度，不宜大于 200mm；

③ 当基础由不同材料叠合组成时，应对接触部分作抗压验算；

④ 混凝土基础单侧扩展范围内基础底面处的平均压力值超过 300kPa 时，尚应进行抗剪验算；对基底反力集中于立柱附近的岩石地基，应进行局部受压承载力验算。

2. 扩展基础

当基础载荷较大、地质条件较差时，基础底面尺寸也将扩大(7.4 节)，为了满足无筋扩展基础的宽高比要求，相应的基础埋深增大，往往会给设计时基础布置和地基持力层选择、施工时基坑开挖与排水带来不便，并且可能提高工程造价；此外，无筋扩展基础还存在着用料多、自重大等缺点。此时，可以考虑采用钢筋混凝土材料筑造的基础，这种基础的抗弯和抗剪性能好，可在竖向载荷较大、地基承载力不高以及承受水平力和力矩载荷等情况下使用。由于这类基础的高度不受表 8-3 台阶允许宽高比的限制，故适宜于需要"宽基浅埋"的场合采用。例如，当软土地基的表层具有一定厚度的"硬壳层"时，便可考虑采用这类基础形式，利用该层作为地基持力层。由于钢筋混凝土基础是以钢筋受拉、混凝土受压为特点的结构，即当考虑地基与基础相互作用时，将考虑基础的挠曲变形，因此，相对于"刚性基础"（无筋扩展基础）而言，也有人称其为"柔性基础""弹性基础"。

扩展基础系指柱下钢筋混凝土独立基础和墙下钢筋混凝土条形基础。

独立基础（也称"单独基础"）是整个或局部结构物下的无筋（8.3.1 节）或配筋的单个基础。通常，柱、烟囱、水塔、高炉、机器设备基础多采用独立基础。独立基础是柱基础中最常用和最经济的形式，它所用材料主要根据柱的材料、载荷大小和地质情况而定。现浇钢筋混凝土柱下多采用现浇钢筋混凝土独立基础，基础截面做成阶梯形（图 8-13(a)）或锥形（图 8-13(b)）。预制柱下一般采用杯口基础（图 8-13(c)）。烟囱、水塔、高炉等构筑物常采用钢筋混凝土圆板或圆环基础及混凝土实体基础（图 8-14），有时也可采用壳体基础（8.3.1 节）。机器及设备实体基础的形状及尺寸要结合构造和安装上的要求确定，动力机器基础还要通过动力计算进行设计。

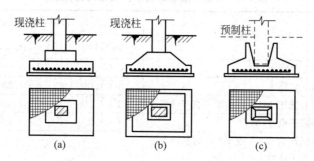

图 8-13　钢筋混凝土柱下单独基础

(a) 阶梯形；(b) 锥形；(c) 杯形

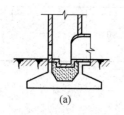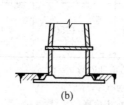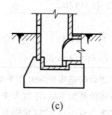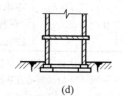

图 8-14　烟囱、水塔基础

(a),(b) 圆板基础；(c) 实体基础；(d) 圆环基础

条形基础是指基础长度远远大于其宽度的一种基础形式，按上部结构形式，可分为墙下条形基础和柱下条形基础两种。墙下条形基础有无筋（8.3.1 节）和配筋的条形基础两种。墙下无筋扩展基础在砌体结构中得到广泛应用，材料及构造要求按前述方法设计。当上部墙体荷重较大而土质较差时，可考虑采用"宽基浅埋"的墙下钢筋混凝土条形基础；墙下钢筋混凝土条形基础一般做成板式（或称"无肋式"），如图 8-15(a) 所示，但当基础延伸方向的墙上载荷及地基土的压缩性不均匀时，为了增强基础的整体性和纵向抗弯能力，减小不均匀

沉降,常采用带肋的墙下钢筋混凝土条形基础(图 8-15(b))。

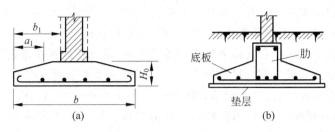

图 8-15　墙下钢筋混凝土扩展基础

(a) 无肋的；(b) 有肋的

以上仅对常见的浅基础类型作了简单介绍,在实践中必须因地制宜选用。有时还必须另行设计基础的形式,如在非岩石地基上修筑拱桥桥台基础时,为了增加基底的抗滑能力,基底在顺桥方向剖面形式可以做成齿坎状或斜面等。

8.4　基础埋置深度

直接支承基础的土层称为持力层,其下的各土层称为下卧层。基础埋置深度是指基础底面至地面(这里指天然地平面)的距离。选择基础埋置深度也即选择合适的地基持力层。

基础埋置深度的大小对于建筑物的安全和正常使用、基础施工技术措施、施工工期和工程造价等影响很大,因此,确定基础埋置深度是基础设计工作中的重要环节。设计时必须综合考虑建筑物自身条件(如使用条件、结构形式、载荷的大小和性质等)以及所处的环境(如地质条件、气候条件、邻近建筑的影响等),从实际出发,抓住其中起决定性作用的一两种因素,以尽量浅埋的原则,合理选择基础埋置深度。以下分述选择基础埋深时应考虑的几个主要因素。

8.4.1　建筑结构条件与场地环境条件

某些建筑物地下需要具备一定的使用功能或宜采用某种基础形式,这些要求常成为其基础埋置深度选择的先决条件。因此,对于必须设置地下室或设备层的建筑物、半埋式结构物、须建造带封闭侧墙的筏形基础或箱形基础的高层或重型建筑、带有地下设施的建筑物、具有地下部分的设备基础等,都应综合考虑建筑结构条件与基础埋置深度选择。例如:在设置电梯处,自地面向下需要有至少 1.4m 的电梯缓冲坑,电梯井处基础埋深应满足这一要求。

结构物载荷大小和性质不同,对地基土的要求也不同,因而会影响基础埋置深度的选择。浅层某一深度的土层,对载荷小的基础可能是很好的持力层,而对载荷大的基础就可能不宜作为持力层。载荷的性质对基础埋置深度的影响也很明显。对于承受水平载荷(风载荷、地震作用等)的基础,必须有足够的埋置深度来获得土的侧向抗力,以保证基础的稳定性,减少建筑物的整体倾斜,防止倾覆及滑移。例如:对高层建筑基础的筏形基础和箱形基础的埋置深度,在抗震设防区,除岩石地基外,采用天然地基上的筏形基础和箱形基础的埋置深度不宜小于建筑物高度的 1/15;采用桩箱或桩筏基础埋置深度不宜小于建筑物高的

1/18(其中桩长不计在埋置深度内)。对于承受上拔力的基础,如输电塔基础,也要求较大的埋深以提供足够的抗拔阻力。对于承受动载荷的基础,则不宜选择饱和疏松的粉细砂作为持力层,以免这些土层由于振动液化而丧失承载力,造成基础失稳。

为了保护基础不受人类和其他生物活动等的影响,基础宜埋置在地表以下,其最小埋深为 0.5m,且基础顶面宜低于室外设计地面 0.1m,同时又要便于周围排水沟的布置。

当存在相邻建筑物时,新建筑物基础埋深不宜大于原有建筑物基础。当埋深大于原有建筑物基础时,两基础间应保持一定净距,其数值应根据原有建筑载荷大小、基础形式和土质情况确定,一般不宜小于基础地面高差的 1～2 倍(图 8-16)。当上述要求不能满足时,应采取分段施工,采取设置临时加固支撑、打板桩、地下连续墙等施工措施,或加固原有建筑物地基。

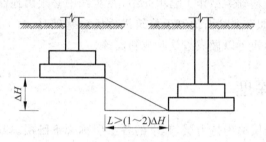

图 8-16 相邻基础的埋深

8.4.2 工程地质条件

为了保护建筑物的安全,必须根据载荷的大小和性质给基础选择可靠的持力层。一般当上层土的承载力能满足要求时,就应选择浅埋,以减少造价;若其下有软弱土层时,则应验算软弱下卧层的承载力是否满足,并尽可能增大基底至软弱下卧层的距离。

当上层土的承载力低于下层土时,如果取下层土为持力层,所需的基础底面积较小,但埋深较大;若取上层土为持力层,则情况相反。在工程应用中,应根据施工难易程度、材料用量(造价)等进行方案比较确定。必要时还可以考虑采用基础浅埋加地基处理(第 10 章)的设计方案。对墙基础,如果地基持力层顶面倾斜,可沿墙长将基础底面分段做成高低不同的台阶状。分段长度不宜小于相邻两段底面高差的 1～2 倍,且不宜小于 1m。

对修建于坡高($H \leqslant 8$m)和坡角($\beta \leqslant 45°$)不太大的稳定土坡坡顶上的基础(图 8-17),当垂直于坡顶边缘线的基础底面边长 $b \leqslant 3$m,且基础底面外缘至坡顶边缘线的水平距离 $a \geqslant 2.5$m 时,如果基础埋置深度 d 满足下式要求:

$$d \geqslant (\chi b - a)\tan\beta \tag{8-5}$$

则土坡坡面附近由修建基础所引起的附加应力不影响土坡的稳定性。式中 χ 取 3.5(对条形基础)或 2.5(对矩形基础)。否则应进行坡体稳定性验算(参见第 6 章)。

8.4.3 水文地质条件

选择基础埋深时应注意地下水的埋藏条件和动态。对于天然地基上浅基础设计,首先应尽量考虑将基础置于地下水位以上,以免施工排水等的麻烦。当基础必须埋在地下水位

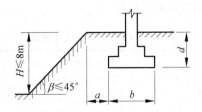

图 8-17　土坡坡顶处基础的最小埋深

以下时,除应当考虑基坑排水、坑壁围护以保护地基土不受扰动等措施外,还要考虑可能出现的其他施工与设计问题:出现涌土、流砂的可能性;地下水对基础材料的化学腐蚀作用;地下室防渗;轻型结构物由于地下水顶托的上浮托力;地下水上浮托力引起基础底板的内力,等等。

对埋藏有承压含水层的地基(图 8-18),确定基础埋深时,必须控制基坑开挖深度,防止基坑因挖土减压而隆起开裂。要求基底至承压含水层顶间保留土层厚度(槽底安全厚度) h_0 为

$$h_0 > \frac{\gamma_w}{\gamma_0} \cdot \frac{h}{k} \tag{8-6}$$

式中, h ——承压水位高度(m),从承压含水层顶算起;

　　γ_0 ——槽底安全厚度范围内土的加权平均重度(kN/m³),对地下水位以下的土取饱和重度, $\gamma_0 = (\gamma_1 z_1 + \gamma_2 z_2)/(z_1 + z_2)$;

　　γ_w ——水的重度;

　　k ——系数,一般取 1.0,对宽基坑宜取 0.7。

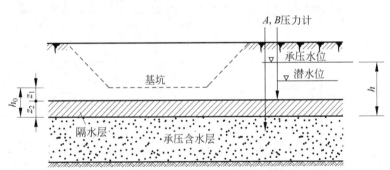

图 8-18　基坑下埋藏有承压含水层的情况

8.4.4　地基冻融条件

地表下一定深度的地层温度随大气温度而变化。季节性冻土层是冬季冻结、天暖解冻的土层,在我国北方地区分布广泛。若冻胀产生的上抬力大于基础荷重,基础就有可能被上抬;土层解冻时,土体软化,强度降低,地基产生融陷。地基上的冻胀与融陷通常是不均匀的,因此,容易引起建筑开裂损坏。

季节性冻土的冻胀性与融陷性是相互关联的,常以冻胀性加以概括。《建筑地基基础设计规范》(GB 50007—2011)根据冻土层的平均冻胀率 η 的大小,按表 8-4 将地基土划分为不

冻胀、弱冻胀、冻胀、强冻胀和特强冻胀五类。

表 8-4　地基土的冻胀性分类

土的名称	冻前天然含水量 ω/%	冻结期间地下水位与冻结面的最小距离 h_w/m	平均冻胀率 η/%	冻胀等级	冻胀类别
碎（卵）石，砾、粗、中砂（粒径小于 0.075mm，颗粒含量大于 15%），细砂（粒径小于 0.075mm，颗粒含量大于 10%）	$\omega\leqslant12$	>1.0	$\eta\leqslant1$	I	不冻胀
		≤1.0	$1<\eta\leqslant3.5$	II	弱冻胀
	$12<\omega\leqslant18$	>1.0			
		≤1.0	$3.5<\eta\leqslant6$	III	冻胀
	$\omega>18$	>0.5			
		≤0.5	$6<\eta\leqslant12$	IV	强冻胀
粉砂	$\omega\leqslant14$	>1.0	$\eta\leqslant1$	I	不冻胀
		≤1.0	$1<\eta\leqslant3.5$	II	弱冻胀
	$14<\omega\leqslant19$	>1.0			
		≤1.0	$3.5<\eta\leqslant6$	III	冻胀
	$19<\omega\leqslant23$	>1.0			
		≤1.0	$6<\eta\leqslant12$	IV	强冻胀
	$\omega>23$	不考虑	$\eta>12$	V	特强冻胀
粉土	$\omega\leqslant19$	>1.5	$\eta\leqslant1$	I	不冻胀
		≤1.5	$1<\eta\leqslant3.5$	II	弱冻胀
	$19<\omega\leqslant22$	>1.5			
		≤1.5	$3.5<\eta\leqslant6$	III	冻胀
	$22<\omega\leqslant26$	>1.5			
		≤1.5	$6<\eta\leqslant12$	IV	强冻胀
	$26<\omega\leqslant30$	>1.5			
		≤1.5	$\eta>12$	V	特强冻胀
	$\omega>30$	不考虑			
黏性土	$\omega\leqslant\omega_p+2$	>2.0	$\eta\leqslant1$	I	不冻胀
		≤2.0	$1<\eta\leqslant3.5$	II	弱冻胀
	$\omega_p+2<\omega\leqslant\omega_p+5$	>2.0			
		≤2.0	$3.5<\eta\leqslant6$	III	冻胀
	$\omega_p+5<\omega\leqslant\omega_p+9$	>2.0			
		≤2.0	$6<\eta\leqslant12$	IV	强冻胀
	$\omega_p+9<\omega\leqslant\omega_p+15$	>2.0			
		≤2.0	$\eta>12$	V	特强冻胀
	$\omega>\omega_p+15$	不考虑			

注：①ω_p—塑限含水量(%)，ω—在冻土层内冻前天然含水量的平均值(%)；

②盐渍化冻土不在列；

③塑性指数大于 22 时，冻胀性降低一级；

④粒径小于 0.005mm 的颗粒含量大于 60% 时，为不冻胀土；

⑤碎石类土当充填物大于全部质量的 40% 时，其冻胀性按充填物土的类别判断；

⑥碎石土、砾砂、粗砂、中砂(粒径小于 0.075mm，颗粒含量不大于 15%)、细砂(粒径小于 0.075mm，颗粒含量不大于 10%)均按不冻胀考虑。

季节性冻土的场地冻结深度应按下式计算：

$$z_d = z_0 \Psi_{zs} \Psi_{zw} \Psi_{ze} \tag{8-7}$$

式中，z_d——场地冻结深度(m)，当有实测资料时按 $z_d = h' - \Delta z$ 计算；

$\quad\quad h'$——最大冻深出现时场地最大冻土厚度(m)；

$\quad\quad \Delta z$——最大冻深出现时场地地表冻胀量(m)；

$\quad\quad z_0$——标准冻深(m)，系采用在地面平坦、裸露、城市之外的空旷场地中不少于 10 年实测最大冻深的平均值，无实测资料时，按《建筑地基基础设计规范》(GB 50007—2011)附录 F 采用；

$\quad\quad \Psi_{zs}$——土的类别对冻结深度的影响系数(表 8-5)；

$\quad\quad \Psi_{zw}$——土的冻胀性对冻结深度的影响系数(表 8-6)；

$\quad\quad \Psi_{ze}$——环境对冻结深度的影响系数(表 8-7)。

表 8-5　土的类别对冻结深度的影响系数

土的类别	影响系数 Ψ_{zs}	土的类别	影响系数 Ψ_{zs}
黏性土	1.00	中、粗、砾砂	1.30
细砂、粉砂、粉土	1.20	碎石土	1.40

表 8-6　土的冻胀性对冻结深度的影响系数

冻胀性	影响系数 Ψ_{zw}	冻胀性	影响系数 Ψ_{zw}
不冻胀	1.00	强冻胀	0.85
弱冻胀	0.95	特强冻胀	0.80
冻胀	0.90		

表 8-7　环境对冻结深度的影响系数

周围环境	影响系数 Ψ_{ze}	周围环境	影响系数 Ψ_{ze}
村、镇、旷野	1.00	城市市区	0.90
城市近郊	0.95		

注：环境影响系数一项，当城市市区人口为 20 万～50 万时，按城市近郊取值；当城市市区人口大于 50 万小于或等于 100 万时，按城市市区取值；当城市市区人口超过 100 万时，按城市市区取值，5km 以内的郊区应按城市近郊取值。

季节性冻土地区基础埋置深度宜大于场地冻结深度。对于冻结深度大于 2m 的深厚季节性冻土地区，当建筑基础底面土层为不冻胀、弱冻胀、冻胀土时，基础埋置深度可以小于场地冻结深度，基础底面下允许冻土层最大厚度应根据当地经验确定。没有地区经验时，可用下式计算基础的最小埋深：

$$d_{min} = z_d - h_{max} \tag{8-8}$$

式中，h_{max}——基础底面下允许残留冻土层的最大厚度(m)，可按表 8-8 查取，当有充分依据时，基底下允许残留冻土层厚度也可根据当地经验确定。

除按上述要求选择埋深外，在冻胀、强冻胀和特强冻胀土层上，应采取相应的防冻害措施。具体规定参见《建筑地基基础设计规范》(GB 50007—2011)第 5.1.9 条。

表 8-8　建筑基础底面下允许冻土层最大厚度 h_{max}　　　　　　m

冻胀性	基础形式	采暖情况	基底平均压力/kPa					
			110	130	150	170	190	210
弱冻胀土	方形基础	采暖	0.90	0.95	1.00	1.10	1.15	1.20
		不采暖	0.70	0.80	0.95	1.00	1.05	1.10
	条形基础	采暖	>2.50	>2.50	>2.50	>2.50	>2.50	>2.50
		不采暖	2.20	2.50	>2.50	>2.50	>2.50	>2.50
冻胀土	方形基础	采暖	0.65	0.70	0.75	0.80	0.85	—
		不采暖	0.55	0.60	0.65	0.70	0.75	—
	条形基础	采暖	1.55	1.80	2.00	2.20	2.50	—
		不采暖	1.15	1.35	1.55	1.75	1.95	—

注：① 本表只计算法向冻胀力,如果基侧存在切向冻胀力,应采取防切向力措施;

② 本表不适用于宽度小于 0.6m 的基础,矩形基础取短边尺寸按方形基础计算;

③ 表中数据不适用于淤泥、淤泥质土和欠固结土;

④ 表中基底平均压力数值为永久载荷标准组合值乘以 0.9,可以内插。

8.5　地基承载力

为了满足地基强度和稳定性的要求,设计时必须控制基础底面最大压力不得大于某一界限值;按照不同的设计思想,可以从不同的角度控制安全准则的界限值——地基承载力。地基承载力可以按三种不同的设计原则进行,即总安全系数设计原则、容许承载力设计原则和概率极限状态设计原则(8.2.1 节)。不同的设计原则遵循各自的安全准则,按不同的规则和不同的公式进行设计。

1. 总安全系数设计原则

将安全系数作为控制设计的标准,在设计表达式中出现极限承载力的设计方法,称为安全系数设计原则,为了和分项安全系数相区别,通常称为总安全系数设计原则。其设计表达式为

$$p \leqslant \frac{p_u}{k} \tag{8-9}$$

式中,p——基础底面的压力(kPa);

p_u——地基极限承载力(kPa);

k——总安全系数。

地基极限承载力可以由理论公式计算(见 7.3 节)或用载荷试验获得。国外普遍采用极限承载力公式;我国有些规范也采用极限承载力公式,但积累的经验不太多,且安全系数的概念过于"模糊"。

2. 容许承载力设计原则

将满足强度和变形两个基本要求作为地基承载力控制设计的标准。由于土是大变形材料,当载荷增加时,随着地基变形的相应增长,地基极限承载力也在逐渐增大,很难界定出一个真正的"极限值";另一方面,建筑物的使用有一个功能要求,常常是地基承载力还有潜力

可挖,而变形已达到或超过按正常使用的限值。因此,地基设计是采用正常使用极限状态这一原则,所选定的地基承载力是在地基土的压力变形曲线线性变形段内相应于不超过比例界限点的地基压力,其设计表达式为

$$p \leqslant [p] \tag{8-10}$$

式中,$[p]$——地基容许承载力(kPa)。

容许承载力设计原则是我国最常用的方法之一,也积累了丰富的工程经验。《路桥地基规范》采用容许承载力设计原则。

《建筑地基基础设计规范》(GB 50007—2011)虽然采用概率极限状态设计原则确定地基承载力采用特征值,但是,由于在地基基础设计中有些参数因为统计的困难和统计资料不足,在很大程度上还要凭经验确定。地基承载力特征值含义即为在发挥正常使用功能时所允许采用的抗力设计值,因此,地基承载力特征值实质上就是地基容许承载力。地基承载力特征值可由载荷试验或其他原位测试、公式计算,并结合工程实践经验等方法综合确定。这部分内容在 7.4 节已经详细阐述。

此外,德国规范利用太沙基公式、魏锡克公式、汉森公式引入极限状态表达式。采用总安全系数设计原则,则用极限承载力(见第 7 章)除以总安全系数,即

$$K = \frac{p_u A'}{f_a A} \quad \text{或} \quad f_a = \frac{p_u A'}{kA} \tag{8-11}$$

式中,p_u——地基土极限承载力;

A'——与土接触的有效基底面积;

A——基底面积。

我国交通部《水运工程混凝土施工规范》(JTS 202—2011),《路桥地基规范》和其他地区性规范已推荐采用汉森的承载力公式,它与魏锡克公式的形式完全一致,只是系数的取值有所不同。此类公式比较全面地反映了影响地基承载力的各种因素,在国外应用很广,安全系数的取值与建筑物的安全等级、载荷的性质、土的抗剪强度指标的可靠程度,以及地基条件等因素有关,对长期承载力一般取 $k = 2 \sim 3$。

8.6　基础底面尺寸的确定

确定基础底面尺寸时,首先应满足地基承载力要求,包括持力层土的承载力计算和软弱下卧层的验算;其次,对部分建(构)筑物,仍需考虑地基变形的影响,验算建(构)筑物的变形特征值,并对基础底面尺寸作必要的调整。

《建筑地基基础设计规范》(GB 50007—2011)根据"所有建筑物的地基计算均应满足承载力"的基本原则,设计天然地基上的浅基础时,选择好基础埋深后,就可按持力层的承载力特征值计算所需的基础底面尺寸。要符合下式要求:

$$p_k \leqslant f_a \tag{8-12}$$

$$p_{kmax} \leqslant 1.2 f_a \tag{8-13}$$

式中,p_k——相应于载荷效应标准组合时,基础底面处的平均压力值(kPa);

p_{kmax}——相应于载荷效应标准组合时,基础底面边缘的最大压力值(kPa);

f_a——修正后的地基承载力特征值(kPa)。

《路桥地基规范》规定在设计桥梁墩台基础时,应考虑在修建和使用期间实际可能发生的各项作用力按地基容许承载力进行验算。不考虑基础底面土的嵌固作用,按下式验算:

$$\sigma_{max} \leqslant [\sigma] \tag{8-14}$$

式中,σ_{max}——基础底面处的最大压应力(kPa);

　　$[\sigma]$——修正后的地基容许承载力(kPa)。

8.6.1　按地基持力层的承载力计算基底尺寸

1. 中心载荷作用下的基础

要求基底的平均压力不超过持力层土的承载力特征值,即符合式(8-12)的要求。如图 8-19 所示,在中心载荷 F_k、G_k 作用下,按基底压力的简化计算方法,p_k 为均匀分布,计算公式:$p_k = (F_k + G_k)/A$;将基础及上方回填土重 $G_k = \gamma_G dA$(地下水位以下部分应扣除浮托力)代入,则式(8-12)为 $(F_k + \gamma_G dA)/A \leqslant f_a$;整理后,即可得中心载荷作用下的基础底面积 A 的计算公式:

$$A \geqslant \frac{F_k}{f_a - \gamma_G d} \tag{8-15}$$

式中,F_k——相应于载荷效应标准组合时,上部结构传至基础顶面的竖向力值(kN);

　　γ_G——基础及回填土的平均重度,一般取 20kN/m^3,地下水位以下取 10kN/m^3;

　　d——基础平均埋深(m)。

对于独立基础,按上式计算出 A 后,先选定 b 或 l,再计算另一边长,使 $A = lb$,一般取 $l/b = 1.0 \sim 2.0$。

对于条形基础,F_k 为沿长度方向 1m 范围内上部结构传至基础顶面的竖向力值(kN/m),由式(8-15)求得的 A 就等于条形基础的宽度 b。

必须指出,在按式(8-15)计算 A 时,需要先确定地基承载力设计值 f_a。但 f_a 值又与基础底面尺寸 A 有关,也即公式中的 A 与 f_a 都是未知数,因此,可能要通过反复试算确定。计算时,可先对地基承载力只进行深度修正,计算 f_a 值;然后按计算所得的 $A = lb$,考虑是否需要进行宽度修正,使得 A、f_a 间相互协调一致。

2. 偏心载荷作用下的基础

偏心载荷作用下(图 8-20),除应符合式(8-12)的要求外,尚应符合式(8-13)的要求。偏心载荷作用下的 p_{kmax}、p_{kmin} 计算公式为

$$\left.\begin{array}{c} p_{kmax} \\ p_{kmin} \end{array}\right\} = \frac{F_k + G_k}{A} \pm \frac{M_k}{W} = \frac{F_k + G_k}{lb}\left(1 \pm \frac{6e_k}{l}\right) \tag{8-16a}$$

或当 $p_{kmin} < 0$ 时

$$p_{kmax} = \frac{2(F_k + G_k)}{3ba} \tag{8-16b}$$

式中,M_k——相应于载荷效应标准组合时,上部结构传至基础顶面的弯矩(kN·m);

　　W——基础底面的抵抗矩(m^3);

　　e_k——偏心距(m),$e_k = M_k/(F_k + G_k)$;

　　l——力矩作用方向的矩形基础底面边长(m),一般为矩形基础底面的长边;

b——垂直于力矩作用方向的矩形基础底面边长(m);

a——偏心载荷作用点至最大压力 p_{kmax} 作用边缘的距离(m)，$a = (l/2) - e_k$。

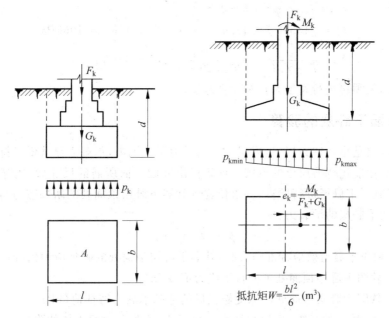

图 8-19　中心载荷作用下的基础　　图 8-20　单向偏心载荷作用下的基础

根据上述按承载力计算的要求,在计算偏心载荷作用下的基础底面尺寸时,通常可按下述逐次渐近试算法进行:

(1) 先按中心载荷作用下的式(8-15)计算基础底面积 A_0,即满足式(8-12)。

(2) 考虑偏心影响,加大 A_0。一般可根据偏心距的大小增大 $10\% \sim 40\%$,使 $A = (1.1 \sim 1.4)A_0$。对矩形底面的基础,按 A 初步选择相应的基础底面长度 l 和宽度 b,一般: $l/b = 1.2 \sim 2.0$。

(3) 计算偏心载荷作用下的 p_{kmax}、p_{kmin},验算是否满足式(8-13);如果不适合(太小或过大),可调整基础底面长度 l 和宽度 b,再验算;如此反复一两次,便能定出合适的基础底面尺寸。

必须指出,基础底面压力 p_{kmax}、p_{kmin} 相差过大则容易引起基础倾斜,因此 p_{kmax}、p_{kmin} 相差不宜过于悬殊。一般认为,在高、中压缩性地基土上的基础,或有吊车的厂房柱基础,偏心距 e_k 不宜大于 $l/6$(相当于 $p_{min} \leqslant 0$);对低压缩性地基土上的基础,当考虑短期作用的偏心载荷时,对偏心距 e_k 的要求可以适当放宽,但也应控制在 1/4 以内;若上述条件不能满足时,则应调整基础底面尺寸,或者做成梯形底面形状的基础,使基础底面形心与载荷重心尽量重合。

【例 8-1】　某工厂职工 6 层住宅楼,设计砖混结构条形基础。基础埋深 $d = 1.10$m,上部中心载荷标准值传至基础顶面,$F_k = 180$kN/m。地基表层为杂填土,$\gamma = 18.6$kN/m³,厚度 $h_1 = 1.10$m;第二层为黏性土,$e = 0.85$,$I_1 = 0.75$。墙厚 380mm,$f_{ak} = 185$kPa。确定基础的宽度。

【解】 先假设基础宽度小于 3m,对黏性土持力层承载力进行深度修正。查表 7-2 得,$\eta_b = 0, \eta_d = 1$;

$$f_a = f_{ak} + \eta_d \gamma_d (d - 0.5)$$

$$f_a = [185 + 1 \times 18.6 \times (1.1 - 0.5)] kPa = 196 kPa$$

$$A \geqslant \frac{F_k}{f - \gamma_G d} = \frac{180}{196 - 20 \times 1.1} m = 1.03 m$$

宽度小于 3m,无须再进行宽度修正和计算宽度。

8.6.2 软弱下卧层的验算

软弱下卧层是指在持力层下,成层土地基受力层范围内,承载力显著低于持力层的高压缩性土层。若按前述持力层土的承载力计算得出基础底面所需的尺寸后,还存在软弱下卧层,就必须对软弱下卧层进行验算,要求传递到软弱下卧层顶面处的附加应力与自重应力之和不超过软弱下卧层的承载力,即

$$p_z + p_{cz} \leqslant f_{az} \tag{8-17}$$

式中,p_z——相应于载荷效应标准组合时,软弱下卧层顶面处的附加应力值(kPa);

$\quad\quad p_{cz}$——软弱下卧层顶面处土的自重应力值(kPa);

$\quad\quad f_{az}$——软弱下卧层顶面处经深度修正后的地基承载力特征值(kPa)。

关于附加应力 p_z 的计算,根据弹性半空间理论,下卧层顶面土体的附加应力,在基础底面中心线下最大,向四周扩散呈非线性分布,如果考虑上下层土的性质不同,应力分布规律就更为复杂。《建筑地基基础设计规范》(GB 50007—2011)通过大量试验研究并参照双层地基中附加应力分布的理论解答,提出了按扩散角原理的简化计算方法(图 8-21),当持力层与软弱下卧层的压缩模量比值 $E_{s1}/E_{s2} \geqslant 3$ 时,对矩形和条形基础,假设基底处的附加应力($p_0 = p_k - p_c$)向下传递时按某一角度 θ 向外扩散,并均匀分布于较大面积的软弱下卧土层上,根据基底与软弱下卧层顶面处扩散面积上的附加应力相等的条件,可得附加应力 p_z 的计算表达式:

矩形基础

$$p_z = \frac{lb(p_k - \gamma_m d)}{(l + 2z\tan\theta) \times (b + 2z\tan\theta)} \tag{8-18}$$

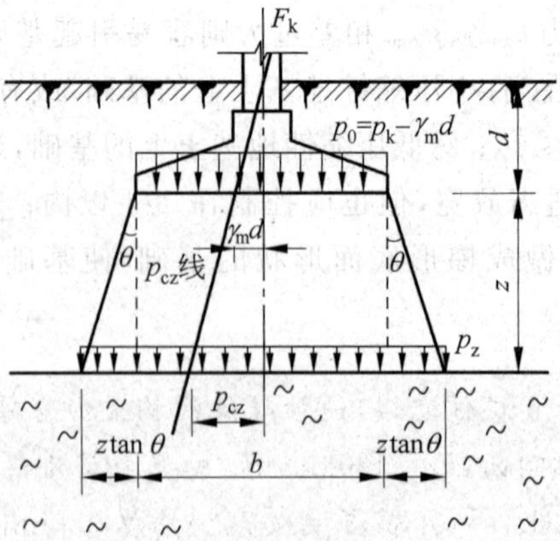

图 8-21 附加应力简化计算图

条形基础

$$p_z = \frac{b(p_k - \gamma_m d)}{b + 2z\tan\theta} \tag{8-19}$$

式中，b——条形和矩形基础底面宽度（m）；

l——矩形基础底面长度（m）；

γ_m——基础埋深范围内土的加权平均重度（kN/m³），地下水位以下取浮重度；

d——基础埋深（m），从天然地面算起；

z——基础底面至软弱下卧层顶面的距离（m）；

θ——地基压力扩散线与垂直线的夹角，可按表 8-9 采用；

p_k——基底平均压力设计值（kPa）。

试验研究表明：基底压力增加到一定数值后，传至软弱下卧层顶面的压力将随之迅速增大，即 θ 角迅速减小，直到持力层冲剪破坏时的 θ 值为最小（θ 相当于冲切锥台斜面的倾角），其值见表 8-9；实验结果一般不超过 30°，因此，表中 θ 值取 30°为上限。由此可见，如果满足软弱下卧层验算要求，实际上也就保证了上覆持力层将不发生冲剪破坏。如果软弱下卧层验算不满足要求，应考虑增大基础底面积，或改变基础埋深，甚至改用地基处理或深基础设计的地基基础方案。

表 8-9　地基压力扩散角 θ

E_{s1}/E_{s2}	z/b	
	0.25	0.50
3	6°	23°
5	10°	25°
10	20°	30°

注：① E_{s1} 为上层土压缩模量；E_{s2} 为下层土压缩模量；

② $z/b < 0.25$ 时取 $\theta = 0$，必要时，宜由试验确定；$z/b > 0.50$ 时 θ 值不变；

③ z/b 在 0.25～0.5 之间时可插值使用。

【例 8-2】　柱截面 300mm×400mm，作用在柱底的载荷标准值：中心垂直载荷 700kN，力矩 80kN·m，水平载荷 13kN，其他参数见图 8-22。试根据持力层地基承载力确定基础底面尺寸。

【解】　（1）求地基承载力特征值 f_a

根据黏性土 $e = 0.7$，$I_l = 0.78$，查表 7-2 得：$\eta_b = 0.3$，$\eta_d = 1.6$。

持力层承载力特征值 f_a（先不考虑对基础宽度进行修正）：

$$f_a = f_{ak} + \eta_d \gamma_m (d - 0.5)$$
$$= [226 + 1.6 \times 17.5 \times (1.0 - 0.5)]\text{kPa}$$
$$= 240\text{kPa}$$

（上式 d 按室外地面算起）

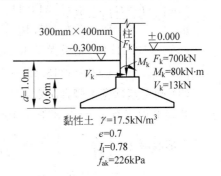

图 8-22　例 8-2 图

（2）初步选择基底尺寸

计算基础和回填土重 G_k 时的基础埋深

$$d = \frac{1}{2} \times (1.0 + 1.3)\text{m} = 1.15\text{m}$$

由式(8-15)：

$$A_0 = \frac{700}{240 - 20 \times 1.15}\text{m}^2 = 3.23\text{m}^2$$

由于偏心不大,基础底面积按 20%增大,即

$$A = 1.2A_0 = 1.2 \times 3.23\text{m}^2 = 3.88\text{m}^2$$

初步选择基础底面积 $A = lb = 2.4 \times 1.6\text{m}^2 = 3.84\text{m}^2 (\approx 3.88\text{m}^2)$,且 $b = 1.6\text{m} < 3\text{m}$,不需再对 f_a 进行修正。

（3）验算持力层地基承载力

基础和回填土重 $G_k = \gamma_G dA = 20 \times 1.15 \times 3.84\text{kN} = 88.3\text{kN}$

偏心距 $e_k = \dfrac{M_k}{F_k + G_k} = \dfrac{80 + 13 \times 0.6}{700 + 88.3}\text{m} = 0.11\text{m} \left(\dfrac{1}{6} = 0.4\text{m}\right)$,即 $p_{k\min} > 0$,满足。

基底最大压力 $p_{k\max} = \dfrac{F_k + G_k}{A}\left(1 + \dfrac{6e}{l}\right) = \dfrac{700 + 88.3}{3.84} \times \left(1 + \dfrac{6 \times 0.11}{2.4}\right)\text{kPa} = 262\text{kPa} < 1.2f_a = 288\text{kPa}$,满足。

最后,确定该柱基础底面长 $l = 2.4\text{m}$,宽 $b = 1.6\text{m}$。

【例 8-3】 某墙下条形基础,埋置深度 1.5m,上部结构传来的载荷为 83kN/m,弯矩值为 8kN·m,修正后地基承载力特征值为 $f_a = 90\text{kPa}$,其他条件如图 8-23 所示。(1)试按照台阶宽高比 1:2 确定混凝土基础上的砖放脚台阶数;(2)求砖基础高度。

【解】 （1）计算基础最小宽度

$$b \geqslant \frac{F}{f_a - \gamma_G d} = \frac{83}{90 - 20 \times 1.5}\text{m} = 1.38\text{m},\text{取 } 1.4\text{m}$$

（2）验算承载力

$e = M/N = 8/(83 + 20 \times 1.5 \times 1.4)\text{m} = 0.064\text{m}$

$b/6 = 1.4/6\text{m} = 0.233\text{m} > e = 0.064\text{m}$

$1.2f_a = 1.2 \times 90\text{kPa} = 108\text{kPa}$

$$\left.\begin{array}{c}p_{\max}\\p_{\min}\end{array}\right\} = \frac{F+G}{b}\left(1 \pm \frac{6e}{b}\right) = \left.\begin{array}{c}113.41\\65.19\end{array}\right\}\text{kPa}$$

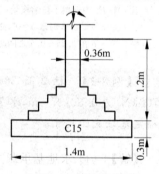

图 8-23 例 8-3 图

$p_{\max} = 113.41\text{kPa}$,稍微大于 $1.2f_a = 108\text{kPa}$,近似满足。

$p_k = (p_{\max} + p_{\min})/2 = (113.41 + 65.19)/2\text{kPa} = 89.3\text{kPa} < f_a = 90\text{kPa}$,满足。

（3）确定基础宽主脚台阶数：

基底平均压力 $p_k = 89.3\text{kPa} < 100\text{kPa}$,查相关表格,

下部混凝土：$\left[\dfrac{b_2}{H_0}\right] = \dfrac{1}{1}$,$b_2 = \left[\dfrac{b_2}{H_0}\right] \times H_0 = 300\text{mm}$

砖放脚台阶数：$n \geqslant \dfrac{\dfrac{b}{2} - \dfrac{a}{2} - b_2}{60} = \dfrac{\dfrac{1400}{2} - \dfrac{360}{2} - 300}{60} = 3.47$,取 4 个台阶

（4）确定砖基础高度：

砖放脚层数为 4 层，高度为 8 层砖，"两皮一收"。

高度为 $8 \times 60mm = 480mm$。

8.7　地基变形验算

8.7.1　地基变形特征

按地基承载力选定了适当的基础底面尺寸，一般已可保证建筑物在防止地基剪切破坏方面具有足够的安全度，但是，在载荷作用下，地基土总要产生压缩变形，使建筑物产生沉降。由于不同建筑物的结构类型、整体刚度、使用要求的差异，对地基变形的敏感程度、危害、变形要求也不同。因此，对于各类建筑结构，如何控制对其不利的沉降形式——称"地基变形特征"，使之不会影响建筑物的正常使用甚至破坏，也是地基基础设计必须予以充分考虑的一个基本问题。

地基变形特征一般分为：沉降量、沉降差、倾斜、局部倾斜。

（1）沉降量——指基础某点的沉降值（图 8-24(a)）。

对于单层排架结构，在低压缩性地基上一般不会因沉降而损坏，但在中高压缩性地基上，应该限制柱基沉降量，尤其是要限制多跨排架中受荷较大的中排柱基的沉降量不宜过大，以免支承于其上的相邻屋架发生对倾而使端部相碰。

（2）沉降差——一般指相邻柱基中点的沉降量之差（图 8-24(b)）。

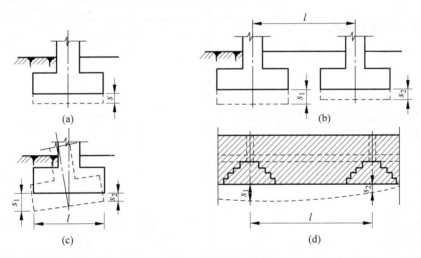

图 8-24　地基变形特征

（a）沉降量 s；（b）沉降差 $s_1 - s_2$；（c）倾斜 $\dfrac{s_1 - s_2}{l}$；（d）局部倾斜 $\dfrac{s_1 - s_2}{l}$

框架结构主要因柱基的不均匀沉降而使结构受剪扭曲损坏，也称敏感性结构。斯肯普顿（A. W. Skempton，1956 年）曾得出敞开式框架结构柱基能承受大致 $1/150l$（约 $0.007l$，l 为柱距）的沉降差而不损坏的结论。通常认为：填充墙框架结构的相邻柱基沉降差按不超过 $0.002l$ 设计时，是安全的。

对于被开窗面积不大的墙砌体所填充的边排柱,尤其是房屋端部抗风柱之间的沉降差,应予以特别注意。

(3) 倾斜——指基础倾斜方向两端点的沉降差与其距离的比值(图 8-24(c))。

对于高耸结构以及长高比很小的高层建筑,其地基变形的主要特征是建筑物的整体倾斜。

高耸结构的重心高,基础倾斜使重心侧向移动引起的偏心力矩载荷,不仅使基底边缘压力 p_{max} 增加而影响倾覆稳定性,还会导致高烟囱等筒体的结构附加弯矩。因此,高耸结构基础的倾斜允许值随结构高度的增加而递减。一般,地基土层的不均匀分布以及邻近建筑物的影响是高耸结构产生倾斜的重要原因;如果地基的压缩性比较均匀,且无邻近载荷的影响,对高耸结构,只要基础中心沉降量不超过表 8-10 的允许值,可不作倾斜验算。

表 8-10 建筑物的地基变形允许值

变形特征	地基土类别	
	中、低压缩性土	高压缩性土
砌体承重结构基础的局部倾斜	0.002	0.003
工业与民用建筑相邻柱基的沉降差		
(1) 框架结构	$0.002l$	$0.003l$
(2) 砌体墙填充的边排柱	$0.0007l$	$0.001l$
(3) 当基础不均匀沉降时,不产生附加应力的结构	$0.005l$	$0.005l$
单层排架结构(柱距为 6m)柱基的沉降量/mm	(120)	200
桥式吊车轨面的倾斜(按不调整轨道考虑)		
纵向	0.004	
横向	0.003	
多层和高层建筑的整体倾斜		
$H_g \leqslant 24$	0.004	
$24 < H_g \leqslant 60$	0.003	
$60 < H_g \leqslant 100$	0.0025	
$H_g > 100$	0.002	
体型简单的高层建筑基础的平均沉降量/mm	200	
高耸结构基础的倾斜		
$H_g \leqslant 20$	0.008	
$20 < H_g \leqslant 50$	0.006	
$50 < H_g \leqslant 100$	0.005	
$100 < H_g \leqslant 150$	0.004	
$150 < H_g \leqslant 200$	0.003	
$200 < H_g \leqslant 250$	0.002	
高耸结构基础的沉降量/mm		
$H_g \leqslant 100$	400	
$100 < H_g \leqslant 200$	300	
$200 < H_g \leqslant 250$	200	

注:① 本表数值为建筑物地基实际最终变形允许值;
② 有括号者仅适用于中压缩性土;
③ l 为相邻柱基的中心距离(mm),H_g 为自室外地面起算的建筑物高度(m);
④ 倾斜是指基础倾斜方向两端点的沉降差与其距离的比值;
⑤ 局部倾斜指砌体承重结构沿纵向 6～10m 内基础两点的沉降差与其距离的比值。

　　高层建筑横向整体倾斜容许值主要取决于对人们视觉的影响,高大的刚性建筑物倾斜值达到明显可见的程度时大致为 1/250(0.004),而结构损坏大致当倾斜值达到 1/150 时才开始。

　　对于有吊车的工业厂房,还应验算桥式吊车轨面沿纵向或横向的倾斜,以免因倾斜而导致吊车自动滑行或卡轨。

　　(4) 局部倾斜——指砌体承重结构沿纵向 6～10m 内基础两点的沉降差与其距离的比值(图 8-24(d))。

　　一般砌体承重结构房屋的长高比不太大,因地基沉降所引起的损坏,最常见的是房屋外纵墙由于相对挠曲引起的拉应变形成的裂缝,有裂缝呈现正"八"字形的墙体正向挠曲(下凹),和呈倒"八"字形的反向挠曲(凸起)。但是,墙体的相对挠曲不易计算,一般以沿纵墙一定距离范围(6～10m)内基础两点的沉降量计算局部倾斜,作为砌体承重墙结构的主要变形特征。

8.7.2　地基变形验算

　　《建筑地基基础设计规范》(GB 50007—2011)按不同建筑物的地基变形特征,要求:建筑物的地基变形计算值不应大于地基变形允许值,即

$$s \leqslant [s] \tag{8-20}$$

式中,s——地基变形计算值,可按第 4 章的方法计算沉降量后求得。注意:传至基础上的载荷
　　　　F_k 应按正常使用极限状态下载荷效应的准永久组合(不应计入风载荷和地震作用);

　　　[s]——地基变形允许值,查表 8-10 得到,地基变形允许值[s]的确定涉及因素很多,
　　　　它与上部结构对不均匀沉降反应的敏感性、结构强度储备、建筑物的具体使用要求等条件有关,很难全面准确地确定。我国《建筑地基基础设计规范》(GB 50007—2011)综合分析了国内外各类建筑物的有关资料,提出了表 8-10供设计时采用。对表中未包括的其他建筑物的地基变形允许值,可根据上部结构对地基变形的适应能力和使用要求确定。

　　进行地基变形验算,必须具备比较详细的勘察资料和土工试验成果。这对于建筑安全等级不高的大量中、小型工程来说,往往不易办到,而且也没有必要。为此,《建筑地基基础设计规范》(GB 50007—2011)在确定各类土的地基承载力(7.4 节)时,已经考虑了一般中、小型建筑物在地质条件比较简单的情况下对地基变形的要求。所以,对满足表 8-2 要求的丙级建筑物,在按承载力确定基础底面尺寸之后,可不进行地基变形验算。

　　凡属以下情况之一者,在按地基承载力确定基础底面尺寸后,仍应作地基变形验算:

　　(1) 地基基础设计等级为甲、乙级的建筑物。

　　(2) 表 8-2 所列范围以内有下列情况之一的丙级建筑物:

　　① 地基承载力特征值小于 130kPa,且体型复杂的建筑;

　　② 在基础上及其附近有地面堆载或相邻基础载荷差异较大,可能引起地基产生过大的不均匀沉降时;

　　③ 软弱地基上的相邻建筑存在偏心载荷时;

　　④ 相邻建筑距离过近,可能发生倾斜时;

　　⑤ 地基土内有厚度较大或厚薄不均的填土,其自重固结尚未完成时。

　　地基特征变形验算结果如果不满足式(8-20)的条件,可以先通过适当调整基础底面尺寸或埋深,如仍不满足要求,再考虑从建筑、结构、施工诸方面采取有效措施以防止不均匀沉降对建筑物的损害,或改用其他地基基础设计方案。

【例 8-4】 两个相同形式高 20m 的砖砌石灰窑,采用 $10\text{m}\times 10\text{m}$ 的钢筋混凝土基础(图 8-25),基础埋深为 2.0m,两基础间的净距离为 2.0m,对应于载荷效应准永久组合时基底压力为 100 kPa,地基为均匀的淤泥质粉质黏土,重度为 15kN/m^3,压缩模量为 3.0MPa,沉降计算修正系数取 1.37,试进行石灰窑的地基变形验算。

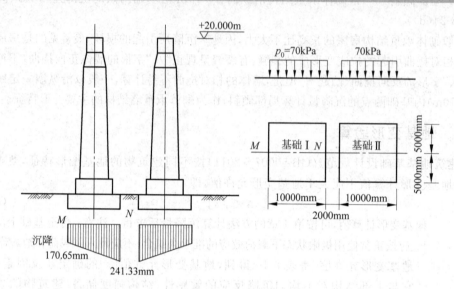

图 8-25　例 8-4 图

【解】 对石灰窑,按高耸结构基础验算其沉降量和倾斜。

(1)基础底面处的附加应力 p_0

$$p_0 = p - \gamma_0 d = (100 - 15 \times 2.0)\text{kPa} = 70\text{kPa}$$

(2)基础沉降量计算

因为这两个基础条件相同,可只计算基础Ⅰ的 M、N 两点,该两点分别是沉降最小值和最大值点。

地基沉降计算深度 z_n 取 15.8m,Δz 由表 4-4 确定为 0.8m;由计算结果可知,该 z_n 满足 $\Delta s'_n \leqslant 0.025 \sum_{i=1}^{n} \Delta s'_i$ 的要求。

中间计算过程与结果列于表 8-11 中。

即两端点 M、N 处的沉降量分别为

$$s_M = 1.37 \times 125\text{mm} = 171\text{mm}$$
$$s_N = 1.37 \times 176\text{mm} = 241\text{mm}$$

(3)基础的倾斜

$$\tan\beta = \frac{s_N - s_M}{b} = \frac{241 - 171}{10000} = 7‰$$

(4)变形验算

由 $H_g = 20\text{m}$ 及 $E_s = 3.0\text{MPa}$(高压缩性土)查表 8-10 可得石灰窑的沉降允许值为 400mm,倾斜允许值为 8‰。

即:石灰窑的沉降与倾斜计算值均小于其允许值。

表 8-11　石灰窑沉降计算表

点	z/mm	基础Ⅰ($b=5.0\text{m}$)			基础Ⅱ($b_1=5.0\text{m};b_2=2.0\text{m}$)		
		l/b	z/b	$\overline{\alpha}_i$	l/b	z/b	$\overline{\alpha}_i$
M	0	$\dfrac{10}{5}=2.0$	0	$2\times0.2500=0.5$	$\dfrac{22}{5}=4.4$	0	$2\times(0.2500-0.2500)=0$
	16000		3.2	$2\times0.1562=0.3124$	$\left(\dfrac{12}{5}=2.4\right)$	3.2	$2\times(0.1671-0.1602)=0.0138$
	16800		3.36	$2\times0.1518=0.3036$		3.36	$2\times(0.1633-0.1560)=0.0146$
N	0	$\dfrac{10}{5}=2.0$	0	$2\times0.2500=0.5$	$\dfrac{12}{5}=2.4$	0	$2\times(0.2500-0.2500)=0$
	16000		3.2	$2\times0.1562=0.3124$	$\left(\dfrac{5}{2}=2.5\right)$	3.2(8.0)	$2\times(0.1602-0.0861)=0.1482$
	16800		3.36	$2\times0.1518=0.3036$		3.26(8.4)	$2\times(0.1560-0.0828)=0.1454$

点	z/mm	$\sum\overline{\alpha}_i$	$z_i\overline{\alpha}_i$	$z_i\overline{\alpha}_i-z_{i-1}\overline{\alpha}_{i-1}$	$\dfrac{p_0}{E_{s_i}}$	$\Delta s_i'$ /mm	$\sum\Delta s_i'$ /mm	$\dfrac{\Delta s_n'}{\sum\Delta s_i'}$
M	0	0.5	0	5219.2	0.0233	121.6	125	
	16000	0.3262	5219.2					
	16800	0.3182	5345.8	126.6		2.9		0.023
N	0	0.5	0	7366.4	0.0233	171.6	176	
	16000	0.4604	7366.4					
	16800	0.4500	7560	193.6		4.5		0.026

注:基础Ⅱ(对基础Ⅰ影响)格中 l/b、z/b 带括号的数值均为应扣矩形的数值,相应的 $\overline{\alpha}$ 为负值。

8.8　扩展基础设计

扩展基础系指柱下钢筋混凝土独立基础和墙下钢筋混凝土条形基础。

8.8.1　扩展基础的构造要求

1. 一般要求

(1) 基础边缘高度。锥形基础的边缘高度不宜小于 200mm(图 8-26(a)),且两个方向的坡度不宜大于 1:3;阶梯形基础的每阶高度,宜为 300～500mm(图 8-26(b))。

(2) 基底垫层。通常在底板下浇筑一层素混凝土垫层,垫层厚度不宜小于 70mm,垫层混凝土强度等级不宜低于 C10;常做成 100mm 厚 C10 素混凝土垫层,两边各伸出基础 100mm。

(3) 扩展基础受力钢筋最小配筋率不应小于 0.15%,基础底板受力钢筋最小直径不应小于 10mm,间距不应大于 200mm,也不应小于 100mm;墙下钢筋混凝土条形基础纵向分布钢筋的直径不应小于 8mm,间距不应大于 300mm;每延米分布钢筋的面积不应小于受力钢筋面积的 15%。当有垫层时钢筋保护层的厚度不应小于 40mm;无垫层时不应小于 70mm。

（4）混凝土强度等级不应低于C20。

（5）当柱下钢筋混凝土独立基础的边长和墙下钢筋混凝土条形基础的宽度大于或等于2.5m时，底板受力钢筋的长度可取边长或宽度的0.9倍，并宜交错布置（图8-26(c)）。

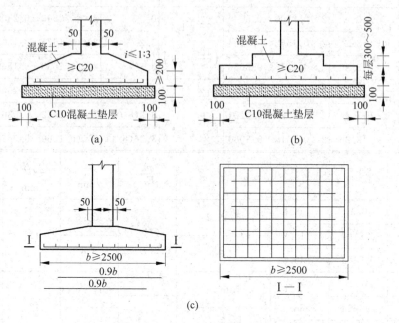

图 8-26　扩展基础构造的一般要求

（a）锥形基础；（b）阶梯形基础；（c）钢筋布置

2. 现浇柱下独立基础的构造要求

锥形基础和阶梯形基础构造所要求的剖面尺寸在满足"一般要求"时可按图8-27的要求设计。

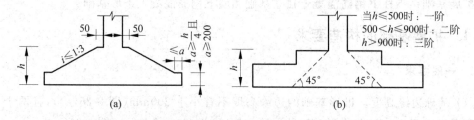

图 8-27　现浇钢筋混凝土柱基础剖面尺寸（单位：mm）

（a）锥形基础；（b）阶梯形基础

现浇柱基础中应伸出插筋，插筋在柱内的纵向钢筋连接宜优先采用焊接或机械连接的接头，插筋在基础内应符合下列要求：

（1）插筋的数量、直径，以及钢筋种类应与柱内的纵向受力钢筋相同。

（2）插筋锚入基础的长度等应满足以下要求（图8-28）。

① 当基础高度 h 较小时，轴心受压和小偏心受压柱 $h<1200$mm，大偏心受压柱 $h<1400$mm；所有插筋的下端宜做成直钩放在基础底板钢筋网上，并满足锚入基础长度大于锚

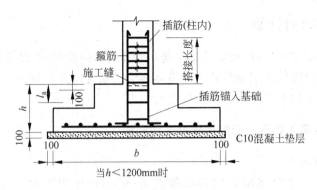

图 8-28 现浇钢筋混凝土柱与基础的连接图

固长度 l_a 或 l_{aE} 的要求（l_a 应符合《钢筋混凝土结构设计规范》（GB 50010—2010）的规定；有抗震设防要求时：一、二级抗震等级 $l_{aE} = 1.15 l_a$，三级抗震等级 $l_{aE} = 1.05 l_a$，四级抗震等级 $l_{aE} = l_a$）。

②当基础高度 h 较大时，对于轴心受压和小偏心受压柱，$h \geqslant 1200$mm，对于大偏心受压柱，$h \geqslant 1400$mm；可仅将四角插筋伸至基础底板钢筋网上，其余插筋只锚固于基础顶面下 l_a 或 l_{aE} 处。

③基础中插筋至少需分别在基础顶面下 100mm 和插筋下端设置箍筋，且间距不大于 800mm，基础中箍筋直筋与柱中同。

3. 墙下条形基础的构造要求

墙下钢筋混凝土条形基础按外形不同可分为无纵肋板式条形基础和有纵肋板式条形基础两种。

墙下无纵肋板式条形基础的高度 h 应按剪切计算确定。一般要求 $h \geqslant 300$mm（$\geqslant b/8$，b 为基础宽度）。当 $b < 1500$mm 时，基础高度可做成等厚度；当 $b \geqslant 1500$mm 时，可做成变厚度，且板的边缘厚度不应小于 200mm，坡度 $i \leqslant 1 : 3$（图 8-29）。板内纵向分布钢筋大于等于 $\phi 8@300$，且每延米分布钢筋的面积应不小于受力钢筋面积的 1/10。

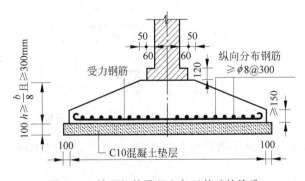

图 8-29 墙下钢筋混凝土条形基础的构造

当墙下的地基土质不均匀或沿基础纵向载荷分布不均匀时，为了抵抗不均匀沉降和加强条形基础的纵向抗弯能力，可做成有肋板条形基础。肋的纵向钢筋和箍筋一般按经验确定。

8.8.2 扩展基础的计算

在进行扩展基础结构计算,确定基础配筋和验算材料强度时,上部结构传来的载荷效应组合应按承载能力极限状态下载荷效应的基本组合;相应的基底反力为净反力(不包括基础自重和基础台阶上回填土重所引起的反力)。

1. 墙下钢筋混凝土条形基础的底板厚度和配筋

1) 中心载荷作用

墙下钢筋混凝土条形基础在均布线载荷 F(kN/m)作用下的受力分析可简化为如图 8-30 所示。它的受力情况如同一受 p_n 作用的倒置悬臂梁。p_n 是指由上部结构设计载荷 F 在基底产生的净反力(不包括基础自重和基础台阶上回填土重所引起的反力)。若取沿墙长度方向 $l=1.0$m 的基础板分析,则

$$p_n = \frac{F}{bl} = \frac{F}{b} \tag{8-21}$$

式中,p_n——相应于载荷效应基本组合时的地基净反力设计值(kPa);

　　　F——上部结构传至地面标高处的载荷设计值(kN/m);

　　　b——墙下钢筋混凝土条形基础宽度(m)。

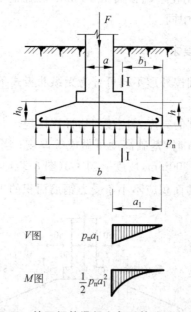

图 8-30　墙下钢筋混凝土条形基础受力分析

在 p_n 作用下,将在基础底板内产生弯矩 M 和剪力 V,其值在图 8-30 中 Ⅰ—Ⅰ截面(悬臂板根部)最大。

$$V = p_n a_1 \tag{8-22a}$$

$$M = \frac{1}{2} p_n a_1^2 \tag{8-22b}$$

式中,V——基础底板根部的剪力设计值(kN/m);

M——基础底板根部的弯矩设计值($\text{kN} \cdot \text{m/m}$);

a_1——截面 I—I 至基础边缘的距离(m),对于墙下钢筋混凝土条形基础,其最大弯矩、剪力的位置符合下列规定:当墙体材料为混凝土时,取$a_1=b_1$;如为砖墙且放脚不大于 1/4 砖长时,取$a_1=b_1+1/4$ 砖长。为了防止因V、M作用而使基础底板发生剪切破坏和弯曲破坏,基础底板应有足够的厚度和配筋。

(1)基础底板厚度

墙下钢筋混凝土条形基础底板属不配置箍筋和弯起钢筋的受弯钢筋,应满足混凝土的抗剪切条件:

$$V \leqslant 0.7\beta_{\text{hs}} f_{\text{t}} h_0 \tag{8-23a}$$

或

$$h_0 \geqslant \frac{V}{0.7\,\beta_{\text{hs}}\,f_{\text{t}}} \tag{8-23b}$$

式中,f_{t}——混凝土轴心抗拉强度设计值(MPa);

　　h_0——基础底板有效高度(mm),即基础板厚度减去钢筋保护层厚度(有垫层 40mm,无垫层 70mm)和 1/2 倍的钢筋直径;

　　β_{hs}——截面高度影响系数,$\beta_{\text{hs}}=(800/h_0)^{\frac{1}{4}}$;当$h_0<800\text{mm}$时,取$h_0=800\text{mm}$;当$h_0>2000\text{mm}$时,取$h_0=2000\text{mm}$。

(2)基础底板配筋

应符合《混凝土结构设计规范(2015 版)》(GB 50010—2010)正截面受弯承载力计算公式。也可以按简化矩形截面单筋板计算,当取$\xi=x/h_0=0.2$时,按下式简化计算:

$$A_{\text{s}} = \frac{M}{0.9 h_0 f_{\text{y}}} \tag{8-24}$$

式中,A_{s}——每米长基础底板受力钢筋截面积;

　　f_{y}——钢筋抗拉强度设计值。

注意:实际计算时,将各数值代入上式时的单位应统一,即M单位为$\text{N} \cdot \text{mm/m}$,$h_0$单位为 mm,$f_{\text{y}}$单位为$\text{N/mm}^2$,$A_{\text{s}}$单位为$\text{mm}^2/\text{m}$。

2)偏心载荷作用

先计算基底净反力的偏心$e_{\text{n},0}$:

$$e_{\text{n},0} = \frac{M}{F} \left(\text{要求} \leqslant \frac{b}{6}\right) \tag{8-25}$$

基础边缘处的最大和最小净反力分别为

$$\left.\begin{array}{l} p_{\text{n,max}} \\ p_{\text{n,min}} \end{array}\right\} = \frac{F}{bl}\left(1 \pm \frac{6\,e_{\text{n},0}}{b}\right) \tag{8-26}$$

悬臂根部截面 I—I (图 8-31)处的净反力为

$$p_{\text{n,I}} = p_{\text{n,min}} + \frac{b-a_1}{b}(p_{\text{n,max}} - p_{\text{n,min}}) \tag{8-27}$$

基础的高度和配筋计算仍按式(8-23)和式(8-24)进行。

这时,一般考虑p_{n}按$p_{\text{n,max}}$取值,这样的计算结果,M、V值略偏大,偏于安全。也有在计算剪力V和弯矩M时将式(8-21)和式(8-22)中的p_{n}改为$\frac{1}{2}(p_{\text{n,max}} + p_{\text{n,I}})$,这样计算,当

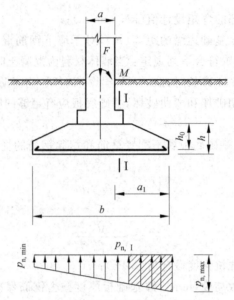

图 8-31　墙下条形基础受偏心载荷作用

$p_{n,max}/p_{n,min}$ 值较大时，计算的 M 值略偏小，结果偏于经济和不安全。

2. 柱下钢筋混凝土单独基础底板厚度和配筋计算

1）中心载荷作用

（1）基础底板厚度

在柱中心载荷 F（单位为 kN）作用下，如果基础高度（或阶梯高度）不足，则将沿着柱周边（或阶梯高度变化处）产生冲切破坏，形成 45°斜裂面的角锥体（图 8-32）。因此，由冲切破坏锥体以外（A_l）的地基反力所产生的冲切力（F_l）应小于冲切面处混凝土的抗冲切能力。对于矩形基础，柱短边一侧冲切破坏较柱长边一侧危险，所以，一般只需根据短边一侧冲切破坏条件来确定底板厚底，即要求对矩形截面柱的矩形基础，应验算柱与基础交接处（图 8-33(a)）以及基础变阶处的受冲切承载力，按以下公式验算：

$$F_l \leqslant 0.7\beta_{hp}f_t a_m h_0 \tag{8-28}$$

式中，β_{hp}——受冲切承载力截面高度影响系数，当 $h \leqslant 800\text{mm}$ 时，β_{hp} 取 1.0；当 $h \geqslant 2000\text{mm}$ 时，β_{hp} 取 0.9；其间按线性内插法取值；

f_t——混凝土轴心抗拉强度设计值；

h_0——基础冲切破坏锥体的有效高度；

a_m——基础冲切破坏锥体最不利一侧计算长度，$a_m=(a_t+a_b)/2$；其中，a_t 为基础冲切破坏锥体最不利一侧斜截面的边长，当计算柱与基础交接处的受冲切承载力时，取柱宽 b_c；当计算基础变阶处的受冲切承载力时，取上阶宽；a_b 为基础冲切破坏锥体最不利一侧斜截面在基础底面积范围内的下边长，当冲切破坏锥体的底面落在基础底面以内（图 8-33(b)），计算柱与基础交接处的受冲切承载力时，取柱宽加两倍基础有效高度；当计算基础变阶处的受冲切承载力时，取上阶宽加两倍该处的基础有效高度；当冲切破坏锥体的底面在 b 方向落在基础底面以外，即 $a_t+2h_0 \geqslant b$ 时（图 8-33(c)），$a_b=b$；

F_1——相应于载荷效应基本组合时作用在 A_1 上的地基土净反力设计值，$F_1 = p_n A_1$；其中，p_n 为扣除基础自重及其上土重后相应于载荷效应基本组合时的地基土单位面积净反力；A_1 为冲切验算时取用的部分基底面积（图 8-33(b)，(c)中的阴影面积）。

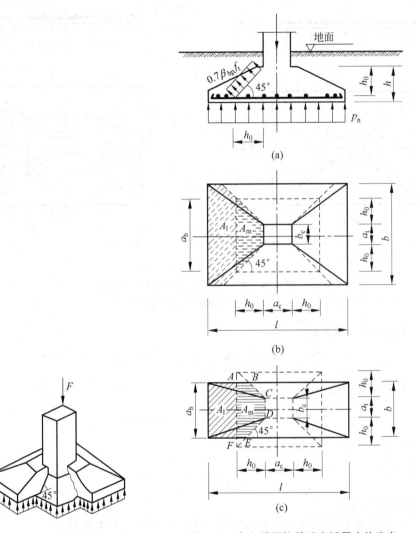

图 8-32　冲切破坏　　　　图 8-33　中心受压柱基础底板厚度的确定

（2）基础底板配筋

由于单独基础底板在地基净反力 p_n 作用下，在两个方向均发生弯曲，所以两个方向都要配受力钢筋，钢筋面积按两个方向的最大弯矩分别计算。计算时，应符合《混凝土结构设计规范（2015 版）》(GB 50010—2010)正截面受弯承载力计算公式，也可按式（8-24）简化计算。

图 8-34 各种情况的最大弯矩计算公式如下：

（a）柱边（Ⅰ—Ⅰ截面）

$$M_{\mathrm{I}} = \frac{p_n}{24} (l - a_c)^2 (2b + b_c) \tag{8-29}$$

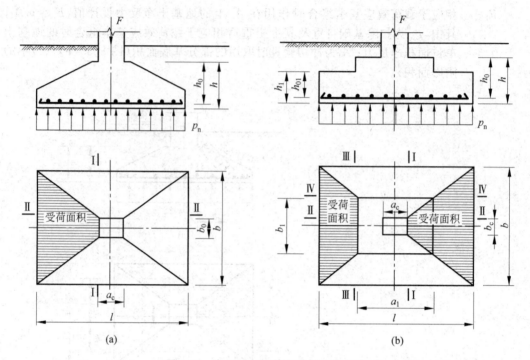

图 8-34　中心受压柱基础底板配筋计算

(a) 锥形基础；(b) 阶梯形基础

（b）柱边（Ⅱ—Ⅱ截面）

$$M_{\text{Ⅱ}} = \frac{p_{\text{n}}}{24}(b-b_{\text{c}})^2(2l+a_{\text{c}}) \tag{8-30}$$

（c）阶梯高度变化处（Ⅲ—Ⅲ截面）

$$M_{\text{Ⅲ}} = \frac{p_{\text{n}}}{24}(l-a_1)^2(2b+b_1) \tag{8-31}$$

（d）阶梯高度变化处（Ⅳ—Ⅳ截面）

$$M_{\text{Ⅳ}} = \frac{p_{\text{n}}}{24}(b-b_1)^2(2l+a_1) \tag{8-32}$$

2）偏心载荷作用

偏心受压基础底板厚度和配筋的计算与中心受压情况基本相同。

计算偏心受压基础底板厚度时，只需将式（8-28）中的 p_{n} 换成偏心受压时基础边缘处最大设计净反力 $p_{\text{n,max}}$ 即可（图 8-35）。

$$p_{\text{n,max}} = \frac{F}{lb}\left(1+\frac{6e_{\text{n,0}}}{l}\right) \tag{8-33}$$

式中，$e_{\text{n,0}}$——净偏心距，$e_{\text{n,0}} = M/F$。

计算偏心受压基础底板配筋时，只需将式（8-29）～式（8-32）中的 p_{n} 换成偏心受压时柱边处（或变阶面处）基底设计反力 $p_{\text{n,I}}$（或 $p_{\text{n,II}}$）与 $p_{\text{n,max}}$ 的平均值 $\frac{1}{2}(p_{\text{n,max}}+p_{\text{n,I}})$ 或 $\frac{1}{2}(p_{\text{n,max}}+p_{\text{n,II}})$ 即可（图 8-36）。

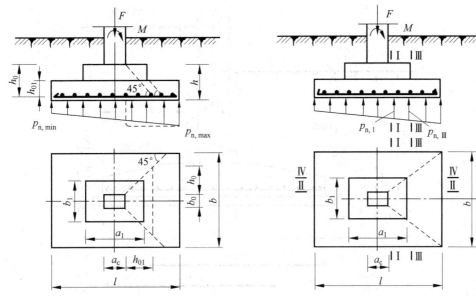

图 8-35　偏心受压柱基础底板厚度计算图　　图 8-36　偏心受压柱基础底板配筋计算图

【例 8-5】　已知某教学楼外墙厚 370mm，传至基础顶面的竖向载荷标准值 $F_k =$ 267kN/m，室内外高差 0.90m，基础埋深按 1.30m 计算（以室外地面算起），基础承载力特征值 $f_a = 130$kPa（已对深度修正）。试设计该墙下钢筋混凝土条形基础。

【解】　（1）求基础宽度

$$b \geqslant \frac{F_k}{f_a - 20d} = \frac{267}{130 - 20 \times 1.752}\text{m} = 2.81\text{m}$$

取基础宽度 $b = 2.80$m $= 2800$mm。

（2）确定基础底板厚度

按 $h = \frac{b}{8} = \frac{2800}{8}$mm $= 350$mm，根据墙下钢筋混凝土基础构造要求，初步绘制基础剖面如图 8-37 所示。墙下钢筋混凝土基础抗剪切验算如下：

按《建筑地基基础设计规范》(GB 50007—2011)第 3.0.5 条，由载荷标准值计算载荷设计值，取载荷综合分项系数 1.35，因此，进行结构计算时，上部结构传至基础顶面的竖向载荷设计值 F 简化计算：

$$F = 1.35 F_k = 1.35 \times 267\text{kN} = 360\text{kN/m}$$

按式(8-21)计算地基净反力设计值

$$p_n = \frac{F}{b} = \frac{360}{2.8}\text{kPa} = 129\text{kPa}$$

按式(8-22a)计算 Ⅰ—Ⅰ 截面的剪力设计值

$$V = p_n a_1 = 129 \times (1.095 + 0.12)\text{kN/m} = 157\text{kN/m}$$

选用 C20 混凝土，$f_t = 1.10\text{N/mm}^2$。

按式(8-23b)计算基础所需有效高度

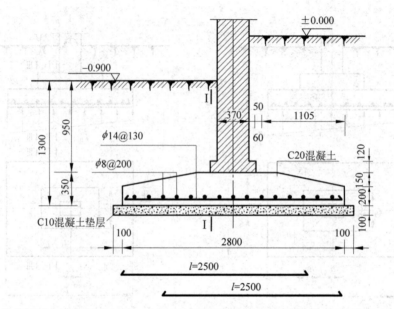

图 8-37　例 8-5 图(单位：mm)

$$h_0 = \frac{V}{0.7\beta_{hs}f_t} = \frac{157 \times 10^3}{0.7 \times 1.0 \times 1.10}\text{mm} = 203.9\text{mm}$$

实际上基础有效高度 $h_0 = \left(350 - 40 - \frac{20}{2}\right)\text{mm} = 300\text{mm} > 203.9\text{mm}$(按有垫层并暂按 $\phi 20$ 底板筋直径计),可以。

(3) 底板配筋计算

按式(8-22b)计算 Ⅰ—Ⅰ 截面弯矩

$$M = \frac{1}{2}p_n a_1^2 = \frac{1}{2} \times 129 \times 1.215^2 \text{kN} \cdot \text{m/m} = 95.2\text{kN} \cdot \text{m/m}$$

选用 HPB300 钢筋,$f_y = 300\text{N/mm}^2$。

① 按单筋矩形截面受弯构件承载力基本公式求 A_s

$$\alpha_s = \frac{M}{\alpha_1 f_c b h_0^2} = \frac{95.2 \times 10^6}{1.0 \times 9.6 \times 1000 \times 300^2} = 0.110$$

由 $\alpha_s = \xi(1 - 0.5\xi)$,解得

$$\xi = 0.117$$

由 $\gamma_s = 1 - 0.5\xi$,解得

$$\gamma_s = 0.9415$$

$$A_s = \frac{M}{\gamma_s h_0 f_y} = \frac{95.2 \times 10^6}{0.9415 \times 300 \times 300}\text{mm}^2 = 1124\text{mm}^2$$

② 按式(8-24)求 A_s

$$A_s = \frac{M}{0.9 h_0 f_y} = \frac{95.2 \times 10^6}{0.9 \times 300 \times 300}\text{mm}^2 = 1175\text{mm}^2$$

说明：以上方法①、方法②计算结果差别不大,方法②更简单。这里,按方法②计算结果配筋,选用 $\phi 14@130$(实配 $A_s = 1184\text{mm}^2 \approx 1175\text{mm}^2$),分布钢筋选 $\phi 8@200$。基础剖面

图见图 8-37。

【例 8-6】 设计例 8-2 的框架柱下单独基础。作用在柱底的载荷效应基本组合设计值：$F = 950\text{kN}$，$M = 108\text{kN} \cdot \text{m}$，$V = 18\text{kN}$。材料选用：C20 混凝土，HPB300 钢筋。

【解】 偏心距

1）计算基底净反力

$$e_{n,0} = \frac{M}{F} = \frac{108 + 18 \times 0.6}{950}\text{m} = 0.125\text{m}$$

基础边缘处的最大和最小净反力

$$\left.\begin{array}{r} p_{n,max} \\ p_{n,min} \end{array}\right\} = \frac{F}{lb}\left(1 \pm \frac{6e_{n,0}}{l}\right) = \frac{950}{2.4 \times 1.6} \times \left(1 \pm \frac{6 \times 0.125}{2.4}\right) = \begin{array}{l} 324.7\text{kPa} \\ 170.1\text{kPa} \end{array}$$

2）基础高度（采用阶梯形基础）

（1）柱边基础截面抗冲切验算

$$l = 2.4\text{mm}, \quad b = 1.6\text{m}, \quad a_t = b_c = 0.3\text{m}, \quad a_c = 0.4\text{m}。$$

初步选择基础高度 $h = 600\text{mm}$，从下至上分 350mm、250mm 两个台阶。$h_0 = 550\text{mm}$（有垫层）。

$$a_t + 2h_0 = (0.3 + 2 \times 0.55)\text{m} = 1.40\text{m} < b = 1.6\text{m}, \quad \text{取} a_b = 1.40\text{m}$$

$$a_m = \frac{a_t + a_b}{2} = \frac{300 + 1400}{2}\text{mm} = 850\text{mm}$$

因偏心受压，p_n 取 $p_{n,max}$。

冲切力：

$$F_l = p_{n,max}\left[\left(\frac{l}{2} - \frac{a_c}{2} - h_0\right)b - \left(\frac{b}{2} - \frac{b_c}{2} - h_0\right)^2\right]$$

$$= 324.7 \times \left[\left(\frac{2.4}{2} - \frac{0.4}{2} - 0.55\right) \times 1.6 - \left(\frac{1.6}{2} - \frac{0.3}{2} - 0.55\right)^2\right]\text{kN} = 203.54\text{kN}$$

抗冲切力：

$$0.7\beta_{hp}f_t a_m h_0 = 0.7 \times 1.0 \times 1.10 \times 10^3 \times 0.85 \times 0.55\text{kN} = 360\text{kN} > 203.54\text{kN}，\text{可以}。$$

（2）变阶处抗冲切验算

$$a_t = b_1 = 0.8\text{m}, \quad a_1 = 1.2\text{m}, \quad h_{01} = 350 - 50\text{mm} = 300\text{mm}$$

$$a_t + 2h_{01} = (0.8 + 2 \times 0.30)\text{m} = 1.40\text{m} < 1.60\text{m}, \quad \text{取} a_b = 1.40\text{m}$$

$$a_m = \frac{a_t + a_b}{2} = \frac{0.8 + 1.4}{2}\text{m} = 1.1\text{m}$$

冲切力：

$$F_l = p_{n,max}\left[\left(\frac{l}{2} - \frac{a_1}{2} - h_{01}\right)b - \left(\frac{b}{2} - \frac{b_1}{2} - h_{01}\right)^2\right]$$

$$= 324.7 \times \left[\left(\frac{2.4}{2} - \frac{1.2}{2} - 0.30\right) \times 1.6 - \left(\frac{1.6}{2} - \frac{0.8}{2} - 0.30\right)^2\right]\text{kN}$$

$$= 152.61\text{kN}$$

抗冲切力：

$$0.7\beta_{hp}f_t a_m h_{01} = 0.7 \times 1.0 \times 1.10 \times 10^3 \times 1.1 \times 0.3\text{kN} = 254.10\text{kN} > 152.61\text{kN}，\text{可以}。$$

3) 配筋计算

选用 HPB300 钢筋，$f_y = 300\text{N/mm}^2$。

（1）基础长边方向

Ⅰ—Ⅰ截面（柱边）

柱边净反力

$$p_{n,\text{I}} = p_{n,\min} + \frac{l + a_c}{2l}(p_{n,\max} + p_{n,\min})$$

$$= \left[170.1 + \frac{2.4 + 0.4}{2 \times 2.4} \times (324.7 - 170.1)\right]\text{kPa} = 260.3\text{kPa}$$

悬臂部分净反力平均值：

$$\frac{1}{2}(p_{n,\max} + p_{n,\text{I}}) = \frac{1}{2} \times (324.7 + 260.3)\text{kPa} = 292.5\text{kPa}$$

弯矩：

$$M_{\text{I}} = \frac{1}{24}\left(\frac{p_{n,\max} + p_{n,\text{I}}}{2}\right)(l - a_c)^2(2b + b_c)$$

$$= \frac{1}{24} \times 292.5 \times (2.4 - 0.4)^2 \times (2 \times 1.6 + 0.3)\text{kN} \cdot \text{m} = 170.6\text{kN} \cdot \text{m}$$

$$A_{s,\text{I}} = \frac{M_{\text{I}}}{0.9 f_y h_0} = \frac{170.6 \times 10^6}{0.9 \times 300 \times 550}\text{mm}^2 = 1149\text{mm}^2$$

Ⅲ—Ⅲ截面（变阶处）

$$p_{n,\text{Ⅲ}} = p_{n,\min} + \frac{l + a_1}{2l}(p_{n,\max} - p_{n,\min}) = \left[170.1 + \frac{2.4 + 1.2}{2 \times 2.4} \times (324.7 - 170.1)\right]\text{kPa}$$

$$= 286.1\text{kPa}$$

$$M_{\text{Ⅲ}} = \frac{1}{24}\left(\frac{p_{n,\max} + p_{n,\text{Ⅲ}}}{2}\right)(l - a_1)^2(2b + b_1)$$

$$= \frac{1}{24} \times \left(\frac{324.7 + 286.1}{2}\right) \times (2.4 - 1.2)^2 \times (2 \times 1.6 + 0.8)\text{kN} \cdot \text{m} = 73.3\text{kN} \cdot \text{m}$$

$$A_{s,\text{Ⅲ}} = \frac{M_{\text{Ⅲ}}}{0.9 f_y h_{01}} = \frac{73.3 \times 10^6}{0.9 \times 300 \times 300}\text{mm}^2 = 905\text{mm}^2$$

比较 $A_{s,\text{I}}$ 和 $A_{s,\text{Ⅲ}}$ 应按 $A_{s,\text{I}}$ 配筋，实际配 $8\phi14$，$A_s = 1232\text{mm}^2 > 1149\text{mm}^2$。

（2）基础短边方向

因该基础受单向偏心载荷作用，所以，在基础短边方向的基底反力可按均布分布计算，取 $p_n = \frac{1}{2}(p_{n,\max} + p_{n,\min})$ 计算。

$$p_n = \frac{1}{2}(324.7 + 170.1)\text{kPa} = 247.4\text{kPa}$$

与长边方向的配筋计算方法相同，可得Ⅱ—Ⅱ截面（柱边）的计算配筋值 $A_{s,\text{Ⅱ}} = 871.5\text{mm}^2$；Ⅳ—Ⅳ截面（变阶处）的计算配筋值 $A_{s,\text{Ⅳ}} = 689\text{mm}^2$，因此按 $A_{s,\text{Ⅱ}}$ 在短边方向（2.4m 宽内）配筋。但是，不能符合构造要求，实际按构造配筋 $\phi12@150$（即 $16\phi12$），$A_s = 1810\text{mm}^2$。基础配筋参见图 8-38。

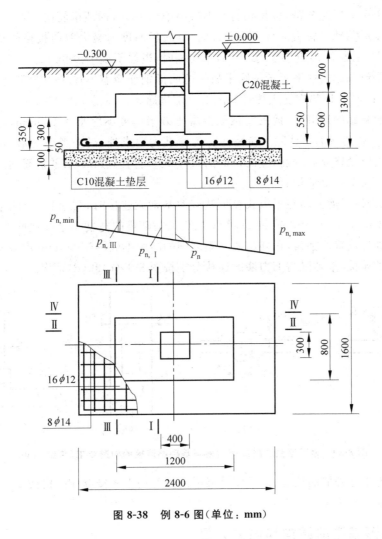

图 8-38 例 8-6 图（单位：mm）

8.9 筏形基础设计

筏形基础有平板式、梁板式两种类型（图 8-6）。其选型应根据工程地质、上部结构体系、柱距、载荷大小及施工条件等因素确定。

8.9.1 构造要求

筏形基础的混凝土强度等级不应低于 C30，当有地下室时应采用防水混凝土，防水混凝土的防渗等级应根据地下水的最大水头与防渗混凝土厚度的比值，按相关规范选用，对于重要建筑，必要时宜设架空排水层。

当筏形基础的厚度大于 2000mm 时，宜在板厚中间部位设置直径不小于 12mm、间距不大于 300mm 的双向钢筋网。

梁板式筏形基础的底板和基础梁的配筋除了应满足计算要求外，纵横方向的底部钢筋尚应有不少于1/3贯通全跨,且其配筋率不应小于0.15%,顶部钢筋按计算配筋全部贯通。

梁板式筏形基础当底板区板为双向板时,其底板厚度与最大双向板格的短边净跨之比不应小于1/14,且板厚不应小于400mm,单向板时,板厚不小于400mm。

平板式筏形基础的柱下板带和跨中板带的底部钢筋应有不少于1/3贯通全跨,且配筋率不应小于0.15%,顶部钢筋应按计算配筋全部贯通。

采用筏形基础的地下室,地下室钢筋混凝土外墙厚度不应小于250mm,内墙厚度不应小于200mm。墙的截面设计除了应满足计算承载力要求外,尚应考虑变形、抗裂及防渗等要求。墙体内应设置双面钢筋,竖向钢筋的直径不应小于10mm,水平钢筋的直径不应小于12mm,间距不应大于200mm。

地下室底层柱、剪力墙与梁板式筏形基础的基础梁连接时,要求柱、墙的边缘至基础梁边缘的距离不应小于50mm(图8-39(a));当交叉基础梁的宽度小于柱截面的边长时,交叉基础梁连接处应设置八字角,角柱与八字角之间的净距不应小于50mm(图8-39(b));单向基础梁与柱的连接、基础梁与剪力墙的连接分别按图8-39(c)和(d)采用。

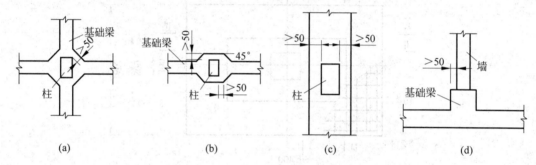

图8-39　地下室底层柱或剪力墙与基础梁连接的构造要求(单位:mm)

筏板与地下室外墙的接缝、地下室外墙沿高度处的水平接缝应严格按施工缝要求施工,必要时可设通长止水带。

8.9.2　筏形基础的结构和内力计算

确定筏形基础底面形状和尺寸时首先应考虑使上部结构载荷的合力点接近基础底面的形心。如果载荷不对称,宜调整筏板的外伸长度,但伸出长度从轴线算起横向不宜大于1500mm,纵向不宜大于1000mm,且同时宜将肋梁挑至筏板边缘。无外伸肋梁的筏板,其伸出长度宜适当减小。如果上述调整措施不能完全达到目的,对上肋式、地面架空的布置形式,可采取调整筏上填土(或其他载荷)等措施以改变合力点位置。

对单栋建筑物,在地基土比较均匀的条件下,在载荷效应准永久组合下的偏心距 e 宜符合下式的要求:

$$e \leqslant 0.1W/A \tag{8-34}$$

式中,W——与偏心距方向一致的基础底面边缘的抵抗矩;

A——基础底面积。

1. 简化计算方法——"倒楼盖"法

"倒楼盖"法是将筏形基础看作一个放置在地基上的楼盖,柱、墙视为该楼盖的支座,地基净反力视为作用在该楼盖上的外载荷,按混凝土结构中的单向或双向梁板的肋梁楼盖、无梁楼盖法进行计算。按"倒楼盖"法简化计算时,一般只计算局部弯曲,并假定基底反力为直线分布(或平面分布)进行计算。必须注意:如果地基地质比较均匀、上部结构和基础的刚度足够大,这种假定才认为是合理的。对柱下梁板式筏形基础,如果框架柱网在两个方向的尺寸比小于 2,且柱网内无小基础梁时,筏板按双向多跨连续板,肋梁按多跨连续梁计算内力,若柱网内设有小基础梁,把底板分割成长短边比大于 2 的矩形格板时,筏板按单向板计算,主、次肋梁仍按多跨连续梁计算内力。对柱下平板式筏形基础,可仿效无梁楼盖计算方法,分别截取柱下板带与柱间板带进行计算。

当地基土比较均匀、地基压缩层范围内无软弱土层或可液化土层、上部结构刚度较好、柱网和载荷较均匀、相邻柱载荷及柱间距的变化不超过 20%,且梁板式筏基梁的高跨比或平板式筏基板的厚跨比不小于 1/6 时,筏形基础可仅考虑局部弯曲作用。筏形基础的内力,可按基底反力直线分布进行计算,计算时基底反力应扣除底板自重及其上填土的自重。当不满足上述要求时,筏基内力可按弹性地基梁板方法进行分析计算。

对于矩形筏形基础,基底反力可按下列偏心受压公式进行简化计算(图 8-40):

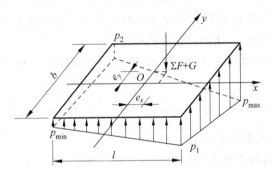

图 8-40　基底反力简化计算

$$
\left.
\begin{aligned}
p_{max} &= \frac{\sum F + G}{lb}\left(1 + \frac{6e_x}{l} + \frac{6e_y}{b}\right) \\
p_1 &= \frac{\sum F + G}{lb}\left(1 + \frac{6e_x}{l} - \frac{6e_y}{b}\right) \\
p_2 &= \frac{\sum F + G}{lb}\left(1 - \frac{6e_x}{l} + \frac{6e_y}{b}\right) \\
p_{min} &= \frac{\sum F + G}{lb}\left(1 - \frac{6e_x}{l} - \frac{6e_y}{b}\right)
\end{aligned}
\right\}
\tag{8-35}
$$

式中,p_{max}、p_{min}、p_1、p_2——基底四个角的基底压力值(kPa);

　　$\sum F$——筏板上的总竖向载荷设计值(kN);

　　G——基础及其上土的重力(kN),$G = 20dlb$;

　　l、b——筏板底面长与宽(m);

　　d——筏板的埋置深度(m);

　　e_x、e_y——上部结构载荷在 x、y 方向对基底形心的偏心距(x、y 轴通过基底形心):

$$e_x = \frac{M_y}{\sum F + G} \tag{8-36}$$

$$e_y = \frac{M_x}{\sum F + G} \tag{8-37}$$

式中，M_x、M_y——竖向载荷设计值的合力点对 x、y 轴的力矩（$kN \cdot m$）。

确定筏基底面积时同样要求满足式（8-12）和式（8-13）。

2. 结构承载力计算

1）梁板式筏形基础

梁板式筏形基础底板除了应计算截面受弯承载力外，其厚度还应满足受冲切承载力、受剪切承载力的要求。

（1）冲切承载力计算

梁板式筏形基础底板受冲切承载力按下式计算：

$$F_l \leqslant 0.7\beta_{hp} f_t u_m h_0 \tag{8-38}$$

式中，F_l——作用在图 8-41 中阴影部分面积上的地基土平均净反力设计值；

u_m——距基础梁边 $h_0/2$ 处冲切临界截面的周长。

当底板区格为矩形双向板时，底板受冲切所需的有效厚度 h_0 按下式计算：

$$h_0 = \frac{(l_{n1} + l_{n2}) - \sqrt{(l_{n1} + l_{n2}) - \dfrac{4 p l_{n1} l_{n2}}{p + 0.7\beta_{hp} f_t}}}{4} \tag{8-39}$$

式中，l_{n1}、l_{n2}——计算格板的短边和长边的净长度；

p_n——相应于载荷效应基本组合的地基土平均净反力设计值。

（2）剪切承载力计算

梁板式筏形基础双向底板受剪切承载力应符合下式要求：

$$V_s \leqslant 0.7\beta_{hs} f_t (l_{n2} - 2h_0) h_0 \tag{8-40}$$

式中，V_s——距基础梁边缘 h_0 处，作用在图 8-42 阴影部分面积上的地基土平均净反力设计值。

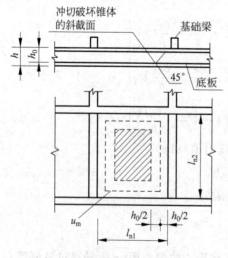

图 8-41　底板冲切计算示意图

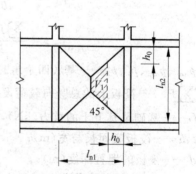

图 8-42　底板剪切计算示意图

2）平板式筏形基础

（1）冲切承载力计算

① 柱的冲切临界截面的最大剪应力

高层建筑平板式筏形基础的板厚应满足冲切承载力的要求。计算时应考虑作用在冲切临界截面重心上的不平衡弯矩产生的附加剪力。对基础边柱和角柱进行冲切验算时，其冲切力应分别乘以 1.1 和 1.2 的增大系数。距柱边 $h_0/2$ 处冲切临界截面的最大剪应力 τ_{max} 应按下列公式计算。板的最小厚度不应小于 500mm。

$$\tau_{max} = \frac{F_1}{u_m h_0} + \frac{\alpha_s M_{unb} c_{AB}}{I_s} \tag{8-41}$$

$$\tau_{max} \leqslant 0.70(0.4 + 1.2/\beta_s)\beta_{hp} f_t \tag{8-42}$$

式中，F_1——相应于载荷效应基本组合时的集中力设计值，对内柱取轴力设计值减去筏板冲切破坏锥体内的地基土反力设计值，对边柱、角柱，取轴力设计值减去筏板冲切临界截面范围内的地基反力设计值；

u_m——距柱边 $h_0/2$ 处冲切临界截面的周长；

α_s——不平衡弯矩通过冲切临界截面上的偏心剪力来传递的分配系数，$\alpha_s = 1 - \dfrac{1}{1 + \dfrac{2}{3}\sqrt{c_1/c_2}}$；其中，$c_1$ 为与弯矩作用方向一致的冲切临界截面的边长；c_2 为垂直于 c_1 的冲切临界截面的边长；

M_{unb}——作用在冲切临界截面重心上的不平衡弯矩设计值，由图 8-43 按下式计算：

$$M_{unb} = N e_N - P e_P \pm M_c$$

c_{AB}——沿弯矩作用方向，冲切临界截面重心至冲切临界截面最大剪应力点的距离；

I_s——冲切临界截面对其重心的极惯性矩；

β_s——柱截面长边与短边的比值，当 $\beta_s < 2$ 时，β_s 取 2；当 $\beta_s > 4$ 时，β_s 取 4。

其中：u_m、c_{AB}、I_s、c_1、c_2 分别按内柱（图 8-44）、边柱、角柱查《建筑地基基础设计规范》（GB 50007—2011）附录 P 计算。

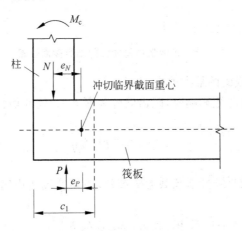

图 8-43　边柱 M_{unb} 计算示意图

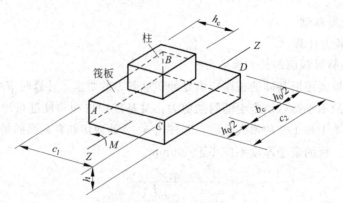

图 8-44　内柱冲切临界截面

② 内筒的冲切承载力

高层建筑在楼梯、电梯间大多设置内筒,平板式筏形基础内筒下的板厚也应满足冲切承载力的要求(图 8-45),按下式计算:

$$\frac{F_l}{u_m h_0} \leqslant 0.7 \beta_{hp} f_t \eta \tag{8-43}$$

式中,F_l——相应于载荷效应基本组合时的内筒所承受的轴力设计值减去筏板冲切破坏锥体的地基反力设计值,地基反力应扣除板的自重;

u_m——距内筒外表面 $h_0/2$ 处冲切临界截面的周长;

η——内筒冲切临界截面周长影响系数,取 1.25。

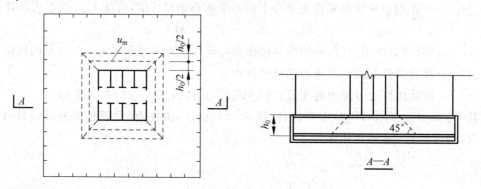

图 8-45　筏板受内筒冲切的临界截面位置

③ 内筒的冲切临界截面的最大剪应力

当需要考虑内筒根部弯矩影响时,距内筒外表面 $h_0/2$ 处冲切临界截面的最大剪应力按下式验算:

$$\tau_{max} \leqslant 0.7 \beta_{hp} f_t / \eta \tag{8-44}$$

(2)剪切承载力计算

平板式筏形基础除满足受冲切承载力验算外,尚须验算距内筒或柱边缘 h_0 处的筏板剪切承载力:

$$V_s \leqslant 0.7 \beta_{hs} f_t b_w h_0 \tag{8-45}$$

式中,V_s——载荷效应基本组合下,地基土平均净反力设计值产生的距内筒或柱边缘 h_0 处的筏板单位宽度的剪力设计值;

b_w——筏板计算截面单位宽度；

h_0——距内筒或柱边缘h_0处筏板的截面有效高度。

8.10　减轻不均匀沉降损害的措施

一般来说,地基发生变形即建筑物出现沉降是难以避免的,但是,过量的地基变形将使建筑物损坏或影响其使用功能;特别是建在软弱地基以及软硬不均匀等不良地基上的建筑物,如果处理不当,就更容易因不均匀沉降而开裂损坏。因此,如何防止或减轻不均匀沉降造成的损害,是建筑物设计中必须认真考虑的问题之一。单纯从地基基础的角度出发,通常的解决办法不外有以下三种:

(1) 采用柱下条形基础、筏基和箱基等结构刚度较大、整体性较好的浅基础;

(2) 采用桩基或其他深基础;

(3) 采用各种地基处理方法。

但是,以上三种方法往往造价偏高,桩基及其他深基础和许多地基处理方法还需要具备一定的施工条件,特定情况下可能难以实施;有时,甚至单纯从地基基础方案的角度出发难以解决问题。因此,我们可以考虑从地基、基础、上部结构相互作用的观点出发,综合选择合理的建筑、结构、施工方案和措施,降低对地基基础处理的要求和难度,同样达到减轻房屋不均匀沉降损害的预期目的。

8.10.1　建筑措施

1) 建筑物体型力求简单

建筑物体型系指其平面形状与立面轮廓。平面形状复杂(如"L""T""E""Z""Ⅱ"形等)的建筑物,在纵、横单元交叉处基础密集,地基中各单元载荷产生的附加应力互相重叠,使该处的局部沉降量增加;同时,此类建筑物整体刚度差,刚度不对称,当地基出现不均匀沉降时,容易产生扭曲应力,因而更容易使建筑物开裂(图 8-46)。建筑物高低(或轻重)变化太大,地基各部分所受的载荷轻重不同,自然也容易出现过量的不均匀沉降(图 8-47);据调查,软土地基上紧接高差超过一层的砌体承重结构房屋,低者很容易开裂。因此,遇软弱地基时,要力求:

(1) 平面形状简单,如用"一"字形建筑物;

(2) 立面体型变化不宜过大,砌体承重结构房屋高差不宜超过 1～2 层。

2) 控制建筑物长高比及合理布置纵横墙

纵横墙的连接和房屋的楼(屋)面共同形成了砌体承重结构的空间刚度。当砌体承重房屋长高比(建筑物长度或沉降单元长度与自基础底面算起的总高度之比)较小时,建筑物的整体刚度好,能较好地防止不均匀沉降的危害。相反,长高比大的建筑物整体刚度小,纵墙很容易因挠曲变形过大而开裂(图 8-48)。根据调查认为,两层以上的砌体承重房屋,当预估的最大沉降量超过 120mm 时,长高比不宜大于 2.5;对于平面简单,内外墙贯通,横墙间隔较小的房屋,长高比的限制可放宽至不大于 3.0。不符合上述条件时,可考虑设置沉降缝。

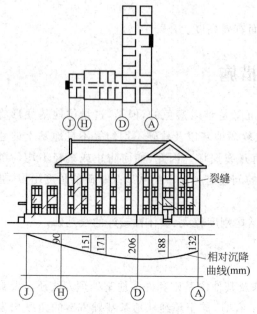

图 8-46　某"L"形建筑物翼墙身开裂

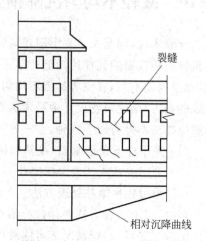

图 8-47　建筑物高差太大而开裂

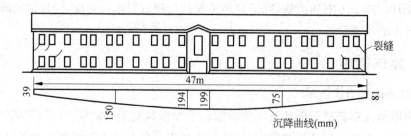

图 8-48　纵墙的长高比(7.6)过长的建筑物开裂实例

　　合理布置纵横墙,是增强砌体承重结构房屋整体刚度的重要措施之一。一般来说,房屋的纵向刚度较弱,故地基不均匀沉降的损害主要表现为纵墙的挠曲破坏。内、外纵墙的中断、转折,都会削弱建筑物的纵向刚度(图 8-49)。当遇地基不良时,应尽量使内、外纵墙都贯通;另外,缩小横墙的间距,也可有效地改善房屋的整体性,从而增强调整不均匀沉降的能力。

　　3)设置沉降缝

　　当地基极不均匀,且建筑物平面形状复杂或长度太长,高低悬殊等情况不可避免时,可在建筑物的特定部位设置沉降缝,以有效减小不均匀沉降的危害。沉降缝是从屋面到基础把建筑物断开,将建筑物划分成若干个长高比较小、体型简单、整体刚度较好、结构类型相同、自成沉降体系的独立单元。根据经验,沉降缝的位置通常选择在下列部位上:

　　(1)平面形状复杂的建筑物的转折部位;

　　(2)建筑物的高度或载荷突变处;

　　(3)长高比较大的建筑物适当部位;

　　(4)地基土压缩性显著变化处;

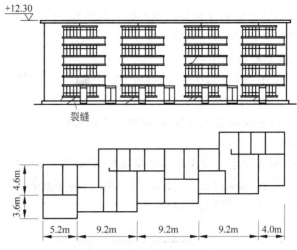

图 8-49　外纵墙多次转折,内纵墙中断的建筑物开裂实例

（5）建筑结构（包括基础）类型不同处；

（6）分期建造房屋的交界处。

沉降缝的构造参见图 8-50。缝内一般不能填塞。沉降缝还要求有一定的宽度,以防止缝两侧单元发生互倾沉降时造成单元结构间的挤压破坏。一般沉降缝的宽度：二、三层房屋为 50～80mm；四、五层房屋为 80～120mm；六层及以上不小于 120mm。

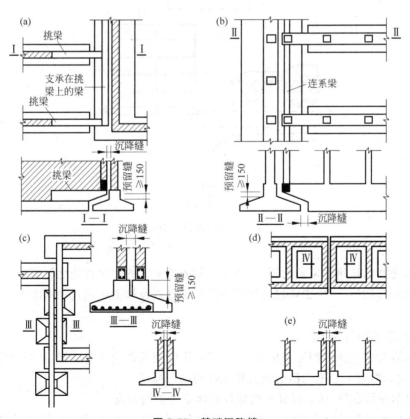

图 8-50　基础沉降缝

（a）砌体结构沉降缝；（b）柱下条形基础沉降缝；（c）跨越式沉降缝；（d）偏心基础沉降缝；（e）整片基础沉降缝

沉降缝的造价颇高,且要增加建筑及结构处理上的困难,所以不宜轻率使用。沉降缝可结合伸缩缝设置,在抗震区,最好与抗震缝共用。

4）控制相邻建筑物基础的间距

由于地基附加应力的扩散作用,相邻建筑物产生附加不均匀沉降,可能导致建筑物的开裂或互倾。这种相邻房屋影响主要发生在:

（1）同期建造的两相邻建筑之间的影响,特别是当两建筑物轻（低）重（高）差别太大时,轻者受重者的影响更甚;

（2）原有建筑物受邻近新建重型或高层建筑的影响（图 8-51）。

除了上述在使用阶段的地基附加应力扩散的影响外,高层建筑在施工阶段深基坑开挖对邻近原有建筑物的影响更应受到高度重视。

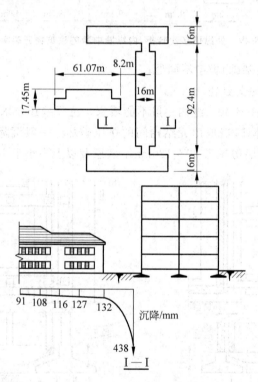

图 8-51　相邻建筑影响实例

为了避免相邻建筑物影响的损害,建造在软弱地基上的建筑基础之间要有一定的净距。其值视地基的压缩性、产生影响建筑物的规模和重量以及被影响建筑物的刚度等因素而定,参见表 8-12。

5）调整建筑物的局部标高

由于沉降会改变建筑物原有标高,严重时将影响建筑物的正常使用,甚至导致管道等设备的破坏,设计时可采取下列措施调整建筑物的局部标高。

（1）根据预估沉降,适当提高室内地坪和地下设施的标高;

（2）将相互有联系的建筑物各部分（包括设备）中预估沉降较大者的标高适当提高;

表 8-12 相邻建筑物基础间的净距　　　　　　　　　　　　　　m

影响建筑的预估平均沉降量 s/mm	受影响建筑的长高比	
	$2.0 \leqslant \dfrac{L}{H_f} < 3.0$	$3.0 \leqslant \dfrac{L}{H_f} < 5.0$
70～150	2～3	3～6
160～250	3～6	6～9
260～400	6～9	9～12
＞400	9～12	≥12

注：① 表中 L 为房屋长度或沉降缝分隔的单元长度（m）；H_f 为自基础底面算起的房屋高度（m）。

② 当受影响建筑的长高比为 $1.5 < \dfrac{L}{H_f} < 2.0$ 时，其间隔距离可适当缩小。

(3) 建筑物与设备之间应留有足够的净空；

(4) 有管道穿过建筑物时，应留有足够尺寸的孔洞，或采用柔性管道接头。

8.10.2 结构措施

1) 减轻建筑物自重

基底压力中，建筑物自重（包括基础及回填土重）所占的比例很大，据统计，一般工业建筑占 40%～50%，一般民用建筑可高达 60%～80%。因而，减小沉降量常可以首先从减轻建筑物自重着手，措施如下：

(1) 减轻墙体重量：许多建筑物（特别是民用建筑物）的自重，大部分以墙体重量为主，例如：砌体承重结构房屋，墙体重量占结构总重量的一半以上。为了减少这部分重量，宜选择轻型高强墙体材料，如：轻质高强混凝土墙板、各种空心砌块、多孔砖及其他轻质墙等，都能不同程度地达到减少自重的目的。

(2) 选用轻型结构：采用预应力钢筋混凝土结构、轻钢结构及各种轻型空间结构。

(3) 减少基础和回填土重量：首先是尽可能考虑采用浅埋基础（例如：钢筋混凝土独立基础、条形基础、壳体基础等）；如果要求大量抬高室内地坪时，底层可考虑用架空层代替室内厚墙填土（当采用筏形基础时效果更佳）。

2) 设置圈梁

对于砌体承重房屋，不均匀沉降的损害突出表现为墙体的开裂，因此，实践中常在基础顶面附近（俗称"地圈梁"）、门窗顶部楼（层）面处设置圈梁，每道圈梁应尽量贯通外墙、承重内纵墙及主要内横墙，并在平面内形成闭合的网状系统。这是砌体承重结构防止出现裂缝和阻止裂缝开展的一项十分有效的措施。

当地基发生不均匀沉降时，砌体承重房屋的墙体（尤其是纵墙）产生整体挠曲，圈梁的作用犹如钢筋混凝土梁内的受拉钢筋，它主要承受拉应力，弥补了砌体材料抗拉强度不足的弱点。当墙体正向挠曲时，下方圈梁（尤其是地圈梁）起作用；反向挠曲时，上方圈梁（尤其是顶层圈梁）起作用，因不容易正确估计墙体在某一段内发生的挠曲方向，故通常在上、下方都设置圈梁；在砌体承重的住宅房屋中，通常将圈梁兼作门窗过梁而层层设置。另外，圈梁必须与砌体结合成整体，否则不能发挥应有作用。

圈梁的具体设置要求、截面与配筋、错层与洞口的处理方法等详见其他有关建筑与结构设计课程。

3）减小或调整基底附加压力

（1）减小基底附加压力：除了采用本节"减轻建筑物自重"减小基底附加压力外，还可设置地下室（或半地下室、架空层），以挖除的土重去补偿（抵消）一部分甚至全部的建筑物重量，达到减小沉降的目的。

（2）改变基底尺寸：按照沉降控制的要求，选择和调整基础底面尺寸，针对具体工程的不同情况考虑，尽量做到有效又经济合理。

4）增强上部结构刚度或采用非敏感性结构

根据地基、基础与上部结构共同作用的概念，上部结构的整体刚度很大时，能调整和改善地基的不均匀沉降；反过来，地基的不均匀沉降，能引起上部结构（敏感性结构）产生附加应力，但只要在设计中合理地增加上部结构的刚度和强度，地基不均匀沉降（相当于支座位移）所产生的附加应力是完全可以承受的。

与刚性较好的敏感性结构相反，排架、三铰拱（架）等铰接结构，支座发生相对位移时不会引起上部结构中很大的附加应力，故可以避免不均匀沉降对上部主体结构的损害。但是，这类非敏感性结构形式通常只适用于单层工业厂房、仓库和某些公共建筑。必须注意，即使采用了这些结构，严重的不均匀沉降对于屋盖系统、围护结构、吊车梁及各种纵、横联系构件等仍是有害的，因此，必须考虑采取相应的防范措施，例如：避免用连续吊车梁、刚性屋面防水层等。

因此，上部结构的选型和处理对地基不均匀沉降的影响很大，结构造型一定要明确，各部分要相互统一，刚则刚，柔则柔，切忌"藕断丝连"。图 8-52 是建造在软土地基上的某仓库三铰门架结构，实践证明，效果良好。

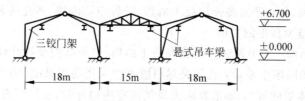

图 8-52　某仓库三铰门架结构示意图

8.10.3　施工措施

合理安排施工程序、注意某些施工方法，也能收到减小或调整不均匀沉降的效果。

当拟建的相邻建筑物之间轻（低）重（高）悬殊时，一般应按先重后轻的程序施工；有时还需要在重建筑物竣工后歇一段时间再建造轻的邻近建筑物（或建筑物单元）。当高层建筑的主、裙楼下有地下室时，可在主、裙楼相交的裙楼一侧适当位置（一般是 1/3 跨度处）设置施工后浇带，同样以先主楼后裙楼的顺序施工，以减小不均匀沉降的影响。

在软弱土基础上，在已建房屋周围和在建房屋外，都应避免长时间堆放大量集中的地面载荷，以免引起新、旧房屋的附加沉降。

细粒土尤其是淤泥及淤泥质土的结构性很强，施工时应尽可能保持地基土的原状结构。在开挖基槽时，可暂不挖到基底标高，保留约 200mm，等基坑内基础砌筑或浇筑时再挖，如槽底已扰动，可先挖去扰动部分，再用砂、碎石等回填处理。

复习思考题

8.1 地基基础有哪些类型? 各适用于什么条件?

8.2 天然地基浅基础有哪些结构类型? 各具有什么特点?

8.3 基础为何要有一定的埋深? 如何确定基础的埋深?

8.4 基础底面积如何计算? 中心载荷与偏心载荷作用下,基底面积计算有何不同?

8.5 有人说:"偏心载荷基础的地基承载力可以提高 20%",是否正确?

8.6 为何要验算软弱下卧层的承载力? 其具体要求是什么?

8.7 地基的变形特征有哪几种? 各适用于什么建筑结构?

8.8 何谓无筋扩展基础? 何谓扩展基础? 两种基础的材料有何不同? 两者的计算方法有什么差别?

8.9 无筋扩展基础和扩展基础适用于什么范围? 扩展基础的材料和构造有何要求?

8.10 柱下的基础通常为独立基础,何时采用柱下条形基础? 其截面有哪几种类型? 基础底面面积如何计算?

8.11 何谓筏形基础? 适用于什么范围?

8.12 消除或减轻不均匀沉降的危害,有哪些主要措施? 其中哪些措施实用而经济?

习题

8.1 某工厂厂房为框架结构,独立基础。作用在基础顶面的竖向载荷标准值为 $N = 2400\text{kN}$,弯矩为 $M = 850\text{kN} \cdot \text{m}$,水平力 $Q = 60\text{kN}$。基础埋深 1.90m,基础顶面位于地面下 0.5m。地基表层为素填土,天然重度 $\gamma_1 = 18.0\text{kN/m}^3$,厚度 $h_1 = 1.90\text{m}$;第二层为黏性土, $\gamma_2 = 18.5\text{kN/m}^3$, $e = 0.90$, $I_1 = 0.25$,层厚 $h_2 = 8.60\text{m}$。设 $f_{ak} = 210\text{kPa}$,设计基础底面尺寸。(答案:例如当 $L/b = 1.4$ 时, $A = 17.15\text{m}^2$)

8.2 一幢 5 层住宅设计砖混结构,条形基础,砖墙为 37 墙,作用于基础顶面的载荷为 $N = 172\text{kN/m}$,基础埋深 $d = 1.60\text{m}$,地基为淤泥质黏土,天然含水率 $\omega = 38.0\%$,天然重度 $\gamma = 19.0\text{kN/m}^3$, $f_{ak} = 95\text{kPa}$。设计基础尺寸。(答案: $A \geqslant 2.1\text{m}^2$)

8.3 一重型设备重 $N = 900\text{kN}$,设计独立基础,基础宽度 $b = 2.00\text{m}$,埋深 $d = 1.00\text{m}$。地基土的物理性指标: $\gamma = 16.6\text{kN/m}^3$, $\omega = 22.5\%$, $\omega_l = 28.5\%$, $\omega_p = 16.5\%$, $e = 1.0$。设 $f_{ak} = 160\text{kPa}$。求基础长度。(答案:3.2m)

8.4 某校学生宿舍楼设计采用砖混结构,条形基础。承重墙厚 24cm,墙基顶面载荷为 $N = 188\text{kN/m}$。地基土分 3 层:表层为耕植土,厚度 0.6m,天然重度 $\gamma = 17.0\text{kN/m}^3$;第二层为粉土,层厚 2.0m, $f_{ak} = 160\text{kPa}$, $\gamma_2 = 18.6\text{kN/m}^3$;第三层为淤泥质黏土, $f_{ak} = 90\text{kPa}$, $\gamma_3 = 16.5\text{kN/m}^3$,层厚 1.50m。地下水位深 0.80m。设计基础尺寸、埋深与构造。(答案:全部用砖不满足刚性角要求。基础底部用 C10 混凝土,厚度 250mm;其上砌 8 皮砖,厚度 180cm)

8.5 某办公楼外墙厚度 360mm,从室内设计地坪高度算起的埋置深度为 1.55m,上部结构传来的载荷为 88kN/m,修正后地基承载力特征值 $f_a = 90\text{kPa}$,室内外高差为 0.55m。

外墙采用灰土基础,$H_0 = 300\text{mm}$。其上采用砖基础。(1)按照二一间隔收砌法确定灰土基础上的砖放脚台阶数;(2)求基础总高度。(答案:5 个台阶,780mm)

8.6 某墙下条形基础,墙身厚度 360mm,埋置深度 1.5m,上部结构传来的载荷为 100kN/m,弯矩值为 4kN·m,修正后地基承载力特征值为 $f_a = 110\text{kPa}$,基础采用灰土基础,$H_0 = 300\text{mm}$。其上采用砖基础,试按照台阶宽高比 1∶1.5 确定砖放脚台阶数。(答案:4 个台阶)

8.7 某墙下条形基础,埋置深度 2.5m,墙身厚度 360mm。上部结构传来的中心载荷标准值为 610kN/m,修正后地基承载力特征值 $f_a = 240\text{kPa}$。基础采用混凝土基础,$H_0 = 300\text{mm}$。其上采用毛石混凝土基础,确定毛石混凝土高度。(答案:$H \geqslant 1845\text{mm}$)

8.8 某墙下条形基础,墙身厚度 360mm。埋置深度 2.65m,室内外高差 0.45m,在 ±0 标高处上部结构传来的载荷标准值为 400kN/m,修正后地基承载力特征值 $f_a = 160\text{kPa}$。基础底部采用混凝土基础,$H_0 = 300\text{mm}$。其上采用毛石混凝土基础,确定毛石混凝土基础至少应该为多少米?(答案:1.84m)

8.9 某单位职工 4 层住宅采用砖混结构,条形基础,外墙厚 24cm,作用于基础顶部荷重 $N = 117\text{kN/m}$。地基土表层为多年填土,层厚 $h_1 = 3.40\text{m}$,$f_{ak} = 100\text{kPa}$,$\gamma_1 = 17.0\text{kN/m}^3$,地下水位埋深 1.80m;第二层为淤泥质粉土,层厚 $h_2 = 3.20\text{m}$,$f_{ak} = 60\text{kPa}$,$\gamma_2 = 18.0\text{kN/m}^3$;第三层为软塑黏土,$f_{ak} = 180\text{kPa}$,$\gamma_3 = 18.5\text{kN/m}^3$。设计基础尺寸与结构。(答案:宜浅埋。采用钢筋混凝土条形基础。混凝土为 C20,受力钢筋选用 HRB335 级钢筋 $\phi10@150$,纵向分布钢筋 $\phi10@300$)

第9章

桩 基 础

9.1 概述

软弱土层除可通过地基处理做成人工地基外,还可采用下面的解决方案:

(1)在地基中打桩,把建筑物支撑在桩台上,建筑物的载荷由桩传到地基深处较为密实的土层。这种基础叫作桩基础。

(2)把基础直接做在地基深处承载力较高的土层上。埋置深度大于5m或大于基础宽度,在计算基础时应该考虑基础侧壁摩擦力的影响。这类基础叫作深基础。

桩基是既古老而又常见的基础形式,桩的作用是利用本身远大于土的刚度将上部结构的载荷传递到桩周及桩端较坚硬、压缩性小的土或岩石中,达到减小沉降、使建(构)筑物满足正常的使用功能及抗震等要求的目的。由于桩基具有承载力高、稳定比好、沉降及差异沉降小、沉降稳定快、抗震性能好以及能适应各种复杂地质条件等特点而得到广泛使用。桩基础除了在一般工业与民用建筑中主要用于承受竖向抗压载荷外,还在桥梁、港口、公路、船坞、近海钻采平台、高耸及高重建(构)筑物、支挡结构以及抗震工程中用于承受侧向风力、波浪力、土压力、地震力、车辆制动力等水平力及竖向抗拔载荷等。常见的群桩基础形式如图9-1所示。据不完全统计,全国每年桩的使用超过100万根以上。

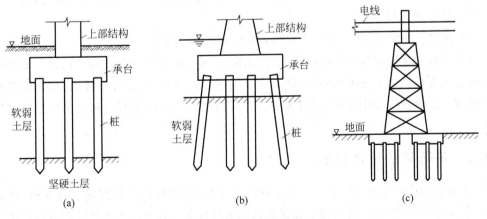

图 9-1 桩基础示意图

(a)低承台桩基;(b)高承台桩基;(c)水平受荷桩基

随着经济建设与城市化的高速发展,桩基工程无论在理论研究、施工技术、设计方法方面,还是在质量检测与环境控制方面都有了长足的发展。

由于地基土形成的复杂性以及建筑物的多样性,在工程中常常会遇到地基土的承载能力和变形不能满足建筑物的要求,或者不宜采用地基处理措施解决地基土承载力不足或变形过大的情况,这时通常需要考虑将地基深层坚实土层或岩层作为建筑物的地基持力层,即采用深基础方案。深基础方案就是通过增大基础埋深或某种传力结构将上部结构载荷直接作用于深部地基土,常用的深基础主要有桩基础、沉井基础、墩基础和地下连续墙等几种类型,其中以桩基的历史最为悠久,应用最为广泛。本章教学内容为桩基础,其他深基础方案将在后续章节中介绍。

9.1.1　桩基础方案选择的一般原则

由于桩基础采用桩体结构直接将上部载荷传递到地基土中,因此,桩基础具有承载力高、稳定性好、沉降量小而均匀、便于机械化施工、适应性强等优点。与其他深基础比较,桩基础的适用范围最广,在下列情况下选择建(构)筑物基础方案时宜考虑采用桩基础。

(1) 地基土结构分布上表现为上层土性质太差且厚度较大而下层土质较好,或地基软硬不均不能满足上部结构对不均匀变形的要求。

(2) 地基土软弱,采用地基加固措施不合适;或地基土性特殊,如存在可液化土层、自重湿陷性黄土、膨胀土及季节性冻土等,采用地基处理方法尚不能满足上部结构的载荷与变形的要求。

(3) 除承受较大垂直载荷外,尚有载荷分布不均、存在较大偏心载荷或水平载荷、动力或周期性载荷作用的情况。

(4) 上部结构对基础的不均匀沉降相当敏感;或者建(构)筑物受到大面积地面超载的影响。

(5) 地下水位很高,采用其他基础形式施工困难;或作为位于水中的构筑物基础,如桥梁、码头、钻采平台等。

(6) 需要长期保存,具有重要历史意义的特殊建(构)筑物。

通常当软弱土层很厚,桩端达不到良好地层时,桩基设计应考虑沉降等问题。如果桩穿过较好土层而桩端位于下卧软弱层,则不宜采用桩基。因此,在工程实践中,必须认真做好地基勘察;详细分析地质资料、综合考虑、精心设计施工,才能使所选基础类型发挥出最佳效益。

9.1.2　桩基础的设计原则

《建筑桩基技术规范》(JGJ 94—2008)(以下简称《桩基规范》)根据建筑物规模、功能特征、对差异变形的适应性、场地地基和建筑物体形的复杂性以及由于桩基问题可能造成建筑物破坏或影响正常使用的程度,将桩基设计分为三个等级,见表9-1。

表 9-1　建筑桩基设计等级

设计等级	建 筑 类 型
甲级	(1) 重要的建筑； (2) 30 层以上或高度超过 100m 的高层建筑； (3) 体型复杂且层数相差超过 10 层的高低层(含纯地下室)连体建筑； (4) 20 层以上框架-核心筒结构及其他对差异沉降有特殊要求的建筑； (5) 场地和地基条件复杂的 7 层以上的一般建筑及坡地、岸边建筑； (6) 对相邻既有工程影响较大的建筑
乙级	除甲级、丙级以外的建筑
丙级	场地和地基条件简单、载荷分布均匀的 7 层及 7 层以下的一般建筑

《建筑地基基础设计规范》(GB 50007—2011)与《桩基规范》规定,建筑桩基采用以概率理论为基础的极限状态设计法,并按极限状态设计表达式计算,且将桩基的极限状态分为两类。

(1) 承载能力极限状态:桩基达到最大承载能力、整体失稳或发生不适于继续承载的变形;

(2) 正常使用极限状态:桩基达到建筑物正常使用所规定的变形限值或达到耐久性要求的某项限值。

桩基承载能力极限状态计算应采用作用效应的基本组合和地震作用效应组合。沉降验算应采用载荷的长期效应组合;水平变位、抗裂和裂缝宽度验算,应根据使用要求和裂缝控制等级分别采用作用效应短期效应组合或短期效应组合考虑长期载荷的影响。

对软土、湿陷性黄土、季节性冻土和膨胀土、岩溶地区以及坡地岸边上的桩基,抗震设防区桩基和可能出现负摩擦力的桩基,均应根据各自不同的特殊条件,遵循相应的设计原则。

9.1.3　桩基础的设计内容

根据上述规范关于桩基设计原则的要求,桩基设计的基本内容包括下列各项:

(1) 选择桩的类型和几何尺寸;

(2) 确定单桩竖向(和水平向)承载力特征值;

(3) 确定桩的数量、间距和布桩方式:

(4) 验算桩基的承载力和沉降;

(5) 桩身结构设计;

(6) 承台设计;

(7) 绘制桩基施工图。

桩基设计之前应收集的资料包括:建(构)筑物的结构与载荷特点以及有关技术要求、建筑场地的岩土工程勘察技术报告和场地施工条件等。设计时应考虑桩的设置方法及其影响。

9.2　桩和桩基础的分类

设置在地基土层中的桩承受上部结构的载荷作用,但由于地基土层的性质与结构的多样性,桩与地基土层的相互作用所体现的桩-土共同工作性能不同,因此,在桩基设计中合理地选择桩的类型是极为重要的环节。对桩进行分类的目的是掌握其不同的特点,以供设计时根据现场的具体条件选择适当的桩型。

9.2.1 桩的分类

桩的作用是直接承受上部结构的载荷,并传递到地基土之中。根据上部结构的载荷的作用性质,桩的设置可以是竖直或倾斜的,建(构)筑物大多以承受竖向载荷为主而多用竖直桩,倾斜桩常用在有倾斜载荷作用的桥梁工程、港口工程中。一般可根据桩的施工方法、桩身材料、承载性状及桩的设置效应等进行桩的类型划分。

1. 根据桩的施工方法与桩身材料的分类

按施工方法的不同,可分为预制桩和灌注桩两大类。

1) 预制桩

预制桩按所用材料的不同,可分为混凝土预制桩、钢桩和木桩。沉桩的方式有锤击或振动打入、静力压入和旋入等。

(1) 混凝土预制桩。

混凝土预制桩的截面形状、尺寸和长度可在一定范围内按需要选择,其横截面有方、圆等各种形状。普通实心方桩的截面边长一般为 $300\sim500\text{mm}$。现场预制桩的长度一般在 $25\sim30\text{m}$ 以内。工厂预制桩的分节长度一般不超过 12m,沉桩时在现场连接到所需长度。

分节预制桩应保证接头质量以满足桩身承受轴力、弯矩和剪力的要求,分节接桩采用钢板、角钢焊接后,宜涂以沥青以防锈蚀。采用机械式接桩法时,以钢板垂直插头加水平销连接,施工快捷,又不影响桩的强度和承载力。大截面实心桩的自重较大,其配筋主要受起吊、运输、吊立和沉桩等各阶段的应力控制,因而用钢量较大。采用预应力(抽筋或不抽筋)混凝土桩,则可减轻自重、节约钢材、提高桩的承载力和抗裂性。

(2) 钢桩

常用的钢桩有下端开口或闭口的钢管桩以及 H 型钢桩等。一般钢管桩的直径为 $250\sim1200\text{mm}$。H 型钢桩的穿透能力强、自重轻、锤击沉桩的效果好、承载能力高,无论起吊、运输或是沉桩、接桩都很方便。其缺点是耗钢量大,成本高,我国只在少数重要工程中使用。

(3) 木桩

木桩常用松木、杉木做成。其桩径(小头直径)一般为 $160\sim260\text{mm}$,桩长为 $4\sim6\text{m}$。木桩自重小,具有一定的弹性和韧性,又便于加工、运输和施工。木桩在淡水下是耐久的,但在干湿交替的环境中极易腐烂,故应打入最低地下水位以下 0.5m。由于木桩的承载能力很小,以及木材的供应问题,现在只在木材产地和某些应急工程中使用。

2) 灌注桩

灌注桩是直接在所设计桩位处成孔,然后在孔内加放钢筋笼(也有省去钢筋的)再浇灌混凝土而成。与混凝土预制桩比较,灌注桩一般只根据使用期间可能出现的内力配置钢筋,用钢量较省。当持力层顶面起伏不平时,桩长可在施工过程中根据要求在某一范围内取定,灌注桩的横截面呈圆形,可以做成大直径和扩底桩。保证灌注桩承载力的关键在于施工时桩身的成形和混凝土质量。

灌注桩有几十个品种,大体可归纳为沉管灌注桩和钻(冲、磨、挖)孔灌注桩两大类。同一类桩还可按施工机械和施工方法以及直径的不同予以细分。

(1) 沉营灌注桩

沉管灌注桩可采用锤击振动、振动冲击等方法沉管成孔。锤击沉管灌注桩的常用直径(指预制桩尖的直径)为 300～500mm,桩长常在 20m 以内,可打至硬塑黏土层或中、粗砂层。这种桩的施工设备简单,打桩进度快,成本低,但很易产生缩颈(桩身截面局部缩小)、断桩、局部夹土、混凝土离析和强度不足等质量问题。

振动沉管灌注桩的钢管底端带有活瓣桩尖(沉管时桩尖闭合,拔管时活瓣张开,以便浇灌混凝土),或套上预制钢筋混凝土桩尖。桩横截面直径一般为 400～500mm。常用的振动锤(振箱)的振动力为 70、100 和 160kN。在黏性土中,其沉管穿透能力比锤击沉管灌注桩稍差,承载力也比锤击沉管灌注桩低些。

为了扩大桩径(这时桩距不宜太小)和防止缩颈,可对沉管灌注桩加以"复打"。所谓复打,就是在浇灌混凝土并拔出钢管后,立即在原位重新放置预制桩尖(或闭合管端活瓣)再次沉管,并再浇灌混凝土。复打后的桩,其横截面面积增大,承载力提高,但其造价也相应增加。

内击式沉管灌注桩(也称弗朗基桩,Franki-Pile)是另一类型的沉管灌注桩。施工时,先在地面竖起钢套筒,在筒底放进约 1.0m 高的混凝土(或碎石),并用长圆柱形吊锤在套筒内锤打,以便形成套筒底端的混凝土"塞头"。以后锤打时,塞头带动套筒下沉。沉入深度达到要求后,吊住套筒,浇灌混凝土并继续锤击,使塞头脱出筒口,形成扩大的桩端,锤击成的扩大桩端直径可达桩身直径的 2～3 倍。当桩端不再扩大而使套筒上升时,开始浇灌桩身混凝土(吊下钢筋笼),同时边拔套筒边锤击,直至到达所需高度为止。这种桩的主要优点是,在套筒内可用重锤加大冲击能量,以便采用干硬性混凝土,形成与桩周土紧密接触的密实桩身和扩大的桩端以提高桩的承载力。但施工时如不注意,则扩大头与桩身交接处的混凝土质量可能较差。这种桩穿过厚砂层的能力较低,打入深度难以掌握,但条件合适时可达强风化岩。

(2) 钻(冲、磨)孔灌注桩

各种钻孔桩在施工时都要在桩孔位置处形成桩孔,然后清除孔底残渣,安放钢筋笼,最后浇灌混凝土。

直径为 600 或 650mm 的钻孔桩,常用回转机具成孔,桩长为 10～30m。目前国内的钻(冲)孔灌注桩在钻进时不下钢套筒,而是利用泥浆保护孔壁以防坍孔,清孔(清除孔底沉渣)后,在水下浇灌混凝土。更大直径(1500～2800mm)钻孔桩一般用钢套筒护壁,所用钻机具有回旋钻进、冲击、磨头磨碎岩石和扩大桩底等多种功能,钻进速度快,深度可达 60m,能克服流砂、消除孤石等障碍物,并能进入微风化硬质岩石。其最大优点在于能进入岩层,刚度大,因此承载力高而桩身变形很小。

(3) 挖孔桩

挖孔桩可采用人工或机械挖掘成孔。人工挖孔桩施工时应人工降低地下水位,每挖深 0.9～1.0m,就浇灌或喷射一圈混凝土护壁(上下圈之间用插筋连接),达到所需深度时,再进行扩孔,最后在护壁内安装钢筋笼和浇灌混凝土。

在挖孔桩施工时,由于工人下到桩孔中操作,可能遇到流砂、塌孔、有害气体、缺氧、触电和上面掉下重物等危险而造成伤亡事故,因此应严格执行有关安全生产的规定。

挖孔桩的直径不宜小于 1m,深度大于 15m,桩径应在 1.2~1.4m 以上,桩身长度宜限制在 30m 内。挖孔桩的优点是,可直接观察地层情况、孔底易清除干净、设备简单、噪声小、场区各桩可同时施工、桩径大、适应性强、又较经济。

（4）管柱基础

管柱基础是将预制的大直径(1.0~5.0m)钢筋混凝土或预应力混凝土或钢管柱(实质上是一种巨型分节装配的管柱,每节长度根据施工条件决定,一般采用 4m、8m 和 10m,接头用法兰盘和螺栓连接),用大型的振动桩锤沿导向结构振动下沉到基岩(一般辅以高压射水和吸泥机),然后在管内钻岩成孔,下放钢筋笼骨架,灌注混凝土,将管柱嵌固于岩层。管柱基础可以在深水及各种覆盖层条件下进行,无水下作业,不受季节限制,但施工需要有振动沉桩锤、凿岩机。

2. 按桩的承载性状分类

根据竖向载荷下桩土相互作用的特点,以及达到承载力极限状态时,桩侧与桩端阻力的发挥作用程度和分担载荷比例,将桩分为摩擦型桩和端承型桩两大类,如图 9-2 所示。

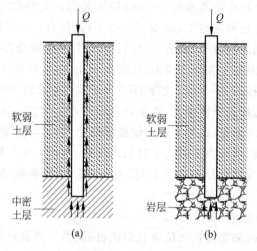

图 9-2 桩的承载性状

(a) 摩擦型桩;(b) 端承型桩

1) 摩擦型桩

在竖向极限载荷作用下,桩顶载荷全部或主要由桩侧阻力承受。根据桩侧阻力分担载荷的比例,摩擦型桩又分为摩擦桩和端承摩擦桩两类。

摩擦桩:桩顶极限载荷绝大部分由桩侧阻力承担,桩端阻力可忽略不计。例如:①桩的长径比很大,桩顶载荷只通过桩身压缩产生的桩侧阻力传递给桩周土,桩端土层分担载荷很小;②桩端下无较坚实的持力层;③桩底残留虚土或沉渣的灌注桩;④桩端出现脱空的打入桩等。

端承摩擦桩:桩顶极限载荷由桩侧阻力和桩端阻力共同承担,但桩侧阻力分担载荷较大。当桩的长径比不很大,桩端持力层为较坚实的黏性土、粉土和砂类土时,除桩侧阻力外,还有一定的桩端阻力。这类桩所占比例很大。

2）端承型桩

在竖向极限载荷作用下，桩顶载荷全部或主要由桩端阻力承受，桩侧阻力相对于桩端阻力可忽略不计。根据桩端阻力分担载荷的比例，又可分为端承桩和摩擦端承桩两类。

端承桩：桩顶极限载荷绝大部分由桩端阻力承担，桩侧阻力可忽略不计。桩的长径比较小（一般小于 10），桩端设置在密实砂类、碎石类土层中或位于中、微风化及新鲜基岩中。

摩擦端承桩：桩顶极限载荷由桩侧阻力和桩端阻力共同承担，但桩端阻力分担载荷较大。通常桩端进入中密以上的砂类、碎石类土层中或位于中、微风化及新鲜基岩顶面。这类桩的侧阻力虽属次要，但不可忽略。

此外，当桩端嵌入岩层一定深度（要求桩端嵌入微风化或中等风化岩体的最小深度不小于 0.5m）时，称为嵌岩桩。对于嵌岩桩，桩侧与桩端载荷分担比例与孔底沉渣及进入基岩深度有关，桩的长径比不是制约载荷分担的唯一因素。

3．按桩的设置效应分类

随着桩的设置方法（打入或钻孔成桩等）的不同，桩周土所受的排挤作用也很不相同。排挤作用会引起桩周土天然结构、应力状态和性质的变化，从而影响土的性质和桩的承载力。桩按设置效应分为下列三类。

1）挤土桩

实心的预制桩、下端封闭的管桩、木桩以及沉管灌注桩等打入桩，在锤击、振动贯入过程中，都将桩位处的土大量排挤开，因而使桩周土的结构受到严重扰动破坏。黏性土由于重塑作用而降低了抗剪强度（过一段时间可恢复部分强度）；而非密实的无黏性土则由于振动挤密而使抗剪强度提高。

2）小量挤土桩

开口钢管桩、H 型钢桩和开口的预应力混凝土管桩，打入时对桩周土体稍有排挤作用，但土的强度和变形性质变化不大。由原状土测得的土的物理力学性质指标一般可用于估算小量挤土桩的承载力和沉降。

3）非挤土桩

先钻孔后再打入的预制桩和钻（冲或挖）孔桩，在成桩过程中都将孔中土体清除去，故设桩时对土没有排挤作用，桩周土反而可能向桩孔内移动。因此，非挤土桩的桩侧摩擦力常有所减小。

9.2.2　桩基的分类

桩基础可以采用单根桩的形式承受和传递上部结构的载荷，这种独立基础称为单桩基础。但绝大多数桩基础的桩数不止 1 根，而是由 2 根或 2 根以上的多根桩组成群桩，由承台将桩群在上部联结成一个整体，建筑物的载荷通过承台分配给各根桩，桩群再把载荷传递给地基。这种由 2 根或 2 根以上的桩组成的桩基础称为群桩基础，群桩基础中的单桩称为基桩。

桩基由设置于土中的桩和承接上部结构载荷的承台两部分组成。根据承台与地面的相对位置，一般可分为低承台桩基和高承台桩基。低承台桩基的承台底面位于地面以下，其受力性能好，具有较强的抵抗水平载荷的能力，在工业与民用建筑中，几乎都使用低承台桩基；

高承台桩基的承台底面位于地面以上,且常处于水下,水平受力性能差,但可避免水下施工及节省基础材料,多用于桥梁及港口工程。

9.2.3 桩基的设计选型

桩基的设计选型是根据地层条件、施工工艺、施工经验、基础形式、上部结构类型、上部载荷大小及分布、制桩材料供应运输条件、成桩质量保证难易程度、环境条件、工期、造价等因素综合确定适用的桩型与成桩工艺。现在建筑桩基中常用的桩型是预制桩、灌注桩及钢桩三大类。它们各有其优点,也各有其适用条件。

1) 灌注桩的特点及适用条件

与预制桩相比,灌注桩具有的优点是:可适用于各种地层,桩长、桩径可灵活调整;含钢量一般较低,比预制桩经济。存在的主要缺点是:成桩质量不易控制和保证,容易形成断桩、缩颈、沉渣、混凝土灌注出现蜂窝或夹泥等质量问题;对于泥浆护壁灌注桩,存在泥浆排放造成的环境污染问题。

2) 预制混凝土桩的特点及适用条件

预制混凝土桩的主要优点是:承载力高,对于松散土层,由于挤土效应可使承载力提高;桩身质量易于保证和控制,制作方便,并能根据需要制成不同尺寸、不同形状的截面和长度,且不受地下水位的影响;桩身混凝土密度大,抗腐蚀性能强;成桩速度快,不存在泥浆排放问题,特别适于大面积施工。

预制混凝土桩的主要缺点是:单价较灌注桩高,用钢量大;采用锤击沉桩时,噪声大,对周围土层的扰动大,由于挤土效应会引起地面隆起;桩产生水平位移或挤断、邻桩上浮等问题;受起吊设备能力及运输限制,单节长度不大,因而设计要求使用长桩时,接桩时间长,用钢量增加;不易穿透较厚的坚硬地层到达设计标高,此时往往需通过射水或预钻孔等助沉措施沉桩。

3) 钢桩的特点及适用条件

钢桩的主要优点有:材料强度高,能承受强大的冲击力;穿透硬土层的能力强,能有效地打入坚硬的地层;获得较高的承载力,有利于建筑物的沉降控制;能根据持力层深度起伏变化,灵活调整桩长;重量轻、装卸运输方便;能承受较大的水平力,与上部结构连接简单。其主要缺点是造价相对较高。

9.3 竖向载荷下单桩的工作性能

独立设置的一根桩称为单桩,群桩中性能不受临桩影响的一根桩也可视为单桩。上部结构作用于桩顶的载荷一般包括轴向力、水平力和力矩,其中以轴向力作用为主,所以在确定单桩的竖向承载力时,有必要了解施加于桩顶的竖向载荷是如何通过桩-土相互作用传递给地基,以及单桩是怎样到达承载力极限状态等基本概念,这对正确评价单桩承载力特征值具有一定的指导意义。桩基工作性能的核心为桩与土的相互作用,这种作用机理非常复杂,受影响的因素也很多。

桩的作用就是将载荷从上部结构传递到地基土中去。地基土对桩的支撑由两部分组成,即桩端阻力和桩侧阻力。桩端阻力和桩侧阻力的发挥过程就是桩向土传递载荷的过程。

9.3.1　桩土载荷传递机理

当竖向载荷施加于单桩桩顶时,桩身上部先受到压缩,并产生相对于土体的向下位移,于是桩侧表面受到土体的向上摩擦力,桩身载荷通过桩侧摩擦力传到桩周土层中去,致使桩身载荷和桩身压缩变形随深度增加而减小。载荷沿桩身向下传递的过程实质就是不断克服这种摩擦力并通过它向土中扩散的过程。设桩身轴力为 N,则桩身轴力 N 是桩顶载荷 Q 与深度 Z 的函数。

随着载荷 Q 的增加,桩身压缩量和位移量也随之增大,轴力 N 沿着深度 Z 的增加而逐渐减小,在桩端处轴力 N 则与桩底土反力 Q_p 相平衡,桩端持力层也因 Q_p 的作用产生压缩,进而产生了土对桩的桩端阻力 Q_p。桩端位移加大了桩土相对位移,从而使桩侧摩擦力进一步发挥出来。

由于桩身压缩量的累积,桩身上部的位移总是大于下部,因此上部的摩擦力总是先于下部发挥出来,而侧阻力先于端阻力发挥出来。当载荷 Q 达到某一值时,桩侧摩擦力达到极限,继续增加的载荷完全由桩端持力层承担。当桩端载荷达到桩端持力层的极限承载力时,桩便发生急剧的、不停滞的下沉而破坏。所谓单桩竖向载荷传递实质就是桩-土体系载荷的传递过程,具体表现为桩侧摩擦力与桩端阻力发挥的过程。

从上述分析可知,不同的载荷阶段,桩侧摩擦力和桩端阻力的分担比例是不断变化的,单桩的轴向力与桩侧摩擦力、桩身位移沿深度的分布如图 9-3 所示。

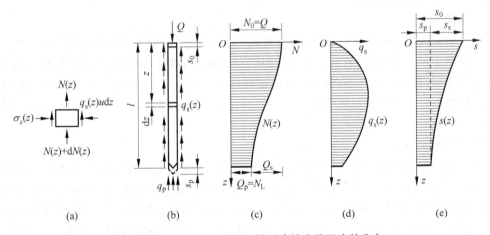

图 9-3　桩的轴向力、位移与桩侧摩擦力沿深度的分布

(a) 微分段；(b) 轴向受压桩；(c) 轴向力分布；(d) 侧摩擦力分布；(e) 位移分布

$N(z)$—桩身 z 处的轴力；q_s—桩侧摩擦力；s_p—桩端位移；s_0—桩顶位移；s_s—桩身压缩量

在桩与土的接触界面,存在黏结、摩擦和挤压等复杂效应,在阻力达到一定的程度以后,桩与土之间还会发生相对滑移。桩身受荷产生向下的位移时,桩与土间的摩擦力带动桩周土产生向下的位移,相应地在桩周环形土体中产生剪应力和剪应变,并一环一环沿径向向外扩散。

桩端阻力并不随桩入土深度一直呈线性增大,至一定深度后接近于均匀分布,即存在桩端阻力的深度效应。如图 9-4 所示,当桩端进入均匀持力层的深度 $h < h_{cp}$ 时,其极限端阻力随深度近似按线性增大；当 $h > h_{cp}$ 时,极限端阻力基本保持恒定不变,h_{cp} 即为桩端阻力发挥的临界深度。临界深度 h_{cp} 的数值与土质条件有关，对于砂、砾石层，$h_{cp}=(3\sim6)d$；对于粉土、黏性土，$h_{cp}=(5\sim10)d$。

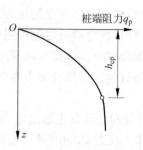

图 9-4　桩端阻力临界深度

对于桩侧阻力同样存在深度效应，即在桩入土超过一定深度后，桩侧摩擦力也不再随深度增加而增大，该深度即为桩侧阻力发挥的临界深度 h_{cs}。研究得出 h_{cs} 与 h_{cp} 有一定的比值关系，对此关系的认识尚未达成一致，如 Vesic 认为 $h_{cs}=(0.5\sim0.7)h_{cp}$；Meyerhof 认为 $h_{cs}=(0.3\sim0.5)h_{cp}$；Tavenas 认为 $h_{cs}=h_{cp}$。

9.3.2　单桩破坏模式

单桩在竖向载荷作用下，其破坏模式主要取决于桩周土的抗剪强度、桩端支撑情况、桩的尺寸以及桩的类型等条件。

1）屈曲破坏

当桩底支撑在坚硬的土层或岩层上，桩周土层极为软弱，桩身无约束或侧向抵抗力。桩在竖向载荷作用下，如同一细长压杆出现纵向挠曲破坏，载荷-沉降（$Q\text{-}s$）关系曲线为急剧破坏的陡降型，其沉降量很小，具有明确的破坏载荷，如图 9-5(a)所示。桩的承载力取决于桩身的材料强度。穿越深厚淤泥质土层中的小直径端承桩或嵌岩桩、细长的木桩等多属于此种破坏。

2）整体剪切破坏

当具有足够强度的桩穿过抗剪强度较低的土层，达到强度较高的土层，且桩的长度不大时，桩在竖向载荷作用下，由于桩端上部土层不能阻止滑动土楔的形成，桩端土体形成滑动面而出现整体剪切破坏。此时，桩的沉降量较小，桩侧摩擦力难以充分发挥，主要载荷由桩端阻力承受，载荷-沉降（$Q\text{-}s$）关系曲线为陡降型，呈现明确的破坏载荷，如图 9-5(b)所示。桩的承载力主要取决于桩端土的支撑力。一般打入式短桩、钻扩短桩等均属于此种破坏。

3）刺入破坏

当桩的入土深度较大或桩周土层抗剪强度较均匀时，桩在竖向载荷作用下将出现刺入破坏。此时桩顶载荷主要由桩侧摩擦力承受，桩端阻力极微，桩的沉降量较大，如图 9-5(c)所示。一般当桩周土质较弱时，载荷-沉降（$Q\text{-}s$）关系曲线为"渐进破坏"的缓变型，无明显拐点，极限载荷难以判断，桩的承载力主要由上部结构所能承受的极限沉降确定。当桩周土的抗剪强度较高时，载荷-沉降（$Q\text{-}s$）关系曲线可能为陡降型，有明显拐点，桩的承载力主要取决于桩周土的强度。一般情况下的钻孔灌注桩多属于此种情况。

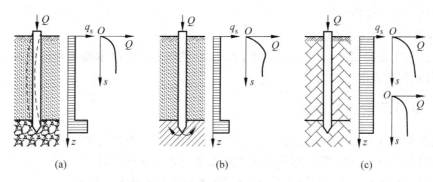

图 9-5　轴向载荷作用下单桩破坏模式

（a）屈曲破坏；（b）整体剪切破坏；（c）刺入破坏

9.4　单桩竖向承载力的确定

如前所述,单桩竖向承载力是桩与土共同作用的结果,单桩竖向承载力由强度控制与变形控制两类方法确定,即单桩竖向承载力应由土对桩的支撑能力、桩身材料强度以及上部结构所容许的桩顶沉降方面所控制。

9.4.1　影响单桩承载力的因素

1）桩周土的工程性质

桩身设置于岩土之中,桩顶所承受的载荷最终将通过桩侧、桩端载荷的传递扩散到地基土中,因此桩侧摩擦力、桩端摩擦力的大小是影响单桩承载力最重要的因素。另外,桩周土的其他性质,如湿陷性、胀缩性、液化性等,在一定条件下也会引起单桩承载力的变化。

2）桩的几何特性

在一定的土层中,桩的总侧面积越大,即桩与桩周土的接触面积越大,桩侧总阻力就越大;桩端面积越大,桩端总阻力也越大。桩的直径、长度等对桩端阻力、桩侧阻力有较大的影响,即桩端阻力和桩侧阻力都存在深度效应和尺寸效应。

3）成桩效应

桩的施工工艺对单桩承载力有一定的影响,其影响程度主要与土的类型和性质有关,特别是与土的灵敏度、密实度、饱和度密切相关。挤土桩在成桩过程中,对非密实砂性土,使桩周土得到挤密,致使侧摩擦力提高;而对密实砂土,则有可能使其受到扰动而降低桩侧阻力。对饱和黏性土,成桩过程会使桩侧土受到挤压,产生超孔隙水压力,随后孔压逐渐消散,桩侧阻力产生显著的时间效应。

非挤土桩(挖、钻孔桩)在成孔过程中,孔壁发生侧向松弛变形,这种松弛效应导致土体强度减弱,桩侧压力降低,从而使桩侧阻力降低。桩侧阻力降低的程度与土性、有无护壁、孔径等有关。通常情况下,砂性土的松弛效应明显、侧阻力降低较多;护壁则对松弛效应有一定的抑制作用。孔径越大,松弛效应越明显。

4）桩基本身的强度及施工质量

桩基结构自身的承载力是决定桩基承载力的因素之一,故桩基本身的强度以及施工质量对其承载力有一定影响。

5) 成桩后其他技术措施

随着工程实践的发展,一些加固技术,如桩端、桩侧后压浆技术能改善桩的载荷传递性状,大幅提高桩的极限承载力。

9.4.2 单桩承载力的确定

确定单桩承载力常用的方法包括单桩静载试验法、原位测试法和经验参数法等。《桩基规范》规定设计采用的单桩竖向极限承载力标准值应符合下列规定:

(1) 设计等级为甲级的建筑桩基,应通过单桩静载试验确定;

(2) 设计等级为乙级的建筑桩基,当地质条件简单时,可参照地质条件相同的试桩资料,结合静力触探等原位测试和经验参数确定;其余均应通过单桩静载试验确定;

(3) 设计等级为丙级的建筑桩基,可根据原位测试和经验参数确定。

1. 单桩静载试验法

单桩静载试验是一种传统试验方法,也是最为可靠的确定基桩承载力的方法。它不仅可以确定桩的极限承载力,而且可以通过埋设各类测试元件获得桩基载荷传递规律、桩侧和桩端阻力大小、载荷-位移关系等。但由于代价较高,一般进行试验的桩数有限。在同一条件下的试桩数量,不宜少于总桩数的 1‰,并且不应少于 3 根。

单桩竖向静载试验应按现行行业标准《建筑基桩检测技术规范》(JGJ 106—2014)执行。单桩竖向抗压静载试验,是采用接近于竖向抗压桩实际工作条件的试验方法,通过在桩顶施加载荷,让桩顶产生沉降,得到单桩桩顶载荷-位移曲线,还可以获得每级载荷下桩顶沉降随时间的变化曲线。

当埋设有测量桩身应力、应变、桩底反力的传感器或位移杆时,可测定桩的分层侧阻力和端阻力或桩身截面的位移量。为设计提供依据的试验桩,应加载至破坏;当桩的承载力以桩身强度控制时,可按设计要求的加载量进行。常规竖向静载试验按加载方式又分为锚桩法和堆载法,如图 9-6 所示。

试桩的成桩工艺和质量控制标准应与工程桩一致。桩顶部宜高出试坑底面,试坑底面宜与桩承台底标高一致,按要求对混凝土桩桩头进行处理。为设计提供依据的竖向抗压静载试验应采用慢速维持载荷法。试验加卸载方式应符合下列规定:

(1) 加载应分级进行,采用逐级等量加载;加荷分级不应小于 8 级,分级载荷宜为最大加载量或预估极限承载力的 1/10,其中第一级可取分级载荷的 2 倍。

(2) 卸载应分级进行,每级卸载量取加载时分级载荷的 2 倍,逐级等量卸载。卸载后隔 15min 测读一次,读两次后,隔 0.5h 再读一次,即可卸下一级载荷。全部卸载后,隔 3~4h 再测读一次。

(3) 加、卸载时应使载荷传递均匀、连续、无冲击,每级载荷在维持过程中的变化幅度不得超过分级载荷的 ±10%。

(4) 测读桩沉降量的间隔时间:每级加载后,每第 5、15min 时各测读一次,以后每隔 15min 读一次,累计 1h 后每隔 0.5h 读一次。

(5) 试桩沉降相对稳定标准:每一小时内的桩顶沉降量不超过 0.1mm,并连续出现两

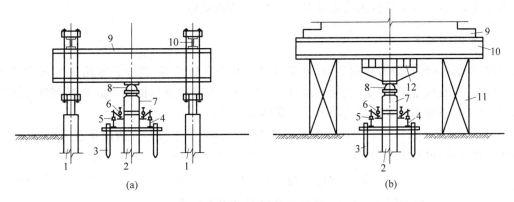

图 9-6　单桩静载荷试验装置

(a) 锚桩横梁反力装置；(b) 压重平台反力装置

1—锚桩；2—试桩；3—基准桩；4—基准梁；5—磁性表座；6—位移计；7—千斤顶；

8—球座；9—主梁；10—次梁；11—支墩；12—托梁

次（从分级载荷施加后第 30min 开始，按 1.5h 连续三次每 30min 的沉降观测值计算）。

当出现下列情况之一时，终止加载：

（1）某级载荷作用下，桩顶沉降量大于前一级载荷作用下沉降量的 5 倍。当桩顶沉降能相对稳定且总沉降量小于 40mm，宜加载至桩顶总沉降量超过 40mm。

（2）某级载荷作用下，桩顶沉降量大于前一级载荷作用下沉降量的 2 倍，且经 24h 尚未达到相对稳定标准。

（3）已达到设计要求的最大加载量。

（4）当工程桩作锚桩时，锚桩上拔量已达到允许值。

（5）当载荷-沉降曲线呈缓变型时，可加载至桩顶总沉降量为 60～80mm；在特殊情况下，可根据具体要求加载至桩顶累计沉降量超过 80mm。

根据载荷试验结果，可绘出桩顶载荷 Q 与桩顶沉降 s 的关系曲线，如图 9-7 所示。根据测得的曲线可按下列方法确定单桩的竖向极限承载力：

（1）当曲线的陡降段明显时，取相应陡降段的起点的载荷值，如图中曲线①的 A 点；

（2）当曲线是缓变型时，取桩顶总沉降量 $s=40$mm 所对应的载荷值，如图中曲线②的 B 点，当桩长大于 40m 时，可考虑桩身弹性压缩，适当增加对应的 s 值；

（3）当在试验中出现 $\Delta s_{n+1}/\Delta s_n \geqslant 2$，并且 24 小时未达到稳定时，取 s_n 所对应的载荷值，其中 $\Delta s_n = s_n - s_{n-1}$，$\Delta s_{n+1} = s_{n+1} - s_n$，即分别为第 n 级和第 $n+1$ 级载荷产生的桩顶沉降增量。

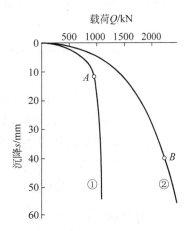

图 9-7　单桩试验的 Q-s 曲线

参加统计的试桩结果，当满足其极差不超过平均值的 30% 时，取其平均值为单桩竖向抗压极限承载力。当极差超过平均值的 30% 时，应分析极差过大的原因，结合工程具体情况综合确定，必要时可增加试桩数量。对桩数为 3 根或 3 根以下的柱下承台,或工程桩抽检数量少于3根时,应取低值。

2. 原位测试法

原位测试法包括静力触探法、标准贯入试验和旁压试验等,其中最常用的为静力触探法。根据《桩基规范》的规定,混凝土预制桩单桩竖向极限承载力标准值有以下两种计算方法,分别与单桥探头和双桥探头静力触探资料相对应。

(1) 当根据单桥探头静力触探资料确定混凝土预制桩单桩竖向极限承载力标准值时,如无当地经验,可按下式计算:

$$Q_{uk} = Q_{sk} + Q_{pk} = u \sum q_{sik} l_i + \alpha p_{sk} A_p \tag{9-1}$$

式中,Q_{sk},Q_{pk}——总极限侧阻力标准值和总极限端阻力标准值;

u——桩身周长(mm);

q_{sik}——用静力触探估算的桩周第 i 层土的极限侧阻力(kPa);

l_i——桩周第 i 层土的厚度(mm);

α——桩端阻力修正系数,按表9-2取值;

p_{sk}——桩端附近的静力触探比贯入阻力标准值(平均值)(kPa);

A_p——桩端面积(mm²)。

表9-2 桩端阻力修正系数 α 值

桩长/m	$l < 15$	$15 \leqslant l \leqslant 30$	$30 < l \leqslant 60$
α	0.75	0.75~0.90	0.90

注:桩长 $15 \leqslant l \leqslant 30$,$\alpha$ 值按 l 值直线内插;l 为桩长(不包括桩尖高度)。

(2) 当根据双桥探头静力触探资料确定混凝土预制桩单桩竖向极限承载力标准值时,对于黏性土、粉土和砂土,如无当地经验时可按下式计算:

$$Q_{uk} = Q_{sk} + Q_{pk} = u \sum l_i \beta_i f_{si} + \alpha q_c A_p \tag{9-2}$$

式中,β_i——第 i 层土桩侧阻力综合修正系数,黏性土和粉土取 $\beta_i = 10.04 (f_{si})^{-0.55}$,砂土取 $\beta_i = 5.05 (f_{si})^{-0.45}$;

f_{si}——第 i 层土的探头平均侧阻力(kPa);

α——桩端阻力修正系数,黏性土和粉土取 $2/3$,饱和砂土取 $1/2$;

q_c——桩端平面上、下探头阻力,取桩端平面以上 $4d$(d 为桩的直径或边长)范围内按土层厚度的探头阻力加权平均值,然后再和桩端平面以下 $1d$ 范围内的探头阻力进行平均(kPa)。

3. 经验参数法

所谓经验参数法,是指根据试桩结果与桩侧及桩端土层的物理力学指标进行统计分析,建立桩侧阻力及桩端阻力与物理力学指标间的经验关系,再根据这种关系预估单桩承载力。由于岩土的地区差异大,加之成桩质量有一定的变异性,因此,经验参数法的可靠性较静载法相对较低,通常用于桩基的初步设计和设计等级为丙级的建筑桩基设计及设计等级为乙级的部分建筑桩基的设计。

（1）当根据土的物理指标与承载力参数之间的经验关系确定单桩竖向极限承载力标准值时，宜按下式估算：

$$Q_{uk} = Q_{sk} + Q_{pk} = u \sum q_{sik} l_i + q_{pk} A_p \qquad (9\text{-}3)$$

式中，q_{sik}——桩侧第 i 层土的极限侧阻力标准值，如无当地经验时，可按表 9-3 取值；

　　　q_{pk}——极限端阻力标准值，如无当地经验时，可按表 9-4 取值。

（2）根据土的物理指标与承载力参数之间的经验关系，确定大直径桩单桩极限承载力标准值时，可按下式计算：

$$Q_{uk} = Q_{sk} + Q_{pk} = u \sum \psi_{si} q_{sik} l_i + \psi_p q_{pk} A_p \qquad (9\text{-}4)$$

式中，q_{sik}——桩侧第 i 层土极限侧阻力标准值，如无当地经验时，可按表 9-3 取值，对于扩底桩变截面以上 $2d$ 长度范围不计侧阻力（kPa）；

　　　q_{pk}——桩径为 800mm 的极限端阻力标准值，对于干作业挖孔（清底干净）可采用深层载荷板试验确定，当不能进行深层载荷板试验时，如无当地经验时，可按表 9-5 取值（kPa）；

　　　ψ_{si}, ψ_p——大直径桩侧阻力和端阻力尺寸效应系数，按表 9-6 取值；

　　　u——桩身周长，当人工挖孔桩桩周护壁为振捣密实的混凝土时，桩身周长可按护壁外直径计算（mm）。

（3）嵌岩桩单桩极限承载力的确定。

桩端置于完整、较完整基岩的嵌岩桩单桩竖向极限承载力，由桩周土总极限侧阻力和嵌岩段总极限阻力组成。当根据岩石单轴抗压强度确定单桩竖向极限承载力标准值时，可按下列公式计算：

$$Q_{uk} = Q_{sk} + Q_{rk} \qquad (9\text{-}5a)$$

$$Q_{sk} = u \sum q_{sik} l_i \qquad (9\text{-}5b)$$

$$Q_{rk} = \zeta_r f_{rk} A_p \qquad (9\text{-}5c)$$

式中，Q_{sk}, Q_{rk}——土的总极限侧阻力标准值和嵌岩段总极限阻力标准值；

　　　q_{sik}——桩周第 i 层土的极限侧阻力（kPa），无当地经验时，可根据成桩工艺按表 9-3 取值；

　　　f_{rk}——岩石饱和单轴抗压强度标准值（MPa），黏土岩取天然湿度单轴抗压强度标准值；

　　　ζ_r——桩嵌岩段侧阻和端阻综合系数，与嵌岩深径比 h_r/d、岩石软硬程度和成桩工艺有关，可按表 9-7 采用；表 9-7 中数值适用于泥浆护壁成桩，对于干作业成桩（清底干净）和泥浆护壁成桩后注浆，ζ_r 应取表列数值的 1.2 倍。

（4）单桩竖向承载力特征值 R_a 的确定。

确定单桩极限承载力标准值 Q_{uk} 后，再按下式计算单桩竖向承载力特征值：

$$R_a = \frac{1}{K} Q_{uk} \qquad (9\text{-}6)$$

式中，K——安全系数，取 $K=2$。

表 9-3 桩的极限侧阻力标准值 q_{sik} kPa

土的名称	土的状态		混凝土预制桩	泥浆护壁钻（冲）孔桩	干作业钻孔桩
填土	—		22～30	20～28	20～28
淤泥	—		14～20	12～18	12～18
淤泥质土	—		22～30	20～28	20～28
黏性土	流塑	$I_l>1$	24～40	21～38	21～38
	软塑	$0.75<I_l\leqslant1$	40～55	38～53	38～53
	可塑	$0.50<I_l\leqslant0.75$	55～70	53～68	53～66
	硬可塑	$0.25<I_l\leqslant0.50$	70～86	68～84	66～82
	硬塑	$0<I_l\leqslant0.25$	86～98	84～96	82～94
	坚硬	$I_l\leqslant0$	98～105	96～102	94～104
红黏土		$0.7<a_w\leqslant1$	13～32	12～30	12～30
		$0.5<a_w\leqslant0.7$	32～74	30～70	30～70
粉土	稍密	$e>0.9$	26～46	24～42	24～42
	中密	$0.75\leqslant e\leqslant0.9$	46～66	42～62	42～62
	密实	$e<0.75$	66～88	62～82	62～82
粉细砂	稍密	$10<N\leqslant15$	24～48	22～46	22～46
	中密	$15<N\leqslant30$	48～66	46～64	46～64
	密实	$N>30$	66～88	64～86	64～86
中砂	中密	$15<N\leqslant30$	54～74	53～72	53～72
	密实	$N>30$	74～95	72～94	72～94
粗砂	中密	$15<N\leqslant30$	74～95	74～95	76～98
	密实	$N>30$	95～116	95～116	98～120
砾砂	稍密	$5<N_{63.5}\leqslant15$	70～110	50～90	60～100
	中密（密实）	$N_{63.5}>15$	116～138	116～130	112～130
圆砾、角砾	中密、密实	$N_{63.5}>10$	160～200	135～150	135～150
碎石、卵石	中密、密实	$N_{63.5}>10$	200～300	140～170	150～170
全风化软质岩	—	$30<N\leqslant50$	100～120	80～100	80～100
全风化硬质岩	—	$30<N\leqslant50$	140～160	120～140	120～150
强风化软质岩	—	$N_{63.5}>10$	160～240	140～200	140～220
强风化硬质岩	—	$N_{63.5}>10$	220～300	160～240	160～260

注：① 对于尚未完成自重固结的填土和以生活垃圾为主的杂填土,不计算其侧阻力;
　　② a_w 为含水比,$a_w=\omega/\omega_l$,ω 为土的天然含水量,ω_l 为土的液限;
　　③ N 为标准贯入击数,$N_{63.5}$ 为重型圆锥动力触探击数;
　　④ 全分化、强风化软质岩和全分化、强风化硬质岩系指其母岩分别为 $f_{rk}\leqslant15MPa$、$f_{rk}>30MPa$ 的岩石。

表 9-4 桩的极限端阻力标准值 q_{pk}

kPa

土名称	土的状态	混凝土预制桩桩长 l/m				泥浆护壁钻(冲)孔桩桩长 l/m				干作业钻孔桩桩长 l/m		
		l≤9	9<l≤16	16<l≤30	l>30	5≤l<10	10≤l<15	15≤l<30	30≤l	5≤l<10	10≤l<15	15≤l
黏性土	软塑 $0.75<I_L≤1$	210~850	650~1400	1200~1800	1300~1900	150~250	250~300	300~450	300~450	200~400	400~700	700~950
	可塑 $0.50<I_L≤0.75$	850~1700	1400~2200	1900~2800	2300~3600	350~450	450~600	600~750	750~800	500~700	800~1100	1000~1600
	硬可塑 $0.25<I_L≤0.50$	1500~2300	2300~3300	2700~3600	3600~4400	800~900	900~1000	1000~1200	1200~1400	850~1100	1500~1700	1700~1900
	硬塑 $0<I_L≤0.25$	2500~3800	3800~5500	5500~6000	6000~6800	1100~1200	1200~1400	1400~1600	1600~1800	1600~1800	2200~2400	2600~2800
粉土	中密 $0.75≤e≤0.90$	950~1700	1400~2100	1900~2700	2500~3400	300~500	500~650	650~750	750~850	800~1200	1200~1400	1400~1600
	密实 $e<0.75$	1500~2600	2100~3000	2700~3600	3600~4400	650~900	750~950	900~1100	1100~1200	1200~1700	1400~1900	1600~2100
粉砂	稍密 $10<N≤15$	1000~1600	1500~2300	1900~2700	2100~3000	350~500	450~600	600~700	650~750	500~950	1300~1600	1500~1700
	中密、密实 $N>15$	1400~2200	2100~3000	3000~4500	3800~5500	600~750	750~900	900~1100	1100~1200	900~1000	1700~1900	1700~1900
细砂	$N>15$	2500~4000	3600~5000	4400~6000	5300~7000	650~850	900~1200	1200~1500	1500~1800	1200~1600	2000~2400	2400~2700
中砂	$N>15$	4000~6000	5500~7000	6500~8000	7500~9000	850~1050	1100~1500	1500~1900	1900~2100	1800~2400	2800~3800	3600~4400
粗砂	$N>15$	5700~7500	7500~8500	8500~10000	9500~11000	1500~1800	2100~2400	2400~2600	2600~2800	2900~3600	4000~4600	4600~5200
砾砂	$N>15$	6000~9500	9000~10500			1400~2000	2000~3200			3500~5000		
角砾、圆砾	中密、密实 $N_{63.5}>10$	7000~10000	9500~11500			1800~2200	2200~3600			4000~5500		
碎石、卵石	$N_{63.5}>10$	8000~11000	10500~13000			2000~3000	3000~4000			4500~6500		
全风化软质岩	$30<N≤50$	4000~6000				1000~1600				1200~2000		
全风化硬质岩	$30<N≤50$	5000~8000				1200~2000				1400~2400		
强风化软质岩	$N_{63.5}>10$	6000~9000				1400~2200				1600~2600		
强风化硬质岩	$N_{63.5}>10$	7000~11000				1800~2800				2000~3000		

注：① 砂土和碎石类土中桩的极限端阻力取值，宜综合考虑土的密实度，桩端进入持力层的深径比 h_b/d，土越密实，h_b/d 越大，取值越高；

② 预制桩的岩石极限端阻力指桩端支撑于中、微风化基岩表面或进入强风化岩、软质岩一定深度条件下极限端阻力；

③ 全风化、强风化软质岩和全风化、强风化硬质岩指其母岩分别为 $f_{rk}≤15MPa$、$f_{rk}>30MPa$ 的岩石。

表 9-5 干作业挖孔桩(清底干净,$D=800mm$)极限端阻力标准值 q_{pk} kPa

土 名 称		状 态		
黏性土		$0.25 < I_l \leqslant 0.75$	$0 < I_l \leqslant 0.25$	$I_l \leqslant 0$
		800～1800	1800～2400	2400～3000
粉土		—	$0.75 \leqslant e \leqslant 0.9$	$e < 0.75$
		—	1000～1500	1500～2000
		稍密	中密	密实
砂土、碎石类土	粉砂	500～700	800～1100	1200～2000
	细砂	700～1100	1200～1800	2000～2500
	中砂	1000～2000	2200～3200	3500～5000
	粗砂	1200～2200	2500～3500	4000～5500
	砾砂	1400～2400	2600～4000	5000～7000
	圆砾、角砾	1600～3000	3200～5000	6000～9000
	卵石、碎石	2000～3000	3300～5000	7000～11000

注:① 当桩进入持力层的深度 h_b 分别为:$h_b \leqslant D, D < h_b \leqslant 4D, h_b > 4D$,$q_{pk}$ 可相应取低、中、高值。
② 砂土密实度可根据标贯击数判定,$N \leqslant 10$ 为松散,$10 < N \leqslant 15$ 为稍密,$15 < N \leqslant 30$ 为中密,$N > 30$ 为密实。
③ 当桩的长径比 $l/d \leqslant 8$ 时,q_{pk} 宜取较低值。
④ 当对沉降要求不严时,q_{pk} 可取高值。

表 9-6 大直径灌注桩侧阻力尺寸效应系数 ψ_{si}、端阻力尺寸效应系数 ψ_p

土类型	黏性土、粉土	砂土、碎石类土
ψ_{si}	$(0.8/d)^{1/5}$	$(0.8/d)^{1/3}$
ψ_p	$(0.8/d)^{1/4}$	$(0.8/d)^{1/3}$

注:当为等直径桩时,表中 $d = D$。

表 9-7 桩嵌岩段侧阻和端阻综合系数 ζ_r

嵌岩深径比 h_r/d	0	0.5	1.0	2.0	3.0	4.0	5.0	6.0	7.0	8.0
极软岩、软岩	0.60	0.80	0.95	1.18	1.35	1.48	1.57	1.63	1.66	1.70
较硬岩、坚硬岩	0.45	0.65	0.81	0.90	1.00	1.04	—	—	—	—

注:① 极软岩、软岩指 $f_{rk} \leqslant 15MPa$,较硬岩、坚硬岩指 $f_{rk} > 30MPa$,介于二者之间可内插取值。
② h_r 为桩身嵌岩深度,当岩面倾斜时,以坡下方嵌岩深度为准;当 h_r/d 为非表列值时,ζ_r 可内插取值。

9.5 桩的水平承载力

通常情况下,桩基础都受竖向载荷、水平载荷以及力矩的共同作用。在某些情况下,水平力所占的比例较大,甚至起控制作用,如挡土桩,承受吊车载荷、风载荷等较大水平载荷的工业与民用建筑桩基,承受波浪力、船舶撞击力以及汽车制动力等的桥梁桩基础。因此,对水平力作用下的桩基进行验算也是一项重要的工作。

9.5.1　水平载荷下单桩的承载性状

水平承载桩的工作性能是桩-土相互作用的结果,主要是通过桩周土的抗力来承担水平载荷。桩在水平载荷的作用下产生变形,使桩周土发生相应的变形而产生抗力,而这一抗力又阻止了桩变形的进一步发展。

当载荷水平较低时,单桩水平抗力主要由靠近地面的桩周土提供,而且土的变形主要表现为弹性变形。随着载荷的增加,桩的水平变形增大,地表土逐渐屈服呈塑性状态,从而使水平载荷向更深的土层传递,当变形增大到桩所不能允许的程度,即出现桩身破坏或桩周土失稳现象,则单桩水平承载力达到极限。

桩土体系的这一相互作用性状与桩土相对刚度密切相关,一般根据桩土相对刚度可将水平受荷桩分为 3 类:刚性桩、半刚性桩和柔性桩。

刚性桩(短桩):当桩径较大、桩的入土深度较小及土质较差时,桩的抗弯刚度大大超过地基刚度。在水平力的作用下,桩身如刚体一样围绕桩轴上某点转动。此时可将桩视为刚性桩,其水平承载力一般由桩侧土的强度控制,如图 9-8(a)所示。

半刚性桩(中长桩):桩身较长,地基较密实,桩的抗弯刚度相对地基刚度较弱,桩身上部发生弯曲变形,下部则完全嵌固在地基土中,桩身位移曲线只出现一个位移零点,如图 9-8(b)所示。

柔性桩(长桩):当桩径较小,桩的入土深度较大及地基较密实时,桩就像竖放在地基中的弹性地基梁一样,在水平载荷及桩周土的共同作用下,桩的变形呈波状曲线,并沿着桩长向深处逐渐变小。此时可将桩视为柔性桩,其水平承载力由桩身材料强度的抗弯强度和侧向土抗力控制,如图 9-8(c)所示。

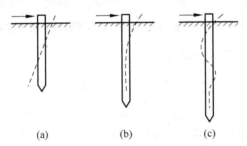

(a)　　　　(b)　　　　(c)

图 9-8　桩在水平载荷下的变形

桩土相对刚度的直接物理意义是反映桩的刚性特征与土的刚性特征之间的相对关系。对水平地基系数随深度线性增加的地基,桩的相对刚度系数 T 为

$$T = \sqrt[5]{\frac{EI}{mb_0}} \tag{9-7}$$

式中,m——桩侧土水平抗力系数随深度增加的比例系数(kN/m^4);

E——桩的弹性模量(kN/m^2);

I——桩的惯性矩(m^4);

b_0——考虑桩周土空间受力的计算宽度(m),见表 9-8。

一般将桩长 $L \leqslant 2.5T$ 的桩视为刚性桩,将桩长 $2.5T < L \leqslant 4.0T$ 的桩视为半刚性桩,将桩长 $L > 4.0T$ 的桩视为柔性桩。

表 9-8　桩身截面计算宽度 b_0

截面宽度 b 或直径 d/m	圆桩	方桩
>1	$0.9(d+1)$	$b+1$
≤1	$0.9(1.5d+0.5)$	$1.5b+0.5$

9.5.2　弹性长桩在水平载荷作用下的内力分析

单桩在水平载荷作用下的分析方法主要有弹性地基反力法、弹性理论法、极限平衡法和有限元法等,其中弹性地基反力法应用最广泛。弹性地基反力法是计算弹性长桩最常用的方法,该方法假定土为弹性体,用梁的弯曲理论来求桩的水平抗力。本节仅对该方法进行介绍。

弹性长桩在水平力的作用下可视为线弹性地基上一个下端嵌固的竖向的梁,其水平承载力的大小主要是由桩身材料的抗弯强度所控制,而不是由地基土的抗力所控制。

弹性地基反力法假定竖直桩全部埋入土中,在断面主平面内,地表面桩顶处作用垂直桩轴线的水平力 H_0,如图 9-9(a)所示。

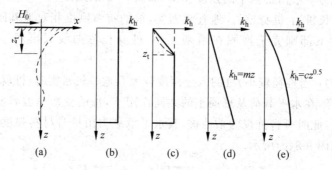

图 9-9　水平载荷下桩的变形及不同的水平抗力系数

通过分析,可导得弯曲微分方程为

$$\left. \begin{array}{l} EI\ \dfrac{\mathrm{d}^4 x}{\mathrm{d} z^4} + p_x = 0 \\ p_x = k_h x b_0 \end{array} \right\}$$

(9-8)

式中,p_x——土作用于桩上的水平抗力(kN/m);

　　　x——水平变位(mm);

　　　z——地面以下的深度(m);

　　　b_0——桩的计算宽度(m),见表 9-8;

　　　I——桩的平均截面惯性矩(m^4);

　　　k_h——土的水平抗力系数,或称为水平基床系数($\mathrm{kN/m}^3$)。

水平抗力系数 k_h 的大小与分布,直接影响上述微分方程(9-8)的求解,以及截面内力与桩身变形计算。k_h 与土的种类和桩的入土深度有关,由于对 k_h 的分布所作的假定不同,故有不同的计算分析方法。采用较多的是图 9-9 所示的 4 种假定,其一般表达式为

$$k_h = mz^n$$

(9-9)

(1) 常数法,假定 k_h 沿桩的深度为常数,见图 9-9(b),亦即式(9-9)中 $n=0$;

(2) k 法,假定在挠度面曲线的第一零点 z_t 以上为沿深度按直线($n=1$)或抛物线($n=$

2)增加,其下则为常数($n=0$),见图 9-9(c);

(3) m 法,假定 k_h 随深度成比例增加,见图 9-9(d),亦即式(9-9)中 $n=1.0$;

(4) c 法,假定 k_h 随深度量呈抛物线变化,见图 9-9(e),亦即式(9-9)中 $n=0.5$,$m=c$。

实测资料表明,当桩的水平位移较大时,在大多数情况下 m 法的计算结果较为接近实际,在我国应用最为广泛的是 m 法。m 值应通过水平静载试验确定,当无试验资料时,可参考表 9-9 所列的经验值。

表 9-9　地基土水平抗力系数的比例系数 m 值

序号	地基土类型	预制桩、钢桩		灌注桩	
		$m/(MN/m^4)$	相应单桩在地面处水平位移/mm	$m/(MN/m^4)$	相应单桩在地面处水平位移/mm
1	淤泥、淤泥质土、饱和湿陷性黄土	$2\sim4.5$	10	$2.5\sim6$	$6\sim12$
2	流塑($I_1>1$)和软塑($0.75<I_1\leqslant1$)状黏性土、$e>0.9$ 粉土、松散粉细砂、松散和稍密填土	$4.5\sim6.0$	10	$6\sim14$	$4\sim8$
3	可塑($0.25<I_1\leqslant0.75$)状黏性土、$e=0.7\sim0.9$ 粉土、湿陷性黄土、中密填土、稍密细砂	$6.0\sim10$	10	$14\sim35$	$3\sim6$
4	硬塑($0<I_1\leqslant0.25$)和坚硬($I_1\leqslant0$)状黏性土、湿陷性黄土、$e<0.75$ 粉土、中密的中粗砂、密实老填土	$10\sim22$	10	$35\sim100$	$2\sim5$
5	中密、密实的砾砂、碎石类土			$100\sim300$	$1.5\sim3$

在 m 法中,$p_x=mzxb_0$,代入式(9-8)中有

$$EI\,\frac{\mathrm{d}^4x}{\mathrm{d}z^4}+mzxb_0=0 \tag{9-10}$$

设 $\alpha=\dfrac{1}{T}=\sqrt[5]{\dfrac{mb_0}{EI}}$,$\alpha$ 为桩的水平变形系数,单位为 m^{-1},则式(9-10)变成

$$\frac{\mathrm{d}^4x}{\mathrm{d}z^4}+\alpha^5zx=0 \tag{9-11}$$

代入边界条件,这一微分方程可用幂函数求解,得到完全埋置桩沿桩身 z 的水平土压力、各截面的内力和变形,其简化表达式如下:

$$位移\ x_z=\frac{H_0}{\alpha^3EI}A_x+\frac{M_0}{\alpha^2EI}B_x \tag{9-12a}$$

$$转角\ \varphi_z=\frac{H_0}{\alpha^2EI}A_\varphi+\frac{M_0}{\alpha EI}B_\varphi \tag{9-12b}$$

$$弯矩\ M_z=\frac{H_0}{\alpha}A_M+M_0B_M \tag{9-12c}$$

$$剪力\ V_z=H_0A_V+\alpha M_0B_V \tag{9-12d}$$

$$土抗力\ p_{x(z)}=\frac{1}{b_0}(\alpha H_0A_p+\alpha^2M_0B_p) \tag{9-12e}$$

对弹性长桩,式中 A_x、A_φ、A_M、A_V、A_p、B_x、B_φ、B_M、B_V、B_p 均可从表 9-10 中查出。按上式可计算并绘出单桩的水平土压力、内力和变形随深度的分布,如图 9-10 所示。

表 9-10　弹性长桩的内力和变形计算常数

αz	A_x	A_φ	A_M	A_V	A_p	B_x	B_φ	B_M	B_V	B_p
0.0	2.435	−1.623	0.000	1.000	0.000	1.623	−1.750	1.000	0.000	0.000
0.1	2.273	−1.618	0.100	0.989	−0.227	1.453	−1.650	1.000	−0.007	−0.145
0.2	2.112	−1.603	0.198	0.956	−0.422	1.293	−1.550	0.999	−0.028	−0.259
0.3	1.952	−1.578	0.291	0.906	−0.586	1.143	−1.450	0.994	−0.058	−0.343
0.4	1.796	−1.545	0.379	0.840	−0.718	1.003	−1.351	0.987	−0.095	−0.401
0.5	1.644	−1.503	0.459	0.764	−0.822	0.873	−1.253	0.976	−0.137	−0.436
0.6	1.496	−1.454	0.532	0.677	−0.897	0.752	−1.156	0.960	−0.181	−0.451
0.7	1.353	−1.397	0.595	0.585	−0.947	0.642	−1.061	0.939	−0.226	−0.449
0.8	1.216	−1.335	0.649	0.489	−0.973	0.540	−0.968	0.914	−0.270	−0.432
0.9	1.086	−1.268	0.693	0.392	−0.977	0.448	−0.878	0.885	−0.312	−0.403
1.0	0.962	−1.197	0.727	0.295	−0.962	0.364	−0.792	0.852	−0.350	−0.364
1.2	0.738	−1.047	0.767	0.109	−0.885	0.223	−0.629	0.775	−0.414	−0.268
1.4	0.544	−0.983	0.772	−0.056	−0.761	0.112	−0.482	0.668	−0.456	−0.157
1.6	0.381	−0.741	0.746	−0.193	−0.609	0.029	−0.354	0.594	−0.477	−0.047
1.8	0.247	−0.596	0.696	−0.298	−0.445	−0.030	−0.245	0.498	−0.476	0.054
2.0	0.142	−0.464	0.628	−0.371	−0.283	−0.070	−0.155	0.404	−0.456	0.140
3.0	−0.075	−0.040	0.225	−0.349	0.226	−0.089	0.057	0.059	−0.213	0.268
4.0	−0.050	0.052	0.000	−0.106	0.201	−0.028	0.049	−0.042	0.017	0.112
5.0	−0.009	0.025	−0.033	0.015	0.046	0.000	−0.011	−0.026	0.029	−0.002

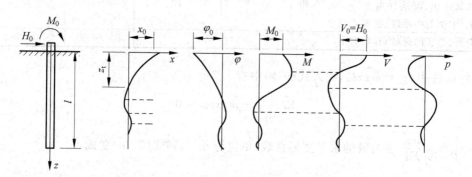

图 9-10　水平载荷下弹性长桩的内力与变形

9.5.3　水平载荷下单桩承载力的确定

　　单桩的水平承载力不仅取决于桩侧土质条件,还受到桩的材料强度、截面刚度、入土深度、桩侧土质条件与桩端的约束条件等诸多因素的影响。在确定桩的水平承载力时,必须考虑桩土体系的变形条件。所以,确定桩的水平承载力要比确定轴向承载力复杂得多。

　　根据《桩基规范》,单桩的水平承载力特征值可按以下方式确定。

　　(1) 对于受水平载荷较大的设计等级为甲级、乙级的建筑桩基,单桩水平承载力特征值应通过单桩水平静载试验确定,试验方法可按现行《建筑基桩检测技术规范》(JGJ 106—2014)执行。

　　(2) 对于钢筋混凝土预制桩、钢桩、桩身正截面配筋率不小于 0.65% 的灌注桩,可根据静载试验结果取地面处水平位移为 10mm(对于水平位移敏感的建筑物取水平位移 6mm)所对应的载荷的 75% 为单桩水平承载力特征值。

(3) 对于桩身配筋率小于 0.65％ 的灌注桩,可取单桩水平静载试验的临界载荷的 75％ 为单桩水平承载力特征值。

(4) 当缺少单桩水平静载试验资料时,可按下式估算桩身配筋率小于 0.65％ 的灌注桩单桩水平承载力特征值:

$$R_{ha} = \frac{0.75\alpha\gamma_m f_t W_0}{\nu_M}(1.25 + 22\rho_g)\left(1 \pm \frac{\zeta_N N_k}{\gamma_m f_t A_n}\right) \tag{9-13}$$

式中,α——桩的水平变形系数;

R_{ha}——单桩水平承载力特征值,±号根据桩顶竖向力性质确定,压力取"+",拉力取"−";

γ_m——桩截面模量塑性系数,圆形截面 $\gamma_m = 2$,矩形截面 $\gamma_m = 1.75$;

f_t——桩身混凝土抗拉强度设计值;

ν_M——桩身最大弯矩系数,按表 9-11 取值,当单桩基础和单排桩基纵向轴线与水平力方向垂直时,按桩顶铰接考虑;

ρ_g——桩身配筋率;

A_n——桩身换算截面积,圆形截面为 $A_n = (\pi d^2/4)[1+(\alpha_E - 1)\rho_g]$,方形截面为 $A_n = b^2[1+(\alpha_E - 1)\rho_g]$;

ζ_N——桩顶竖向力影响系数,竖向压力取 0.5,竖向拔力取 1.0;

N_k——在载荷效应标准组合下桩顶的竖向力(kN);

W_0——桩身换算截面受拉边缘的截面模量:

圆形截面 $W_0 = (\pi d/32)[d^2 + 2(\alpha_E - 1)\rho_g d_0^2]$

方形截面 $W_0 = (b/6)[b^2 + 2(\alpha_E - 1)\rho_g b_0^2]$

其中,d 为桩直径,d_0 为扣除保护层厚度的桩直径,b 为方形截面边长,b_0 为扣除保护层厚度的桩截面宽度,α_E 为钢筋弹性模量与混凝土弹性模量的比值。

表 9-11 桩顶(身)最大弯矩系数 ν_M 和桩顶水平位移系数 ν_x

桩顶约束情况	桩的换算埋深 αh	ν_M	ν_x
铰接、自由	4.0	0.768	2.441
	3.5	0.750	2.502
	3.0	0.703	2.727
	2.8	0.675	2.905
	2.6	0.639	3.163
	2.4	0.601	3.526
固接	4.0	0.926	0.940
	3.5	0.934	0.970
	3.0	0.967	1.028
	2.8	0.990	1.055
	2.6	1.018	1.079
	2.4	1.045	1.095

注:① 铰接(自由)的 ν_M 系桩身的最大弯矩系数,固接的 ν_M 系桩顶的最大弯矩系数;

② 当 $\alpha h > 4$ 时取 $\alpha h = 4.0$,h 为桩入土深度。

(5) 对于混凝土护壁的挖孔桩,计算单桩水平承载力时,其设计桩径取护壁内直径。

(6) 当桩的水平承载力由水平位移控制,且缺少单桩水平静载试验资料时,可按下式估算预制桩、钢桩、桩身配筋率不小于 0.65% 的灌注桩单桩水平承载力特征值：

$$R_{ha} = 0.75(\alpha^3 EI / \nu_x)\chi_{0a} \tag{9-14}$$

式中，EI——桩身抗弯刚度，对于钢筋混凝土桩，$EI = 0.85E_c I_0$，其中 E_c 为混凝土弹性模量，I_0 为桩身换算截面惯性矩，圆形截面为 $I_0 = W_0 d_0 / 2$；矩形截面为 $I_0 = W_0 b_0 / 2$；

χ_{0a}——桩顶允许水平位移；

ν_x——桩顶水平位移系数，按表 9-11 取值，取值方法同 ν_M。

（7）验算永久载荷控制的桩基的水平承载力时，应将上述步骤（2）～（5）确定的单桩水平承载力特征值乘以调整系数 0.80；验算地震作用桩基的水平承载力时，应将按上述步骤（2）～（5）确定的单桩水平承载力特征值乘以调整系数 1.25。

9.5.4　水平载荷下群桩承载力的确定

群桩在水平力作用下的承载性状受到桩距、桩数、桩在地面以下的深度、桩顶嵌固、受荷方式、排桩中各桩受力的不均匀性等多方面因素的影响。群桩基础（不含水平力垂直于单排桩基纵向轴线和力矩较大的情况）的基桩水平承载力特征值应考虑由承台、桩群、土相互作用产生的群桩效应，可按下列公式确定：

$$R_h = \eta_h R_{ha} \tag{9-15a}$$

考虑地震作用且 $s_a / d \leqslant 6$ 时：

$$\eta_h = \eta_i \eta_r + \eta_l \tag{9-15b}$$

$$\eta_i = \frac{\left(\dfrac{s_a}{d}\right)^{0.015n_2 + 0.45}}{0.15n_1 + 0.10n_2 + 1.9} \tag{9-15c}$$

$$\eta_l = \frac{m\chi_{0a} B_c' h_c^2}{2n_1 n_2 R_{ha}} \tag{9-15d}$$

$$\chi_{0a} = \frac{R_{ha}\nu_x}{\alpha^3 EI} \tag{9-15e}$$

其他情况，

$$\eta_h = \eta_i \eta_r + \eta_l + \eta_b \tag{9-15f}$$

$$\eta_b = \frac{\mu P_c}{n_1 n_2 R_h} \tag{9-15g}$$

$$B_c' = B_c + 1 \tag{9-15h}$$

$$P_c = \eta_c f_{ak}(A - nA_{ps}) \tag{9-15i}$$

式中，η_h——群桩效应综合系数；

η_i——桩的相互影响效应系数；

η_r——桩顶约束效应系数（桩顶嵌入承台长度 $50\sim100$mm），按表 9-12 取值；

η_l——承台侧向土水平抗力效应系数（承台外围回填土为松散状态时取 $\eta_l = 0$）；

η_b——承台底摩阻效应系数；

s_a / d——沿水平载荷方向的距径比；

n_1, n_2——沿水平载荷方向与垂直水平载荷方向每排桩中的桩数；

m——承台侧向土水平抗力系数的比例系数，当无试验资料时可按表 9-9 取值；

χ_{0a}——桩顶(承台)的水平位移允许值,当以位移控制时,可取 $\chi_{0a}=10\text{mm}$(对水平位移敏感的结构物取 $\chi_{0a}=6\text{mm}$),当以桩身强度控制(低配筋率灌注桩)时,可近似按式(9-15e)确定;

B'_c——承台受侧向土抗力一边的计算宽度(m);

B_c——承台宽度(m);

h_c——承台高度(m);

μ——承台底与地基土间的摩擦因数,可按表 9-13 取值;

P——承台底地基土分担的竖向总载荷标准值;

η_c——承台效应系数,可按表 9-14 取值;

A——承台总面积;

A_{ps}——桩身截面面积。

表 9-12　桩顶约束效应系数 η_r

折算深度 αh	2.4	2.6	2.8	3.0	3.5	≥4.0
位移控制	2.58	2.34	2.20	2.13	2.07	2.05
强度控制	1.44	1.57	1.71	1.82	2.00	2.07

注:$\alpha=\sqrt[5]{\dfrac{mb_0}{EI}}$,$h$ 为桩的入土长度。

表 9-13　承台底与地基土间的摩擦因数 μ

土 的 类 别		摩擦因数 μ
黏性土	可塑	0.25~0.30
	硬塑	0.30~0.35
	坚硬	0.35~0.45
粉土	密实、中密(稍湿)	0.30~0.40
中砂、粗砂、砾砂		0.40~0.50
碎石土		0.40~0.60
软岩、软质岩		0.40~0.60
表面粗糙的较硬岩、坚硬岩		0.65~0.75

表 9-14　承台效应系数 η_c

B_c/l ＼ s_a/d	3	4	5	6	>6
≤0.4	0.06~0.08	0.14~0.17	0.22~0.26	0.32~0.38	
0.4~0.8	0.08~0.10	0.17~0.20	0.26~0.30	0.38~0.44	0.50~0.80
>0.8	0.10~0.12	0.20~0.22	0.30~0.34	0.44~0.50	
单排桩条形承台	0.15~0.18	0.25~0.30	0.38~0.45	0.50~0.60	

注:① 表中 s_a/d 为桩中心距与桩径之比;B_c/l 为承台宽度与桩长之比。当计算基础为非正方形排列时,$s_a=\sqrt{A/n}$,A 为承台计算域面积,n 为总桩数。

② 对于桩布置于墙下的箱、筏承台,η_c 可按单排桩条形承台取值。

③ 对于单排桩条形承台,当承台宽度小于 $1.5d$ 时,η_c 按非条形承台取值。

④ 对于采用后注浆灌注桩的承台,η_c 宜取低值。

⑤ 对于饱和黏性土中的挤土桩基、软土地基土的桩基承台,η_c 宜取低值的 0.8 倍。

9.5.5 桩的水平静载试验

桩的水平静载试验是在现场条件下对桩施加水平载荷而量测桩的水平位移及钢筋应力等项目以确定其水平承载力的。对于受水平载荷较大的设计等级为甲级、乙级的建筑桩基,单桩水平承载力的特征值应通过单桩静力水平载荷试验确定,试验装置如图 9-11 所示。

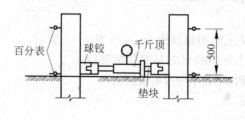

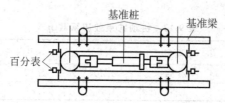

图 9-11　单桩静力水平载荷试验装置

在现场制作两根相同的试桩,采用可水平施加载荷的千斤顶,同时对两根试桩施加对顶载荷,力的作用线应通过工程桩基承台标高处,千斤顶与试桩接触处所设置的球形铰座可保证作用力水平通过桩身轴线。桩的水平位移宜用大量程百分表量测,若需测定地面以上桩身转角时,在水平力作用线以上 500mm 左右还应安装 1～2 只百分表。固定百分表的基准桩与试桩净距不少于试桩直径的 1 倍。

为与桩基所承载的瞬时、反复的水平载荷情况一致,加载方法常采用循环加卸载法;对于受长期水平载荷的桩基,也可采用慢速加载法进行试验。对于循环加卸载法,取单桩预估水平极限承载力的 1/10～1/15 作为每级的加载增量;根据桩径大小并适当考虑土层软硬,对于直径 300～1000mm 的桩,每级载荷增量可取 2.5～20kN。每级载荷施加后,保持恒载 4min 测读水平位移,然后卸载到零,停 2min 测读残余水平位移,至此完成一个加卸载循环,如此循环 5 次便完成了一级载荷的试验观测。然后再进行下一级载荷的试验,如此循环共进行 10～15 级载荷的测试。当桩身出现折断或水平位移超过 30～40mm(软土取 40mm),或桩侧地表出现明显裂缝或隆起时,即可终止试验。

根据水平静载试验,绘制水平载荷-时间-位移($H_0\text{-}t\text{-}x_0$)的关系曲线,如图 9-12 所示。试验资料表明,上述曲线中通常有两个特征点,所对应的桩顶水平载荷分别称为临界载荷 H_{cr} 和极限载荷 H_u。临界载荷 H_{cr} 相当于桩身开裂、受拉区混凝土不参加工作时的桩顶水平力,取 $H_0\text{-}t\text{-}x_0$ 曲线出现突变点的前一级载荷;曲线突变点指相同载荷增量条件下,出现比前一级明显增大的位移增量。极限载荷 H_u 相当于桩身应力达到强度极限时的桩顶水平力,取 $H_0\text{-}t\text{-}x_0$ 曲线明显陡降的前一级载荷或水平位移包络线向下凹曲时的前一级载荷。

极限水平承载力除以安全系数 2.0,可作为单桩水平承载力的特征值。对于钢筋混凝土预制桩、钢桩、桩身全截面配筋率不小于 0.65% 的灌注桩,也可根据静载试验结果取地面处水平位移为 10mm(对于水平位移敏感的建筑物取水平位移 6mm)所对应的载荷作为单

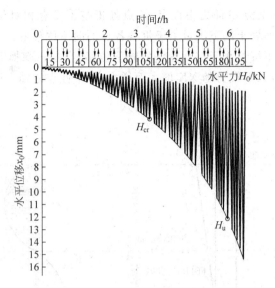

图 9-12 水平载荷试验曲线

桩水平承载力特征值。

9.6 桩的抗拔承载力与桩的负摩擦力

9.6.1 桩侧负摩擦力的产生和作用

桩与土之间相对位移的方向,对于载荷传递的影响很大。在土层相对于桩侧向下位移时,产生于桩侧的向下的摩擦力称为负摩擦力。导致桩侧土体下沉必须大于桩的下沉进而产生负摩擦力的原因是桩侧土体的沉降变形,使得土的重力和地面载荷将通过负摩擦力传递给桩。通常下列情况需要考虑桩侧负摩擦力的作用:

(1) 桩穿越较厚松散填土、自重湿陷性黄土、欠固结土、液化土层进入相对较硬土层时;

(2) 桩周存在软弱土层,邻近桩侧地面承受局部较大的长期载荷,或地面大面积堆载(包括填土)时;

(3) 在正常固结或弱超固结的软黏土地区,由于地下水位全面降低(例如长期抽取地下水),致使有效应力增加,因而引起大面积沉降;

(4) 自重湿陷性黄土浸水后下沉、冻土融陷;

(5) 地面因打桩时引起孔隙水压力剧增而隆起,其后孔隙水压力消散而固结下沉。

桩侧负摩擦力问题,实质上和正摩擦力一样,如果得知土与桩之间的相对位移以及负摩擦力与相对位移之间的关系,就可以了解桩侧负摩擦力的分布和桩身轴力与截面位移了。

9.6.2 负摩擦力的分布与计算

桩身上负摩擦力的分布范围视桩身与桩周土的相对位移情况而定。一般除了支承在基岩上的非长桩以外,都不是沿桩身全部分布着负摩擦力。在同一根桩上由负摩擦力过渡到正摩擦力,摩擦力为零的断面称为中性点。图 9-13 为负摩擦力分布图,其中 s_p 为桩尖的下沉量,表示桩整体向下平移,s_s 为整个桩身材料的压缩量,s_e 为地面土的沉降量。土的沉降曲线与桩的沉降曲线的交点 O 即为中性点,该点处桩与土没有相对位移及摩擦力的作用。在中性点以上,各处断面处土的下沉量大于桩身各点的向下位移量,是负摩擦区;在中性点以下,各处断面处土的下沉量小于桩身各点的向下位移量,是正摩擦区。中性点是正、负摩擦区的分界点。中性点以上轴力随深度增大而增大,在中性点处轴力达到最大,中性点以下轴力随深度增大而减小。

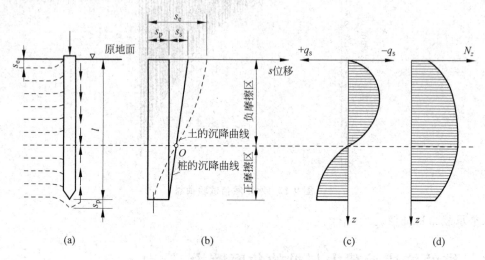

图 9-13　桩的负摩擦力分布与中性点
(a) 正负摩擦力分布;(b) 中性点位置;(c) 桩侧摩擦力分布;(d) 桩身轴向力分布

中性点的深度 l_n 与桩周土的压缩性和变形条件、土层分布及桩的刚度等条件有关。但准确地确定中性点的位置实际上是较难的。显然,桩尖沉降量 s_p 越小,l_n 就越大,当 $s_p = 0$ 时 $l_n = l$,即全桩分布负摩擦力。

桩侧负摩擦力及其引起的下拉载荷,当无实测资料时可按下列规定计算:

(1) 中性点以上单桩桩周第 i 层土负摩擦力标准值,可按下列公式计算:

$$q_{si}^n = \xi_{ni} \sigma_i'$$ (9-16a)

当填土、自重湿陷性黄土湿限、欠固结土层产生固结和地下水降低时:$\sigma_i' = \sigma_{ri}'$。

当地面分布大面积载荷时:$\sigma_i' = p + \sigma_{ri}'$

$$\sigma_{ri}' = \sum_{e=1}^{i-1} \gamma_e \Delta z_e + \frac{1}{2} \gamma_i \Delta z_i$$ (9-16b)

式中,q_{si}^n——第 i 层土桩侧负摩擦力标准值,当按式(9-16a)计算值大于正摩擦力标准值时,取正摩擦力标准值进行设计;

　　　ξ_{ni}——桩周第 i 层土负摩擦力系数,可按表 9-15 取值;

　　　σ_{ri}'——由土自重引起的桩周第 i 层土平均竖向有效应力,桩群外侧桩自地面算起,桩群内部桩自承台底算起;

　　　σ_i'——桩周第 i 层土平均竖向有效应力;

　　　γ_i, γ_e——第 i 计算土层和其上第 e 土层的重度,地下水位以下取浮重度;

　　　$\Delta z_i, \Delta z_e$——第 i 层土、第 e 层土的厚度;

　　　p——地面均布载荷。

表 9-15 负摩擦力系数 ξ_n

土 类	ξ_n
饱和软土	$0.15 \sim 0.25$
黏性土、粉土	$0.25 \sim 0.40$
砂土	$0.35 \sim 0.50$
自重湿陷性黄土	$0.20 \sim 0.35$

注：① 在同一类土中,对于挤土桩,取表中较大值,对于非挤土桩,取表中较小值;
② 填土按其组成取表中同类土的较大值。

（2）考虑群桩效应的基桩下拉载荷可按下式计算：

$$Q_g^n = \eta_n \cdot \mu \sum_{i=1}^{n} q_{si}^n l_i \tag{9-16c}$$

$$\eta_n = \frac{s_{ax} \cdot s_{ay}}{\pi d \left(\dfrac{q_s^n}{\gamma_m} + \dfrac{d}{4} \right)} \tag{9-16d}$$

式中, n——中性点以上土层数;

l_i——中性点以上第 i 层土的厚度;

η_n——负摩擦力群桩效应系数;

s_{ax}, s_{ay}——纵、横向桩的中心距;

q_s^n——中性点以上桩周土层厚度加权平均负摩擦力标准值;

γ_m——中性点以上桩周土层厚度加权平均重度（地下水位以下取浮重度）。

对于单桩基础或按式（9-16d）计算的群桩效应系数 $\eta_n > 1$ 时,取 $\eta_n = 1$。

（3）中性点深度 l_n 应按桩周土层沉降与桩沉降相等的条件计算确定,也可参照表 9-16 确定。

表 9-16 中性点深度比 l_n / l_0

持力层性质	黏性土、粉土	中密以上砂	砾石、卵石	基岩
中性点深度比 l_n / l_0	$0.5 \sim 0.6$	$0.7 \sim 0.8$	0.9	1.0

注：① l_n 和 l_0 分别为自桩顶算起的中性点深度和桩周软弱土层下限深度;
② 桩穿过自重湿陷性黄土层时, l_n 可按表列值增大 10%（持力层为基岩除外）;
③ 当桩周土层固结与桩基固结沉降同时完成时,取 $l_n = 0$;
④ 当桩周土层计算沉降量小于 20mm 时, l_n 应按表列值乘以 $0.4 \sim 0.8$ 折减。

9.6.3 桩的抗拔承载力

对于设计等级为甲级和乙级的建筑桩基,基桩的抗拔极限承载力应通过现场单桩上拔静载荷试验确定。单桩上拔静载荷试验及抗拔极限承载力标准值取值可按现行行业标准《建筑基桩检测技术规范》(JGJ 106—2014)进行。

如无当地经验时,群桩基础及设计等级为丙级的建筑桩基,基桩的抗拔承载力取值可按下列规定计算。

群桩基础呈非整体破坏时的基桩抗拔极限承载力标准值 T_{uk} 可按下式计算：

$$T_{uk} = \sum \lambda_i q_{sik} u_i l_i \tag{9-17}$$

群桩基础呈整体破坏时的基桩抗拔极限承载力标准值 T_{gk} 可按下式计算:

$$T_{gk} = \frac{1}{n}u_1 \sum \lambda_i q_{sik} l_i \tag{9-18}$$

式中,u_1——桩身周长,对于等直径桩取 $u = \pi d$,对于扩底桩按表 9-17 取值;

$\quad q_{sik}$——桩侧表面第 i 层土的抗压极限侧阻力标准值,可按表 9-3 取值;

$\quad \lambda_i$——抗拔系数,可按表 9-18 取值;u_1 为桩群外围周长。

表 9-17 扩底桩破坏表面周长 u_i

自桩底起算的长度 l_i	$\leqslant (4\sim10)d$	$> (4\sim10)d$
u_i	πD	πd

注:l_i 对于软土取低值,对于卵石、砾石取高值;l_i 取值按内摩擦角增大而增加。

表 9-18 抗拔系数 λ_i

土　类	λ_i 值
砂土	$0.50\sim0.70$
黏性土、粉土	$0.70\sim0.80$

注:桩长 l 与桩径 d 之比小于 20 时,λ_i 取小值。

9.7 桩基的沉降计算

尽管桩基础的沉降量比天然地基上的浅基础的沉降量明显减少,但随着建筑物的规模和尺寸的增加以及对于沉降变形要求的提高,很多情况下,桩基础也需要进行沉降计算。根据《桩基规范》的规定,下列建筑桩基应进行沉降计算:

(1) 设计等级为甲级的非嵌岩桩和非深厚坚硬持力层的建筑桩基;

(2) 设计等级为乙级的体型复杂、载荷分布显著不均匀或桩端平面以下存在软弱土层的建筑桩基;

(3) 软土地基多层建筑减沉复合疏桩基础。

建筑桩基沉降变形计算值不应大于桩基沉降变形允许值。桩基沉降变形可用下列指标表示:①沉降量;②沉降差;③整体倾斜,即建筑物桩基础倾斜方向两端点的沉降差与其距离之比;局部倾斜,即墙下条形承台沿纵向某一长度范围内桩基础两点的沉降差与其距离之比值。

计算桩基沉降变形时,桩基变形指标应按下列规定选用:

(1) 由于土层厚度与性质不均匀、载荷差异、体型复杂、相互影响等因素引起的地基沉降变形,对于砌体承重结构应由局部倾斜控制;

(2) 对于多层或高层建筑和高耸结构应由整体倾斜值控制;

(3) 当其结构为框架、框架-剪力墙、框架-核心筒结构时,尚应控制柱(墙)之间的差异沉降。

建筑桩基沉降变形允许值应按表 9-19 的规定采用,对于表中未包括的建筑桩基沉降变形允许值,应根据上部结构对桩基沉降变形的适应能力和使用要求确定。

表 9-19 建筑桩基沉降变形允许值

变形特征		允许值
砌体承重结构基础的局部倾斜		0.002
各类建筑相邻柱(墙)基的沉降差		
(1)框架、框架-剪力墙、框架-核心筒结构		$0.002l_0$
(2)砌体墙填充的边排柱		$0.0007l_0$
(3)当基础不均匀沉降时不产生附加应力的结构		$0.005l_0$
单层排架结构(柱距为 6m)桩基的沉降量/mm		120
桥式吊车轨面的倾斜(按不调整轨道考虑)		
纵向		0.004
横向		0.003
多层和高层建筑的整体倾斜	$H_g \leqslant 24$	0.004
	$24 < H_g \leqslant 60$	0.003
	$60 < H_g \leqslant 100$	0.0025
	$H_g > 100$	0.002
高耸结构桩基的整体倾斜	$H_g \leqslant 20$	0.008
	$20 < H_g \leqslant 50$	0.006
	$50 < H_g \leqslant 100$	0.005
	$100 < H_g \leqslant 150$	0.004
	$150 < H_g \leqslant 200$	0.003
	$200 < H_g \leqslant 250$	0.002
高耸结构基础的沉降量/mm	$H_g \leqslant 100$	350
	$100 < H_g \leqslant 200$	250
	$200 < H_g \leqslant 250$	150
体型简单的剪力墙结构高层建筑桩基最大沉降量/mm	—	200

注:l_0 为相邻柱(墙)二测点间距离,H_g 为自室外地面算起的建筑物高度(m)。

桩基最终沉降计算仍采用载荷效应的准永久组合,其计算方法仍然是基于土的单向压缩、均质各向同性和弹性假设的分层总和法。

9.7.1 单桩、单排桩、疏桩基础的沉降

这里的疏桩基础是指桩中心距大于 6 倍桩径的疏桩基础。基桩产生的附加应力用考虑桩径影响的 Mindlin 解,承台底土压力产生的附加应力用 Boussinesq 解,取二者叠加,按单向压缩分层总和法计算该点的沉降量,当承台底土不具备分担载荷条件时,将承台底土压力对地基中某点产生的附加应力取为 0,即取 $\sigma_{zci} = 0$,并计入桩身压缩 s_e。

如图 9-14 所示,设 Q 为作用于单桩顶上的竖向准永久载荷,可将其分解为桩端阻力 $Q_p(Q_p = \alpha Q)$ 和桩侧阻力 $Q_s(Q_s = (1-\alpha)Q)$;而桩侧阻力又可分为均匀分布的总摩擦力 $Q_{s1}(Q_{s1} = \beta Q)$ 和随深度线性增加的总摩擦力 $Q_{s2}(Q_{s2} = (1-\alpha-\beta)Q)$,其中 α 为端阻力占总载荷的比例,β 为均布摩擦力占总载荷的比例。根据明德林解可计算出 Q_p,Q_{s1} 和 Q_{s2} 在地基土中产生的附加应力计算公式,应用这些公式就能计

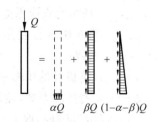

图 9-14 明德林单桩载荷的分解

算各类桩在地基中产生的附加应力,进而计算出桩基的沉降。系数 α 和 β 应根据当地的工程实测资料统计确定,对于一般的摩擦桩可假设桩侧阻力全部是沿桩身线性增长,即取 $\beta=0$。

单桩、单排桩、桩中心距大于 6 倍桩径的疏桩基础的沉降计算公式如下:

$$s = \psi \sum_{i=1}^{n} \frac{\sigma_{zi} + \sigma_{zci}}{E_{si}} \Delta z_i + s_e \tag{9-19a}$$

$$\sigma_{zi} = \sum_{j=1}^{m} \frac{Q_j}{l_j^2} [\alpha_j I_{p,ij} + (1 - \alpha_j) I_{s,ij}] \tag{9-19b}$$

$$\sigma_{zci} = \sum_{k=1}^{u} \alpha_{ki} \cdot p_{c,k} \tag{9-19c}$$

$$s_e = \xi_e \frac{Q_j l_j}{E_c A_{ps}} \tag{9-19d}$$

式中,n——沉降计算深度范围内土层的计算分层数,分层数应结合土层性质、分层厚度不应超过计算深度的 0.3 倍;

m——以沉降计算点为圆心、0.6 倍桩长为半径的水平面影响范围内的基桩数;

σ_{zi}——水平面影响范围内各基桩对应力计算点桩端平面以下第 i 层土 1/2 厚度处产生的附加竖向应力之和,应力计算点应取与沉降计算点最近的桩中心点;

σ_{zci}——承台应力对应力计算点桩端平面以下第 i 计算土层 1/2 厚度处产生的应力,可将承台板划分为 u 个矩形块,按角点法确定后叠加;

Δz_i——第 i 计算土层厚度(m);

E_{si}——第 i 计算土层的压缩模量(MPa),采用土的自重压力至土的自重压力加附加压力作用时的压缩模量;

Q_j——第 j 桩在载荷效应准永久组合作用下,桩顶的附加载荷(kN),当地下室埋深超过 5m 时,取载荷效应准永久组合作用下的总载荷为考虑回弹再压缩的等代附加载荷;

l_j——第 j 桩桩长(m);

A_{ps}——桩身截面面积(m²);

α_j——第 j 桩总桩端阻力与桩顶载荷之比,近似取极限总端阻力与单桩极限承载力之比;

$I_{p,ij}$,$I_{s,ij}$——第 j 桩的桩端阻力和桩侧阻力对计算轴线第 i 计算土层 1/2 厚度处的应力影响系数,按规范相关表格取值;

E_c——桩身混凝土的弹性模量(MPa);

$p_{c,k}$——第 k 块承台底均布压力,可按 $p_{c,k} = \eta_{c,k} \cdot f_{ak}$ 取值,其中 $\eta_{c,k}$ 为第 k 块承台底板的承台效应系数,按表 9-11 确定;f_{ak} 为承台底地基承载力特征值;

α_{ki}——第 k 块承台底角点处,桩端平面以下第 i 计算土层 1/2 厚度处的附加应力系数;

s_e——计算桩身的压缩量(mm);

ξ_e——桩身压缩系数,端承型桩,取 $\xi_e = 1.0$;摩擦型桩,当 $l/d \leqslant 30$ 时,取 $\xi_e = 2/3$,当 $l/d \geqslant 50$ 时,取 $\xi_e = 1/2$,介于两者之间可线性插值;

ψ——沉降计算经验系数,无当地经验时,可取 1.0。

该类桩基础的最终沉降计算深度 Z_n,可根据应力比法确定,即 Z_n 处由桩引起的附加应力 σ_z、由承台土压力引起的附加应力 σ_{zc} 与土的自重应力 σ_c 应符合下式要求:

$$\sigma_z + \sigma_{zc} = 0.2\sigma_c \tag{9-20}$$

9.7.2　群桩基础的沉降

由于桩、桩间土和承台三者之间的相互作用和共同工作,群桩中的承载力和沉降性状与单桩明显的不同。群桩基础受力(主要是竖向压力)后,其总的承载力往往不等于各个单桩的承载力之和,这种现象称为群桩效应。群桩效应不仅发生在竖向压力作用下,在受到水平力时,前排桩对后排桩的水平承载力有屏蔽效应;在受拉拔力时,群桩可能发生的整体拔出则属于群桩效应。

在满足桩基承载力的前提下,群桩比单桩沉降大得多。群桩中各桩载荷相同时,群桩沉降随桩数增加而增加;桩间距越大,群桩沉降越小。对于桩中心距不大于 6 倍桩径的桩基,其最终沉降量计算可采用等效作用分层总和法。该方法采用群桩的 Mindlin 位移解与实体深基础的 Boussinesq 解的比值来修正实体深基础的基底附加应力,然后按分层总和法计算群桩沉降。

等效作用分层总和法假定群桩基础为一假想的实体基础,不考虑桩基础的侧面应力扩散作用。将桩端平面作为实体基础的等效作用面,将承台投影面积作为实体基础的等效作用面积,而将承台底平均附加压力近似作为等效作用附加压力。等效作用面以下的应力分布采用各向同性均质直线变形体理论。如图 9-15 所示,桩基任一点最终沉降量可用角点法按下式计算:

$$s = \psi\psi_e s' = \psi\psi_e \sum_{j=1}^{m} p_{0j} \sum_{i=1}^{n} \frac{z_{ij}\overline{\alpha}_{ij} - z_{(i-1)j}\overline{\alpha}_{(i-1)j}}{E_{si}} \tag{9-21}$$

式中,s——桩基最终沉降量(mm);

s'——采用布辛奈斯克(Boussinesq)解,按实体深基础分层总和法计算出的桩基沉降量(mm);

ψ——桩基沉降计算经验系数,当无当地可靠经验时可按表 9-20 取值,对于采用后注浆施工工艺的灌注桩,桩基沉降计算经验系数应根据桩端持力土层类别,乘以 0.7(砂、砾、卵石)~0.8(黏性土、粉土)的折减系数,饱和土中采用预制桩(不含复打、复压、引孔沉桩时),应根据桩距、土质、沉桩速率和顺序等因素,乘以 1.3~1.8 的挤土效应系数,土的渗透性低、桩距小、桩数多、沉降速率快时取大值;

ψ_e——桩基等效沉降系数,按下式确定:

$$\psi_e = C_0 + \frac{n_b - 1}{C_1(n_b - 1) + C_2} \tag{9-22}$$

式中,n_b——矩形布桩时的短边布桩数,当布桩不规则时取 $n_b = \sqrt{n \cdot B_c/L_c}$,$n_b > 1$;若 $n_b = 1$,则根据单桩及单排桩基础沉降计算公式计算;

L_c、B_c、n——矩形承台的长、宽及总桩数;

C_0、C_1、C_2——根据群桩距径比 s_a/d、长径比 l/d 及基础长宽比 L_c/B_c 确定的参数值,按规范确定;

m——角点法计算点对应的矩形载荷分块数;

p_{0j}——第 j 块矩形底面在载荷效应准永久组合下的附加压力（kPa）；

n——桩基沉降计算深度范围内所划分的土层数；

E_{si}——等效作用面以下第 i 层土的压缩模量（MPa），采用地基土在自重压力至自重压力加附加压力作用时的压缩模量；

z_{ij}、$z_{(i-1)j}$——桩端平面第 j 块载荷作用面至第 i 层土、第 $i-1$ 层土底面的距离（m）；

$\bar{\alpha}_{ij}$、$\bar{\alpha}_{(i-1)j}$——桩端平面第 j 块载荷计算点至第 i 层土、第 $i-1$ 层土底面深度范围内平均附加应力系数，通过查阅相关表格得到。

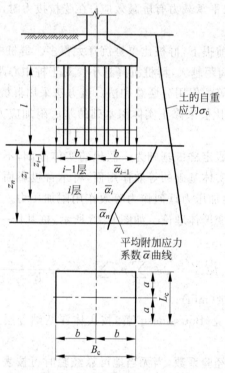

图 9-15　桩基沉降计算示意图

表 9-20　桩基沉降计算经验系数 ψ

$\bar{E}_s$/MPa	≤10	15	20	35	≥50
ψ	1.2	0.9	0.65	0.50	0.40

注：① $\bar{E}_s$ 为沉降计算深度范围内压缩模量的当量值，可按 $\bar{E}_s = \sum A_i / \sum \dfrac{A_i}{E_{si}}$ 计算，式中 A_i 为第 i 层土附加压力系数沿土层厚度的积分值，可近似按分块面积计算；

② ψ 可根据 $\bar{E}_s$ 内插取值。

桩基沉降计算深度 Z_n 应按应力比法确定，即计算深度处的附加应力 σ_z 与土的自重应力 σ_c 应符合下列公式要求：

$$\sigma_z \leqslant 0.2\sigma_c \tag{9-23a}$$

$$\sigma_z = \sum_{j=1}^{m} a_j p_{0j} \tag{9-23b}$$

9.8　桩基础设计

9.8.1　桩基础设计的内容与步骤

1. 桩基础设计的主要内容与步骤

(1) 收集设计资料,进行调查研究、场地勘察,收集相关资料。

(2) 选择桩材,选定桩型、桩长和截面尺寸,同时确定桩端持力层和承台埋深。

(3) 确定单桩承载力特征值,包括竖向抗压、抗拔及水平承载力等。

(4) 确定桩数并布桩,从而初步确定承台的形状和尺寸。

(5) 桩基础的验算,包括单桩竖向及水平承载力的验算,竖向沉降及水平位移等,对有软弱下卧层的桩基,尚需验算软弱下卧层的承载力。

(6) 桩身和承台的设计。

(7) 绘制桩基础结构施工图。

值得一提的是,桩基承载力、沉降和承台及桩身强度验算采用的载荷组合不同:当进行桩的承载力验算时,应采用正常使用极限状态下载荷效应的标准组合;进行桩基的沉降验算时,应采用正常使用极限状态下载荷效应的准永久组合;而在进行承台和桩身强度验算和配筋时,则采用承载能力极限状态下载荷效应的基本组合。

总结以上的桩基础设计步骤,如图 9-16 所示。

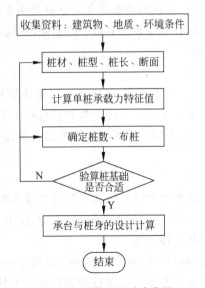

图 9-16　桩基础设计步骤图

2. 收集设计资料

桩基设计之前需收集三个方面的资料,即建筑物的有关资料、地质资料、周边环境及施工条件等有关资料。

建筑物的有关资料包括建筑物类型、使用要求、平面布置、结构类型、载荷、建筑物的安全等级及抗震设防烈度等。地质资料是进行桩基设计的重要依据,主要包括岩土埋藏条件及物理力学性质,持力层及软弱下卧层的埋藏深度、厚度等情况,地下水的埋藏深度、变化情况,场地是否有不良地质作用及其危害程度等。周边环境及施工条件也在很大程度上影响成桩工艺及桩型的选择,主要包括建筑场地的平面布置,相邻建筑物的安全等级、基础形式及埋置深度,周边建筑物对于防振或噪声的要求,排放泥浆和弃土的条件以及水、电、施工材料供应等。

3. 桩型、桩长和截面尺寸的选定

桩型的选择要考虑以下几个方面。

1) 建筑物的性质和载荷

对于重要的建筑物和对不均匀沉降敏感的建筑物,要选择成桩质量稳定性好的桩型。对于载荷大的高、重建筑物,要选择单桩承载力较大的桩型,在有限的平面范围内合理确定桩距、桩数。对于地震设防区或受其他动载荷的桩基,要考虑选用既能满足竖向承载力,又有利于提高横向承载力的桩型。

2) 工程地质、水文地质条件

尽可能使桩支承在承载力相对较高的坚实土层上,采用嵌岩桩或端承桩。对于坚实持力层,当埋深较浅时,应优先采用端承桩,包括扩底桩;当埋深较深时,宜采用摩擦桩基,则应根据单桩承载力的要求,选择恰当的长径比。桩型选择时还应考虑持力层的土性,对于松的砂性土,采用挤土桩更为有利;当存在粉、细砂夹层时,采用预制桩应该慎重。

地下水位与地下水补给条件是选择桩基施工方法时必须考虑的因素,比如人工挖孔桩,在成孔过程中是否会产生管涌、砂涌等现象;对于挤土桩,在低渗透性的饱和软土中是否会引起挤土效应等都应周密考虑。

3) 施工环境

挤土桩在施工过程中会引起挤土效应,可能导致周围建筑物的损坏。锤击预制桩由于振动和噪声等原因,不宜在市区内采用。采用泥浆护壁成孔工艺时,应具备泥浆制备、循环、沉淀的场地条件及排污条件。选择成桩方法时还需考虑成桩设备进出场地和成孔过程所需要的空间尺寸。

4) 技术经济条件

选择成桩方法时,要熟悉各种类型的桩所需要的施工设备和技术,考虑施工技术条件的可行性并尽量利用现有条件。不同类型的桩在材料、人力、设备、能源等方面的消耗量不同,所以应综合经济技术比较,择优选择方案。

此外,同一建筑物应避免同时采用不同类型的桩,否则应用沉降缝分开。同一基础相邻桩的桩底标高差,对于非嵌岩端承型桩不宜超过相邻桩的中心距,对于摩擦型桩,在相同土层中不宜超过桩长的1/10。

桩长的确定包括持力层的选择和进入持力层的深度两个方面。桩端持力层通常选择承载力高、压缩性低的较坚硬土层。为考虑端阻的深度效应和持力层的稳定性,桩端全截面必须进入持力层一定深度,对于黏性土、粉土不宜小于 $2d$,砂土不宜小于 $1.5d$,碎石类土不宜小于 $1d$。当存在软弱下卧层时,桩端以下硬持力层厚度不宜小于 $3d$;对于嵌岩灌注桩,桩周嵌入完整和较完整的未风化、微风化、中风化硬质岩体的深度不宜小于 $0.5m$。

在确定桩的类型和桩端持力层后,可相应确定桩的断面尺寸,并初步确定承台底面标高,以便计算单桩承载力。一般情况下,主要从结构要求和方便施工的角度来选择承台深度。季节性冻土上的承台埋深,应根据地基土的冻胀性考虑,并应考虑是否需要采取相应的防冻害措施。膨胀土的承台埋深选择与此类似。

4．桩数及桩位布置

布桩的主要原则是:布桩要紧凑,尽量使桩基础的各桩受力比较均匀,增加群桩基础的抗弯能力。布桩是否合理,对桩的受力及承载力的充分发挥、减少沉降尤其是减少不均匀沉降具有重要的影响。

桩的布置主要包括确定桩的中心距及桩的合理排列。排列基桩时,宜使桩群承载力合力点与竖向永久载荷合力作用点重合,并使基桩受水平力和力矩较大方向有较大抗弯截面模量。

1）桩的根数

单桩竖向承载力特征值确定之后,根据基础的竖向载荷和承台及其上自重确定桩数,当中心载荷作用时,桩数 n 为

$$n \geqslant \frac{F_k + G_k}{R_a} \tag{9-24}$$

式中,n——初估桩数,取整数;

F_k——载荷效应标准组合下,作用于承台顶面的竖向力(kN);

G_k——桩基承台和承台上土自重标准值(kN);

R_a——单桩竖向承载力特征值(kN)。

当桩基偏心受压时,一般先按轴心受压初估桩数,然后按偏心程度将桩数增加10%～20%,最终要依据桩基承载力与变形,单桩及承台受力等要求确定桩数。承受水平载荷的桩基,在确定桩数时,还应满足对桩的水平承载力的要求。此时,桩基的水平承载力可以取各单桩水平承载力特征值之和,这样处理是偏于安全的。

2）桩的中心距

基桩最小中心距的确定主要考虑两个因素,即有效发挥桩的承载力和成桩工艺的影响。桩距过大会增加承台的面积和厚度,增加造价;反之,桩距过小,桩的承载能力不能充分发挥,且给桩基的施工造成困难。所以,应根据土的类别和成桩工艺等确定桩的最小中心距,桩的最小中心距应符合表 9-21 的规定。对于大面积桩群,尤其是挤土桩,桩的最小中心距宜按表列值适当加大。当施工中采取减小挤土效应的可靠措施时,可根据当地经验适当减小。

表 9-21　基桩的最小中心距

土类与成桩工艺		桩数不小于 3 排且桩数不小于 9 根的摩擦型桩基	其 他 情 况
非挤土灌注桩		3.0d	3.0d
部分挤土桩	非饱和土、饱和非黏性土	3.5d	3.0d
	饱和黏性土	4.0d	3.5d

续表

土类与成桩工艺		桩数不小于 3 排且桩数 不小于 9 根的摩擦型桩基	其他情况
挤土桩	非饱和土、饱和非黏性土	4.0d	3.5d
	饱和黏性土	4.5d	4.0d
钻、挖孔扩底桩		2D 或 D+2.0m (当 D>2m)	1.5D 或 D+1.5m (当 D>2m)
沉管夯扩、钻孔挤扩桩	非饱和土、饱和非黏性土	2.2D 且 4.0d	2.0D 且 3.5d
	饱和黏性土	2.5D 且 4.5d	2.2D 且 4.0d

注：① d 为圆桩设计直径或方桩设计边长，D 为扩大端设计直径。

② 当纵横向桩距不相等时，其最小中心距应满足"其他情况"一栏的规定。

③ 当为端承桩时，非挤土灌注桩的"其他情况"一栏可减小至 $2.5d$。

3）桩的平面布置

桩在平面内可以布置成矩形、三角形、梅花形等网格，对条形基础下的桩基，可采用单排或双排布置，也可采用不等距排列。为使各基桩受力比较均匀，群桩横截面的重心应与载荷合力的作用点重合或接近。当作用在承台底面的弯矩较大时，应增加桩基横截面的惯性矩。

9.8.2 群桩基础中单桩基础的验算

1）竖向承载力和水平承载力计算

众所周知，在载荷作用下刚性承台下的群桩基础中各桩所分担的力受许多因素的影响，一般是不均匀的，往往处于很复杂的状态。但是在实际工程设计中，对于竖向压力，通常假设各桩的受力按线性分布。这样，在中心竖向载荷作用下，各桩承担其平均值；在偏心竖向载荷作用下，各桩所分配的竖向载荷呈线性变化。

当作用于桩基上的外力主要为水平力时，应对桩基的水平承载力进行验算。在由相同截面桩组成的桩基础中，可假设各桩所受的横向力相同。

综上所述，轴心竖向力作用下桩顶作用效应：

$$N_k = \frac{F_k + G_k}{n} \tag{9-25}$$

偏心竖向力作用下桩顶作用效应：

$$N_{ik} = \frac{F_k + G_k}{n} \pm \frac{M_{xk} y_i}{\sum y_j^2} \pm \frac{M_{yk} x_i}{\sum x_j^2} \tag{9-26}$$

水平力作用下桩顶作用效应：

$$H_{ik} = \frac{H_k}{n} \tag{9-27}$$

上述式中，N_k——载荷效应标准组合轴心竖向力作用下，基桩的平均竖向力(kN)；

n——桩基中的桩数；

N_{ik}——载荷效应标准组合偏心竖向力作用下，第 i 基桩的竖向力(kN)；

M_{xk}、M_{yk}——载荷效应标准组合下，作用于承台底面，绕通过桩群形心的 x、y 轴的力矩；

x_i、y_i——第 i 基桩至 y、x 轴的距离;

H_{ik}——载荷效应标准组合下,作用于第 i 基桩的水平力。

在确定了各基桩桩顶作用效应后,则用下面各式验算单桩的承载力:

轴心竖向力作用下

$$N_k \leqslant R_a \tag{9-28}$$

偏心竖向力作用下,除满足上式外,尚应满足下式的要求:

$$N_{k\,max} \leqslant 1.2R_a \tag{9-29}$$

水平载荷作用下

$$H_{ik} \leqslant R_{ha} \tag{9-30}$$

式中,R_{ha}——单桩基础或群桩中基桩的水平承载力特征值。

以上的单桩竖向承载力特征值 R_a 和水平承载力特征值 R_{ha} 可用 5.4 节和 5.5 节所介绍的方法确定。

2) 基桩负摩擦力验算

桩周土沉降可能引起桩侧负摩擦力时,应根据工程具体情况考虑负摩擦力对桩基承载力和沉降的影响。当土层不均匀或建筑物对不均匀沉降较敏感时,尚应将负摩擦力引起的下拉载荷计入附加载荷验算桩基沉降。当缺乏可参照的工程经验时,对于摩擦型基桩可取桩身计算中性点以上侧阻力为零,并可按下式验算基桩承载力:

$$N_k \leqslant R_a \tag{9-31}$$

对于端承型基桩除应满足上式要求外,尚应考虑负摩擦力引起基桩的下拉载荷 Q_g^n,并并可按下式验算基桩承载力:

$$N_k + Q_g^n \leqslant R_a \tag{9-32}$$

这里需要指出,Q_g^n 的计算方法见 5.6 节,式(9-31)、式(9-32)中基桩的竖向承载力特征值 R_a 只计中性点以下部分侧阻值及端阻值。

3) 抗拔桩基承载力验算

承受拔力的桩基,应按下列公式同时验算群桩基础呈整体破坏和呈非整体破坏时基桩的抗拔承载力:

$$N_k \leqslant T_{gk}/2 + G_{gp} \tag{9-33a}$$

$$N_k \leqslant T_{uk}/2 + G_p \tag{9-33b}$$

式中,N_k——按载荷效应标准组合计算的基桩拔力;

G_{gp}——群桩基础所包围体积的桩土总自重除以总桩数,地下水位以下取浮重度;

G_p——基桩自重,地下水位以下取浮重度,对于扩底桩应按表确定桩、土柱体周长,计算桩、土自重;

T_{gk} 和 T_{uk}——群桩呈整体破坏和呈非整体破坏时基桩的抗拔极限承载力标准值,计算方法见 4.6 节。

4) 桩基础沉降验算

关于桩基础沉降的验算如 5.7 节所述。

9.8.3　桩身结构设计

桩身作为桩基的一部分,在承担上部结构载荷时,尚应进行承载力和裂缝控制的计算。

计算时应考虑桩身材料强度、成桩工艺、吊运与沉桩、约束条件、环境类别等因素。由于与材料强度有关的设计,载荷效应组合应采用按承载能力极限状态下载荷效应的基本组合。

除按以下规定执行外,桩身尚应符合现行国家标准《混凝土结构设计规范(2015 版)》(GB 50010—2010)、《钢结构设计规范》(GB 50017—2003)和《建筑抗震设计规范(附条文说明)》(GB 50011—2010)的有关规定。

1. 桩身的构造要求

工程中常用的桩型有灌注桩、混凝土预制桩、预应力混凝土空心桩、钢桩,以下主要讨论这四种类型桩的桩身构造要求。

1)灌注桩

当桩身直径为 $300\sim2000\text{mm}$ 时,正截面配筋率可取 $0.65\%\sim0.2\%$(小直径桩取高值);对受载荷特别大的桩、抗拔桩和嵌岩端承桩应根据计算确定配筋率,并不应小于上述规定值。对于抗压桩和抗拔桩,主筋不应少于 $6\phi10$;对于受水平载荷的桩,主筋不应小于 $8\phi12$;纵向主筋应沿桩身周边均匀分布,其净距不应小于 60mm。

端承型桩和位于坡地、岸边的基桩应沿桩身等截面或变截面通长配筋;摩擦型灌注桩配筋长度不应小于 $2/3$ 桩长,当受水平载荷时,配筋长度尚不宜小于 $4.0/\alpha$(α 为桩的水平变形系数);抗拔桩及因地震作用、冻胀或膨胀力作用而受拔力的桩,应等截面或变截面通常配筋。

箍筋应采用螺旋式,直径不应小于 6mm,间距宜为 $200\sim300\text{mm}$;受水平载荷较大的桩基、承受水平地震作用的桩基以及考虑主筋作用计算桩身受压承载力时,桩顶以下 $5d$ 范围内的箍筋应加密,间距不应大于 100mm;当钢筋笼长度超过 4m 时,应每隔 2m 设一道直径不小于 12mm 的焊接加劲箍筋。

桩身混凝土强度等级不得小于 C25,混凝土预制桩尖强度等级不得小于 C30;灌注桩主筋的混凝土保护层厚度不应小于 35mm,水下灌注桩的主筋混凝土保护层厚度不得小于 50mm。

2)混凝土预制桩

混凝土预制桩的截面边长不应小于 200mm;预应力混凝土预制实心桩的截面边长不宜小于 350mm。

预制桩的混凝土强度等级不宜低于 C30;预应力混凝土实心桩的混凝土强度等级不应低于 C40;预制桩纵向钢筋的混凝土保护层厚度不宜小于 30mm。

预制桩的桩身配筋应按吊运、打桩及桩在使用中的受力等条件计算确定。采用锤击法沉桩时,预制桩的最小配筋率不宜小于 0.8%。静压法沉桩时,最小配筋率不宜小于 0.6%。主筋直径不宜小于 14mm,打入桩桩顶以下 $(4\sim5)d$ 长度范围内箍筋应加密,并设置钢筋网片。

预制桩的分节长度应根据施工条件及运输条件确定;每根桩的接头数量不宜超过 3 个。

3)预应力混凝土空心桩

预应力混凝土空心桩按截面形式可分为管桩和空心方桩;按混凝土强度等级可分为预应力高强混凝土管桩(PHC)和空心方桩(PHS)、预应力混凝土管桩(PC)和空心方桩(PS)。

每根预应力混凝土空心桩的接头数量不宜超过 3 个。预应力混凝土空心桩的质量要求,尚应符合国家现行标准《先张法预应力混凝土管桩》(GB 13476—2009)和《预应力混凝土空心方桩》(JG 197—2006)及其他的有关标准规定。

4) 钢桩

钢桩的截面形式有管型、H 型或其他异型钢材。钢桩的分段长度宜为 12～15m。钢桩的端部形式,应根据桩所穿越的土层,桩端持力层性质、桩的尺寸、挤土效应等因素综合考虑确定。与混凝土桩不同的是,钢桩还需进行防腐处理。

2. 受压桩

当桩顶以下 $5d$ 范围的桩身螺旋式箍筋间距不大于 100mm,且配筋符合规范要求时,钢筋混凝土轴心受压桩正截面受压承载力应满足

$$N \leqslant \psi_c f_c A_{ps} + 0.9 f'_y A'_s \tag{9-34}$$

当桩身配筋不符合上述要求时,应满足

$$N \leqslant \psi_c f_c A_{ps} \tag{9-35}$$

上述式中,N——载荷效应基本组合下的桩顶轴向压力设计值;

ψ_c——基桩成桩工艺系数,对混凝土预制桩、预应力混凝土空心桩取 0.85,干作业非挤土灌注桩取 0.90,泥浆护壁和套管护壁非挤土灌注桩、部分挤土灌注桩、挤土灌注桩取 0.7～0.8,软土地区挤土灌注桩取 0.6;

f_c——混凝土轴心抗压强度设计值;

A_{ps}——桩身截面面积;

f'_y——纵向主筋抗压强度设计值;

A'_s——纵向主筋截面面积。

计算轴心受压混凝土桩正截面受压承载力时,一般不考虑桩身压屈的影响,对于高承台基桩、桩身穿越可液化土或不排水抗剪强度小于 10kPa 的软弱土层的基桩,应考虑桩身压屈影响,考虑桩身压屈影响后的受压承载力计算可按现行《桩基规范》执行。

3. 抗拔桩

钢筋混凝土轴心抗拔桩的正截面受拉承载力应符合下列规定:

$$N \leqslant f_y A_s + f_{py} A_{py} \tag{9-36}$$

式中,N——载荷效应基本组合下桩顶轴向拉力设计值;

f_y、f_{py}——普通钢筋、预应力钢筋的抗拉强度设计值;

A_s、A_{py}——普通钢筋、预应力钢筋的截面面积。

抗拔桩的裂缝控制计算应符合下列规定:

(1) 对于严格要求不出现裂缝的一级裂缝控制等级预应力混凝土基桩,在载荷效应标准组合下混凝土不应产生拉应力,即应符合下式要求:

$$\sigma_{ck} - \sigma_{pc} \leqslant 0 \tag{9-37}$$

(2) 对于一般要求不出现裂缝的二级裂缝控制等级预应力混凝土基桩,在载荷效应标准组合下的拉应力不应大于混凝土轴心受拉强度标准值,即应符合下列公式要求:

在载荷效应标准组合下:

$$\sigma_{ck} - \sigma_{pc} \leqslant f_{tk} \tag{9-38}$$

在载荷效应准永久组合下：

$$\sigma_{cq} - \sigma_{pc} \leqslant 0 \tag{9-39}$$

（3）对于允许出现裂缝的三级裂缝控制等级基桩，按载荷效应标准组合计算的最大裂缝宽度应符合下列规定：

$$w_{max} \leqslant w_{lim} \tag{9-40}$$

上述式中，σ_{ck}、σ_{cq}——载荷效应标准组合、准永久组合下正截面法向应力（MPa）；

σ_{pc}——扣除全部应力损失后，桩身混凝土的预应力（MPa）；

f_{tk}——混凝土轴心抗拉强度标准值（MPa）；

w_{max}——按载荷效应标准组合计算的最大裂缝宽度（mm），可按现行国家标准《混凝土结构设计规范（2015 版）》（GB 50010—2010）计算；

w_{lim}——最大裂缝宽度限值（mm），按表 9-22 取用。

表 9-22　桩身的裂缝控制等级及最大裂缝宽度限值

环境类别		钢筋混凝土桩		预应力混凝土桩	
		裂缝控制等级	w_{lim}/mm	裂缝控制等级	w_{lim}/mm
二	a	三	0.2(0.3)	二	0
	b	三	0.2	二	0
三		三	0.2	一	0

注：① 水、土为强、中腐蚀性时，抗拔桩裂缝控制等级应提高一级；
　　② 二 a 类环境中，位于稳定地下水位以下的基桩，其最大裂缝宽度限值可采用括弧中的数值。

4．预制桩

预制桩吊运时单吊点和双吊点的设置，应按吊点（或支点）跨间正弯矩与吊点处的负弯矩相等的原则进行布置。考虑预制桩吊运时可能受到冲击和振动的影响，计算吊运弯矩和吊运拉力时，可将桩身重力乘以 1.5 的动力系数。

施工时，最大锤击压应力和最大锤击拉应力分别不应超过混凝土的轴心抗压强度设计值和轴心抗拉强度设计值。

9.8.4　承台结构设计

1．承台的构造要求

桩基承台除应满足抗冲切、抗剪切、抗弯承载力和上部结构要求外，还应符合一定的构造要求。承台可分为柱下或墙下独立承台、柱下或墙下条形承台梁、桩筏基础的筏板承台及桩箱基础的箱形承台等。

1）承台的尺寸构造要求

承台的尺寸与桩数和桩距有关，应通过经济技术综合比较确定。按照要求，柱下独立桩基承台的最小宽度不应小于 500mm，边桩中心至承台边缘的距离不应小于桩的直径或边长，且桩的外边缘至承台边缘的距离不应小于 150mm。对于墙下条形承台梁，桩的外边缘至承台梁边缘的距离不应小于 75mm，承台的最小厚度不应小于 300mm。高层建筑平板式和梁板式筏形承台的最小厚度不应小于 400mm，多层建筑墙下布桩的筏形承台的最小厚度不应小于 200mm。

2）承台的钢筋配置要求

柱下独立桩基承台钢筋应通长配置，如图 9-17 所示。对四桩以上（含四桩）承台宜按双向均匀布置，对三桩的三角形承台应按三向板带均匀布置，且最里面的三根钢筋围成的三角形应在柱截面范围内。承台纵向受力钢筋的直径不应小于 12mm，间距不应大于 200mm。柱下独立桩基承台的配筋率不应小于 0.15%。

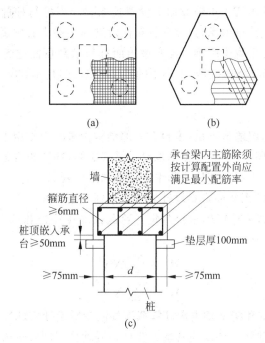

图 9-17　承台配筋示意

（a）矩形承台配筋；（b）三桩承台配筋；（c）墙下承台梁配筋图

条形承台梁的纵向主筋的最小配筋率应符合现行国家标准《混凝土结构设计规范（2015版）》（GB 50010—2010）的规定，主筋直径不应小于 12mm，架立筋直径不应小于 10mm，箍筋直径不应小于 6mm。

筏形承台板或箱形承台板在计算中，当仅考虑局部弯矩作用时，考虑到整体弯曲的影响，在纵横两个方向的下层钢筋配筋率不宜小于 0.15%；上层钢筋应按计算配筋率全部连通。当筏板的厚度大于 2000mm 时，宜在板厚中间部位设置直径不小于 12mm、间距不大于 300mm 的双向钢筋网。

承台底面钢筋的混凝土保护层厚度，当有混凝土垫层时，不应小于 50mm，无垫层时不应小于 70mm；此外，尚不应小于桩头嵌入承台内的长度。

3）桩与承台的连接构造

桩嵌入承台内的长度对中等直径桩不宜小于 50mm；对大直径桩不宜小于 100mm。混凝土桩的桩顶纵向主筋应锚入承台内，其锚入长度不宜小于 35 倍纵向主筋直径。对于大直径灌注桩，当采用一柱一桩时可设置承台或将桩与柱直接连接。

4）柱与承台的连接构造

对于一柱一桩基础,柱与桩直接连接时,柱纵向主筋锚入桩身内长度不应小于35倍纵向主筋直径。对于多桩承台,柱纵向主筋应锚入承台不小于35倍纵向主筋直径;当承台高度不满足锚固要求时,竖向锚固长度不应小于20倍纵向主筋直径,并向柱轴线方向呈90°弯折。当有抗震设防要求时,对于一、二级抗震等级的柱,纵向主筋锚固长度应乘以1.15的系数;对于三级抗震等级的柱,纵向主筋锚固长度应乘以1.05的系数。

5）承台与承台之间的连接构造

一柱一桩时,应在桩顶两个主轴方向上设置连系梁。当桩与柱的截面直径之比大于2时,可不设连系梁。两桩桩基的承台,应在其短向设置连系梁。有抗震设防要求的柱下桩基承台,宜沿两个主轴方向设置连系梁。连系梁顶面宜与承台顶面位于同一标高。连系梁宽度不宜小于250mm,其高度可取承台中心距的1/10~1/15,且不宜小于400mm。

2. 承台受弯计算

如果承台厚度较小,配筋量不足,承台在上部结构传来的力作用下,可能发生弯曲破坏。工程实践和试验结果表明,柱下独立桩基承台呈梁式破坏,即挠曲裂缝在平行于柱边的两个方向出现,最大弯矩产生于平行于柱边两个方向的屈服线处。

柱下独立桩基承台的正截面弯矩设计值可按下列规定计算。

（1）两桩条形承台和多桩矩形承台弯矩计算截面取在柱边和承台变阶处,可按下列公式计算（见图9-18(a)）：

$$M_x = \sum N_i y_i \tag{9-41}$$

$$M_y = \sum N_i x_i \tag{9-42}$$

式中,M_x,M_y——绕 x 轴和绕 y 轴方向计算截面处的弯矩设计值（kN·m）；

x_i、y_i——垂直 y 轴和 x 轴方向自桩轴线到相应计算截面的距离（m）；

N_i——不计承台及其上土重,在载荷效应基本组合下的第 i 基桩竖向反力设计值（kN）。

（2）三桩承台的正截面弯矩值应符合下列要求：

等边三桩承台（见图9-18(b)）

$$M = \frac{N_{max}}{3}\left(s_a - \frac{\sqrt{3}}{4}c\right) \tag{9-43}$$

式中,M——通过承台形心至各边边缘正交截面范围内板带弯矩设计值（见图9-18(c)）；

N_{max}——不计承台及其上土重,在载荷效应基本组合下三桩中最大基桩竖向反力设计值；

s_a——桩中心距；

c——方柱边长,圆柱时 $c=0.8d$（d 为圆柱直径）。

等腰三桩承台（见图9-18(d)）

$$M_1 = \frac{N_{max}}{3}\left(s_a - \frac{0.75}{\sqrt{4-\alpha^2}}c_1\right) \tag{9-44}$$

$$M_2 = \frac{N_{max}}{3}\left(\alpha s_a - \frac{0.75}{\sqrt{4-\alpha^2}}c_2\right) \tag{9-45}$$

式中,M_1、M_2——通过承台形心至两腰边缘和底边边缘正交截面范围内板带的弯矩设计值
　　　　　　(见图9-18(e));

　　s_a——长向桩中心距;

　　α——短向桩中心距与长向桩中心距之比,当 $\alpha<0.5$ 时,应按变截面的二桩承台设计;

　　c_1、c_2——垂直于、平行于承台底边的柱截面边长。

对于箱形承台、筏形承台、柱下条形承台梁、砌体墙下条形承台梁的弯矩设计值按现行
《建筑桩基技术规范》(JGJ 94—2008)的规定进行计算。

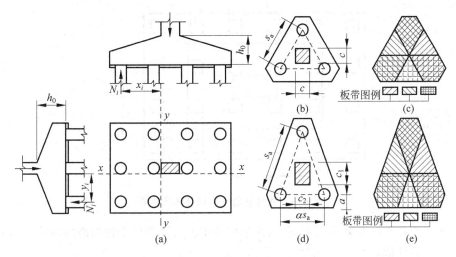

图 9-18　承台弯矩计算示意图

(a)矩形多桩承台;(b)等边三桩承台;(c)等边三桩承台板带;(d)等腰三桩承台;(e)等腰三桩承台板带

3. 柱下桩基独立承台的冲切计算

桩基承台厚度根据柱(墙)对承台的冲切和基桩对承台的冲切要求确定。承台的冲切破
坏主要有两种形式:由柱边缘或承台变阶处沿≥45°斜面拉裂形成冲切锥体破坏;或者是角
桩顶部对于承台边缘形成≥45°的向上冲切半锥体破坏,如图9-19所示。

1) 柱对承台的冲切

柱对承台的冲切有两种可能的破坏形式,即沿柱边缘或者沿承台变阶处冲切破坏。由
于柱的冲切力要扣除破坏锥体底面下各桩的净反力,当扩散角度等于45°时,可能覆盖更多
的桩,所以冲切力反而减少,因而不一定是最危险的冲切情况。所以,当锥体与承台底面夹
角≥45°时的锥体才是最危险冲切锥体,并且此锥体不同方向的倾角可能不等,如图9-19所
示。对锥形承台,冲切破坏锥体的取法与等厚度的承台相同。对于柱下矩形独立承台受柱
或受阶形的上阶(阶形基础时)冲切的承载力可按下列公式计算:

$$F_1 \leqslant 2[\beta_{0x}(b_c+a_{0y})+\beta_{0y}(h_c+a_{0x})]\beta_{hp}f_t h_0 \tag{9-46a}$$

$$F_1 = F - \sum N_i \tag{9-46b}$$

$$\beta_{0x} = \frac{0.84}{\lambda_{0x}+0.2} \tag{9-46c}$$

$$\beta_{0y} = \frac{0.84}{\lambda_{0y}+0.2} \tag{9-46d}$$

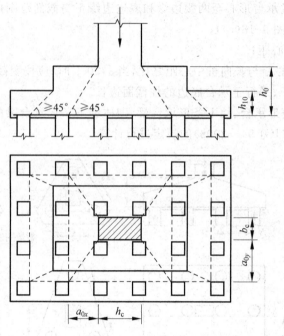

图 9-19 柱对承台的冲切计算示意图

式中，F_1——不计承台及其上土重，在载荷效应基本组合下作用于冲切破坏椎体上的冲切力设计值；

  F——不计承台及其上土重，在载荷效应基本组合作用下柱底的竖向载荷设计值；

  $\sum N_i$——不计承台及其上土重，在载荷效应基本组合下冲切破坏椎体内各基桩的反力设计值之和；

  β_{0x}、β_{0y}——冲切系数；

  λ_{0x}、λ_{0y}——冲跨比，$\lambda_{0x} = a_{0x}/h_0$，$\lambda_{0y} = a_{0y}/h_0$；

  h_c、b_c——x、y 方向的柱截面的边长，当验算承台受上阶冲切的承载力时，取承台上阶的相应边长；

  a_{0x}、a_{0y}——x、y 方向柱边或变阶处至相应桩边的水平距离；

  β_{hp}——承台受冲切承载力截面高度影响系数，当 $h \leqslant 800\text{mm}$，β_{hp} 取 1.0，当 $h \geqslant 2000\text{mm}$ 时，β_{hp} 取 0.9，其间按线性内插法取值；

  f_t——承台混凝土抗拉强度设计值；

  h_0——承台冲切破坏锥体的有效高度。

  对于圆柱及圆桩，计算时应将其截面换算成方柱及方桩，即取换算柱截面边长 $b_c = 0.8d_c$（d_c 为圆柱直径），换算桩截面边长 $b_p = 0.8d$（d 为圆桩直径）。

  对于柱下两桩承台，宜按深受弯构件（$l_0/h < 5.0$，$l_0 = 1.15l_n$，l_n 为两桩净距）计算受弯、受剪承载力，不需要进行受冲切承载力计算。

  2）角桩对承台的冲切计算

  由于假设相同的桩型在承台下按照线性规律分担总的竖向力，因此，偏心载荷下的某一角桩会承受最大的竖向力。此外，角桩向上冲切时，抗冲切的锥面只有一半，所以，角桩对承台的冲切是最危险的。

多桩矩形承台的角桩冲切计算如图 9-20 所示,图 9-20(a)的承台为锥形,为偏于安全,取 h_0 为承台外边缘的有效高度;图 9-20(b)的承台为台阶形。四桩以上(含四桩)承台受角桩冲切的承载力可按下列公式计算:

$$N_1 \leqslant \left[\beta_{1x}(c_2 + a_{1y}/2) + \beta_{1y}(c_1 + a_{1x}/2) \right] \beta_{hp} f_t h_0 \tag{9-47a}$$

$$\beta_{1x} = \frac{0.56}{\lambda_{1x} + 0.2} \tag{9-47b}$$

$$\beta_{1y} = \frac{0.56}{\lambda_{1y} + 0.2} \tag{9-47c}$$

式中,N_1——不计承台及其上土重,在载荷效应基本组合作用下角桩反力设计值;

β_{1x}, β_{1y}——角桩冲切系数;

$\lambda_{1x}, \lambda_{1y}$——角桩冲垮比,$\lambda_{1x} = a_{1x}/h_0$,$\lambda_{1y} = a_{1y}/h_0$,其值均应满足 $0.25 \sim 1.0$ 的要求;

c_1, c_2——从角桩内边缘至承台外边缘的距离;

a_{1x}, a_{1y}——从承台底角桩顶内边缘引 $45°$ 冲切线,与承台顶面相交点至角桩内边缘的水平距离,当柱边或承台变阶处位于该 $45°$ 线以内时,则取由柱边或承台变阶处与桩内边缘连线为冲切椎体的锥线;

h_0——承台外边缘的有效高度。

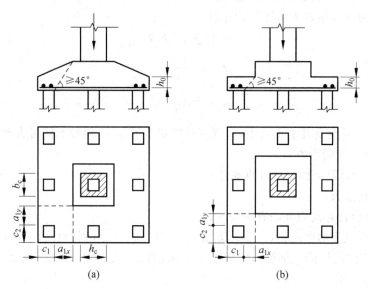

图 9-20　四桩以上(含四桩)承台角桩冲切计算示意图
(a) 锥形承台;(b) 阶形承台

三桩三角形承台的角桩冲切计算如图 9-21 所示,对于三桩三角形承台可按下列公式计算受角桩冲切的承载力。

底部角桩

$$N_1 \leqslant \beta_{11}(2c_1 + a_{11}) \beta_{hp} \tan \frac{\theta_1}{2} f_t h_0 \tag{9-48a}$$

$$\beta_{11} = \frac{0.56}{\lambda_{11} + 0.2} \tag{9-48b}$$

顶部角桩

$$N_1 \leqslant \beta_{12}(2c_2 + a_{12})\beta_{hp}\tan\frac{\theta_2}{2}f_t h_0 \quad (9\text{-}49a)$$

$$\beta_{12} = \frac{0.56}{\lambda_{12} + 0.2} \quad (9\text{-}49b)$$

式中，λ_{11}，λ_{12}——角桩冲跨比，$\lambda_{11} = a_{11}/h_0$，$\lambda_{12} = a_{12}/h_0$，其值均应满足 $0.25\sim1.0$ 的要求；

a_{11}，a_{12}——从承台底角桩顶内边缘引 $45°$ 冲切线，与承台顶面相交点至角桩内边缘的水平距离，当柱边或承台变阶处位于该 $45°$ 线以内时，则取由柱边或承台变阶处与桩内边缘连线为冲切锥体的锥线。

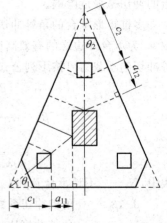

图 9-21　承台冲切计算示意图

4. 柱下桩基独立承台的受剪计算

对于柱下桩基独立承台，应验算承台斜截面的受剪承载力。剪切面为柱边、变阶处和桩内边缘连线形成的贯通承台的斜截面，如图 9-22 所示。当承台悬挑边有多排基桩形成多个斜截面时，应对每个斜截面的受剪承载力进行验算。

承台斜截面受剪承载力可按下式计算：

$$V \leqslant \beta_{hs}\alpha f_t b_0 h_0 \quad (9\text{-}50a)$$

$$\beta_{hs} = \left(\frac{800}{h_0}\right)^{1/4} \quad (9\text{-}50b)$$

$$\alpha = \frac{1.75}{\lambda + 1} \quad (9\text{-}50c)$$

式中，V——不计承台及其上土自重，在载荷效应基本组合下，斜截面的最大剪力设计值；

β_{hs}——承台剪切系数；

b_0——承台计算截面处的计算宽度；

α——剪切系数；

h_0——承台计算截面处的有效高度；

λ——计算截面的剪跨比，$\lambda_x = a_x/h_0$、$\lambda_y = a_y/h_0$，a_x、a_y 分别为柱边或承台变阶处至 y、x 方向所计算一排桩的桩边水平距离，当 $\lambda < 0.25$ 时，取 $\lambda = 0.25$；当 $\lambda > 3$ 时，取 $\lambda = 3$。

如图 9-22 所示，对于阶梯形承台应分别在变阶处（A_1—A_1，B_1—B_1）及柱边处（A_2—A_2，B_2—B_2）进行斜截面受剪承载力计算。

计算变阶处截面（A_1—A_1，B_1—B_1）的斜截面受剪承载力时，其截面有效高度均为 h_{10}，截面计算宽度分别为 b_{y1} 和 b_{x1}。

计算柱边截面（A_2—A_2，B_2—B_2）的斜截面受剪承载力时，其截面有效高度均为 $h_{10} + h_{20}$，截面计算宽度分别为：

对 A_2—A_2，

$$b_{y0} = \frac{b_{y1}h_{10} + b_{y2}h_{20}}{h_{10} + h_{20}} \quad (9\text{-}51a)$$

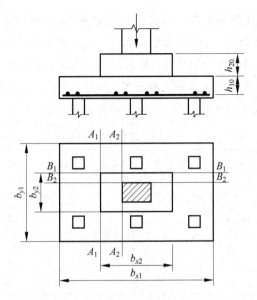

图 9-22 阶梯形承台斜截面受剪计算示意图

对 B_2—B_2，

$$b_{x0} = \frac{b_{x1}h_{10} + b_{x2}h_{20}}{h_{10} + h_{20}} \tag{9-51b}$$

如图 9-23 所示，对于锥形承台应对柱边处(A—A，B—B)两个截面进行受剪承载力计算，截面有效高度均为 h_0，截面的计算宽度分别为

对 A—A，

$$b_{y0} = \left[1 - 0.5\frac{h_{20}}{h_0}\left(1 - \frac{b_{y2}}{b_{y1}}\right)\right]b_{y1} \tag{9-52a}$$

对 B—B，

$$b_{x0} = \left[1 - 0.5\frac{h_{20}}{h_0}\left(1 - \frac{b_{x2}}{b_{x1}}\right)\right]b_{x1} \tag{9-52b}$$

图 9-23 锥形承台斜截面受剪计算示意图

【例9-1】 某一设计等级为乙级的柱下建筑桩基,柱截面尺寸为600mm×400mm,工程地质资料见表9-23及图9-24,地下稳定水位为-4m。已知由上部结构传至设计地面处,相应于载荷效应的标准组合的竖向力为:竖向力F_k=2080kN,弯矩M_{xk}=265kN·m,水平力H_k=65kN;相应于载荷效应准永久组合时的竖向力F_Q=1930kN。经过经济技术比较后决定采用钢筋混凝土钻孔灌注桩,试设计计算该桩基础。

表9-23 工程地质资料

编号	地层名称	深度/m	重度γ/(kN/m³)	孔隙比e	液性指数I_1	黏聚力c/kPa	内摩擦角φ/(°)	压缩模量E_s/(N/mm²)	q_{pk}/(kN/m³)	Q_{sik}/(kN/m²)
1	人工填土	0~1	16							
2	粉土	1~4	18	0.85		11	12	5.6	1250	50
3	淤泥质土	4~14	17	1.2	0.55	6	8	5.4		25
4	黏土	14~26	19	0.7	0.27	16	20	9.8	1600	76

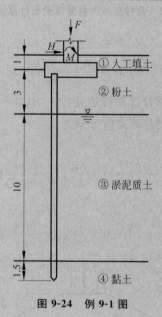

图9-24 例9-1图

【解】 1)初步选择持力层,确定桩材、桩型和尺寸

根据载荷和地质条件,以第④层黏土为桩端持力层。采用φ400的钻孔灌注桩。桩端进入持力层1.5m,初选承台底面埋深1.5m,桩长14m。桩身混凝土强度等级选用C25(f_c=11.9N/mm²,f_t=1.27N/mm²),钢筋选用HPB235级(f_y=210N/mm²,f'_y=210N/mm²)。

2)确定单桩承载力特征值

(1)根据桩身材料确定,初选配筋率ρ=0.45%,稳定系数φ=1.0,基桩成桩工艺系数ψ_c=0.8,按式(9-34)计算得

$$R_a = \psi_c f_c A_{ps} + 0.9 f'_y A'_s$$

$$= (0.8 \times 11.9 \times \pi \times 400^2/4 + 0.9 \times 210 \times 0.005 \times \pi \times 400^2/4)N$$
$$= 1314.4kN$$

（2）按土对桩的支撑力确定，按式（9-3）计算得

$$Q_{uk} = u \sum q_{sik} l_i + q_{pk} A_p$$
$$= [\pi \times 0.4 \times (50 \times 2.5 + 25 \times 10 + 76 \times 1.5) + (1600 \times \pi \times 0.4^2/4)]kN$$
$$= 815.2kN$$

根据式（9-6）得

$$R_a = Q_{uk}/K = 815.2/2kN = 408kN$$

单桩承载力特征值取上述两项计算值的最小者，即取 $R_a = 408kN$。

3）初步确定桩数及承台尺寸

先假设承台尺寸为 3.2m×2.0m，厚度为 1.0m，承台及其上土平均容重为 $20kN/m^3$，则承台及其上土自重的标准值为

$$G_k = 20 \times 3.2 \times 2.0 \times 1.5kN = 192kN$$

根据式（9-24），桩数初步确定为

$$n \geqslant \frac{F_k + G_k}{R_a} = \frac{2080 + 192}{408} = 5.6$$

可取 6 根桩，如图 9-25 所示。

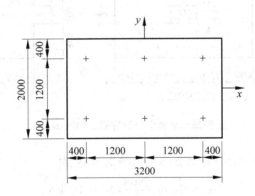

图 9-25　桩的布置及承台尺寸（单位：mm）

4）群桩基础中单桩承载力验算

不考虑群桩效应，单桩平均竖向力按式（9-25）计算：

$$N_k = \frac{F_k + G_k}{n} = \frac{2080 + 192}{6}kN = 379kN$$

代入式（9-28），$N_k = 379kN < R_a = 408kN$，符合要求。

按照式（9-26）计算单桩偏心载荷下最大竖向力为

$$N_{k\,max} = \frac{F_k + G_k}{n} + \frac{M_{yk} x_{max}}{\sum x_j^2} = \left[\frac{2080 + 192}{6} + \frac{(265 + 65 \times 1.5) \times 1.2}{4 \times 1.2^2}\right]kN = 454kN$$

按照式（9-29）的要求：$N_{k\,max} = 454kN < 1.2R_a = 489.6kN$，符合要求。

由于水平力 $H_k = 65kN$ 较小，可不验算单桩水平承载力。

5) 承台抗弯计算与配筋设计

在承台结构设计中,取相应于载荷效应基本组合的设计值,可按下式计算:

$$S = 1.35S_k$$
$$F = 1.35F_k = 1.35 \times 2080kN = 2808kN$$
$$M = 1.35M_k = 1.35 \times 265kN \cdot m = 358kN \cdot m$$
$$H = 1.35H_k = 1.35 \times 65kN = 88kN$$

对于承台进一步设计,取承台厚 0.9m(等厚度),下设厚度为 100mm、强度等级为 C10 的素混凝土垫层,保护层为 50mm,则 $h_0 = 0.85m$。承台混凝土强度等级为 C25,钢筋选用 HRB335 级,$f_y = 300N/mm^2$,如图 9-26 所示,图中已将圆桩截面转换成方桩截面。

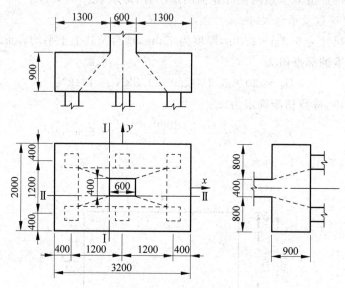

图 9-26　承台设计计算图(单位:mm)

各桩不计承台及其上土重 G_k 部分的平均净反力 $\bar{N}$ 为

$$\bar{N} = \frac{F}{N} = \frac{2808}{6}kN = 468kN$$

最大竖向力 $N_{max} = \dfrac{F}{n} + \dfrac{M_y x_{max}}{\sum x_j^2} = \left[\dfrac{2808}{6} + \dfrac{(358 + 88 \times 1.5) \times 1.2}{4 \times 1.2^2}\right]kN = 570kN$

对于 I—I 断面:

根据式(9-42)得 $M_y = \sum N_i x_i = 2N_{max} x_{max} = 2 \times 570 \times 0.9kN \cdot m = 1026kN \cdot m$

钢筋面积 $A_s = \dfrac{M_y}{0.9f_y h_0} = \dfrac{1026 \times 10^6}{0.9 \times 300 \times 850}mm^2 = 4471mm^2$

采用 18B18 钢筋,$A_s = 4572mm^2$,平行于 x 轴布置,配筋率为 0.27% > ρ_{min} = 0.15%,满足要求。

对于 II—II 断面:

根据式(9-41)得

$$M_x = \sum N_i y_i = 3\bar{N} y_i = 3 \times 468 \times 0.4kN \cdot m = 561.6kN \cdot m$$

钢筋面积

$$A_s = \frac{M_y}{0.9 f_y h_0} = \frac{561.6 \times 10^6}{0.9 \times 300 \times 850} \text{mm}^2 = 2447 \text{mm}^2$$

若按 $A_s = 2447 \text{mm}^2$ 配筋，则配筋率为 $0.09\% < \rho_{\min} = 0.15\%$，需按最小配筋率 0.15% 进行配筋，采用 16B18 钢筋，$A_s = 4064 \text{mm}^2$，平行于 y 轴布置。

6）承台抗冲切验算

（1）柱的向下冲切验算

根据式（9-46a）有

$$F_l \leqslant 2[\beta_{0x}(b_c + a_{0y}) + \beta_{0y}(h_c + a_{0x})]\beta_{hp} f_t h_0$$

式中：$h_c = 0.6 \text{m}$，$b_c = 0.4 \text{m}$

$$a_{0x} = 0.74 \text{m}, \quad \lambda_{0x} = \frac{a_{0x}}{h_0} = \frac{0.74}{0.85} = 0.87, \quad \beta_{0x} = \frac{0.84}{\lambda_{0x} + 0.2} = \frac{0.84}{0.87 + 0.2} = 0.79$$

$$a_{0y} = 0.24 \text{m}, \quad \lambda_{0y} = \frac{a_{0y}}{h_0} = \frac{0.24}{0.85} = 0.28, \quad \beta_{0y} = \frac{0.84}{0.28 + 0.2} = 1.75$$

$$\beta_{hp} = 1 - \frac{1 - 0.9}{2000 - 800} \times (900 - 800) = 0.99$$

则

$$2[\beta_{0x}(b_c + a_{0y}) + \beta_{0y}(h_c + a_{0x})]\beta_{hp} f_t h_0$$
$$= 2 \times [0.79 \times (0.4 + 0.24) + 1.75 \times (0.6 + 0.74)] \times 0.99 \times 1270 \times 0.85 \text{kN}$$
$$= 6093 \text{kN}$$

冲切力设计值

$$F_l = F - \sum N_i = 2808 \text{kN} < 6903 \text{kN}$$

说明满足式（9-46a）的条件。

（2）角桩的冲切验算

根据式（9-47a），冲切力 N_l 必须不大于抗冲切力，即满足

$$N_l \leqslant [\beta_{1x}(c_2 + a_{1y}/2) + \beta_{1y}(c_1 + a_{1x}/2)]\beta_{hp} f_t h_0$$

式中，$c_1 = c_2 = 0.56 \text{m}$

$$a_{1x} = 0.74 \text{m}, \quad \lambda_{1x} = \frac{a_{1x}}{h_0} = \frac{0.74}{0.85} = 0.87, \quad \beta_{1x} = \frac{0.56}{\lambda_{1x} + 0.2} = \frac{0.56}{0.87 + 0.2} = 0.52$$

$$a_{1y} = 0.24 \text{m}, \quad \lambda_{1y} = \frac{a_{1y}}{h_0} = \frac{0.24}{0.85} = 0.28, \quad \beta_{1y} = \frac{0.56}{\lambda_{1y} + 0.2} = \frac{0.56}{0.28 + 0.2} = 1.17$$

则

$$[\beta_{1x}(c_2 + a_{1y}/2) + \beta_{1y}(c_1 + a_{1x}/2)]\beta_{hp} f_t h_0$$
$$= [0.52 \times (0.56 + 0.24/2) + 1.17 \times (0.56 + 0.74/2)] \times 0.99 \times 1270 \times 0.85$$
$$= 1541 \text{kN} > N_l = 570 \text{kN}$$

符合要求。

7）承台抗剪验算

根据式（9-50a），剪切力 V 必须不大于抗剪切力，即满足

$$V \leqslant \beta_{hs} \alpha f_t b_0 h_0$$

$$\beta_{hs} = \left(\frac{800}{h_0}\right)^{1/4} = \left(\frac{800}{850}\right)^{1/4} = 0.98$$

对于 Ⅰ—Ⅰ 截面：

$$a_x = 0.74\text{m}, \quad \lambda_x = \frac{a_x}{h_0} = \frac{0.74}{0.85} = 0.87, \quad \alpha = \frac{1.75}{\lambda+1} = \frac{1.75}{0.87+1} = 0.94$$

$$b_0 = 2.0\text{m}, \quad V = 2N_{\max} = 2 \times 570\text{kN} = 1140\text{kN}$$

则

$$\beta_{hs}\alpha f_t b_0 h_0 = 0.98 \times 0.94 \times 1270 \times 2.0 \times 0.85\text{kN} = 1989\text{kN} > 1140\text{kN}$$

符合要求。

对于 Ⅱ—Ⅱ 截面：

$$a_y = 0.24\text{m}, \quad \lambda_y = \frac{a_y}{h_0} = \frac{0.24}{0.85} = 0.28, \quad \alpha = \frac{1.75}{\lambda+1} = \frac{1.75}{0.28+1} = 1.37$$

$$b_0 = 3.2\text{m}, \quad V = 2\bar{N} = 3 \times 468\text{kN} = 1404\text{kN}$$

则

$$\beta_{hs}\alpha f_t b_0 h_0 = 0.98 \times 1.37 \times 1270 \times 3.2 \times 0.85\text{kN} = 4638\text{kN} > 1404\text{kN}$$

符合要求。

8) 群桩沉降计算

桩中心距 $s_a = 1.2\text{m}$，桩径 $d = 0.4\text{m}$，$s_a = 3d$，属于小于 6 倍桩径的桩基，可将群桩作为假想的实体基础，按等效作用分层总和法计算群桩的沉降。

将地下水位之上混合重度取为 20kN/m^3，则桩端平面处土的平均压力为

$$p' = \left(\frac{1930}{3.2 \times 2.0} + 4 \times 20 + 11.5 \times 10 \right)\text{kPa} = 497\text{kPa}$$

桩端平面处土的自重压力：

$$p_c = (16 \times 1 + 18 \times 3 + 7 \times 10 + 9 \times 1.5)\text{kPa} = 154\text{kPa}$$

桩端平面处桩基对土的平均附加压力：

$$p_0 = p' - p_c = (497 - 154)\text{kPa} = 343\text{kPa}$$

取 $s_a/d = 3.0$，$l/d = 14/0.4 = 35$，$L_c/B_c = 3.2/2.0 = 1.6$，$\psi = 1.2$；通过内插值法查表得

$$C_0 = 0.077, \quad C_1 = 1.613, \quad C_2 = 8.761$$

$$\psi_e = C_0 + \frac{n_b - 1}{C_1(n_b - 1) + C_2} = 0.077 + \frac{2-1}{1.613 \times (2-1) + 8.761} = 0.173$$

承台底面积矩形长宽比 $a/b = L_c/B_c = 1.6$，深宽比 $z_i/b = 2z_i/B_c$，查表，用内插值法得 $\bar{\alpha}_i$，并按式 $s = 4\psi \cdot \psi_e \cdot p_0 \sum_{i=1}^{n} \frac{z_{ij}\bar{\alpha}_{ij} - z_{(i-1)j}\bar{\alpha}_{(i-1)j}}{E_s}$ 计算沉降量，见表 9-24。

表 9-24 沉降计算表

i	z_i/m	$\dfrac{z_i}{b} = \dfrac{2z_i}{B_c}$	$\bar{\alpha}_i$	$z_i\bar{\alpha}_i/\text{m}$	E_s/MPa	$\Delta s/\text{mm}$	s/mm
1	0	0	0.2500	0	9.8	0	0
2	4	4	0.1294	0.5176	9.8	15.04	15.04
3	5	5	0.1102	0.5510	9.8	0.97	16.01
4	6	6	0.0957	0.5742	9.8	0.67	16.68
5	7	7	0.0844	0.5908	9.8	0.48	17.16

桩基沉降计算深度 Z_n 按附加应力 $\sigma_z = 0.2\sigma_c$ 验算,假定取 $z_i = 5m$,计算得

$$\sigma_z = 4\alpha_j p_0 = 4 \times 0.027 \times 343kPa = 37kPa$$

Z_n 深度处土的自重应力

$$\sigma_c = p_c + z_n\gamma = (154 + 5 \times 9)kPa = 199kPa$$

因 $\sigma_z/\sigma_c = 0.186 < 0.2$,所以将桩基沉降计算深度取为桩端平面下 5m 是符合要求的,即桩基最终沉降量为 $s = 16.01mm$。

复习思考题

9.1 简述桩基础的适用场合及设计原则。

9.2 桩按承载性状分哪几类?端承摩擦桩与摩擦端承桩受力情况有什么不同?

9.3 预制桩有何优点?常用的预制桩有哪些规格?适用于什么条件?

9.4 何谓单桩竖向承载力设计值与特征值?怎样确定它们的数值?

9.5 单桩竖向静载荷试验与浅基础的现场静载荷试验有什么不同之处?已知桩的静载荷试验成果 p-s 曲线,如何确定单桩竖向极限承载力标准值和单桩竖向承载力标准值?

9.6 何谓群桩?群桩效应与承台效应如何计算?群桩承载力与单桩承载力之间,有何内在联系?

9.7 桩基设计包括哪些内容?偏心受压情况下,桩的数量如何确定?桩基础初步设计后,还需要进行哪些验算?如果验算不满足要求,应如何解决?

9.8 如何确定承台的平面尺寸及厚度?设计时应作哪些验算?

9.9 什么叫负摩擦力、中性点?如何确定中性点的位置及负摩擦力的大小?

9.10 在工程实践中如何选择桩的直径、桩长以及桩的类型?

习题

9.1 某承台下设置了 6 根边长为 300mm 的实心混凝土预制桩,桩长 12m(从承台底面算起),桩周土上部 10m 为淤泥质土,$q_{sia} = 12kPa$,淤泥质土下为很厚的硬塑黏性土,$q_{sia} = 43kPa$,$q_{pa} = 2000kPa$。试计算单桩竖向承载力特征值。(答案:427.2kPa)

9.2 某 4 桩承台埋深 1m,桩中心距 1.6m,承台边长为 2.5m,作用在承台顶面的载荷标准值为 $F_k = 2000kN$,$M_k = 200kN \cdot m$。若单桩竖向承载力特征值 $R_a = 550kN$,验算单桩承载力是否满足要求。(答案:满足)

9.3 有一建筑物的地质剖面如图 9-27 所示。相应于载荷效应标准组合时作用于柱底的载荷为:$P = 2040kN$,M(长边方向)$= 320kN \cdot m$,$T = 56kN$。根据择优比较选择了钢筋混凝土打入桩基础。采用 300mm×300mm 的预制钢筋混凝土方桩。根据地质条件,确定第四层硬塑黏土为桩尖持力层。桩尖进入持力层 1.55m。桩数 $n = 5$ 根,桩顶伸入承台 50mm,钢筋保护层取 85mm。建筑场地地层条件:

(1) 粉质黏土层:$I_1 = 0.6$,取 $q_{sk} = 60kPa$;

(2) 饱和软黏土层:因 $e = 1.10$,属于淤泥质土,取 $q_{sk} = 26kPa$;

(3) 硬塑黏土层:$I_1 = 0.25$,取 $q_{sk} = 80kPa$,端土极限承载力标准值为 2500kPa。

要求：(1) 进行群桩中单桩的竖向承载力验算。(答案：符合)

(2) 若不考虑承台效应,沿平行于 x 轴方向应均匀布置截面积约为多少的 HRB335 级钢筋($f_y=300\text{N/mm}^2$)？(答案：3840mm)

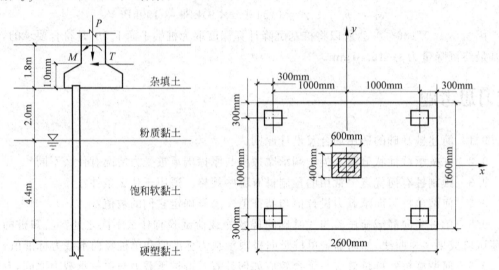

图 9-27　习题 9.3 图

9.4　设计资料：某直线桥的排架桩墩由 2 根 1.0m 钢筋混凝土钻孔桩组成,混凝土采用 C20,承台底部中心载荷：$\sum N=5000\text{kN}$, $\sum H=100\text{kN}$, $\sum M=320\text{kN} \cdot \text{m}$。其他有关资料如图 9-28 所示,桥下无水。试求出桩身弯矩的分布、桩顶水平位移及转角(已知地基比例系数 $m=8000\text{kPa/m}^2$, $m_0=50000\text{kPa/m}^2$)。(答案：0.01733m,−0.00345rad)

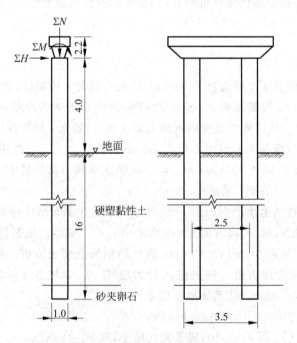

图 9-28　习题 9.4 图(单位：m)

第10章

地基处理

10.1 概述

10.1.1 地基处理的目的和意义

据调查统计,世界各国各种建筑、水利、交通等工程事故中,地基问题常常是主要的原因。土木工程的地基问题,概括起来,包括以下四个方面:

(1) 强度及稳定性问题。在外载荷引起的剪应力超过地基土的抗剪强度时,地基就会产生局部或整体剪切破坏。

(2) 压缩及不均匀沉降问题。在上部结构载荷作用下,地基产生过大的变形;或者由于水文条件变化,如土的湿陷、膨胀等,超过建筑物容许的不均匀变形时,工程的正常使用受到影响。

(3) 地基的渗漏问题。水利工程、基坑工程中由于水力坡降超过容许值时,会发生水土流失、潜蚀、管涌、流砂等,造成事故。

(4) 振动液化和震陷问题。在地震、机器、车辆、波浪、爆破等动力载荷作用下,可能引起饱和无黏性土的液化失稳或沉陷等危害。

当建筑物的地基存在上述四类问题之一或其中几个时,就应该进行地基处理以满足工程的安全和正常使用。地基处理是否得当,关系到整个工程的质量与安全、投资的规模和工程的进度等,因此其重要性已越来越多地被人们所认识。

10.1.2 地基处理的对象

地基处理的对象包括:软弱地基与不良地基两方面。

1. 软弱地基

软弱地基在地表下相当深度范围内存在软弱土。

1) 软弱土的特性

软弱土包括淤泥、淤泥质土、冲填土、杂填土及饱和松散粉细砂与粉土。这类土的工程特性为压缩性高、强度低,通常很难满足地基承载力和变形的要求。因此,不能作为永久性大中型建筑物的天然地基。

淤泥和淤泥质土具有下列特性:①天然含水率高,$\omega > \omega_l$,呈流塑状态;②孔隙比大,$e \geqslant$

1.0;③压缩性高,一般 $a_{1-2}=0.7\sim1.5\text{MPa}^{-1}$,属高压缩性土;④渗透性差,通常渗透系数 $k\leqslant i\times10^{-6}\text{cm/s}$,这类建筑地基的沉降往往持续几十年才稳定;⑤具有结构性,施工时扰动结构,则强度降低,如沪、甬一带滨海相淤泥的灵敏度达 $4\sim10$。

冲填土是疏浚江河时,用挖泥船的泥浆泵将河底的泥砂用水力冲填至岸上形成的。含黏土颗粒多的冲填土往往是强度低、压缩性高的欠固结土。以粉土或粉细砂为主的冲填土容易产生液化。

杂填土是城市地表覆盖的、由人类活动堆填的建筑垃圾、生活垃圾和工业废料,结构松散,分布无规律,极不均匀。

2) 软弱土的分布

(1) 淤泥和淤泥质土:广泛分布在上海、天津、宁波、温州、连云港、福州、厦门、广州等沿海地区及昆明、武汉等内陆地区,此外,各省市都存在小范围的淤泥和淤泥质土。

(2) 冲填土:主要分布在沿海江河两岸地区,例如天津市有大面积海河冲填土。

(3) 杂填土:杂填土分布最广,历史悠久的城市,杂填土厚度大,市区多为建筑垃圾。例如,北京市西城区新建中小学教师住宅区,建筑垃圾厚达 $6\sim7\text{m}$。北京西三旗精密陶瓷厂杂填土厚度超过 9m。郊区的杂填土更复杂,还有城市的生活垃圾。例如,北京一房地产开发公司新建别墅区,2 层小楼地基为 $5\sim8\text{m}$ 厚的生活垃圾。

2. 不良地基

不良地基包括下列几类。

1) 湿陷性黄土地基

由于黄土的特殊环境与成因,黄土中含有大孔隙和易溶盐类。由于黄土具有湿陷性,可导致房屋开裂。

2) 膨胀土地基

膨胀土中有大量蒙特石矿物,是一种吸水膨胀,失水收缩,具有较大往复胀缩变形的高塑性黏土。在膨胀土场地上造建筑物若处理不当,会使房屋发生开裂等事故。

3) 泥炭土地基

凡有机质含量超过 25% 的土称为泥炭土。泥炭土是在沼泽和湿地中生长的苔藓、树木等植物分解而形成的有机质土,呈黑色或暗褐色,具有纤维状疏松结构,为高压缩性土。

4) 多年冻土地基

在高寒地区,含有固态水且冻结状态持续一年或二年以上的土,称为多年冻土。多年冻土的强度和变形有其特殊性,例如,冻土中既有固态冰又有液态水,在长期载荷作用下具有流变性。又如建房取暖,将改变多年冻土地基的温度与性质,等等,故对此需专门研究。

5) 岩溶与土洞地基

岩溶又称"喀斯特"(karst),它是可溶性岩石,如石灰岩、岩盐等长期被水溶蚀而形成的溶洞、溶沟、裂隙,以及由于溶洞的顶板塌落,使地表发生坍陷等现象和作用的总称。土洞是岩溶地区上覆土层,被地下水冲蚀或潜蚀所形成的洞穴。岩溶和土洞对建筑物的影响很大。

6) 山区地基

山区地基的地质条件复杂,主要为地基的不均匀性和场地的不稳定性。例如,山区的基岩面起伏大,且可能有大块孤石,使建筑地基软硬悬殊导致事故发生。尤其山区常有滑坡、泥石流等不良地质现象,威胁建筑物的安全。

7)饱和粉细砂与粉土地基

饱和粉细砂与粉土地基在强烈地震作用下,可能产生液化,使地基丧失承载力,发生倾倒、墙体开裂等事故。

此外,如旧房改造和增层,工厂设备更新,加重,在邻近低层房屋开挖深坑建高层建筑等情况,都存在地基土体的稳定性与变形问题,需要进行研究与处理。

10.1.3 地基处理方案的确定

1. 准备工作

(1)搜集详细勘测的资料和地基基础设计资料。

(2)论证地基处理的必要性,了解采用天然地基存在的主要问题,是否可用建筑物移位、修改上部结构设计或其他简单措施来解决;明确地基处理的目的、处理范围和要求处理后达到的技术经济指标。

(3)调查本地区地基处理经验和施工条件。

2. 地基处理方法确定的步骤

(1)初选几种可行性方案。根据结构类型、载荷大小及使用要求,结合地形地貌、地层结构、土质条件、地下水及环境情况和对邻近建筑的影响进行选择。

(2)选择最佳方案。对初选的各方案,从加固原理、适用范围、预期处理效果、材料来源与消耗、机具条件、施工技术与进度和对环境的影响,进行全面技术经济比较,从中选择一个最佳的地基处理方案。通常集中各方案的优点,采用一个综合处理方案。

(3)现场试验。对已选定的地基处理方法,按建筑物安全等级和场地复杂程度,选择代表性场地进行现场试验并进行必要的测试。检验处理效果,必要时修改处理方案。

10.1.4 地基处理技术的分类及其适用性

近年来,地基处理技术发展很快,新技术新工艺还在不断地开拓中。严格地对地基处理方法进行分类是十分困难的。各种各样的建筑物对地基的要求也不同,不少地基处理方法具有几种不同的作用,例如同样一种振冲法,用在饱和的松砂、杂填土或疏松的黏性土中,主要是挤密作用,但在饱和低透水性软土中,不可能将土挤密,而只能用大量石料置换软土形成一个不规则的碎石柱体。此外,还有许多处理方法的机理不明确,计算方法不完善,经验性强、功能归属很困难。因此,对地基处理的分类主要是根据对地基改善的原理进行分类。这样概念比较明确,选择应用时也方便;同时也可以避免一些不必要的失误。

根据对地基改善的原理,地基处理可以分成:排水固结法、密实法、换填法、胶结法、加筋法、冷热处理法和托换法等。各类方法的适用范围详见表 10-1 所示。

表 10-1 地基处理方法的分类及各种方法的适用范围

编号	分类及处理原则		处理方法	处理特点	适用范围
1	排水固结法	渗透性低的软土,通过载荷的预压作用,将空隙中一部分水慢慢挤出,土的孔隙比减少,以达到强度增长和消除一部分变形的目的	堆载预压法 砂井堆载预压法 真空预压法 降水预压法	在天然地基上堆载荷 在砂井地基上堆载荷 利用真空作为预压载荷降低地下水位,增加有效自重应力	淤泥质土、淤泥、冲填土等饱和黏性土地基
2	密实法	通过振动、挤压等方法,使地基土孔隙比减小,提高土体强度减少地基的沉降	表层压实法 重锤夯实法 强夯法	利用不同重量的锤和夯击能量,将土体夯实	非饱和疏松黏性土,湿陷性黄土,松散砂土,杂填土等
			振冲挤密法 土桩或灰土桩挤密法 砂桩挤密法 石灰桩挤密法 爆扩法	在土体中采用竖向扩孔。从横向将土体挤密	
3	换填法	用砂、碎石、灰土等材料,置换软弱地基中部分土体,起到应力扩散,调节变形作用	垫层法 褥垫法 开挖置换法 振冲置换法	表层土层换土 岩土交界处过渡 深层换土	浅层软弱土层,不均匀土层
4	胶结法	利用气压、液压或电化学原理把某些能固化的液体注入土层、岩石裂隙以改良土体或降低渗透性或在软土中掺入水泥、石灰等与土搅拌后胶结成强度较高的土体使地基变成复合地基,改变持力层的强度和模量	压密注浆 劈裂注浆 高压喷射注浆 化学灌浆(注入水玻璃、碱液等) 深层搅拌法(湿法) 粉喷搅拌法(干法)	注入浓浆压密土体 在形成裂隙的土体中注入浆液利用高气压水压,使土与水泥浆充分混合 利用化学浆液在土中发生化学反应生成充填物或胶结土颗粒	黏性土,砂性土,粉土,人工填土等
5	加筋法	通过在土体中设置土工聚合物或金属带片等拉筋,受力杆件,以达到提高地基承载力和稳定性	加筋土 土工聚合物 锚固技术 树根桩	利用筋土之间的摩擦力稳定土体 利用锚固力稳定土体设置竖直或斜向小直径灌桩	稳定边坡,人工路堤挡土结构等稳定边坡和加固地基
6	托换法	采用支托的办法,转移原有建筑物载荷,然后对地基进行加固		结合结构特点,综合考虑是一种事后处理技术	根据建筑物及地基基础的情况选择应用

10.1.5 地基处理选择的原则及其注意事项

地基处理是一门技术性和经验性很强的应用性学科。我国地域广大,土类繁多,不同的建筑物对地基的要求也不同,因此,在选择地基处理方法之前,必须认真研究上部结构和地基两方面特点,并结合当地的经验,选择经济有效的处理方法。作为一个地基处理的岩土工程师,必须掌握以下原则。

（1）针对地质条件和工程特点选用合适的地基处理方法。

地基处理的方法很多，但各种处理方法都有它的适用范围，没有一种方法是万能的。具体工程情况很复杂，工程地质条件千变万化，因此，对每一具体工程都要进行具体细致分析，根据地基条件、处理要求、材料来源、机具设备等综合考虑，确定合适的处理方法。

（2）所选用的处理方法必须符合土力学的基本原理。

地基处理的目的是改善地基土的性质或受力条件，如果选择不当，非但不能达到预期的效果，反而会造成相反的结果。例如，对饱和的、低渗透性的软土地基，在没有改善排水条件下，采用密实法处理，显然是达不到应有的效果。这是因为渗透性很低的软土，不可能在瞬间载荷作用下将孔隙水挤出达到加固的目的。又如，黄土和红土，两种土的孔隙比都很大，强夯法可以有效地消除黄土的湿陷性，但却破坏了红土的非亲水的胶结物构成的结构强度，地基的承载能力反而降低。

（3）根据地基处理的时效特点进行工程验算与控制。

地基处理的时效问题常被人们所忽略。大部分地基处理方法的加固效果并非在施工结束后就能全部发挥出来，而需要经过一段时间后才能体现，例如，灌浆、深层搅拌法等，应充分估计施工过程中对地基土的破坏作用。特别是将这种技术运用于已有建筑物的地基，施工期有可能会增加沉降，在处理边坡时有可能使安全系数降低。水泥浆或水泥土的强度在地下环境养护期要比地上环境长得多。目前特别是多层建筑上部结构的施工速度很快，地基土的强度还没有恢复或明显增长，载荷已全部施加完毕，反而会造成建筑物的不均匀沉降。此外，有的部位先施工，有的部位迟施工，先施工的部位已经达到较高的强度，迟施工的部位强度尚未恢复，地基土在水平方向上形成相对不均匀性，也会造成建筑物的不均匀沉降。

（4）加强管理、严格计量、及时检测、减少人为因素的影响。

地基处理的效果受人为因素的影响非常突出，与管理的水平、工人的素质都有直接关系，例如，材料的计量问题、施工的配合和操作问题，技术控制的手段和检测的方法等都还不够完善。

（5）重视地基处理的工程经验。

在众多的地基处理方法中，加固机理、理论分析和设计计算方法等都尚需进一步研究，因此，经验具有相当重要的作用。所以岩土工程师必须不断地研究和总结，因地制宜，切忌机械地搬用。

10.2　预压排水固结原理

预压排水固结法主要是用于处理淤泥、淤泥质土和冲填土等饱和黏性土地基。这类土的特点是含水量大、压缩性高、强度低、透水性差，而且沉降延续的时间很长。采用预压排水固结法，可以使土体的强度增长，地基承载力提高；相对于预压载荷的地基沉降，在处理期间部分消除或基本消除，使建筑物在使用期间不会产生不利的沉降或沉降差。

10.2.1　加固机理

预压排水固结法是在建筑物建造之前，在场地上进行加载预压，使土体中部分孔隙水逐渐排出,地基固结,土体强度逐渐提高,沉降提前完成的方法。根据固结理论,黏性土固结所需的时间与排水距离的平方成正比。如图 10-1(a)所示边界条件,这是一种典型的单向固结情况,只有在当土层厚度较薄或土层厚度相对载荷宽度比较小时,孔隙水可以由竖向渗流经上下透水层排出而使土层固结。但是当软土层很厚时,固结延续的时间很长。为了满足工程的要求,加速土层固结,根据地基的排水边界条件,可以在地基中预先设置竖向的或横向和竖向结合的排水系统,如图 10-1(b)所示,这是目前常用的由砂井(袋装砂井)或塑料排水板构成的竖向排水系统以及由砂层构成的横向排水系统,在载荷作用下促使孔隙水由水平流入砂井,竖向流入砂垫层,固结时间可以大大缩小。

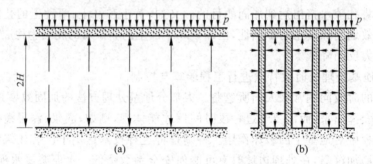

图 10-1　预压排水固结法的排水系统

(a) 竖向渗流情况;(b) 砂井地基排水情况

要使土体中孔隙水排出,必须对土体施加载荷,令土中的孔隙水成为超孔隙水才能流动,所以排水固结法还必须配有加载系统。加载系统的形式和方法很多,根据所施加的预压载荷不同,排水固结法可分为堆载预压法、真空预压法和联合预压法。

预压排水固结法处理地基的概念有两种情况,见图 10-2 和图 10-3。

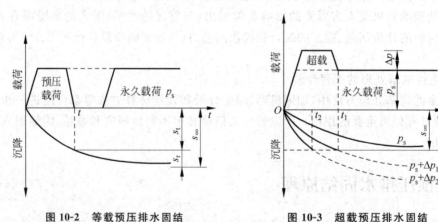

图 10-2　等载预压排水固结　　　　图 10-3　超载预压排水固结

1. 等载预压

图 10-2 表示预压载荷与永久载荷相等的情况。地基的最终沉降量 s_∞ 应由两部分组成:

$$s_\infty = s_t + s_r \tag{10-1}$$

式中，s_t——预压期内所产生的沉降或被消除的沉降；

s_r——残留沉降。

从图 10-2 中不难看出，预压的效果和预压的时间有关，预压的时间越长，消除的沉降 s_t 越大，残留沉降 s_r 越小。因此预压时间完全取决于永久载荷对残留沉降 s_r 的要求而定。

2. 超载预压

超载预压是指预压载荷大于永久载荷的情况，如图 10-3 所示。如果在永久载荷作用下，地基的最终沉降为 s_∞，则预压的效果与超载 Δp 有关；当预压时间相同时，Δp 越大，预压消除的沉降越多，效果越好。超载预压的最大优点，除可以大大缩短预压时间外，还可以达到残留沉降 $s_r \approx 0$ 的目的，亦即在永久载荷使用期几乎没有沉降发生。

超载预压地基处理的效果比较好，根据经验，超载 Δp 为 20% 永久载荷最为经济。

10.2.2　地基固结度计算

地基固结度计算主要是根据图 10-1 所示两种边界条件作出的。

1. 竖向排水平均固结度

对于图 10-1(a)所示双面排水条件，根据太沙基固结理论，可以直接写出地基在某一时刻的平均固结度 $\overline{U}_z$ 的公式：

$$\overline{U}_z = 1 - \frac{8}{\pi^2}\exp\left(-\frac{\pi^2}{4}T_v\right) \tag{10-2}$$

$$T_v = \frac{c_v t}{H_2} \tag{10-3}$$

$$c_v = \frac{k_v(1+e)}{a\gamma_w} \tag{10-4}$$

式中，T_v——竖向固结时间因数；

H——竖向最大排水距离；

c_v——竖向固结系数；

t——固结时间；

a, e, k_v——土的压缩系数、孔隙比和竖向渗透系数；

γ_w——水的重度。

为了便于计算，公式(10-2)已制成如图 10-4 所示 $\overline{U}_z$-T_v 的关系曲线。如果地基只有单面排水界面，而且附加应力分布又为非矩形的情况，则固结度 $\overline{U}_z$ 与时间因数 T_v 的关系可查图 10-5 所示各曲线。

2. 砂井地基固结度计算

砂井地基的排水条件如图 10-1(b)所示，土层中的孔隙水既可以竖向又可以水平向排走。单考虑建立砂井的排水边界条件是与砂井的平面布置形式有关。砂井的布置通常按等边三角形或正方形排列，如图 10-6(a)、(b)所示。因此，每一根砂井的有效排水范围如图中虚线所示，并用一个等效圆来代替，认为在该范围内的超孔隙水是通过位于其中的砂井排

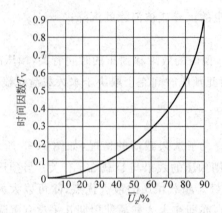

图 10-4　双面排水条件下的竖向固结度 $\bar{U}_z$ 与时间因数 T_v 的关系曲线

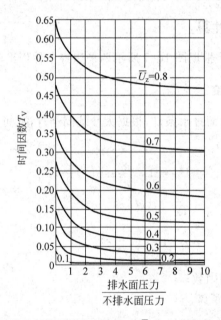

图 10-5　各种边界条件下的竖向固结度 $\bar{U}_z$ 与时间因数 T_v 的关系曲线

出。这样,排水边界可以看作等效直径为 d_e 的圆柱体,见图 10-6(c)。圆柱体的面为一个不透水边界。等效圆的直径 d_e 与砂井排列的间距 l 的关系如下:

等边三角形排列:

$$d_e = \sqrt{\frac{2\sqrt{3}}{\pi}}\, l = 1.05l \tag{10-5}$$

正方形排列:

$$d_e = \sqrt{\frac{4}{\pi}}\, l = 1.13l$$

对于径向排水固结度 $\bar{U}_r$,可以根据图 10-6(c)的边界条件建立超孔隙水压力消散微分方程,其解为

$$\bar{U}_r = 1 - \exp\left(-\frac{8}{F(n)} T_h\right) \tag{10-6}$$

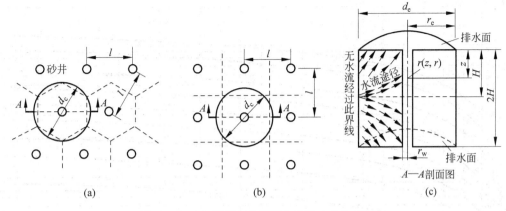

图 10-6　砂井平面布置及影响范围土柱体剖面

$$F(n) = \frac{n^2}{n^2-1}\ln n - \frac{3n^2-1}{4n^2} \tag{10-7}$$

$$T_h = \frac{c_h t}{d_e^2} \tag{10-8}$$

$$c_h = \frac{k_h(1+e)}{a\gamma_w} \tag{10-9}$$

式中，n——井径比，$n = \dfrac{d_e}{d_w}$，d_e，d_w 分别为砂井的影响圆直径和砂井的直径，一般取 4～12；

T_h——径向(水平向)排水固结时间因数；

c_h——径向(水平向)排水固结系数；

k_h——水平向渗透系数。

砂井地基的径向(水平向)排水固结度 $\overline{U}_r$ 与时间因数 T_h、井径比 n 之间的关系见图 10-7 所示各曲线。

砂井地基的平均总固结度 $\overline{U}_{rz}$ 是由竖向排水和径向排水所组成的，可按下式计算：

$$\overline{U}_{rz} = 1 - (1-\overline{U}_z)(1-\overline{U}_r) \tag{10-10}$$

式中，$\overline{U}_z$——单考虑竖向排水的平均固结度；

$\overline{U}_r$——单考虑径向排水的平均固结度。

在实际工程中，通常软黏土层的厚度总比砂井的间距大得多，所以地基的固结以水平向排水为主，故经常忽略竖向固结，直接按式(10-6)计算，作为地基的平均固结度。

10.2.3　堆载预压法

1. 预压载荷的大小

(1) 通常预压载荷与建筑物的基底压力大小相同。

(2) 对于沉降有严格限制的建筑，应采用超载预压法。超载的数量根据预定时间内要求消除的沉降量确定，并使超载在地基中的有效应力不小于建筑物的附加应力。

(3) 预压载荷应小于极限载荷 ρ，以免地基发生滑动破坏。

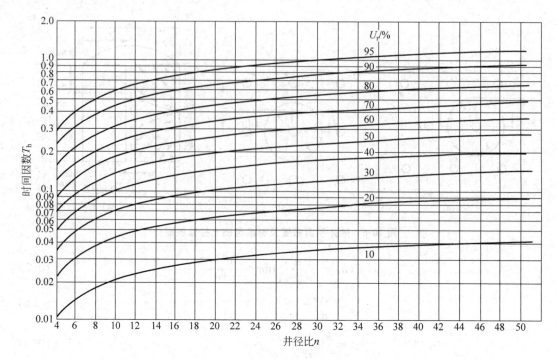

图 10-7　径向排水固结度 $\bar{U}_r$ 与时间因数 T_h 及井径比 n 的关系

2. 堆载的平面范围

堆载的平面范围应略大于建筑物基础外缘所包围的范围。

3. 加载的速率

应分级加载,控制加载速率与地基土的强度增长相适应。尤其在预压后期更应严格控制加载速率,各阶段均应进行地基稳定计算并应每天进行现场观测,一般每天沉降速率控制在 $10\sim15\text{mm}$,边桩水平位移每天控制在 $4\sim7\text{mm}$,孔隙水压力增量控制在预压载荷增量的 60% 以下。

4. 排水砂井

1) 砂井直径

(1) 普通砂井的直径 $d_w=300\sim500\text{mm}$。直径越小,越经济,但要防止颈缩。

(2) 袋装砂井直径 $d'_w=70\sim100\text{mm}$。

(3) 塑料排水带的当量换算直径 D_P 可按下式计算:

$$D_P=\alpha-\frac{2(b+\delta)}{\pi}$$

式中,α——换算系数,无试验资料时可取 $\alpha=0.75\sim1.00$;

　　　b——塑料排水带宽度(mm);

　　　δ——塑料排水带厚度(mm)。

2) 砂井的平面布置

(1) 等边三角形布置

$$d_e = 1.05s$$

(2) 正方形布置

$$d_e = 1.13s$$

式中，d_e——一根砂井的有效排水圆柱体的直径(mm)；

　　s——砂井的间距(mm)。

3) 砂井间距

s 根据地基土的固结特性和预定时间内所要求达到的固结度确定。通常按井径比 $n = d_e/d_w$ 确定。

(1) 普通砂井的间距，可按 $n = 6 \sim 8$ 选用；

(2) 袋装砂井或塑料排水带的间距，可按 $n = 15 \sim 20$ 选用。

4) 砂井的深度

砂井的深度应根据建筑物对地基的稳定性和变形的要求确定。

(1) 以地基抗滑稳定性控制的工程，砂井深度至少应超过最危险滑动面 2m。

(2) 以沉降控制的建筑物，如压缩土层厚度不大，砂井宜贯穿压缩土层；对深厚的压缩土层，砂井深度应根据在限定的预压时间内应消除的变形量确定。

5) 砂井的砂料

砂料宜用中粗砂，含泥量应小于 3%。

6) 砂井施工要求

(1) 砂井的灌砂量。按中密状态干密度计算砂井体积，实际灌砂量不得小于计算值的 95%。

(2) 袋装砂井的质量。袋装砂井应用干砂灌实，袋口扎紧；底部置于设计深度，顶面高出孔口 200mm，以便埋入砂垫层中。

(3) 袋装砂井施工用钢管。钢管内径宜略大于砂井直径，以减小施工过程中对地基土的扰动。

(4) 施工偏差。袋装砂井盖或排水塑料带施工要求：平面井距偏差应不大于井径；垂直度偏差宜小于 1.5%；拔管后带上砂袋或塑料排水带的长度，不宜超过 500mm。

5. 排水砂垫层

预压法处理地基必须在地表铺设排水砂垫层，厚度宜大于 400mm，并设置相连的排水盲沟，把地基中排出的水引出预压区。

砂垫层砂料宜用中粗砂，含泥量应小于 5%，砂垫层的干密度 $\rho_d > 1.5 t/m^3$。

10.2.4　真空预压法

1) 排水砂井

真空预压法处理地基，必须设置排水砂井；否则，地表密封膜下的真空度，难以传到地基深处，因而达不到预压的效果。

砂井与塑料排水带的直径与间距，同堆载预压法，采用"细向密"效果好。要求砂井采用洁净中粗砂,其渗透系数 $\kappa > 1 \times 10^2$ cm/s。

2)真空预压面积

真空预压的总面积不得小于建筑物基础外缘所包围的面积。分块预压面积尽可能大,且相互连接。

3)真空预压设备

(1)抽气设备。宜采用射流真空泵,每块预压区至少设置两台真空泵。

(2)真空管路。真空管路连接点应完全密封,并应设置回阀和截门,以免膜下真空度在停泵后很快降低。

(3)滤水管。水平向分布滤水管可采用条状、梳齿状或羽毛状等形式,滤水管一般设置在排水砂垫层中,在上宜有 $100 \sim 200$ mm 砂覆盖层。滤水管可采用钢管或塑料管,管外宜围绕铅丝,外包尼龙纱或土工织物等滤水材料。

4)密封膜

密封膜为特制的大面积塑料膜,应采用抗老性能好、韧性好、抗穿刺能力强的不透气材料,密封膜热合时宜用两条热合缝的平搭接,搭接长度应大于 15mm。

密封膜宜铺设 3 层,覆盖膜周边可采用挖沟折铺,并采用黏土压边、围埝沟内覆水以及膜上面全部覆水等方法进行密封。

5)膜下真空度

膜下真空度应保持在 600mmHg(1mmHg=133.32Pa)以上。

6)平均固结度

平均固结度应大于 80%。

7)地基变形计算

应进行真空预压和建筑载荷下两项地基变形计算。

10.2.5 联合预压法

堆载法的最大优点是没有受载荷大小的限制,因此可以进行超载预压。但其缺点是堆载的工程量太大,所以投资高。降水和真空法比较经济,但所形成的预压载荷不可能很大,技术要求比较复杂。联合法就是综合两者的优点,堆一部分载荷,再加降水或抽真空,这样就可以取得更为理想的效果。

10.2.6 质量检验

1. 地基强度检验

(1)所有预压后的地基,应进行十字板抗剪强度试验及室内土工试验,以检验处理效果。

(2)重要工程,在预压加载不同阶段,对代表性地点不同深度进行原位与室内强度试验,以验算地基抗滑稳定性。

2. 地基变形检验

在预压期间应及时检验并整理下列工作:①变形与时间关系曲线;②孔隙水压力与时间关系曲线;③推算地基最终固结沉降量;④推算不同时间的固结度和相应的沉降量,以分析处理效果,并为确定卸载时间提供依据。

3. 真空度量测

真空预压法尚应量测膜下真空度和砂井不同深度的真空度,并应满足设计要求。

预压法的效果十分显著,以工程实例说明。

（1）中南某造船厂

该厂地基为房碴杂填土,厚 5m;其下为淤泥,厚 6m。采用砂井预压加固:堆土高 3.5m,即加载 50kPa。砂井直径 48cm,间距 5m(偏大),深度 11～16m。预压时间 4 个月。

预压效果:计算沉降量 $s=24.6cm$,实际降为 9cm;压缩模量 E_s 由 2.3MPa 增至 5.6MPa,为原来的 244%。

（2）美国波士顿仓库

该仓库地基表层为松软杂填土,厚 2.6m,其下为高压缩性泥炭土,厚 1.7m。采用堆 3.3m 高的矿渣和砾石进行预压,预压时间 4 个月。

预压效果:计算地基沉降量 $s=46～61cm$,施工后实际沉降量为 15cm 以下。

（3）某冷库

该冷库地基为饱和淤泥质黏土,厚约 17m。冷库采用筏板基础,基底压力 120kPa,计算地基沉降量 s 达 15cm。采用砂井预压加固,预压载荷 120kPa,历时 4 个月。预压沉降 110cm。冷库投产运行多年,实测沉降量 s 小于 40cm。

（4）某大型油罐

该油罐直径 31.28m,高 14.07m,容积 1 万 m^3。地基表层为硬壳层,厚 1.6m;下为淤泥质黏土与淤泥质粉质黏土,深达 17.5m。采用砂井预压方案,砂井直径为 40cm,间距 2.5m,长 18m,共计 253 根,梅花形排列。油罐建成,分 4 级充水预压:充水水位高分别为 5,9,12 与 14.07m,历时 160 天。基底压力为 191.4kPa。计算稳定安全系数为 1.26,计算油罐基底中点沉降量 $s=190.26cm$,与实测沉降量接近,效果良好。

（5）连云港碱厂

该厂场地为厚层海相淤泥,含水率高达 60%,压缩系数 $a_s=1.0MPa^{-1}$,为高压缩性软土。由化工部沧州勘察公司进行袋装砂井真空预压法加固地基。抽气 3 天,膜下真空度达到 600mmHg,相当于加载 80kPa。共抽气 128 天,实测预压沉降量达 660mm。地基承载力由 40kPa 提高为 85kPa。一共完成电站等 8 块场地处理,总面积 6.7 万 m^2,并创造了一次真空预压面积达 2 万 m^2 的记录。采用真空预压法比堆载预压法节省投资 200 万,缩短工期 3 月,效益显著。

10.3　压实地基和夯实地基

压实地基适用于处理大面积填土地基。浅层软弱地基以及局部不均匀地基的换填处理应符合《建筑地基处理技术规范》(JGJ 79—2012)换填垫层法的有关规定。下面以分层碾压法及振动压实法为例简单介绍。

夯实地基可分为强夯和强夯置换处理地基。强夯处理地基适用于碎石土、砂土、低饱和度的粉土与黏性土、湿陷性黄土、素填土和杂填土等地基;强夯置换适用于高饱和度的粉土与软塑～流塑的黏性土地基上对变形要求不严格的工程。10.3.3 节将以强夯法为例简单介绍。

压实法的原理见 1.6 节。压实和夯实处理后的地基承载力应按《建筑地基处理技术规范》(JGJ 79—2012)附录 A 确定。

10.3.1　分层碾压法

1. 方法简介

碾压法是利用各种压实机械,如压路机、铲运机、羊足碾等的机械重量对土进行压实。由于机械的重量有限、压实功能小,所以压实的影响深度很浅,所以碾压法主要用于填土工程,如土坝、路堤或大面积回填土。因为这类工程都是把土作为材料,可以采用分层碾压的办法来达到密实的效果。

2. 适用范围

这种方法适用于地下水位以上,大面积回填压实,也可用于含水率较低的素填土或杂填土地基处理,例如,修筑堤坝、路基。各城市中普遍采用的筏板基础下的杂填土地基,常用此法压实处理。

3. 压实效果

根据一些地区经验,用 80～120kN 的压路机辗压杂填土,压实深度为 30～40cm,地基承载力可采用 80～120kPa。

10.3.2　振动压实法

1. 方法简介

振动压实法是用振动机振动松散地基,使土颗粒受振移动至稳固位置,减小土的孔隙面压实。振动机自重为 20kN,振动力为 50～100kN,振动频率为 1160～1180r/min,振幅为 3.5mm。振动压实所需时间:对碎砖瓦的建筑垃圾大于 1～3min;含炉灰等细粒土时为 3～5min。

2. 适用范围

振动压实法适用于松散状态的砂土、砂性杂填土、含少量黏性土的建筑垃圾、工业废料和炉灰填土地基。

3. 压实效果

振动压实法的有效深度可达 1.5m,压实后的地基承载力为 100～120kPa。

10.3.3　强夯法

1. 概述

强夯法是 1969 年法国 Ménard 技术公司首创的一种地基加固方法。它用巨锤、高落距,对地基施加强大的冲击能,强制压实地基。强夯法首次用于芒德利厄海围海造地,建造 20 幢 8 层住宅的地基加固。建筑场地为新近填筑的采石场弃土碎石层,厚约 9m;其下为 12m 厚疏松的砂质粉土;底部为泥灰岩。工程起初拟用桩基,因负摩擦力占桩基承载力的 60%～70%,不经济。后考虑预压加固,堆土高 5m,历时 3 月,沉降仅 20cm,无法采用。最后改为强夯:锤重 100kN,落距 13m,夯击一遍,夯击功能 1200kN·m/m²,沉降最终达到 50cm,满足工程要求。8 层楼竣工后,基底压力为 300kPa,地基沉降量仅 13mm。

1978 年 11 月至 1979 年初,我国交通部一航局科研所等单位,在天津新港 3 号公路首次进行强夯法试验研究。1979 年 8 月至 9 月又在秦皇岛码头堆煤场的细砂地基进行试验,效果显著,正式采用强夯法加固该堆煤场地基。中国建筑科学研究院等单位于 1979 年 4 月在河北廊坊进行强夯法试验,处理可液化砂土与粉土,并于 6 月正式用于工程施工。

由于强夯法施工简单、快速、经济,在我国发展迅速。强夯法的特点是夯击能量特别大,锤重一般为 100～400kN,落距为 6～40m。国外最大的夯击能曾达到 50000kN·m,用来处理各类碎石土、砂土、低饱和度的粉土与黏性土、湿陷性黄土、杂填土和素填土等地基。

强夯法是在极短的时间内对地基施加一个巨大的冲击能量,加荷历时一般只有几十毫秒。这种突然释放的巨大能量,转化为各种振动波向土中传播,破坏土的结构。强夯后地基强度提高的过程可分为四个阶段:强制压缩或振密;土体液化或结构破坏;排水固结压密;触变恢复和固结压密。所以强夯也称为动力固结。

强夯法的有效加固深度 H(单位:m),根据经验与夯击功能的平方根成正比:

$$H = a\sqrt{\frac{Wh}{10}} \tag{10-11}$$

式中,W——夯锤重力(kN);

　　h——落距(m);

　　a——修正系数,与土的性质和夯击能有关的系数,一般变化范围为 0.5～0.9,细粒
　　　　土、夯击能较大时取大值。

影响有效深度的因素很多,包括:地基土的性质、不同土层埋藏的顺序及其厚度、地下水位、单击夯击能量、夯距大小、夯击次数和遍数、平均夯击能等。因此,规范要求有效加固深度应根据现场试夯确定。

强夯法施工过程中,需要不断地用砂石料将夯坑填平。因此,在某种意义上强夯法还具有置换土的作用。

强夯法处理后的地基承载力宜通过现场载荷试验确定。也可以作原位测试,如动力触探、静力触探、十字板等测定土性指标后用理论公式或参照地基规范确定。

2. 强夯法的机具设备

强夯法的机具设备很简单,主要为夯锤、起重机和自动脱钩装置 3 种。

(1) 夯锤。①锤重,我国常用锤重为 80～250kN,世界最大锤重为 2000kN,锤重大小根据加固要求由计算与现场试验确定;②夯锤的材料,因夯锤频繁重复使用,要求材料坚固、耐久、不变形,理想材料为铸钢,也可用厚钢板外壳,内浇筑混凝土制成;③夯锤底面构造,锤底形状宜采用圆形,锤底面积按土的性质确定,锤底静压力值可取 25～40kPa。锤的底面应对称设置若干个与其顶面贯通的排气孔,以消除高空下落时的气垫,且便于从夯坑中起

锤,孔径可取 $250\sim300$mm。

(2) 起重机。西欧国家起重机大多采用膣带式吊车,日本还采用轮胎式吊车。履带式起重机稳定性好,可在臂杆端部设置辅助门架,防止夯锤在高空自动脱钩时发生机架倾覆。吊车能力大于锤重。

(3) 自动脱钩装置。当起重机将夯锤吊至设计高度时,要求夯锤自动脱钩,使夯锤自由下落,夯击地基。自动脱钩装置有两种:一种利用吊车副卷扬机的钢丝绳,吊起特别的锁卡焊合件,使锤脱钩下落;另一种采用定高度自动脱锤索,效果良好。

3. 强夯法加固地基的机理

前已提及强夯法是用大吨位起重机将巨型锤提至空中 $h=8\sim25$m$(h_{max}=40$m$)$高处自由下落,形成巨大的冲击能与冲击波,在夯锤接触地面的瞬间,强制压实与振密地基。通常强夯夯击第一锤,可使锤陷入地面达 1m 左右。这 1m 范围土的固体矿物的体积,大部分被强制性挤压至夯坑以下土的孔隙中,呈超压密状态。

由此可见,强夯法加固地基的机理与重锤夯实法表面形式相似但有本质的差别,强夯法加固地基有三种不同的加固机理。

(1) 动力密实机理。强夯加固多孔隙,粗颗粒,非饱和土为动力密实机理,即强大的冲击能强制压密地基,使土中气相体积大幅度减小。

(2) 动力固结机理。强夯加固细粒饱和土为动力固结机理,即强大的冲击能与冲击波破坏土的结构,使土体局部液化并产生许多裂隙,作为孔隙水的排水通道,加速土体固结土体发生触变,强度逐步恢复。

(3) 动力置换机理。强夯加固淤泥为动力置换机理,即强夯将碎石整体挤入淤泥成整式置换或间隔夯入撒泥成桩式碎石墩。

4. 强夯法的施工工艺

为了保证强夯加固地基的预期效果,需要严格的、科学的施工技术与管理制度。

(1) 夯前地基的详细勘察。查明建筑场地的土层分布、厚度与工程性质指标。

(2) 现场试夯与测试。在建筑场地内,选代表性小块面积进行试夯或试验性强夯施工。间隔一段时间后,测试加固效果,为强夯正式施工提供参数的依据。

(3) 清理并平整场地。平整的范围应大于建筑物外围轮廓线,每边外伸设计为处理深度的 $1/2\sim2/3$,并不小于 3m。

(4) 标明第一遍夯点位置。对每一夯击点,用石灰标出夯锤底面外围轮廓线,并测量场地高程。

(5) 起重机就位,夯锤对准夯点位置,位于石灰线内。测量夯前锤顶高程。

(6) 将夯锤起吊到预定高度,自动脱钩,使夯锤自由下落夯击地基,放下吊钩,测量锤顶高程。若因坑底倾斜造成夯锤歪斜时,应及时整平坑底。

(7) 重复步骤(6),按设计规定的夯击次数及控制标准,完成一个夯点的夯击。

(8) 重复步骤(5)~(7),按设计强夯点的次序图,完成第一遍全部夯点的夯击。

(9) 用推土机将夯坑填平,并测量场地高程。标出第二遍夯点位置。

(10) 按规定的间隔时间,待前一遍强夯产生的土中孔隙水压力消散后,再按上述步骤,逐次完成全部夯击遍数,通常为 3~5 遍。最后采用低能量满夯,将场地表层松土夯实,并测量场地夯后高程。

(11) 强夯效果质量检测。全部夯击结束后,按下述间隔:砂土 1~2 周,低饱和度粉土与黏性土 2~4 周,进行强夯效果质量检测。采用两种以上方法,检测点不少于 3 处。对重要工程与复杂场地,应增加检测方法与检测点。检测的深度应不小于设计地基处理的深度。

5. 强夯加固地基的效果

强夯加固地基可产生以下几种优良效果。

(1) 提高地基承载力。强夯加固处理后,地基承载力通常可提高 1~5 倍,$f_{ak}=180~250kPa$。

(2) 深层地基加固。强夯法可使深层地基得到加固,国内有效加固深度一般为 5~10m。高能量强夯法加固深度可超过 10m。

(3) 消除液化。饱和疏松粉细砂为可液化土,经强夯后可以消除液化。例如,北京剪板厂与北京面粉厂位于北京市大兴区黄村,地基为饱和粉砂,强夯加固后已消除液化。

(4) 消除湿陷性。山西化肥厂地基为自重湿陷性黄土,采用锤重 25t、落距 25m、夯击能 6250kN·m 夯击加固后,消除黄土湿陷性深度达 12m。

(5) 减少地基沉降量。强夯加固地基,使土的密度增大,孔隙比减小,压缩系数降低,因此,地基沉降量有时可减小数倍,并可解除不均匀沉降的危害。

6. 对强夯法的评价

优点如下:
(1) 设备简单,工艺方便,原理直观。
(2) 应用范围广,加固效果好。
(3) 需要人员少,施工速度快。
(4) 不消耗水泥、钢材,费用低,通常可比桩基节省投资 30%~40%。

缺点如下:
(1) 振动大,有噪声,在市区密集建筑区难以采用。
(2) 强夯理论不成熟,不得不采用现场试夯才能最后确定强夯参数。
(3) 强夯的振动对周围建筑物的影响研究还不够。

10.4　换垫法原理

当建筑物基础下的持力层比较软弱,不能满足上部载荷对地基的要求时,可采用将基础下一定范围内部分(或全部)软土挖去,然后再回填以强度较大的砂、碎石或素土等材料,经夯实处理使之成为建筑物基础的持力层。实践证明,换土垫层可以有效地处理某些载荷不大的建筑物地基,具有明显的经济意义。

10.4.1　换垫法的机理

换垫法是一种浅层换土处理的方法,主要作用有以下几方面。

1) 提高地基的承载力

地基的剪切破坏通常是从基础底面边缘处开始的,并随着应力增大逐渐向纵深发展。因此,若用强度较大的垫层代替强度较低的软土,就可以提高地基的承载能力。

2) 减少地基的沉降

理论和实践经验表明,基础下浅层部位土层的沉降量占总沉降量的比例较大。以条形基础为例,在相当于基础宽度的深度范围内的沉降量为总沉降量的 50% 左右,同时由侧向变形引起的沉降,浅层部位也占有较大的比例。所以经压实处理的垫层可以减少这部分的沉降量。此外,换土垫层通常有一定的厚度和宽度,由于应力的扩散作用,可以减小作用在下卧软土层顶面的附加应力,也就减小了下卧软土层的沉降量。

3) 调整地基的不均匀沉降

在垫层设计中,有时根据上部载荷的特点,可以设计成变截面或不等厚度的垫层,用来调整地基的差异沉降。此外,在山区地基中,常会遇到岩土软硬不均的情况,见图 10-8 所示所谓褥垫。把出露在基底的岩石凿去一定的厚度,然后回填可压缩的砂或素土,并分层夯实,使它与压缩性较高土基部位的变形相适应。

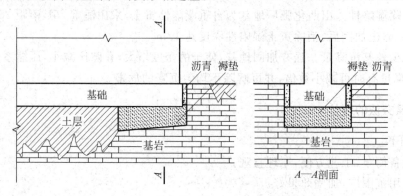

图 10-8 褥垫的构造

4) 加速软土层的排水固结

建筑物的不透水基础直接与软土层接触时,在载荷作用下土中超孔隙水压力不易消散,阻碍了软土层的固结。此外,若超孔隙水被迫绕基础两侧渗流,有可能导致地基强度降低。砂和碎石都是透水性材料,它提供了基底下的排水面,从而加速了地基固结和强度提高。

5) 防止冻胀

砂、石本身为不冻胀土,垫层切断了下卧软弱土中地下水的毛细管上升,因此可以防止冬季结冰造成的冻胀。

6) 消除膨胀土的胀缩作用

在膨胀土地基中采用换垫法,应将基础底面与两侧的膨胀土挖除一定的范围,换填非膨胀性材料,则可消除胀缩作用。

换垫法适用于浅层软弱土层或不均匀土层的地基处理。

10.4.2 垫层的设计

垫层材料虽有不同,应力分布也有差异,但其极限承载力比较接近,建筑物沉降特点也基本相似。垫层设计主要内容：垫层的厚度、宽度与质量控制标准。现分述如下。

1. 垫层的厚度

垫层的厚度 z 根据软弱下卧层的承载力确定。即垫层底面处的附加应力与自重压力之和不大于软弱下卧层的地基承载力，按公式（8-17）计算。垫层底面附加应力简化计算按式（8-18）或式（8-19）计算。垫层的压力扩散角 θ 可按表 10-2 取值。

表 10-2　地基压力扩散角 θ

换填材料 h_s/b	中砂、粗砂、砾砂、圆砾、角砾、卵石、碎石	黏性土和粉土 $(8 < I_s < 14)$	灰土
0.25	20°	6°	30°
>0.50	30°	23°	

注：① 当 $h_s/b < 0.25$，除灰土仍取 $\theta = 30°$ 外，其余材料均取 $\theta = 0°$；

　　② 当 $0.25 < h_s/b < 0.50$ 时，θ 值可内插求得。

垫层的厚度通常不大于 3m，否则工程量大、不经济、施工难。如垫层太薄小于 0.5m，则作用不显著、效果差。

2. 垫层的宽度

垫层的宽度应满足基底应力扩散的要求，根据垫层侧面上的承载力，防止垫层向两侧挤出。

（1）垫层的顶宽。垫层顶面每边宜超出基础底边不小于 300mm，或从垫层底面两侧向上，按当地开挖基坑经验的要求放坡。

（2）垫层的底宽。垫层的底宽按下式计算或据当地经验确定（图 10-9）。

$$b' \geqslant b + 2z\tan\theta \tag{10-12}$$

式中，b'——垫层底面宽度（m）；

　　　z——基础底面下垫层的厚度（m）；

　　　θ——垫层的压力扩散角，可按表 10-2 采用：当 $\dfrac{z}{b} < 0.25$ 时，仍按表中 $\dfrac{z}{b} = 0.25$

　　　　取值。

整片垫层的宽度可根据施工要求适当加宽。

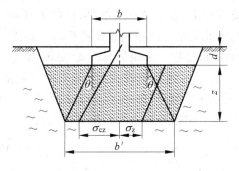

图 10-9　垫层的尺寸设计

10.4.3　垫层的施工

垫层施工时应注意下列事项，以保证工程质量。

（1）基坑保持无积水。若地下水位高于基坑底面时，应采取排水或降水措施。

（2）铺筑垫层材料之前，应先验槽。清除浮土，边坡应稳定。基坑两侧附近如存在低于地基的洞穴，应先填实。

（3）施工中必须避免扰动软弱下卧层的结构，防止降低土的强度、增加沉降。基坑挖好立即回填，不可长期暴露、浸水或任意践踏坑底。

（4）如采用碎石或卵石垫层，宜先铺一层15～20cm的砂垫层作底面，用木夯夯实，以免坑底软弱土发生局部破坏。

（5）垫层底面应等高。如深度不同，基土面应挖成踏步或斜坡搭接。分段施工接头处应做成斜坡，每层错开0.5～1.0m。搭接处应注意捣实，施工顺序先深后浅。

（6）人工级配砂石垫层，应先拌和均匀，再铺填捣实。

（7）垫层每层虚铺200～300mm，均匀、平整，严格掌握，禁止为抢工期一次铺土太厚，否则层底压不实，坚决返工重做。

（8）垫层材料应采用最优含水率。尤其对素土和灰土垫层，严格控制2%。

（9）施工机械应根据不同垫层材料进行选择，如素填土宜用平碾或羊足碾。机械应采取慢速碾压，如平板振捣器宜在各点留振1～2min。

（10）进行质量检验。合格后，再上铺一层材料再压实，直至设计厚度为止，并及时进行基础施工与基坑回填。

10.5　挤密法和振密法

10.5.1　挤密法

挤密法是指在软弱土层中挤土成孔，从侧向将土挤密，然后再将碎石、砂、灰土、石灰或矿渣等填料充填密实成柔性的桩体，并与原地基形成一种复合型地基，从而改善地的工程性能。根据施工方法和灌入材料不同，可以分为：沉管挤密砂（或碎石）桩、振冲碎石桩、石灰桩、灰土桩、渣土桩、爆扩桩，等等。

挤密法加固地基的作用，可以从两个方面分析。首先在成孔过程中，由于套管排土使在成孔的有效影响范围内的土孔隙比减小，密实度增加；然后填料填入振密成桩，这种桩虽是柔性桩，但其性质比原土要好得多，在某种意义上讲，柱体本身是一种置换作用。由于柔性桩的变形比刚性桩大得多，因此完全可以把它看作地基的一部分。

图10-10表示挤密桩的成桩过程。采用带有桩靴（见图10-11）的钢管，用打入或振入的方法成孔，灌入填料后，一边振动一边将钢管拔出；拔管时桩靴活瓣张开，填料将桩孔充填密实。图10-12表示振冲桩的施工顺序，第一、二步是用带有高压喷嘴的振冲器喷射成孔；第三步是将填料灌入；第四步是用振冲器将填料振冲密实成桩。

1. 地基的密实计算

桩间土的密实效果与挤密桩的布置和排列有关。假定挤密桩的体积与土的挤密体积相

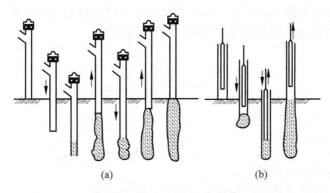

图 10-10　挤密桩成桩示意图

（a）振动成桩；（b）冲击成桩

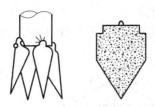

图 10-11　桩靴

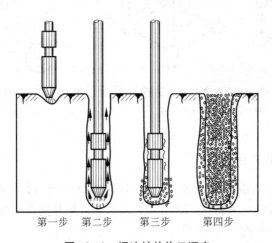

第一步　第二步　第三步　第四步

图 10-12　振冲桩的施工顺序

等。若要求挤密后的砂土达到中度以上的密实度,即相对密实度达到 $D_r = \frac{1}{3} \sim \frac{2}{3}$,则可以按下式计算砂土挤密后的孔隙比 e_y 和重度 γ_y。

$$e_y = e_{max} - D_r(e_{max} - e_{min}) \tag{10-13}$$

$$\gamma_y = \frac{\gamma_s(1+\omega)}{1+e_y} \tag{10-14}$$

式中,e_{max},e_{min}——砂的最大和最小孔隙比,由室内试验确定;

γ_s——砂土的土粒重度;

ω——含水率(%)。

若挤密桩的布置如图 10-13、图 10-14 所示，挤密桩的直径为 d_e（单位：m），间距为 L（单位：m），则加固后土体的重度 γ_y 与桩排列间距的关系：

三角形排列

$$L = 0.952 d_e \sqrt{\frac{\gamma_y}{\gamma_y - \gamma}} \tag{10-15}$$

正方形排列

$$L = 0.887 d_e \sqrt{\frac{\gamma_y}{\gamma_y - \gamma}} \tag{10-16}$$

式中，γ——加固前原土的重度。

每根挤土桩单位长度的灌入填料量 q（单位：$\mathrm{m^3/m}$）为

$$q = \frac{e_0 - e_y}{1 + e_0} A \tag{10-17}$$

式中，e_0——加固前地基土的孔隙比；

A——每根挤土桩的影响面积；正方形布置 $A = L^2$；梅花形布置 $A = 0.865 L^2$。

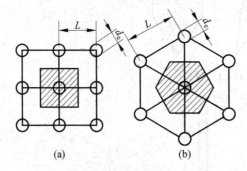

图 10-13　挤密桩的布置与影响范围
（a）正方形布置；（b）梅花形布置

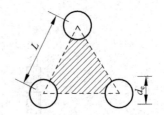

图 10-14　三角形布置间距的确定

2. 复合地基的承载力计算

在挤密桩和桩间土组成的复合地基上作用有载荷力时，将由桩和桩间土共同承担。图 10-15 表示复合地基的抗剪特性；图 10-16 表示复合地基的应力状态。对于整个地基的承载力应考虑以下两个方面：

1）挤密桩的单桩容许承载力

挤密桩的单桩容许承载力通常应按现场载荷试验确定。对于黏性土也可以根据经验公式估算单桩极限载荷 f_{pu} 除以安全系数 2 得到。

$$f_{pu} = 4 c_u \tan^2 \left(45° + \frac{\varphi_p}{2} \right) \tag{10-18}$$

$$f_p = \frac{1}{2} f_{pu} \tag{10-19}$$

式中，f_{pu}——挤密桩的单桩极限承载力（kPa）；

c_u——桩周天然土的不排水抗剪强度（kPa）；

φ_p——桩填料的内摩擦角，对于碎石或砂采用 $35° \sim 45°$，一般取 $38°$；

f_p——挤密桩的单桩容许承载力（kPa）。

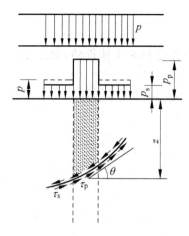

图 10-15　复合地基的抗剪特性

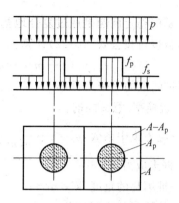

图 10-16　复合地基的应力状态

2）复合地基的容许承载力

如图 10-16 所示，假定桩的面积为 A_p，一根桩的影响面积为 A，桩和土的容许承载力分别为 f_p 和 f_s，则复合地基的容许承载力 f_{sp} 可按公式（10-19）或式（10-20）进行估算：

$$f_{sp} = m f_p + (1 - m) f_s$$

或

$$f_{sp} = [1 + m(n-1)] f_s \tag{10-20}$$

式中，m——桩土面积置换率。

$$m = \frac{d}{d_e}$$

d——挤密桩的直径（m）；

d_e——等效影响圆的直径（m），按式（10-5）计算，当采用矩形布置时 $d_e = 1.13\sqrt{L_1 L_2}$，

　　　L_1，L_2 分别为纵向和横向间距；

n——桩土应力比，无实测资料时，当天然土不排水抗剪强度 $c_u = 20 \sim 30 \text{kPa}$ 时，取

　　　$3 \sim 4$；当 $c_u = 30 \sim 40 \text{kPa}$ 时，n 取 $2 \sim 3$，天然土强度低取大值，强度高取小值。

桩间土的容许承载力 f_s 应为挤密后的容许承载力，可通过现场载荷试验确定或根据挤密后土工试验指标按有关规范确定。

3. 复合地基的沉降计算

复合地基的沉降分析认为在挤密加固范围内复合地基土的压缩性指标有所提高。变化了的压缩模量可按下式修正：

$$E_{sp} = [1 + m(n-1)] E_s \tag{10-21}$$

式中，E_{sp}——复合地基的压缩模量；

E_s——桩间土的压缩模量，也可用加固前地基土的压缩模量。

其他的符号意义同前。

复合地基上建筑物的沉降仍按应力面积法计算，但由于各种挤密桩的施工条件不同，填料性质不同，目前对建筑物实测沉降资料不足，因此尚不能提出满意的修正系数 φ 值。

4. 复合地基的稳定分析

复合地基的稳定问题是通过复合地基的综合强度指标来体现的,如图 10-15 所示。修正后的抗剪强度可按公式(10-22)计算。

$$\tau_{sp} = (1-m)c + m(\mu_p p + \gamma_p z)\tan\varphi_p \cdot \cos^2\theta \qquad (10-22)$$

式中,c——桩间上的黏聚力(kPa);

$\quad m$——置换率,意义同前;

$\quad \mu_p$——应力集中系数,$\mu_p = \dfrac{n}{1+m(n-1)}$;

$\quad n$——桩土应力比;

$\quad \gamma_p$——桩填料的重度(kN/m³);

$\quad \varphi_p$——桩填料的内摩擦角;

$\quad p$——地面平均应力(kPa);

$\quad z$——自地表算起的深度;

$\quad \theta$——假定的滑动面在桩中轴线处的倾角。

10.5.2　振密法

1) 方法简介

振密法是用振动机振动松散地基,使土颗粒受振移动至稳固位置,减小土的孔隙面压实。振动机自重为 20kN,振动力为 50~100kN,振动频率为 1160~1180r/min,振幅为 3.5mm,振动压实所需时间:对碎砖瓦的建筑垃圾大于 1~3min;含炉灰等细粒土时为 3~5min。

2) 适用范围

振动压实法适用于松散状态的砂土、砂性杂填土、含少量黏性十的建筑垃圾、工业废料和炉灰填土地基。

3) 压实效果

振动压实法的有效深度可达 1.5m,压实后的地基承载力为 100~120kPa。

10.6　土的胶结法原理

土胶结法处理的原理是将某些能固化的化学浆液,采用压力注入或机械拌入施工方法,把土颗粒胶结起来,从而改善地基土的物理力学性质。利用胶结原理加固地基的方法有:灌浆法、深层搅拌法等。

10.6.1　灌(注)浆法

利用液压、气压或电化学的方法,通过注浆管把浆液均匀地注入地层中,浆液以充填、渗透和挤密等方式,进入土颗粒之间的孔隙中或土体的裂隙中,将原来松散的土体胶结成一个整体,形成强度高、防渗和化学稳定性好的固结体。灌浆法根据灌入浆液材料可分为水泥灌浆和化学灌浆两类。

1. 水泥灌（注）浆

水泥灌浆是把一定水灰比的水泥浆注入土中。由于加固土层的情况不同以及对地基的要求不同，可以采用不同的施工方法。

对于砂卵石等有较大裂隙的土，可采用水灰比 1:1 的水泥浆直接灌注，通常称为渗透注浆。水泥一般采用大于 425 号的普通硅酸盐水泥。为了加速凝固，常掺入水泥用量的 2%～5% 的水玻璃、氯化钙等外掺剂。

用作防渗的注浆，注浆孔的间距可按 1.0～1.5m 设计；用作加固地基，注浆孔间距按 1.0～1.2m 考虑。为保证注浆的效果，要求覆盖土层的厚度不小于 2m。

对于细颗粒土，孔隙小、渗透性低，水泥浆液不易进入土的孔隙中，因此常借助于压力把浆液注入。根据注浆压力的大小和方式，常分为三种不同的施工方法：压密注浆、劈裂注浆和高压喷射注浆。

1）压密注浆

压密注浆是采用很稠的浆液注入事先在地基土内钻进的注浆孔内。通常采用水泥-砂浆液，坍落度控制在 25～75mm，注浆压力可选定在 1～7kPa 范围内，坍落度较小时，注浆压力可取上限值。如果采用水泥-水玻璃双液快凝浆液，则注浆压力应小于 1MPa。

压密注浆由于水泥-砂浆的稠度很大，所以浆液进入土体时，首先在注浆管四周形成一个球状浆体，如图 10-17 所示。随着球状浆体逐渐扩大，在外围形成一圈压密带将土体加固。

2）劈裂注浆

劈裂注浆通常采用水泥浆或水泥-水玻璃混合浆；还可以在浆液中掺入粉煤灰用以改善浆液性能，浆液使地层中原有的裂隙或孔隙张开，形成新的裂隙通道，浆液沿着裂隙通道进入土体，形成树枝状的浆脉，如图 10-18 所示。所以劈裂注浆的压力不宜过大，以克服地层的天然应力为宜，在砂土中的经验数值为 0.2～0.5MPa，黏性土为 0.2～0.3MPa。

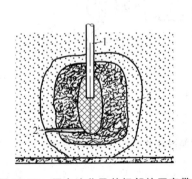

图 10-17　压密注浆及其相邻的压密带
1—套管；2—球状浆体；3—压密带

图 10-18　劈裂注浆
1—化学浆；2—渗透渗入的化学浆；
3—灌孔浆；4—灌浆劈裂面

3）高压喷射注浆

高压喷射注浆法（俗称旋喷法）是在高压喷射采煤技术上发展起来的一项新的技术，它适用于加固各种土层。高压喷射法的施工工艺如图 10-19 所示。首先用低压水把带有喷嘴的注浆管成孔至设计标高，然后以高压设备使浆液形成 25MPa 左右的高压流从旋转钻杆的喷嘴中射出来,冲击破坏土体,使土颗粒从土体中剥落下来;一部分细颗粒随着浆液冒出地面,与此同时高压浆液与余下的土粒搅拌混合,重新排列,浆液凝固后便形成一个固结柱体。喷嘴随着钻杆边喷射边转动边提升。喷射方向可以人为控制,可以 360°旋转喷射(旋喷);可以固定方向不变(定喷);也可以按某一角度摆动(摆喷)。

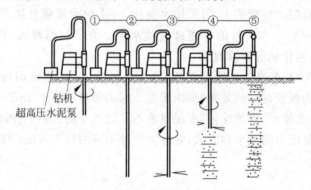

图 10-19　高压喷射法施工顺序示意图
① 低压水流成孔;② 成孔结束;③ 高压旋喷开始;④ 边旋转边提升;⑤ 喷射完毕,柱体形成

高压喷射注浆法根据机具设备条件可以分为单管、二重管和三重管三种方法,图 10-20 所示单管法,只用一台高压泥浆泵。如果再增加一台空压机,将泥浆和气流同时喷射,使浆土拌和均匀,这就是二重管;在二重管基础上再增加一台高压水泵,就成为三重管旋喷,见图 10-21,它破坏土体能量明显增大,可使加固体的直径达到 1m 以上,加固效果更好。

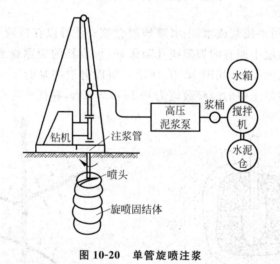

图 10-20　单管旋喷注浆

2. 化学灌浆

化学灌浆是向土中注入一种或几种化学溶液,利用其化学反应的生成物填充土的孔隙或将土的颗粒胶结起来,从而达到改善土性质的目的。这种方法主要是用来处理黄土等非饱和土或渗透性较好的土。对于渗透性比较低的饱和的黏性土,在注浆的同时,利用注浆管作为阴极;另外再打入一根金属棒作为阳极,通直流电,利用电渗电泳作用,促使化学溶液在土孔隙中移动,可以起到更好的加固效果,这种方法称为电化学加固。

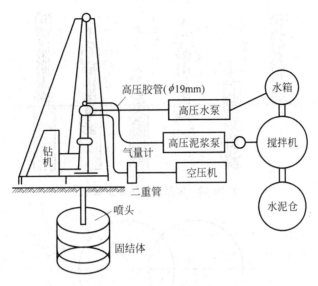

图 10-21　三重管旋喷注浆

加固湿陷性黄土时,也可以只注入一种水玻璃(硅酸钠)溶液,利用黄土中天然的钙盐起化学反应生成凝胶,达到加固作用,其化学反应式如下:

$$Na_2O \cdot nSiO_2 + CaSO_4 + mH_2O \longrightarrow nSiO_2 \cdot (m-1)H_2O + Ca(OH)_2 + Na_2SO_4$$

加固粉砂时,采用水玻璃加磷酸配制成一种混合溶液,注入地下,经一定时间后发生化学反应生成硅胶 $nSiO_2 \cdot (m+1)H_2O$:

$$Na_2O \cdot nSiO_2 + H_3PO_4 + mH_2O \longrightarrow nSiO_2(m+1)H_2O + Na_2HPO_4$$

加固渗透系数比较小的黏性土,采用双液法,即将水玻璃和氯化钙轮流注入土中,氯化钙溶液可以加速硅胶的生成,其化学反应式为

$$Na_2O \cdot nSiO_2 + CaCl_2 + mH_2O \longrightarrow nSiO_2(m-1)H_2O + Ca(OH)_2 + 2NaCl$$

化学加固由于机械操作比较灵活,还常用来处理既有建筑物或设备基础的托换工程。

10.6.2　水泥土搅拌法

通过特制的深层搅拌或喷粉机械,在就地将软弱土和水泥浆(或粉)或石灰(一般不使用)等固化剂强制搅拌混合,使软土硬结成具有整体性、水稳定性和一定强度的固结柱体,与天然地基形成复合地基,共同承担建筑物的载荷;或筑成水泥土搅拌桩格式壁状加固体作为开挖基坑的围护体。

目前我国使用的水泥土深层搅拌机械有两种:单头和双头搅拌机。单头机的搅拌刀片长 $50 \sim 70\text{cm}$,因此它最终形成一根直径为 $50 \sim 70\text{cm}$ 的水泥土桩;双头搅拌机为两把上下交错 20cm 的刀片,刀片长 70cm,因此它最终形成一根截面为"8"字形的水泥土桩。水泥土深层搅拌法施工工艺见图 10-22;双头水泥土桩的横截面面积为 0.71m^2,周长为 0.35m,由两根直径为 0.7m 的圆重叠搭接 20cm 构成,见图 10-23。

水泥土深层搅拌法由于将固结剂和原位软土搅拌混合,因而不存在对周围土体的扰动,也不会使土侧向挤出,同时对环境也无污染。水泥土深层搅拌法根据掺入固化剂的方法不同,也可以分为湿法和干法两类。

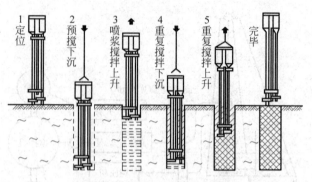

图 10-22　深层搅拌桩施工顺序

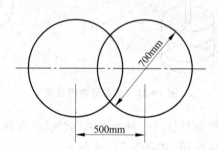

图 10-23　双头水泥土桩截面

湿法水泥搅拌桩是将固化剂水泥按 0.45～0.55 水灰比制成水泥浆液,搅拌机边搅拌、边提升、边喷水泥浆与土混合。通常采用水泥的总掺量为被加固土重的 10%～20%,为改善水泥土的性能,还可以掺入如木质素、石膏、三乙醇胺、氯化钙、氯化钠或硫酸钠等外掺剂,视工程情况,外掺剂的用量通常为水泥用量的 0.5%～2%(质量分数)。

干法水泥搅拌桩大都为单头形式。它通过喷粉装置,用压缩空气直接将干的水泥粉或石灰粉喷入土中,通过搅拌刀片将水泥粉与土混合。干法施工由于成桩过程中喷灰量的计量很困难,只能用人工测量料罐中料面的变化,因此每根桩的水泥用量误差较大,桩体上下的均匀性也较差,质量控制比较困难。

水泥与土就地搅拌加工而成的水泥土桩的强度形成与混凝土的硬化机理是不同的。混凝土的硬化主要是水泥在粗骨料中进行水解和水化作用,凝结速度较快;水泥土中的水泥是土介质中水解和水化,其过程是在具有一定活性的介质土的围绕下进行的,所以硬凝的速度缓慢而且复杂。水泥土的强度随着龄期而增长,从图 10-24 可以明显看出水泥土的强度与掺入比 α_w 以及龄期的关系。以水泥掺入比 $\alpha_w=12\%$ 为例,180d 的强度为 28d 的 83 倍。龄期超过 90 天后,强度增长速度才减缓。因此,水泥土的强度常以三个月龄期强度作为标准强度。

水泥土的无侧限抗压强度 q_u 一般为 300～4000kPa,比天然软土大几十倍至数百倍,强度大于 2000kPa 的水泥土呈脆性破坏,小于 2000kPa 的则呈塑性破坏。

水泥土的抗拉强度随抗压强度的增加而提高,为 $(0.15～0.25)q_u$。

水泥土的抗剪强度一般为抗压强度 q_u 的 20%～30%。水泥土的抗压强度 $q_u=500～4000kPa$ 时,黏聚力 $c=100～1100kPa$,内摩擦角 $\varphi=20°～30°$。

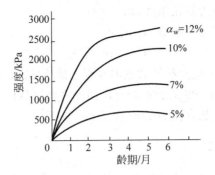

图 10-24　水泥土龄期与强度关系

水泥土的变形模量 E_0 一般为 $(120\sim150)q_u$，为 $40\sim600\text{MPa}$，压缩模量 E_s 为 $60\sim100\text{MPa}$，压缩系数 $a_{1.4}$ 为 $(2.0\sim3.5)\times10^{-3}(\text{kPa})^{-1}$。

水泥土搅拌桩地基设计与计算如下：

水泥土搅拌桩具有较好的整体性和较高的材料强度，其作用界于刚性桩和柔性桩之间。所以水泥土搅拌桩作为地基设计可有两种计算方式：一是按复合地基方法计算；二是按类似刚性桩计算单桩承载力。

1. 复合地基承载力计算

水泥土搅拌桩复合地基承载力标准值应通过现场复合地基载荷试验确定，也可按下式计算：

$$f_{sp,K} = \frac{mR_K^d}{A_p} + \beta(1-m)f_{s,K} \tag{10-23}$$

式中，$f_{sp,K}$——复合地基的承载力标准值；

m——面积置换率；

A_p——桩的截面积；

$f_{s,K}$——桩间天然地基土承载力标准值；

β——桩间土承载力折减系数，当桩端土为软土时，β 取 $0.5\sim1.0$；当桩端为硬土时，β 取 $0.1\sim0.4$；

R_K^d——单桩竖向承载力标准值，应通过现场单桩载荷试验确定。

2. 单桩竖向承载力标准值计算

根据桩侧摩擦力和桩端阻力确定单桩竖向承载力标准值

$$R_K^d = U_p \sum \overline{q_s}l + \alpha A_p q_p \tag{10-24}$$

式中，R_K^d——单桩竖向承载力标准值（kN）；

U_p——桩的周长（m）；

l——桩在各土层中的长度（m）；

A_p——桩的截面积（m²）；

$\overline{q_s}$——桩周土的平均摩擦力，对于淤泥取 $5\sim8\text{kPa}$；对淤泥质土可取 $8\sim12\text{kPa}$；对于黏性土取 $12\sim15\text{kPa}$；

q_p——桩端天然地基土的承载力标准值（kPa），应按有关地基规范确定；

α——桩端天然土承载力折减系数,取 $0.4 \sim 0.6$。

根据桩身强度确定单桩竖向承载力标准值:

$$R_K^d = \eta f_{cu,K} A_p \tag{10-25}$$

式中,$f_{cu,K}$——与桩身水泥土配比相同的室内水泥土试块(边长为 $70.7 \mathrm{mm}$ 的立方体),在标准养护条件下,90 天龄期的抗压强度平均值(kPa);

η——桩身强度折减系数,可取 $0.35 \sim 0.50$。

3. 软弱下卧层强度验算

水泥土搅拌桩因施工机具或造价等原因,常常不可能像预制打入桩或钻孔灌注桩那样,深入到较坚硬的下卧持力层上。在软土层厚度较大地区,多数情况下桩端下仍有一部分软土存在,因此还必须进行下卧层强度验算。当承重水泥土桩的置换率较大($m > 20\%$),且非单行排列时,应将水泥土桩的桩群体与桩间土视为一个假想的实体基础,进行软弱下卧层强度验算。

4. 水泥土桩复合地基的变形计算

承重水泥土桩复合地基的变形应包括水泥土桩群体的压缩变形和桩端下未加固土层的压缩变形之和。其中桩群体的压缩变形值可根据上部结构、桩长、桩身强度等按经验取 $20 \sim 40 \mathrm{mm}$;桩端以下未加固土层的压缩变形值仍应按分层总和应力面积法进行计算。

10.7 地基处理的几个常见问题

1. 吹填土地基

吹填土主要分布在我国上海黄浦江岸边、天津海河两岸、珠江三角洲等地。这种土的特点是含水率大,呈流塑状态,强度低,压缩性高,为可液化土。处理方法:对含沙量少的吹填土可采用井点降水处理,使其固结,提高地基承载力。对含有黏粒含量的吹填土,用电渗井点降水处理,效果好。上述各类处理方法也可应用比较。含沙量高的吹填土,因土中水容易排出,可不处理。

2. 填土地基

城市地表的杂填土是人类活动堆填的无规则填土,如前所述,成分复杂,厚度不均,软硬不同,期龄不等,含腐殖质,薄层通常挖出。杂填土挖除工程量大,不经济。我国各地积累了很多宝贵经验,例如,江浙一带采用表层片石挤密桩;西安用灰土挤密桩;福建用重锤夯实;天津用振动压实等都有成效。近年来,苏州、南京等地大量采用不埋式筏板基础,在辗压后的杂填土上建 $5 \sim 6$ 层住宅效果良好。不需开挖基坑外运杂填土,省劳力,节约资金,工期短,很受欢迎,值得推广。若在空旷地区,强夯法是经济可靠的方法。

3. 局部软土、暗沟处理

地基中常遇到局部软土、暗沟、水井、古墓等,应视其范围与深度采取相应的措施。如局部软弱层较薄,则可加深基础解决;遇局部软土很厚,可用块石挤密法并用钢筋混凝土梁跨越。例如,清华大学南 12 楼教师 5 层住宅和学生宿舍 7 层 22 号楼施工验槽时,发现有古井,井内淤泥很深,经挖除部分淤泥,用块石挤密、卵石压实办法处理,效果良好。

4. 大面积地面堆载

有时厂房和仓库需大面积堆放原料和产品,且堆放的范围与数量经常变化,由此造成地面凹陷,基础产生不均沉降、吊车卡轨、墙柱倾斜、开裂以及破坏地下管线。对此问题,可采用砂井真空预压加固处理,厂房基础可打斜桩处理。

5. 局部旧结构物

在城市建设中常遇到地基下有局部旧结构物,如压实的旧路面、旧基础、旧灰土及防空洞等,都必须认真处理。不能错误地认为这些旧结构物很坚实,超过周围地基承载力可不处理。由于软硬不同,若不处理,在旧结构物边缘处基础可能开裂。通常的处理方法是把旧结构物挖除。清华大学学生宿舍 21 号楼地基中,存在一个钢筋混凝土大型废化粪池,直径6m,深度超过 3.7m,为避免新建楼房地基软硬悬殊而开裂,应将化粪池钢筋混凝土清除干净。时值隆冬,槽底已到地下水位,石匠用人工清钢筋混凝土艰难,因此,只将钢筋混凝土凿至槽底以下 1m,从化粪池底部分层填卵石压实,处理成功。

复习思考题

10.1　何谓软弱地基?各类软弱地基有何共同特点和差别?

10.2　何谓不良地基?不良地基与软弱地基有何共同特点与差别?

10.3　为什么软弱地基和不良地基需要处理?选用地基处理方法的原则与注意事项有哪些?

10.4　预压排水固结的加固机理是什么?

10.5　强夯法的密实机理是什么?

10.6　换填垫层法的厚度与宽度如何确定?理想的垫层材料是什么?它起什么作用?

10.7　挤密法有哪几种?

10.8　简述灌浆法和水泥土搅拌法的原理。

习题

10.1　某建筑物矩形基础,长 1.2m,宽 1.2m,埋深 1.0m,上部载荷作用于基础底面的载荷为 144kN,允许沉降为 25cm,基础及基础上土的平均重度为 20kN/m³,地下水埋深1m,场地地层分布如图 10-25 所示,附加应力系数如表 10-3 所示。采用砂垫层法对地基进行处理,砂垫层的厚度为 1m,应力扩散角为 25°,承载力为 160kPa,压缩模量为 20MPa。求垫层底面处附加应力、垫层自身的沉降、下卧层沉降。(答案:32.3kPa,3.38mm,18.9mm)

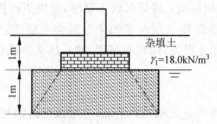

淤泥质黏土
重度 γ_1=17.0kN/m³
承载力f_{ak}=50kPa
压缩模量E_s=5MPa

图 10-25　习题 10.1 图

表 10-3　习题 10.1 用表

深度/m(垫层底面以下)	附加应力系数
0	1.0
2.0	0.55
4.0	0.31
6.0	0.21
采用分层总合法计算深度为6m	

10.2　某四层砖混结构住宅,承重墙下为条形基础,宽1.2m,埋深为1.0m,上部建筑物作用于基础的地表上载荷为120kN/m,基础及基础上土的平均重度为20.0kN/m³。场地土质条件为第一层粉质黏土,层厚1.0m,重度为17.5kN/m³;第二层为淤泥质黏土,层厚15.0m,重度为17.8kN/m³,含水量为65%,承载力特征值为45kPa;第三层为密实砂砾石层,地下水距地表为1.0m。设计垫层厚度、垫层宽度。(答案:1.7m,3.16m)

10.3　某挤密桩复合地基桩间土承载力特征值为110kPa,正方形布桩形式,桩径0.5m,桩间距为1.5m。已知桩体单桩承载力为1000kN,桩间土发挥系数取0.85。求挤密桩复合地基承载力。(答案:543.4kPa)

10.4　某黏性土地基采用桩径为1.0m的振冲碎石桩按正方形布桩加固,已知地基土的承载力标准值为130kPa,桩土应力比为$n=3$。问要满足建筑物基底压力为200kPa的要求,桩间距应选为多少?(答案:1.8m)

参 考 文 献

[1] 中华人民共和国住房和城乡建设部.建筑地基基础设计规范(GB 50007—2011)[S].北京：中国建筑工业出版社,2012.

[2] 中华人民共和国住房和城乡建设部.岩土工程勘察规范(GB 50021—2001)(2009 年版)[S].北京：中国标准出版社,2001.

[3] 中华人民共和国住房和城乡建设部.建筑基坑支护技术规范(JGJ 120—2012)[S].北京：中国建筑工业出版社,2012.

[4] 中华人民共和国住房和城乡建设部.建筑地基处理技术规范(JGJ 79—2012)[S].北京：中国建筑工业出版社,2012.

[5] 中华人民共和国住房和城乡建设部.建筑边坡工程技术规范(GB 50330—2013)[S].北京：中国建筑工业出版社,2013.

[6] 中华人民共和国住房和城乡建设部.土的工程分类标准(GB/T 50145—2007)[S].北京：中国计划出版社,2008.

[7] 中华人民共和国交通运输部.公路桥涵设计通用规范(JTG D60—2015)[S].北京：人民交通出版社,2015.

[8] 中华人民共和国交通运输部.公路土工试验规程(JTG E40—2007)[S].北京：人民交通出版社,2008.

[9] 中华人民共和国交通运输部.公路路基设计规范(JTG D30—2015)[S].北京：人民交通出版社,2015.

[10] 中华人民共和国住房和城乡建设部.建筑结构荷载规范(GB 50009—2012)[S].北京：中国建筑工业出版社,2012.

[11] 中华人民共和国住房和城乡建设部.建筑桩基技术规范(JGJ 94—2008)[S].北京：中国建筑工业出版社,2008.

[12] 赵明华.土力学与基础工程[M].4 版.武汉：武汉理工大学出版社,2014.

[13] 陈希哲,叶菁.土力学地基基础[M].5 版.北京：清华大学出版社,2013.

[14] 周景星,李广信,等.基础工程[M].3 版.北京：清华大学出版社,2015.

[15] 宋志斌,肖启扬,尤志国,等.土力学[M].武汉：华中科技大学出版社,2013.

[16] 高大钊.土力学与基础工程[M].北京：中国建筑工业出版社,1998.

[17] 华南理工大学,东南大学,浙江大学,湖南大学.地基及基础[M].3 版.北京：中国建筑工业出版社,1997.

[18] 张宏,王智远.土力学与基础工程习题集[M].北京：人民交通出版社,2013.